Collana di Fisica e Astronomia

A cura di:

Giorgio Parisi
Michele Cini
Stefano Forte
Massimo Inguscio
Guido Montagna
Oreste Nicrosini
Franco Pacini
Luca Peliti
Alberto Rotondi

Esercizi di Fisica: Meccanica e Termodinamica

G. Dalba, P. Fornasini

Esercizi di Fisica: Meccanica e Termodinamica

 Springer

Giuseppe Dalba, Paolo Fornasini
Dipartimento di Fisica
Università di Trento

Springer-Verlag fa parte di Springer Science+Business Media

springer.it

© Springer-Verlag Italia, Milano 2006

ISBN 10 88-470-0404-7
ISBN 13 978-88-470-0404-7

Prefazione

La soluzione di esercizi rappresenta non solo uno strumento di verifica dell'apprendimento, ma anche e soprattutto un modo per meglio comprendere e assimilare i concetti di base e le procedure logiche della Fisica.

Questa raccolta è nata da una lunga pratica degli Autori nell'insegnamento della Meccanica e della Termodinamica nei corsi di laurea in Fisica, Matematica e Ingegneria presso l'Università di Trento.

Il primo capitolo è dedicato alla presentazione di alcuni importanti "strumenti di lavoro": si inizia con i sistemi di unità di misura (in particolare il Sistema Internazionale) e con l'uso dell'analisi dimensionale; si passa poi al significato e all'uso delle cifre significative e delle tecniche per l'arrotondamento; vengono infine forniti suggerimenti per disegnare in modo corretto ed efficace grafici con scale lineari e non lineari.

I capitoli successivi contengono gli esercizi, suddivisi per argomenti: statica, cinematica, dinamica del punto, dinamica dei sistemi, dinamica del corpo rigido, oscillazioni, termodinamica. Generalmente, la statica viene introdotta come caso particolare della dinamica. La scelta di iniziare questa raccolta dalla statica consente di acquistare subito familiarità con il formalismo vettoriale. La definizione di forza basata sui principi della dinamica verrà comunque introdotta nel capitolo dedicato alla dinamica del punto.

Ogni capitolo si articola in paragrafi, costituiti da una scheda riassuntiva e da alcuni esercizi completamente svolti. Ogni capitolo si conclude con una serie di problemi non risolti.

Le schede riassuntive hanno lo scopo di richiamare in modo sintetico concetti che si suppongono già acquisiti in forma sistematica e approfondita seguendo le lezioni in aula e studiando i libri di testo. Le schede di questo volume non costituiscono (e quindi non sostituiscono) un libro di testo.

Gli esercizi completamente svolti hanno lo scopo di familiarizzare lo studente con una metodologia di risoluzione razionale, basata sempre sull'analisi accurata dei dati a disposizione e sul riferimento ai principi e alle leggi della Fisica, mai sulla sola intuizione. Si raccomanda lo studente di cercare di risolvere da solo anche gli esercizi completamente svolti, e solo dopo di confrontarsi con la nostra soluzione. Gli si consiglia anche di riflettere sugli argomenti evidenziati da un punto interrogativo al termine degli esercizi.

Al termine del volume si possono trovare le soluzioni dei problemi non risolti che concludono ogni capitolo.

Povo (Trento),   *Giuseppe Dalba*
settembre 2005   *Paolo Fornasini*

Sommario

1 Introduzione: strumenti di lavoro

In questo primo Capitolo introdurremo alcuni concetti e tecniche utili per
la soluzione dei problemi di Fisica. Ci occuperemo innanzitutto delle unità
di misura delle grandezze fisiche, e in particolare del Sistema Internazionale,
e introdurremo i fondamenti dell'analisi dimensionale. Vedremo poi come si
arrotondano i risultati dei calcoli. Infine daremo alcune indicazioni sul modo
di realizzare grafici bidimensionali.

1.1 Sistemi di unità di misura

Alla base di ogni operazione di misura sta la possibilità che alcune grandezze
siano misurate in modo diretto per confronto con un campione di unità
di misura. Nella descrizione del mondo fisico vengono introdotte molte
grandezze, collegate tra loro da relazioni analitiche. In linea di principio, è del
tutto lecito scegliere per ogni grandezza un'unità di misura arbitraria. Ciò
porta però in genere all'introduzione di scomodi fattori di proporzionalità,
oltre alla necessità di definire e mantenere un grande numero di campioni di unità di misura. Risulta pertanto conveniente scegliere in modo arbitrario l'unità di misura solo per un numero molto piccolo di grandezze (dette
grandezze fondamentali). Per le altre grandezze (dette *grandezze derivate*)
l'unità di misura verrà definita in modo univoco mediante relazioni analitiche.

Costruire un *sistema di unità di misura* significa:

- scegliere una determinata ripartizione delle grandezze fisiche tra fondamentali e derivate;
- definire le unità di misura e gli eventuali campioni delle grandezze fondamentali.

Un sistema di unità di misura è detto:

- *completo* se tutte le grandezze fisiche si possono ricavare dalle grandezze
  fondamentali tramite relazioni analitiche;
- *coerente* se le relazioni analitiche che definiscono le unità delle grandezze
  derivate non contengono fattori di proporzionalità diversi da 1;
- *decimale* se multipli e sottomultipli delle unità di misura sono tutti
  potenze di 10.

Le unità di misura delle grandezze fondamentali sono realizzate mediante *campioni*. Esistono campioni di unità di misura anche per molte grandezze derivate. Le proprietà principali che caratterizzano un campione sono: precisione, invariabilità (nel tempo), accessibilità, riproducibilità.
Si distinguono due tipi fondamentali di campioni: i *campioni naturali*, la cui definizione fa riferimento a fenomeni naturali, ed i *campioni artificiali*, costruiti appositamente. I campioni naturali assicurano la riproducibilità e l'invariabilità, anche se talora a scapito dell'accessibilità.

1.2 Il Sistema Internazionale

Il primo tentativo di costruire un sistema coerente di unità di misura per la meccanica è rappresentato dal *Sistema Metrico Decimale*, proposto in Francia nel 1795. Solo però a partire dal 1895 (*Convenzione del metro*) è iniziata la stipula di convenzioni internazionali per l'unificazione dei vari sistemi in uso. Negli ultimi anni si è realizzata la convergenza verso un ben definito sistema, il *Sistema Internazionale* (S.I.), introdotto nel 1960 dalla XI Conferenza Generale dei Pesi e Misure e perfezionato dalle Conferenze successive. Oggetto di direttive della Comunità Europea fin dal 1971, il S.I. è stato legalmente adottato in Italia nel 1982. Il S.I. è completo, coerente e decimale (tranne che per la misura degli intervalli di tempo).

Grandezze fondamentali

Il Sistema Internazionale (S.I.) è basato su 7 grandezze fondamentali, elencate in tabella 1.1 insieme con le rispettive unità di misura e simboli. Le definizioni delle unità sono riportate in Appendice A.1.

Tabella 1.1. Grandezze fondamentali del Sistema Internazionale, con unità di misura e relativi simboli

Grandezza	Unità	Simbolo
intervallo di tempo	secondo	s
lunghezza	metro	m
massa	chilogrammo	kg
quantità di materia	mole	mol
temperatura	kelvin	K
intensità di corrente elettrica	ampere	A
intensità luminosa	candela	cd

Grandezze derivate

Le unità di misura delle grandezze derivate si ottengono mediante semplici operazioni aritmetiche a partire dalle unità di misura delle grandezze fondamentali. Non esistono fattori di conversione diversi da uno (il S.I. è coerente). Le unità di misura di alcune grandezze derivate sono dotate di nome proprio e sono elencate in Appendice A.1.

Esempio 1. L'*accelerazione* è una grandezza derivata. Per definizione l'accelerazione è il rapporto tra una velocità ed un intervallo di tempo. La sua unità di misura, priva di nome proprio, è $1\,\mathrm{m\,s^{-2}}$, cioè il rapporto tra l'unità di spazio e il quadrato dell'unità di tempo.

Esempio 2. L'*angolo piano* e l'*angolo solido* sono grandezze derivate. Le loro unità di misura sono dotate di nome proprio, rispettivamente *radiante* e *steradiante*. Il *radiante* (rad) è l'angolo piano che sottende, su una circonferenza centrata nel suo vertice, un arco di lunghezza uguale al raggio. Lo *steradiante* (sr) è l'angolo solido che sottende, su una sfera centrata nel suo vertice, una calotta sferica di area uguale al quadrato del raggio.

Esempio 3. La *forza F* è una grandezza derivata. Attraverso la legge fondamentale della dinamica, $F = ma$, l'unità di misura della forza è ricondotta alle unità di misura della massa e dell'accelerazione. L'unità di misura della forza è dotata di nome proprio, il *newton* (N), ed è definita come $1\,\mathrm{N} = 1\,\mathrm{Kg\,m\,s^{-2}}$.

Norme di scrittura

Il S.I. codifica in modo dettagliato le norme di scrittura dei nomi e dei simboli delle grandezze fisiche, nonché l'uso dei prefissi moltiplicativi secondo multipli di 1000. I dettagli di queste norme sono riportati in Appendice A.1.

1.3 Altri sistemi di unità di misura

Nonostante il S.I. rappresenti un sistema completo, adottato a livello internazionale, sono tuttora in uso anche altri sistemi di unità di misura. Ne facciamo qui un veloce cenno.

Sistemi c.g.s.

Nei sistemi c.g.s., le unità fondamentali della meccanica sono il centimetro, il grammo e il secondo (da cui l'acronimo c.g.s.). Per quanto riguarda la meccanica, quindi, le differenze tra S.I. e c.g.s. si limitano a fattori potenze di 10 nei valori delle grandezze fondamentali e derivate, nonché ai nomi delle unità di misura.

La differenza sostanziale tra i sistemi c.g.s. e il Sistema Internazionale riguarda le grandezze elettromagnetiche. Mentre il S.I. introduce una grandezza fondamentale per l'elettromagnetismo (l'intensità di corrente), nei sistemi c.g.s. le grandezze elettromagnetiche sono tutte derivate da quelle meccaniche. Storicamente si sono sviluppati vari sistemi c.g.s., a seconda della legge utilizzata per definire le grandezze elettromagnetiche in funzione delle grandezze meccaniche.

Il *sistema c.g.s. elettrostatico* ricava l'unità di carica elettrica (lo *statcoulomb*) dalla legge di Coulomb

$$F_e = K_e\, q_1\, q_2/r^2 \, , \tag{1.1}$$

imponendo che la costante K_e sia adimensionale ed abbia il valore 1.

Il *sistema c.g.s. elettromagnetico* ricava l'unità di corrente (l' *abampere*) dalla legge dell'interazione elettrodinamica tra correnti

$$F_m = 2\, K_m\, I_1\, I_2\, \ell/d \, , \tag{1.2}$$

imponendo che la costante K_m sia adimensionale ed abbia il valore 1.

Il *sistema c.g.s. simmetrizzato di Gauss* adotta le unità del sistema c.g.s. elettrostatico per le grandezze elettriche, le unità del sistema c.g.s. elettromagnetico per le grandezze magnetiche. Il sistema c.g.s. simmetrizzato è ancora frequentemente usato nel campo della fisica teorica.

Sistemi pratici

In passato, varie unità di misura *pratiche* sono state introdotte in campo scientifico e tecnologico (si pensi ad esempio al cavallo vapore per la misura della potenza o alla caloria per la misura della quantità di calore). Con l'introduzione del S.I. le unità *pratiche* non dovrebbero più essere usate, salvo poche eccezioni limitate a campi specialistici ed esplicitamente ammesse dal Comitato Internazionale dei Pesi e Misure (si veda l'Appendice A.1).

Alcune unità di misura non S.I. sono frequentemente utilizzate in Fisica. Vediamo qui sotto alcuni esempi; altri si possono trovare in Appendice A.4

L'*unità di massa atomica* (u) è 1/12 della massa di un atomo di carbonio 12, cioè dell'isotopo del carbonio il cui nucleo contiene 12 nucleoni (6 protoni e 6 neutroni). Approssimativamente, $1\,\mathrm{u} \simeq 1.66 \times 10^{-27}\,\mathrm{kg}$.

L'*elettronvolt* (eV) è l'energia acquistata da un elettrone nel passaggio tra due punti separati da una differenza di potenziale elettrico di 1 V. Approssimativamente, $1\,\mathrm{eV} \simeq 1.602 \times 10^{-19}\,\mathrm{J}$.

L'*unità astronomica* (ua), corrispondente all'incirca alla distanza Terra-Sole, è usata per esprimere le distanze all'interno del sistema solare. Approssimativamente, $1\,\mathrm{ua} \simeq 1.496 \times 10^{11}\,\mathrm{m}$.

Nella misurazione degli *angoli piani* si usano spesso come unità di misura il *grado* (°) e i suoi sottomultipli non decimali: il minuto, $1'=(1/60)°$, e il secondo, $1''=(1/3600)°$.

Nella misurazione delle *distanze a livello atomico* è spesso usato come unità di misura delle lunghezze l'ångström (Å). $1\,\text{Å} = 0.1\,\mathrm{nm} = 10^{-10}\,\mathrm{m}$.

Sistemi anglosassoni

Nei paesi anglosassoni sono tuttora in uso unità di misura particolari (un elenco parziale è riportato in Appendice A.3).
I sistemi anglosassoni sono generalmente a base non decimale. Ad esempio, partendo dall'unità base di lunghezza, cioè il pollice (*inch*), i principali multipli sono il piede (*foot*), pari a 12 pollici, e la iarda (*yard*), pari a 3 piedi.
Da notare anche che talora esistono differenze di valore tra omonime unità inglesi e americane. Ad esempio il gallone, unità di volume, vale $4.546\,\mathrm{dm}^3$ in Gran Bretagna e $3.785\,\mathrm{dm}^3$ negli Stati Uniti.

Sistemi naturali

In alcuni campi specialistici della Fisica si usano talora, per semplificare le notazioni e i calcoli, unità di misura dette *naturali* in quanto assumono come valori unitari quelli di alcune grandezze di particolare rilevanza nella fisica atomica e nucleare.
Il *sistema atomico di Hartree* è spesso utilizzato nella descrizione dei fenomeni a livello atomico. Le grandezze fondamentali per la meccanica e l'elettromagnetismo sono tre, come per i sistemi c.g.s.:

– la *massa*: unità di misura è la massa a riposo dell'elettrone, m_e (nel S.I. $m_e \simeq 9.109 \times 10^{-31}\,\mathrm{kg}$);
– la *carica elettrica*: unità di misura è la carica dell'elettrone e (nel S.I. $e \simeq 1.602 \times 10^{-19}\,\mathrm{C}$);
– l'*azione* (prodotto di un'energia per un tempo): unità di misura è il quanto d'azione h (costante di Planck) diviso per 2π, $\hbar = h/2\pi$ (nel S.I. $\hbar \simeq 1.054 \times 10^{-34}\,\mathrm{J\,s}$).

Il *sistema di Dirac* è spesso utilizzato nella fisica delle particelle elementari. Le grandezze fondamentali sono:

– la *massa*: unità di misura è la massa a riposo dell'elettrone, m_e;
– la *velocità*: unità di misura è la velocità della luce nel vuoto, c (nel S.I. $c = 299\ 792\ 458\,\mathrm{m\,s^{-1}}$);
– l'*azione*: unità di misura è $\hbar = h/2\pi$.

1.4 Analisi dimensionale

Una volta scelte le grandezze fisiche fondamentali, resta arbitraria la scelta delle loro unità di misura. Vogliamo studiare come il cambiamento delle unità di misura delle grandezze fondamentali si ripercuote sulle unità delle grandezze derivate. Da qui in avanti ci riferiremo solo al S.I.

Dimensioni delle grandezze fisiche

Supponiamo, a titolo di esempio, di sostituire l'unità di misura delle lunghezze, cioè il metro, con un'unità L volte più piccola; di conseguenza le misure

di lunghezza sono moltiplicate per   L
di tempo   sono moltiplicate per $L^0 = 1$
di volume   sono moltiplicate per L^3
di velocità   sono moltiplicate per   L

L'*esponente* del fattore L viene chiamato *dimensione* rispetto alla lunghezza. Simbolicamente, la dipendenza del valore di una grandezza qualsiasi X dalle unità delle grandezze fondamentali $A, B, C...$ viene espressa tramite equazioni dimensionali del tipo:

$$[X] = [A]^\alpha \, [B]^\beta \, [C]^\gamma ... \tag{1.3}$$

L'analisi dimensionale trova applicazione pratica principalmente in meccanica: ci limiteremo perciò qui a considerare le dimensioni rispetto a lunghezza, massa e tempo, simbolizzati rispettivamente con L, M, T. Ad esempio, le dimensioni della velocità sono

$$[v] = [L]^1 \, [T]^{-1} \, [M]^0 \, , \tag{1.4}$$

le dimensioni del lavoro e dell'energia sono

$$[W] \; = \; [E] = [L]^2 \, [T]^{-2} \, [M]^1 \, . \tag{1.5}$$

Grandezze che hanno le stesse dimensioni sono dette *dimensionalmente omogenee*.

Grandezze adimensionali

Alcune quantità hanno dimensione nulla rispetto a tutte le grandezze fondamentali:

$$[L]^0 \, [T]^0 \, [M]^0 \, . \tag{1.6}$$

Si tratta dei *numeri puri* $(3, \sqrt{2}, \pi, ...)$ e delle *grandezze adimensionali*, cioè grandezze uguali al rapporto tra due grandezze omogenee. Il valore delle grandezze adimensionali *non* dipende dalla scelta delle unità di misura delle grandezze fondamentali e derivate.

Esempio 1. Gli *angoli piani*, misurati in radianti, sono grandezze adimensionali; la misura in radianti è infatti il rapporto tra due lunghezze, quella dell'arco e quella del raggio. Anche gli *angoli solidi*, misurati in steradianti, sono grandezze adimensionali; la misura in steradianti è infatti il rapporto tra due lunghezze al quadrato.

Esempio 2. La densità assoluta di una sostanza è il rapporto tra la sua massa e il suo volume: $\rho = m/V$. La *densità relativa* di una sostanza è il rapporto tra la sua densità assoluta e la densità assoluta dell'acqua alla temperatura di 4°C. La densità relativa è una grandezza adimensionale.

Principio di omogeneità dimensionale

L'utilizzazione pratica dell'analisi dimensionale si fonda sul *principio di omogeneità dimensionale*: possono essere uguagliate o sommate solo espressioni dimensionalmente omogenee. In altri termini, un'equazione tra grandezze fisiche è del tipo

$$A + B + C + ... = M + N + P + ... \tag{1.7}$$

dove $A, B, C, ...M, N, P, ...$ devono essere monomi dimensionalmente omogenei. In particolare, le funzioni trascendenti (sin, cos, exp, log, ...) ed i loro argomenti devono essere adimensionali.

Esempio. Una massa appesa ad una molla esegue un moto oscillatorio. La sua posizione x dipende dal tempo t secondo una legge sinusoidale. La dipendenza di x da t *non* può essere espressa come $x = \text{sen}\,(t)$, in quanto: a) l'argomento t della funzione seno non è adimensionale; b) la funzione seno è adimensionale mentre x ha le dimensioni di una lunghezza. L'equazione corretta è $x = A\,\text{sen}\,(\omega t)$, dove A è una costante con le dimensioni di una lunghezza, ω è una costante con le dimensioni inverse al tempo.

Applicazioni dell'analisi dimensionale

Ricordiamo le principali applicazioni dell'analisi dimensionale.

Verifica delle equazioni

L'onogeneità dimensionale è *condizione necessaria* per l'esattezza di un'equazione tra grandezze fisiche del tipo (1.7). In altri termini, un'equazione è corretta solo se tutti i suoi termini hanno le stesse dimensioni. L'omogeneità dimensionale non è però *condizione sufficiente* per l'esattezza, perché:

1. l'analisi dimensionale non è in grado di valutare l'esattezza numerica;
2. esistono grandezze dimensionalmente omogenee, ma con significato fisico ben distinto (ad esempio, il lavoro meccanico ed il momento di una forza).

Esempio. Si vuole calcolare la traiettoria di un proiettile lanciato con velocità iniziale v_0 ad un angolo θ rispetto all'orizzontale. Applicando le regole della cinematica si trova

$$z = -\frac{g}{2\,v_0^2\,\cos^2\theta}\,x^2 + x\,\text{tg}\,\theta\,, \tag{1.8}$$

dove x e z sono le coordinate rispettivamente orizzontale e verticale. È immediato verificare la correttezza dimensionale dell'equazione. Se l'omogeneità dimensionale non fosse stata soddisfatta, l'equazione sarebbe stata sicuramente sbagliata. Viceversa, l'equazione avrebbe potuto essere sbagliata anche se dimensionalmente corretta: ad esempio se per un errore di calcolo si fosse ottenuto $\cos\theta$ anziché $\operatorname{tg}\theta$ nell'ultimo termine.

Per poter applicare l'analisi dimensionale alla verifica delle equazioni, è necessario che i calcoli siano fatti sotto forma letterale, ed i valori numerici siano sostituiti solo alla fine.

Deduzione di equazioni

L'analisi dimensionale consente, in talune particolari situazioni, di determinare la relazione che intercorre tra le diverse grandezze che caratterizzano un fenomeno fisico, a meno di eventuali costanti adimensionali.

Esempio. Il periodo T di oscillazione di un pendolo può dipendere, in linea di principio, dalla massa m e dalla lunghezza ℓ del pendolo, dall'accelerazione di gravità g e dall'ampiezza θ_0 dell'oscillazione. La dipendenza di T da m, ℓ e g potà essere espressa dimensionalmente come

$$[T] \;=\; [m]^\alpha\,[\ell]^\beta\,[g]^\gamma$$

cioè, tenendo conto delle dimensioni di m, ℓ e g,

$$[T] \;=\; [M]^\alpha\,[L]^{\beta+\gamma}\,[T]^{-2\gamma}.$$

Il principio di omogeneità dimensionale impone che

$$\alpha = 0\,, \quad \beta + \gamma = 0\,, \quad \gamma = -1/2,$$

da cui

$$T \;=\; C\,\sqrt{\ell/g}\,,$$

dove C è una costante adimensionale. Si noti che l'analisi dimensionale non è in grado di determinare l'eventuale dipendenza del periodo dall'ampiezza θ_0 (adimensionale), né il valore della costante C.

Il periodo di oscillazione del pendolo, considerato nell'esempio precedente, può comunque venire determinato in modo completo (cioè includendo le grandezze adimensionali) risolvendo l'equazione del moto.

Nel caso di sistemi fisici molto complessi, per i quali non esista una teoria completa (ad esempio, in alcuni campi della fluidodinamica) l'analisi dimensionale può rappresentare uno strumento di grande utilità.

Similitudine fisica

Sistemi complessi di grandi dimensioni vengono spesso studiati con l'aiuto di modelli in scala ridotta (ad esempio in ingegneria idraulica ed aeronautica, in studi di elasticità, in studi sulla trasmissione del calore, etc). L'analisi dimensionale consente di valutare come la riduzione in scala della misura delle grandezze fondamentali si riflette sulle misure delle grandezze derivate. Risulta molto utile, nelle modellizzazioni in scala, fare ricorso a grandezze adimensionali (come le densità relative, il numero di Reynolds, il numero di Mach, etc.) che non dipendono dai fattori di scala.

1.5 Cifre significative e arrotondamenti

Nella pratica scientifica e tecnologica si ha talora a che fare con *valori numerici esatti*. Ad esempio, il valore della funzione seno, in corrispondenza dell'argomento $\pi/6$, può essere espresso con esattezza: $\sin(\pi/6) = 0.5$.

Più spesso si ha a che fare con *valori numerici approssimati*. Ad esempio, il valore della funzione coseno, in corrispondenza dell'argomento $\pi/6$, può essere espresso solo in modo approssimato, a seconda del grado di precisione desiderato: $\cos(\pi/6) \simeq 0.866$, oppure $\cos(\pi/6) \simeq 0.8660254$, etc.

Misure delle grandezze fisiche

Le misure delle grandezze fisiche sono sempre valori approssimati. Il motivo è il fatto che qualsiasi misura è affetta da incertezza, dovuta a varie possibili cause: risoluzione dello strumento, fluttuazioni casuali, errori sistematici. Il valore di una grandezza fisica misurata dovrebbe pertanto essere sempre espresso nella forma $X_0 \pm \delta X$, dove X_0 è un valore centrale e δX individua la larghezza della fascia di incertezza.

Se l'incertezza δX non viene esplicitamente indicata, si deve intendere che essa è dell'ordine di grandezza immediatamente inferiore all'ultima cifra del valore di misura. Ad esempio, se una lunghezza viene quotata come $\ell = 25.5\,\mathrm{mm}$, si intende che l'incertezza sia dell'ordine dei centesimi di millimetro. Nell'esprimere i risultati di calcoli sui valori di grandezze fisiche è molto importante fare attenzione al numero di cifre significative impiegate, che deve essere sempre consistente con l'incertezza dei valori di partenza.

Ad esempio, supponiamo di sapere che una distanza $\Delta\ell = 27.5\,\mathrm{m}$ è stata percorsa in un intervallo tempo $\Delta t = 13.4\,\mathrm{s}$. Ciò significa che la distanza è nota a meno dei centimetri e l'intervallo di tempo a meno dei centesimi di secondo. Si vuole calcolare la velocità media. Allo scopo si usa una calcolatrice tascabile e si ottiene $v_m = \Delta X/\Delta t = 27.5/13.4 = 2.05223880597\,\mathrm{m\,s^{-1}}$. È evidente che gran parte delle cifre del risultato sono prive di significato fisico, e sarebbe pertanto errato quotarle. In questo paragrafo daremo alcune regole per arrotondare correttamente i valori numerici che si ottengono da calcoli eseguiti su valori approssimati.

Cifre significative

Il numero di cifre significative in un valore numerico approssimato si ottiene contando le cifre da sinistra verso destra, a partire dalla prima cifra diversa da zero. Gli eventuali zeri a sinistra delle cifre significative hanno valore puramente posizionale. Ad esempio:

–   il numero 25.04 ha 4 cifre significative: 2, 5, 0, 4;
–   il numero 0.0037 ha 2 cifre significative: 3, 7;
–   il numero 0.50 ha 2 cifre significative: 5, 0.

Se il valore numerico è intero e termina con uno o più zeri (ad esempio 350 oppure 47000) è preferibile esprimerlo in notazione scientifica. Ad esempio, consideriamo il valore 2700. In notazione scientifica il valore sarà scritto diversamente a seconda del numero di zeri considerati significativi:

$$
\begin{aligned}
2700 = 2.7 &\times 10^3 \quad \text{(2 cifre significative)} \\
2.70 &\times 10^3 \quad \text{(3 cifre significative)} \\
2.700 &\times 10^3 \quad \text{(4 cifre significative)}
\end{aligned}
$$

Delle cifre significative di un valore numerico:

- la prima cifra è detta *cifra più significativa*,
- l'ultima cifra è detta *cifra meno significativa*.

Regole per l'arrotondamento

Quando si riduce il numero di cifre di un valore numerico, la cifra meno significativa rimasta va arrotondata secondo le regole seguenti.

a) Se la prima cifra da eliminare è 0, 1, 2, 3, 4, allora la cifra meno significativa rimasta resta inalterata (arrotondamento per difetto). Ad esempio: $12.34 \rightarrow 12.3$

b) Se la prima cifra da eliminare è 6, 7, 8, 9 oppure 5 seguito da almeno una cifra diversa da zero, allora la cifra meno significativa rimasta viene maggiorata di un'unità (arrotondamento per eccesso). Ad esempio: $12.36 \rightarrow 12.4$, $12.351 \rightarrow 12.4$

c) Se la prima cifra da eliminare è 5 seguito solo da zeri, allora la cifra meno significativa rimasta resta inalterata quando è pari, viene maggiorata di un'unità quando è dispari (regola del numero pari). Ad esempio: $12.45 \rightarrow 12.4$, $12.35 \rightarrow 12.4$

Arrotondamento nei risultati dei calcoli

Quando si eseguono calcoli su valori numerici approssimati, le cifre del risultato non sono in genere tutte significative; il risultato andrà perciò arrotondato in modo da mantenere solo le cifre significative. Qui di seguito riportiamo alcune semplici regole per l'arrotondamento, che vanno applicate con elasticità e buon senso.

Nel caso di *addizioni e sottrazioni* di numeri approssimati: le cifre di una somma o una differenza non sono significative alla destra della posizione che corrisponde alla cifra meno significativa posta più a sinistra tra tutti i termini da sommare o sottrarre.

Esempio 1. Supponiamo di voler addizionare i seguenti tre numeri approssimati: 2.456, 0.5, 3.35; il secondo numero non ha cifre significative oltre la prima posizione decimale, pertanto anche il risultato andrà arrotondato alla prima posizione dopo la virgola:

$$
\begin{array}{rl}
2.456 & + \\
0.5 & + \\
3.35 & = \\
\hline
6.306 & \to 6.3
\end{array}
$$

Esempio 2. Si vuole calcolare il valor medio dei tre numeri approssimati: 19.90, 19.92, 19.95. Usando una calcolatrice tascabile si ottiene il valor medio 19.923333, che va arrotondato a 19.92

Nel caso di *moltiplicazioni e divisioni* di numeri approssimati: se il numero che ha meno cifre significative ne ha n, è ragionevole arrotondare il risultato all'n-ma cifra significativa, in taluni casi anche all'$(n+1)$-ma.

Esempio 3. Si calcola il prodotto dei due numeri approssimati 6.83 e 72 utilizzando una calcolatrice tascabile. Il risultato 491.76 va arrotondato a due cifre significative: 4.9×10^2.

Esempio 4. Si calcola il quoziente del numero approssimato 83.642 per il numero approssimato 72 utilizzando una calcolatrice tascabile. Il risultato 1.1616944 può essere arrotondato a 2 cifre significative, 1.2, ma in questo caso è preferibile tenere anche la terza cifra: 1.16

Le *radici quadrate* di numeri approssimati vanno generalmente arrotondate allo stesso numero di cifre significative del radicando.

Esempio 5. Si calcola la radice quadrata di 30.74 con una calcolatrice tascabile. Il risultato $\sqrt{30.74} = 5.5443665$ va arrotondato a 5.544

1.6 Grafici

I grafici consentono di rappresentare in modo sintetico e suggestivo i valori di due o più quantità tra di loro correlate.

Considerazioni generali

Sono disponibili molti buoni programmi per eseguire grafici al calcolatore. È bene cercare di conoscerne le principali caratteristiche, per saperli gestire efficientemente in funzione delle proprie esigenze; non sempre infatti si ottengono i risultati migliori lasciando scegliere automaticamente al programma le proprietà del grafico (dimensioni e divisioni degli assi, simboli, espressione dei valori numerici, etc.) Comunque, è molto utile abituarsi anche a saper disegnare grafici approssimati a mano, su carta quadrettata.

Nel disegnare un grafico, a mano o con il calcolatore, è bene tener conto di alcune regole che consentono di renderlo più leggibile ed efficace.

–   La variabile indipendente va generalmente rappresentata sull'asse delle ascisse (asse orizzontale), la variabile dipendente sull'asse delle ordinate (asse verticale).

– È sempre necessario indicare esplicitamente il nome della grandezza fisica corrispondente a ciascun asse, riportando tra parentesi l'unità di misura utilizzata.
– Le scale sugli assi vanno scelte in modo che le coordinate di ogni punto sul grafico possano essere determinate velocemente e con facilità. Pertanto, le tacche sugli assi vanno poste in corrispondenza a valori numerici equi-spaziati e il più possibile arrotondati: ad esempio 0, 2, 4, 6, oppure 0, 10, 20, 30. Sono da evitare valori non arrotondati (ad esempio: 1.2, 2.4, 3.6, 4.8) o addirittura non equispaziati (ad esempio 1.2, 2.35, 2.78, 3.5).

Grafici con scale lineari

La scala è il rapporto tra la lunghezza misurata su un asse del grafico e la corrispondente variazione della grandezza rappresentata. Una scala è detta lineare se il rapporto è costante lungo tutto l'asse del grafico. I grafici con scale lineari sono utili per rappresentare fedelmente l'andamento di una funzione $y = f(x)$ (Fig. 1.1 a sinistra), oppure per evidenziare l'eventuale relazione di linearità tra i valori due grandezze x e y misurate sperimentalmente (Fig. 1.1 a destra).

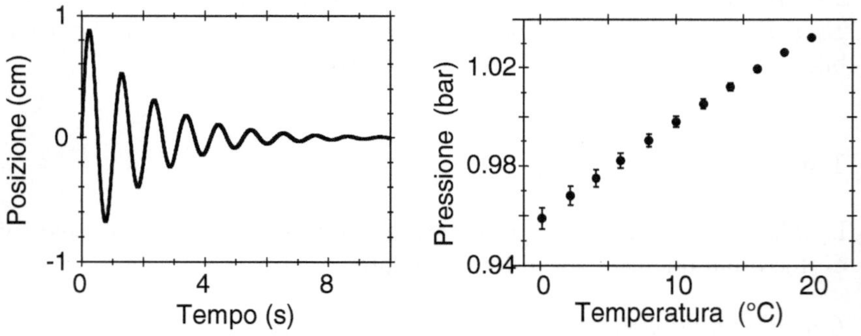

Fig. 1.1. A sinistra: grafico della funzione $x = A\exp(-\gamma t)\sin(\omega t)$, adatta a descrivere le oscillazioni smorzate di una molla. A destra: grafico sperimentale della pressione di un gas misurata in funzione della temperatura, a volume costante.

Grafici semi-logaritmici

Relazioni funzionali di tipo esponenziale tra due quantità x e y

$$y = a\,e^{bx} \tag{1.9}$$

possono essere rese lineari riportando in grafico sull'asse delle ordinate il logaritmo naturale, $Y = \ln y$ anziché y (Fig. 1.2). La relazione tra x e $Y = \ln y$ è lineare:

$$\ln y \; = \; \ln a + bx \,, \qquad \text{cioe}' \qquad Y \; = \; A + bx \,. \qquad (1.10)$$

Il grafico semi-logaritmico consente di verificare facilmente se i punti (x_i, Y_i) sono legati da una relazione lineare del tipo (1.10).

È bene ricordare che l'argomento della funzone logaritmo deve essere adimensionale. A rigore pertanto la (1.10) è valida solo se y è una grandezza adimensionale. In caso contrario sarebbe corretto considerare il rapporto adimensionale y/a e graficare $Y' = \ln(y/a)$. È comunque uso comune graficare $Y = \ln y$ anche se y è una grandezza dimensionata, sottintendendo che y non rappresenti la misura della grandezza, bensì solo il suo valore numerico (dipendente quindi dall'unità di misura utilizzata).

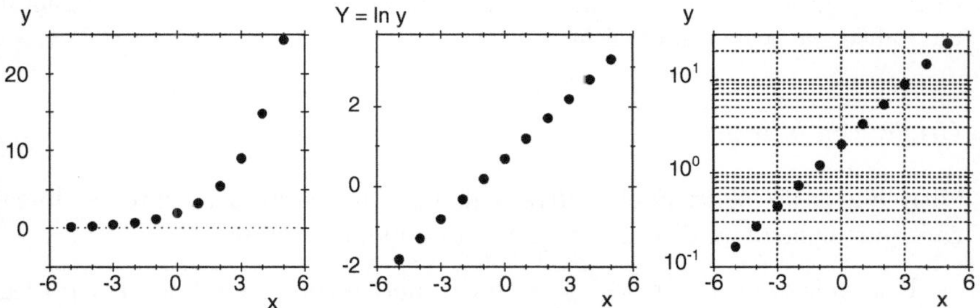

Fig. 1.2. Tre diversi modi di rappresentare graficamente una serie di punti (x_i, y_i) disposti secondo una legge $y = a \exp(bx)$, con $a{=}2$, $b{=}0.5$. A sinistra i punti (x_i, y_i) sono rappresentati in un grafico con scale lineari. Al centro sono rappresentati i punti $(x_i, \ln y_i)$, sempre con scale lineari. A destra i punti (x_i, y_i) sono rappresentati in un grafico con scala verticale logaritmica

Grafici logaritmici

Relazioni funzionali tra due quantità x e y del tipo

$$y \; = \; a\,x^b \qquad (1.11)$$

possono essere rese lineari riportando in grafico sull'asse delle ordinate il logaritmo $Y = \ln y$ anziché y e sull'asse delle ascisse il logaritmo $X = \ln x$ anziché x (Fig. 1.3). La relazione tra $X = \ln x$ e $Y = \ln y$ è lineare:

$$\ln y \; = \; \ln a + b \ln x \,, \qquad \text{cioe}' \qquad Y \; = \; A + bX \,. \qquad (1.12)$$

Il grafico logaritmico consente di verificare facilmente se i punti (X_i, Y_i) sono legati da una relazione lineare del tipo (1.12).

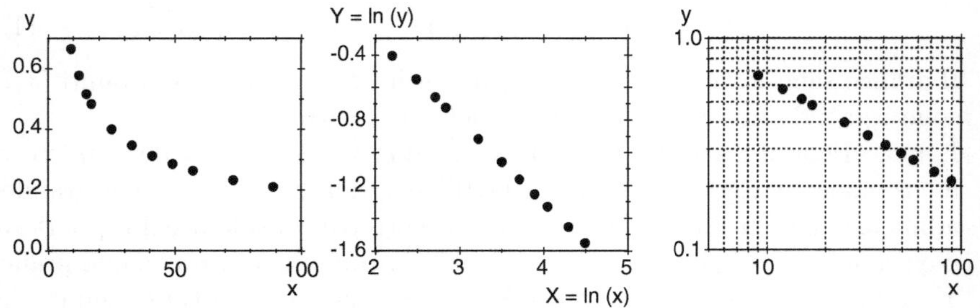

Fig. 1.3. Tre diversi modi di rappresentare graficamente una serie di punti (x_i, y_i) disposti secondo una legge $y = ax^b$, con a=2, b=−0.5. A sinistra i punti (x_i, y_i) sono rappresentati in un grafico con scale lineari. Al centro sono rappresentati i punti $(\ln x_i, \ln y_i)$, sempre con scale lineari. A destra i punti (x_i, y_i) sono rappresentati in un grafico con scale logaritmiche

Grafici con altre scale

Oltre alle scale logaritmiche, altre scale possono essere utilizzate per linearizzare particolari tipi di funzioni. Facciamo alcuni esempi.

– Una relazione del tipo $y = a\sqrt{x}$ può essere resa lineare riportando sull'asse delle ascisse $\sqrt{x}$ anziché x, oppure riportando sull'asse delle ordinate y^2 anziché y. Ovviamente, poiché $y = a\sqrt{x}$ equivale a $y = a\,x^{1/2}$, la relazione può essere linearizzata anche con un grafico logaritmico, come abbiamo visto più sopra.
– Una relazione di proporzionalità inversa, del tipo $xy = K$, può essere linearizzata graficando y in funzione di K/x.

2 Statica

2.1 Forze attive e reazioni vincolari

Un corpo è *libero* quando non è connesso ad alcun altro corpo e la sua posizione nello spazio può essere cambiata comunque liberamente. Un corpo è *vincolato* quando la sua libertà di movimento è limitata da altri corpi (*vincoli*). Quando ad un corpo sono applicate delle *forze attive*, i vincoli possono reagire mediante *forze reattive*, dette anche *reazioni vincolari*.

Esempi di forze attive

Forza peso. In prossimità della superficie terrestre i corpi sono soggetti alla forza peso P diretta verticalmente verso il basso (Fig. 2.1 a). La forza peso può venire considerata applicata ad un solo punto del corpo, il *baricentro*. L'intensità della forza peso è proporzionale alla massa del corpo:

$$P = m\,g\,. \tag{2.1}$$

La forza peso P è misurata in Newton (N), la massa m in chilogrammi (kg); l'accelerazione di gravità vale $g \simeq 9.8\,\mathrm{m\,s^{-1}}$.

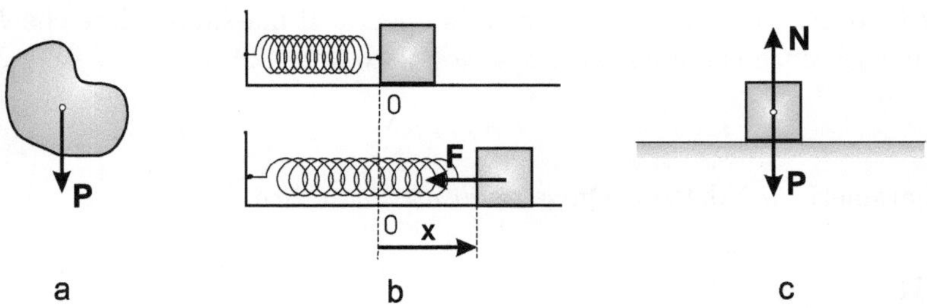

Fig. 2.1. Esempi di forze: (a) forza peso P, (b) forza elastica F, (c) reazione normale N di una superficie orizzontale liscia

Forza elastica. Una molla deformata (compressa o allungata, Fig. 2.1 b) è in grado di esercitare su un corpo una forza

$$\boldsymbol{F} = -k\,\boldsymbol{x}, \tag{2.2}$$

dove k è una costante, detta *costante elastica*. Se la deformazione x della molla è misurata in metri (m) e la forza F è misurata in newton (N), allora la costante elastica è misurata in $\mathrm{N\,m^{-1}}$.

Esempi di vincoli e loro reazioni

Superficie senza attrito (superficie liscia). Una superficie liscia può esercitare una reazione normale al piano tangente la superficie nel punto di contatto. In particolare, un corpo di peso $\boldsymbol{P}$ appoggiato su una superficie liscia orizzontale subirà una reazione $\boldsymbol{N} = -\boldsymbol{P}$ (Fig. 2.1 c). Altri esempi di reazioni vincolari sono mostrati in Fig. 2.2.

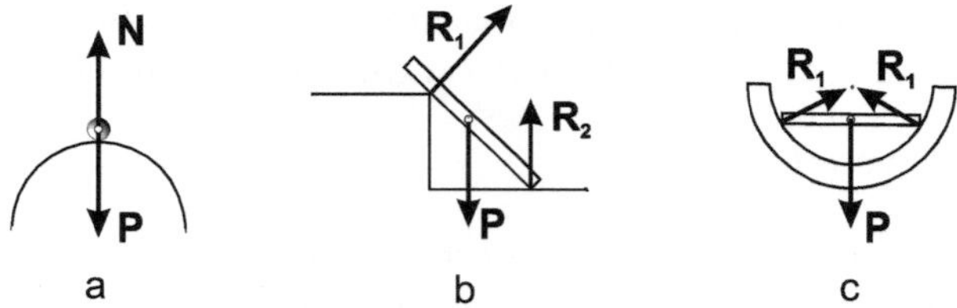

Fig. 2.2. Reazioni vincolari normali ad una superficie liscia: la forza attiva è il peso P, le reazioni sono N, R_1, R_2

Superficie con attrito (superficie ruvida). Un corpo a contatto con una superficie ruvida e sottoposto ad una forza $\boldsymbol{F}$ parallela alla superficie è soggetto ad una reazione vincolare $\boldsymbol{R}$ avente componente non nulla R_x parallela alla superficie, oltre alla componente normale N (Fig. 2.3). $\boldsymbol{R}_x$ viene detta *forza d'attrito*. Al crescere di F anche R_x aumenta. Il massimo valore che R_x può assumere senza che il corpo si muova è dato da:

$$R_x = \mu N. \tag{2.3}$$

Il parametro μ è detto *coefficiente di attrito statico*.

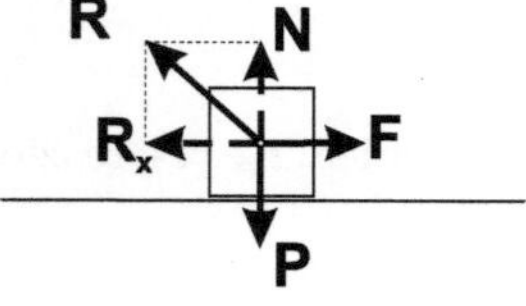

Fig. 2.3. Forze agenti su un corpo appoggiato su una superficie ruvida e sottoposto ad una trazione F

Fune perfettamente flessibile. Una fune è in grado di reagire ad una forza attiva esercitando una *tensione* T parallela alla fune stessa (Fig. 2.4 a). Una fune può reagire solo a sforzi di trazione. Un caso particolarmente interessante è una fune di peso non trascurabile sospesa tra due pareti (Fig. 2.4 b): le reazioni vincolari nei punti di attacco hanno direzione tangente alla fune.

Cerniera liscia. La cerniera è costituita da un asse fisso O che consente la rotazione di un'asta OA nel piano perpendicolare all'asse (Fig. 2.4 c). Se la cerniera è liscia (cioè priva di attrito) la sua reazione vincolare R può avere qualsiasi direzione perpendicolare all'asse.

Giunto sferico liscio. Il giunto sferico consente la rotazione di un'asta OA intorno ad un punto fisso O (Fig. 2.4 d). La reazione vincolare R del giunto sferico può assumere qualsiasi direzione nello spazio.

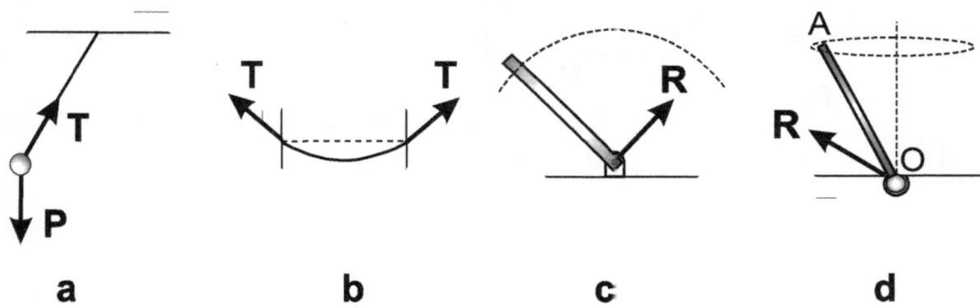

Fig. 2.4. Esempi di reazioni vincolari: (**a**) fune perfettamente flessibile, (**b**) fune appesa tra due pareti, (**c**) cerniera liscia, (**d**) giunto sferico liscio

Diagramma di corpo libero

Qualsiasi corpo vincolato può essere considerato come libero se si sopprimono i vincoli e li si sostituisce con le loro forze di reazione vincolare. Un esempio è dato in Fig. 2.5.

Fig. 2.5. Un'asta vincolata da un recipiente, soggetta alla forza peso P e alle reazioni vincolari R_1 e R_2 (**a**), e suo diagramma di corpo libero (**b**)

2.2 Forze concorrenti

n forze $F_1, F_2, \ldots, F_n$ si dicono concorrenti se le loro rette d'azione hanno un punto A in comune (Fig. 2.6 a). Un sistema di forze concorrenti è riconducibile, mediante applicazioni successive della regola del parallelogramma, ad un'unica forza $\boldsymbol{R}$ detta *risultante*:

$$\boldsymbol{R} = \sum_i \boldsymbol{F}_i \, , \qquad (2.4)$$

la cui retta d'azione passa per il punto A (Fig. 2.6 b). La condizione di equilibrio per forze concorrenti è:

$$\boldsymbol{R} = \sum_i \boldsymbol{F}_i = 0 \quad \Rightarrow \quad \begin{cases} \sum_i F_{ix} = 0 \\ \sum_i F_{iy} = 0 \\ \sum_i F_{iz} = 0 \end{cases} \qquad (2.5)$$

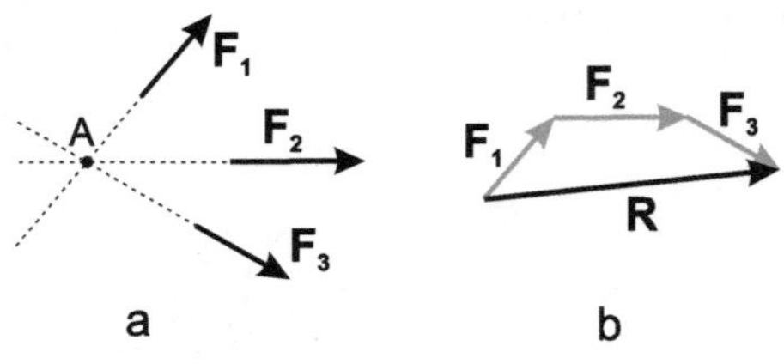

Fig. 2.6. Forze concorrenti (**a**) e loro risultante (**b**)

Esercizio 2.1

Un corpo di peso $\boldsymbol{P}$ e di dimensioni trascurabili è appoggiato su un piano liscio, inclinato di un angolo α rispetto all'orizzontale. Al corpo è applicata una forza $\boldsymbol{F}$ parallela al piano e diretta verso l'alto (Fig. 2.7). Quale deve essere l'intensità della forza $\boldsymbol{F}$ affinché il corpo rimanga in equilibrio ?

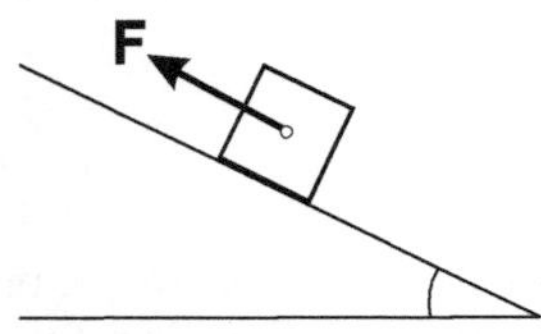

Fig. 2.7. Esercizio 2.1

Le forze agenti sul corpo sono (Fig. 2.8 a):

- $\boldsymbol{P}$ peso del corpo
- $\boldsymbol{N}$ reazione vincolare perpendicolare al piano inclinato (il vincolo è liscio)
- $\boldsymbol{F}$ forza parallela al piano inclinato

Disegnamo il diagramma di corpo libero. Le dimensioni del corpo sono trascurabili: possiamo considerare le forze agenti applicate al medesimo punto (Fig. 2.8 b). La condizione di equilibrio per forze concorrenti è:

$$\sum_i \boldsymbol{F}_i = \boldsymbol{P} + \boldsymbol{N} + \boldsymbol{F} = 0 \,.$$

Si tratta di un'equazione vettoriale. Per ottenere equazioni scalari, introdu-

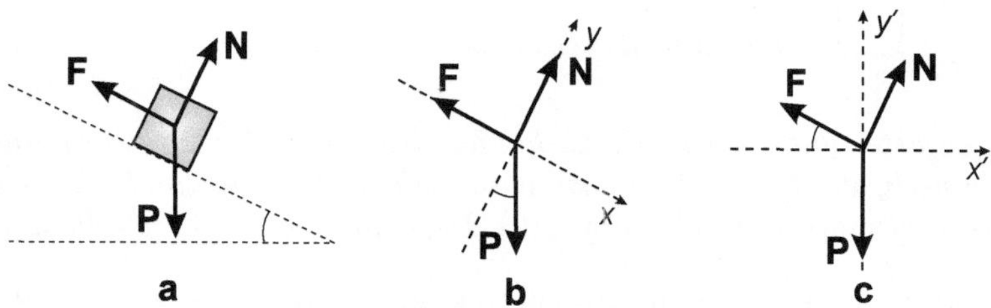

Fig. 2.8. Esercizio 2.1

ciamo un sistema di riferimento Oxy; ad esempio, scegliamo l'asse x parallelo al piano inclinato e orientato verso il basso, l'asse y normale e orientato verso l'alto (Fig. 2.8 b). Decomponiamo le forze agenti lungo i due assi x e y:

	P	N	F
x :	$P \sin\alpha$	0	$-F$
y :	$-P \cos\alpha$	N	0

Le condizioni di equilibrio per le componenti x, y delle forze agenti sono:

$$\begin{cases} \sum_i F_{ix} = 0 \\ \sum_i F_{iy} = 0 \end{cases} \quad\Rightarrow\quad \begin{cases} F = P \sin\alpha \\ N = P \cos\alpha \end{cases}$$

(?) Discutere l'andamento di F e N in funzione dell'angolo α.

(?) Risolvere il problema utilizzando un sistema di riferimento $O'x'y'$ con l'asse x' orizzontale e l'asse y' verticale (Fig. 2.8 c). Quale dei due sistemi di riferimento $(Oxy,\ O'x'y')$ è più conveniente ?

(?) Risolvere il problema senza l'ausilio di un sistema di assi cartesiani di riferimento.

(?) Se il corpo avesse dimensioni non trascurabili, le forze agenti si potrebbero ancora considerare concorrenti ?

La forza $\boldsymbol{F}$ ha intensità minore del peso $\boldsymbol{P}$. Il piano inclinato consente quindi di equilibrare una forza data $\boldsymbol{P}$ mediante applicazione di una forza di minore intensità.

Esercizio 2.2

Un corpo di peso $\boldsymbol{P}$ è appeso mediante un filo al punto C di una mensola formata da due aste AC e BC perfettamente rigide e di sezione trascurabile.

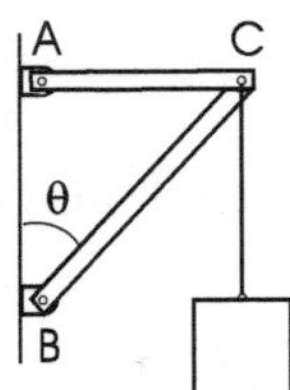

Fig. 2.9. Esercizio 2.2

Le due aste, unite nel punto C, hanno gli estremi A e B incernierati ad un muro verticale. L'asta AC è orizzontale, l'asta BC è inclinata di un angolo θ rispetto al muro verticale (Fig. 2.9). Determinare gli sforzi sulle due aste.

Un'asta rigida e di sezione trascurabile può esercitare solo reazioni longitudinali, cioè con la stessa direzione dell'asta. Nel punto C concorrono quindi tre forze (Fig. 2.10 a):

-   il peso $\boldsymbol{P}$;
-   la reazione $\boldsymbol{R}_A$ dell'asta AC, parallela ad $\boldsymbol{AC}$;
-   la reazione $\boldsymbol{R}_B$ dell'asta BC, parallela a $\boldsymbol{BC}$.

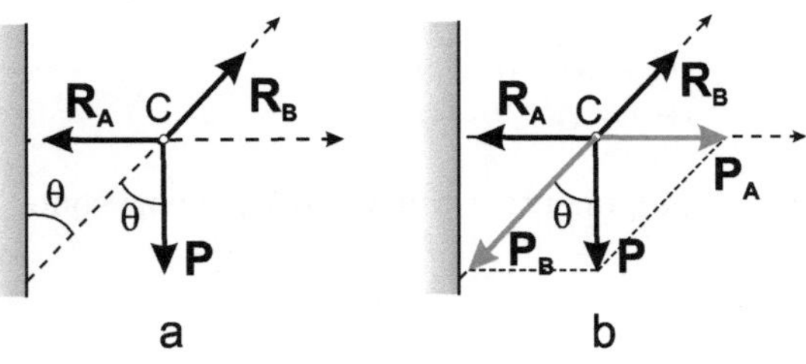

Fig. 2.10. Esercizio 2.2

La condizione di equilibrio per forze concorrenti richiede che

$$\boldsymbol{P} + \boldsymbol{R}_A + \boldsymbol{R}_B = 0 \, .$$

Decomponiamo la forza $\boldsymbol{P}$ lungo le direzioni delle due aste, orientate convenzionalmente come in Fig. 2.10 b:

$$P_A = P \, \tan\theta \, , \qquad P_B = P/\cos\theta \, .$$

L'equilibrio richiede che

$$R_A = P_A = P \, \tan\theta \, , \qquad R_B = P_B = P/\cos\theta \, .$$

Si noti che la componente P_B è maggiore del modulo P della forza peso:

$$P_B \geq P \, .$$

(?) Si disegni il grafico dell'andamento di P_A e di P_B in funzione dell'angolo θ, per $0 \leq \theta < \pi/2$ rad.

(?) Poteva essere conveniente risolvere il problema decomponendo le forze secondo due direzioni ortogonali ?

Esercizio 2.3

Una sfera omogenea di peso P è appoggiata a due piani lisci AB e BC, tra loro perpendicolari. Il piano BC forma un angolo β con l'orizzontale (Fig. 2.11). Determinare le reazioni vincolari dei due piani.

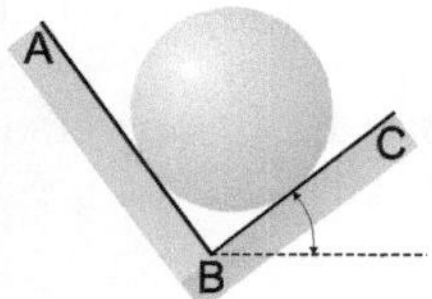

Fig. 2.11. Esercizio 2.3

Le forze agenti sulla sfera sono (Fig. 2.12 a):

- P peso, applicato al centro geometrico della sfera;
- N_1 reazione vincolare del piano AB, perpendicolare al piano (liscio), applicata al punto di contatto piano-sfera;
- N_2 reazione vincolare del piano BC, perpendicolare al piano, applicata al punto di contatto piano-sfera.

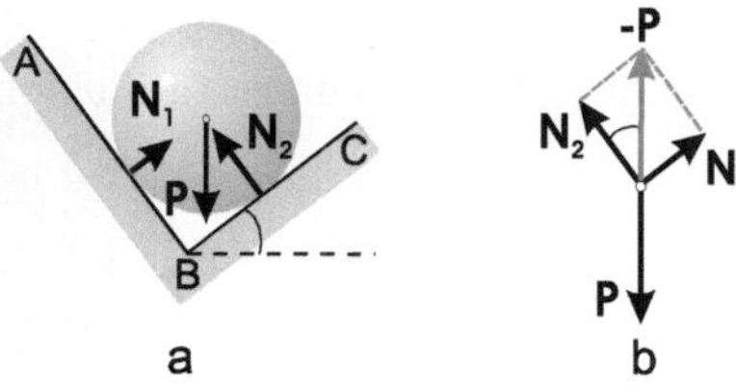

a   b   **Fig. 2.12.** Esercizio 2.3

Le tre forze agenti sono concorrenti, perché le loro rette d'azione hanno un punto in comune: il centro della sfera (Fig. 2.12 b). La condizione di equilibrio per forze concorrenti è:

$$\sum_i F_i \ = \ N_1 + N_2 + P \ = \ 0 \,.$$

Deve cioè essere

$$N_1 + N_2 \ = \ -P \,, \qquad | \, N_1 + N_2 \, | = | \, P \, | \,.$$

Con semplici considerazioni trigonometriche si ottiene:

$$N_1 \ = \ P \sin \beta \qquad\qquad N_2 \ = \ P \cos \beta \,.$$

(?) Discutere l'andamento di N_1 e N_2 in funzione dell'angolo β, magari con l'aiuto di un grafico.

(?) Risolvere il problema utilizzando un sistema di riferimento Oxy.

(?) Perché si è considerata la forza peso applicata al centro geometrico della sfera ?

2.3 Momento di una forza

Il momento, rispetto ad un punto Q, di una forza $\boldsymbol{F}$ applicata in un punto P (Fig. 2.13 a) è un vettore $\boldsymbol{\tau}_Q$ definito come il prodotto vettoriale del raggio vettore $\boldsymbol{r} = \boldsymbol{QP}$ per la forza $\boldsymbol{F}$:

$$\boldsymbol{\tau}_Q = \boldsymbol{r} \times \boldsymbol{F} . \tag{2.6}$$

Il vettore $\boldsymbol{\tau}_Q$ è perpendicolare al piano individuato da $\boldsymbol{r}$ e $\boldsymbol{F}$. Il suo verso è

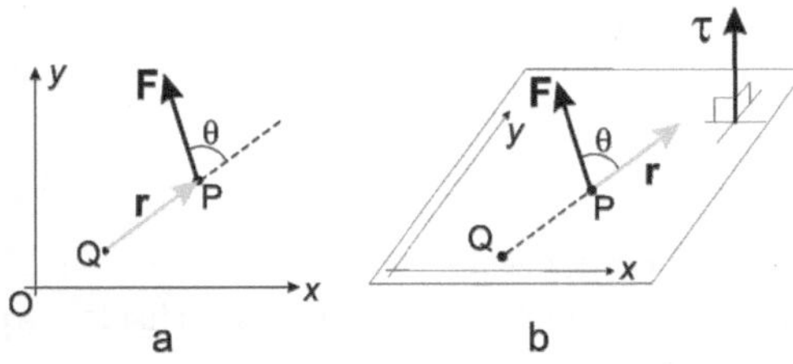

Fig. 2.13. Calcolo del momento, rispetto al punto Q, di una forza $\boldsymbol{F}$ applicata al punto P

dato datta regola della mano destra (Fig. 2.13 b). La sua intensità è

$$| \boldsymbol{\tau}_Q | = r \, F \, \sin\theta . \tag{2.7}$$

Il momento non cambia se la forza viene traslata lungo la sua retta d'azione.

Esercizio 2.4

Una forza $\boldsymbol{F}$ di componenti $F_x = 4$, $F_y = 2$, $F_z = 0$ (newton) è applicata al punto P di coordinate $x_p = 1$, $y_p = 1$, $z_p = 0$ (metri) (Fig. 2.14).
A) Determinare il momento della forza $\boldsymbol{F}$ rispetto al punto O, origine del sistema di coordinate $Oxyz$.

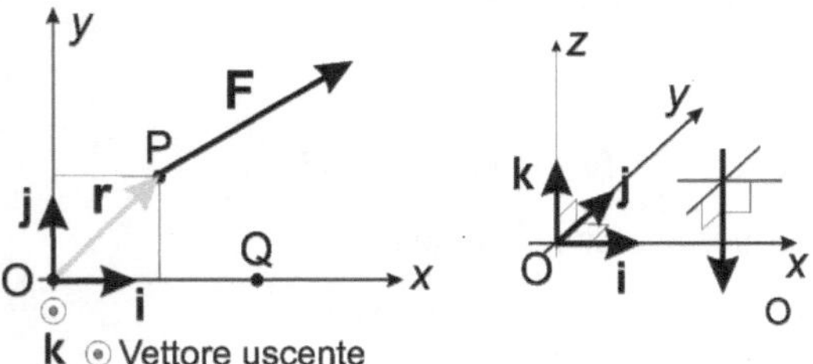

Fig. 2.14. Esercizio 2.4

Indichiamo con $\hat{\boldsymbol{\imath}}, \hat{\boldsymbol{\jmath}}, \hat{\boldsymbol{k}}$ i versori degli assi x, y, z. I versori $\hat{\boldsymbol{\imath}}, \hat{\boldsymbol{\jmath}}$ giacciono nel piano del disegno, $\hat{\boldsymbol{k}}$ è perpendicolare al piano del disegno, uscente verso l'alto. Il momento $\boldsymbol{\tau}_0$ della forza $\boldsymbol{F}$ rispetto al punto O è dato dal prodotto vettoriale

$$\boldsymbol{\tau}_0 = \boldsymbol{r} \times \boldsymbol{F} = \boldsymbol{OP} \times \boldsymbol{F} \, .$$

Le componenti di $\boldsymbol{\tau}_0$ (misurate in Newton $\times$ metri) si calcolano utilizzando il determinante:

$$\begin{vmatrix} \hat{\imath} & \hat{\jmath} & \hat{k} \\ r_x & r_y & r_z \\ F_x & F_y & F_z \end{vmatrix} = \begin{vmatrix} \hat{\imath} & \hat{\jmath} & \hat{k} \\ 1 & 1 & 0 \\ 4 & 2 & 0 \end{vmatrix} = 0\,\hat{\imath} + 0\,\hat{\jmath} - 2\,\hat{k} = -2\,\hat{k} \, .$$

Il vettore $\boldsymbol{\tau}_0$ è quindi parallelo all'asse z, ha verso opposto a quello del versore $\hat{k}$ (cioè entrante nel piano del disegno) ed ha modulo $\tau_0 = 2\,\mathrm{N\,m}$.

B) *Determinare il momento della forza* $\boldsymbol{F}$ *rispetto al punto* Q *di coordinate* $x_Q = 2$, $y_Q = 0$, $z_Q = 0$ (metri).

Indichiamo con $\boldsymbol{s} = \boldsymbol{QP}$ il vettore congiungente Q con P. Il momento $\boldsymbol{\tau}_Q$ della forza $\boldsymbol{F}$ rispetto al punto Q è dato da

$$\boldsymbol{\tau}_Q = \boldsymbol{s} \times \boldsymbol{F} = \boldsymbol{QP} \times \boldsymbol{F} \, .$$

Le componenti di $\boldsymbol{\tau}_Q$ si calcolano utilizzando il determinante

$$\begin{vmatrix} \hat{\imath} & \hat{\jmath} & \hat{k} \\ s_x & s_y & s_z \\ F_x & F_y & F_z \end{vmatrix} = \begin{vmatrix} \hat{\imath} & \hat{\jmath} & \hat{k} \\ -1 & 1 & 0 \\ 4 & 2 & 0 \end{vmatrix} = -6\,\hat{k} \, .$$

Evidentemente $\boldsymbol{\tau}_Q \neq \boldsymbol{\tau}_0$: il momento di una forza dipende dal punto rispetto a cui è calcolato (polo dei momenti).

(?) Variando il polo dei momenti nello spazio è possibile variare non solo il modulo, ma anche direzione e verso del momento di una data forza ?

C) *Si consideri ora un nuovo sistema di riferimento* $Ox'y'z'$, *ottenuto dal precedente sistema* $Oxyz$ *invertendo il verso degli assi rispetto al punto* O *(Fig. 2.15). Si calcoli il momento* $\boldsymbol{\tau}'_0$ *della forza* $\boldsymbol{F}$ *rispetto al punto* O *nel nuovo sistema di riferimento.*

Nel sistema $Ox'y'z'$ i vettori $\boldsymbol{r}, \boldsymbol{F}$ hanno componenti di segno opposto rispetto al sistema $Oxyz$:

$$\begin{array}{lll} Oxyz: & \boldsymbol{r} = (1,1,0) & \boldsymbol{F} = (4,2,0) \\ Ox'y'z': & \boldsymbol{r} = (-1,-1,0) & \boldsymbol{F} = (-4,-2,0) \end{array}$$

Calcoliamo il momento di $\boldsymbol{F}$ nel riferimento $O'x'y'z'$:

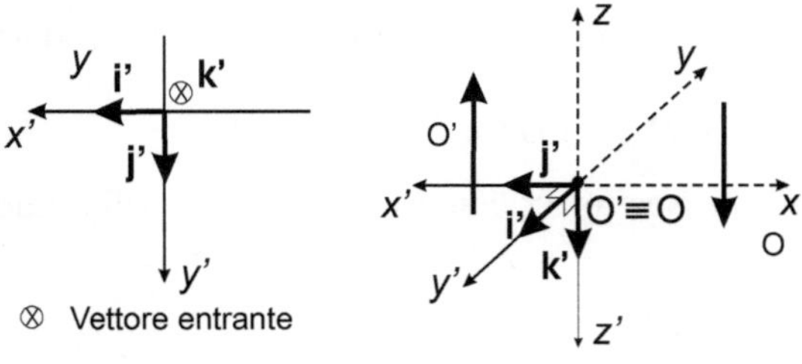

Fig. 2.15. Esercizio 2.4

$$\boldsymbol{\tau}\,'_0 = \boldsymbol{r} \times \boldsymbol{F} = \begin{vmatrix} \hat{\boldsymbol{\imath}}' & \hat{\boldsymbol{\jmath}}' & \hat{\boldsymbol{k}}' \\ -1 & -1 & 0 \\ -4 & -2 & 0 \end{vmatrix} = 0\,\hat{\boldsymbol{\imath}}' + 0\,\hat{\boldsymbol{\jmath}}' - 2\,\hat{\boldsymbol{k}}' = -2\,\hat{\boldsymbol{k}}'\ .$$

Le componenti del momento $\boldsymbol{\tau}\,'_0$ *non* hanno cambiato segno rispetto a quelle calcolate nel riferimento $Oxyz$. Nel riferimento $Ox'y'z'$ il momento $\boldsymbol{\tau}\,'_0$ della forza $\boldsymbol{F}$ è quindi un vettore uscente dal piano del disegno (nel riferimento $Oxyz$ era entrante).

I vettori le cui componenti cambiano di segno per inversione degli assi (come il vettore posizione $\boldsymbol{r}$ e i vettori che rappresentano forze) si chiamano *vettori polari*. I vettori le cui componenti non cambiano di segno per inversione degli assi si chiamano *vettori assiali* o *pseudovettori*. Il prodotto vettoriale di due vettori polari è un vettore assiale.

2.4 Forze complanari

n forze $\boldsymbol{F}_1, \boldsymbol{F}_2, \dots, \boldsymbol{F}_n$ si dicono complanari se le loro rette d'azione giacciono in un medesimo piano (Fig. 2.16 a).

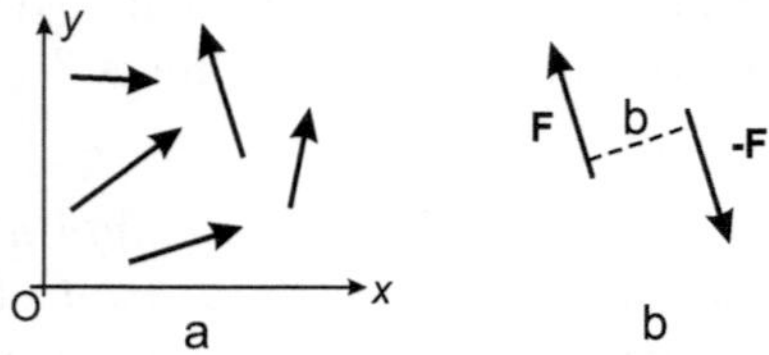

Fig. 2.16. Insieme di forze complanari (**a**) e coppia di forze (**b**)

Si dimostra che un sistema di forze complanari può essere ridotto a:
a) un'unica forza risultante $\boldsymbol{R}$:

$$\boldsymbol{R}: \qquad \begin{cases} R_x = \sum_i F_{ix} \\ R_y = \sum_i F_{iy} \end{cases} \tag{2.8}$$

b) oppure una coppia di forze di momento $\boldsymbol{\tau}$ (Fig. 2.16 b):

$$\boldsymbol{\tau}: \qquad \tau = F\,b \tag{2.9}$$

Condizioni di equilibrio

Un sistema di forze complanari è in equilibrio se e solo se sono soddisfatte *contemporaneamente* le due condizioni:

$$\boldsymbol{R} = 0 \qquad \begin{cases} \sum_i F_{ix} = 0 \\ \sum_i F_{iy} = 0 \end{cases} \tag{2.10}$$

$$\sum \tau_{iQ} = 0 \qquad \text{(Q qualsiasi)} \tag{2.11}$$

Esercizio 2.5

Due corpi, di pesi $\boldsymbol{P}_1$ e $\boldsymbol{P}_2$ e di dimensioni trascurabili, poggiano su di un'asta perfettamente rigida di peso trascurabile. L'asta poggia a sua volta su due supporti A e B posti a distanza ℓ (Fig. 2.17 a sinistra). La distanza tra i due corpi è d_2, tra il corpo 1 e il supporto A è d_1, tra il corpo 2 e il supporto B è d_3 ($\ell = d_1 + d_2 + d_3$). Determinare le reazioni vincolari dei supporti A e B.

Fig. 2.17. Esercizio 2.5

Il diagramma di corpo libero è mostrato in Fig. 2.17 a destra.
Le forze agenti sull'asta sono:

- i pesi $\boldsymbol{P}_1$ e $\boldsymbol{P}_2$;
- le reazioni vincolari $\boldsymbol{F}_A$ e $\boldsymbol{F}_B$.

Si tratta di un sistema di forze complanari parallele. Le condizioni di equilibrio sono:

$$\sum_i \boldsymbol{F}_i = 0 \,, \qquad \sum_i \boldsymbol{\tau}_i = 0 \,. \tag{2.12}$$

Calcoliamo i momenti $\boldsymbol{\tau}_i$ rispetto al punto A. Le forze sono parallele: ci si può pertanto limitare a considerare le loro intensità. Le forze sono complanari: i loro momenti hanno tutti la stessa direzione, e ci si può limitare a considerare la loro intensità. Le condizioni di equilibrio vettoriali (2.12) si riducono perciò a due equazioni scalari:

$$\sum_i F_{y,i} = 0 \,, \qquad \sum_i \tau_{A,i} = 0 \,. \tag{2.13}$$

Per convenzione, consideriamo τ positivo se la rotazione indotta è di verso antiorario, negativo se la rotazione indotta è di verso orario.

$$\begin{cases} \sum_i F_{y,i} = 0 \\ \sum_i \tau_{A,i} = 0 \end{cases} \Rightarrow \begin{cases} -P_1 - P_2 + F_A + F_B = 0 \\ -d_1 P_1 - (d_1 + d_2)P_2 + \ell F_B = 0 \end{cases} \tag{2.14}$$

Risolvendo per sostituzione il sistema (2.14):

$$\begin{cases} F_A = [(d_2 + d_3)\, P_1 + d_3\, P_2]\,/\ell \,, \\[2mm] F_B = [d_1\, P_1 + (d_1 + d_2)\, P_2]\,/\ell \,. \end{cases}$$

(?) Come cambierebbe la soluzione del problema se i momenti venissero calcolati, anziché rispetto al punto A, rispetto al punto B ? o rispetto ad un altro punto scelto casualmente nel piano d'azione delle forze ?

2.5 Forze parallele nello spazio

Si dimostra che un sistema di forze parallele nello spazio (ad esempio lungo la direzione z, Fig. 2.18 a) può essere ridotto
a) a un'unica forza risultante $\boldsymbol{R}$:

$$\boldsymbol{R}: \qquad R_z = \sum_i F_{iz}\,, \tag{2.15}$$

b) oppure a una coppia di forze di momento $\boldsymbol{\tau}$:

$$\boldsymbol{\tau}: \qquad \tau = F\,b\,. \tag{2.16}$$

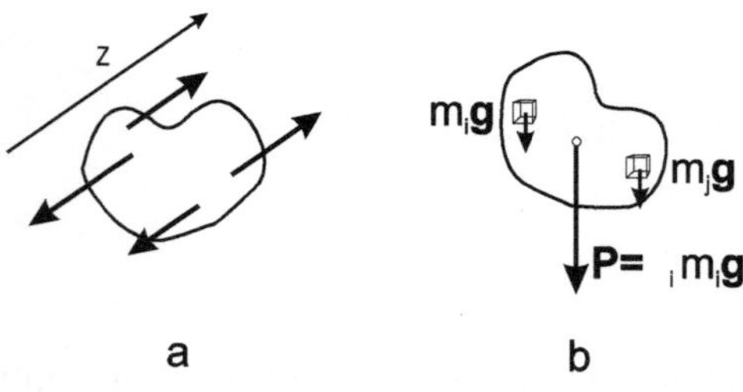

Fig. 2.18. Forze parallele nello spazio: (a) caso generico; (b) caso della forza peso, definizione di baricentro

Condizioni di equilibrio

Un sistema di forze parallele è in equilibrio se e solo se sono soddisfatte *contemporaneamente* le due condizioni:

$$R_z = \sum_i F_{iz} = 0\,, \tag{2.17}$$

$$\sum_i \tau_{iQ} = 0\,, \qquad (Q \text{ qualsiasi})\,. \tag{2.18}$$

Forza peso: baricentro

Le *forze peso* applicate ad ogni elemento di volume di un corpo esteso sono parallele e concordi e possono essere ricondotte ad un'unica forza risultante (Fig. 2.18 b). Il punto d'applicazione della risultante delle forze peso (detto *baricentro*) non dipende dall'orientazione del corpo rispetto alla verticale. Se un corpo è omogeneo e dotato di simmetria geometrica, il baricentro coincide con il centro di simmetria.

Esercizio 2.6

Una trave omogenea AD di lunghezza s e peso $\boldsymbol{P}$, incernierata all'estremo A ad una parete verticale, è tenuta in posizione orizzontale dal cavo obliquo BC applicato a distanza x dal punto A (Fig. 2.19). L'angolo tra il cavo e la trave è θ. Il peso del cavo è trascurabile. All'estremità libera della trave è applicata una forza verticale $\boldsymbol{Q}$ diretta verso il basso.
A) Determinare le reazioni vincolari esercitate dalla parete verticale nel punto A e dal cavo nel punto B.

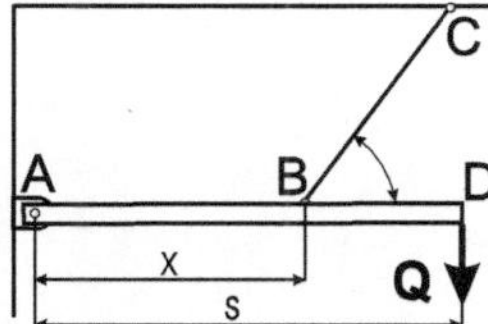

Fig. 2.19. Esercizio 2.6

Le forze agenti sulla trave sono (Fig. 2.20 a):

- peso $\boldsymbol{P}$, applicato al baricentro (centro geometrico della trave);
- forza verticale $\boldsymbol{Q}$, applicata in D e diretta verso il basso;
- tensione della fune $\boldsymbol{T}$, applicata in B;
- reazione vincolare della parete $\boldsymbol{R}$, di direzione incognita, applicata in A.

È un sistema di forze complanari: le condizioni di equilibrio sono:

$$\sum_i \boldsymbol{F}_i = 0 \,, \qquad \sum_i \boldsymbol{\tau}_i = 0 \,.$$

Poiché la direzione di $\boldsymbol{R}$ è incognita, risulta conveniente calcolare i momenti rispetto al punto A. Proiettiamo le forze su due assi x, y, rispettivamente orizzontale e verticale. Scegliamo in modo arbitrario la direzione di $\boldsymbol{R}$, ponendo ad esempio $R_x > 0$, $R_y > 0$.

	R	P	T	Q
F_x :	R_x	0	$T\cos\theta$	0
F_y :	R_y	$-P$	$T\sin\theta$	$-Q$
τ_A :	0	$-P_s/2$	$Tx\sin\theta$	$-Q_s$

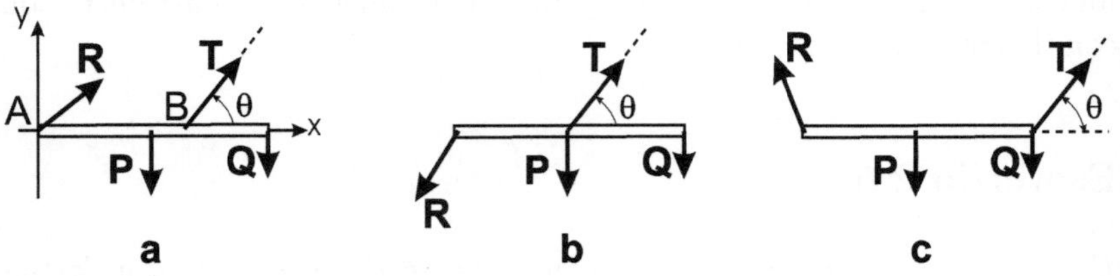

Fig. 2.20. Esercizio 2.6

Le condizioni scalari di equilibrio sono pertanto:

$$R_x = -T\,\cos\theta\,, \tag{2.19}$$
$$R_y = P + Q - T\,\sin\theta\,, \tag{2.20}$$
$$Tx\,\sin\theta = Ps/2 + Qs\,. \tag{2.21}$$

Dalla (2.21) si ricava l'intensità della reazione T:

$$T = (P/2 + Q)\,\frac{s}{x\,\sin\theta}\,.$$

Sostituendo T nelle (2.19) e (2.20):

$$R_x = -(P/2 + Q)\,(s/x)\,\cot\theta\,,$$
$$R_y = -(P/2 + Q)\,s/x + P + Q\,.$$

R_x è sempre negativa. R_y può invece essere positiva o negativa a seconda del valore della forza Q e del rapporto s/x.

B) Studiare il caso particolare $s = 2x$ (Fig. 2.20 b).

Se il cavo è applicato al centro della trave ($s = 2x$):

$$T = 2\,(P/2 + Q)\,/\sin\theta\,,$$
$$R_x = -2\,(P/2 + Q)\,\cot\theta\,,$$
$$R_y = -2\,(P/2 + Q) + P + Q = -Q\,.$$

R_y è negativa per qualunque valore di Q.

C) Studiare il caso particolare $s = x$ (Fig. 2.20 c).

Se il cavo è applicato all'estremo D della trave $(s = x)$:

$$T = (P/2 + Q) / \sin \theta,$$
$$R_x = -(P/2 + Q) \cot \theta,$$
$$R_y = -(P/2 + Q) + P + Q = P/2.$$

R_y è positiva per qualunque valore di Q.

(?) Si studi l'andamento delle soluzioni ottenute, per i diversi valori considerati del rapporto x/s, nei casi limite $\theta \to 0$ e $\theta = \pi/2$ rad.

(?) Si risolva l'esercizio scegliendo inizialmente in modo diverso la direzione arbitraria di $\boldsymbol{R}$ (ad esempio ponendo $R_x > 0$, $R_y < 0$).

(?) Si tenti di risolvere l'esercizio usando, per il calcolo dei momenti, un polo diverso dal punto A.

Esercizio 2.7

Un'asta omogenea di lunghezza ℓ, peso $\boldsymbol{P}$ e sezione trascurabile, inserita per più di metà della sua lunghezza in un recipiente concavo emisferico di raggio r, è in equilibrio nella posizione mostrata in figura 2.21.

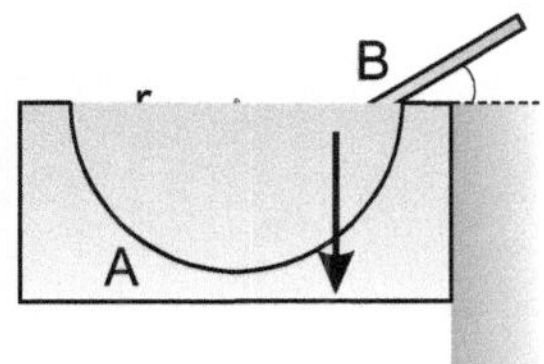

Fig. 2.21. Esercizio 2.7

Nell'ipotesi che l'attrito tra l'asta e la superficie del recipiente sia trascurabile, si determinino le reazioni vincolari e l'angolo α di inclinazione dell'asta rispetto all'orizzontale.

L'asta è a contatto con la superficie del recipiente nei due punti A (estremo inferiore dell'asta) e B (spigolo del recipiente). Le forze agenti sull'asta (Fig. 2.22 a) sono:

- peso $\boldsymbol{P}$, applicato al centro C dell'asta omogenea (baricentro);
- reazione vincolare $\boldsymbol{R}_1$ applicata in A, perpendicolare alla superficie sferica (perché il vincolo è liscio);
- reazione vincolare $\boldsymbol{R}_2$ applicata in B, perpendicolare alla direzione dell'asta (perché il vincolo è liscio).

Le forze applicate sono complanari. Le condizioni di equilibrio sono:

$$\sum_i \boldsymbol{F}_i = 0, \qquad \sum_i \boldsymbol{\tau}_i = 0.$$

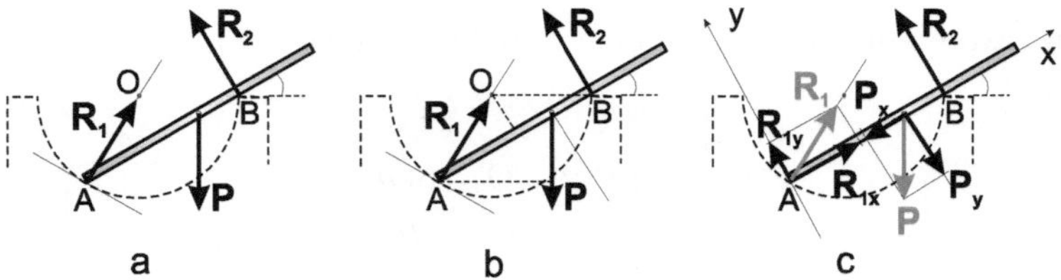

Fig. 2.22. Esercizio 2.7

Consideriamo prima *l'equilibrio dei momenti* (Fig. 2.22 b). Scegliamo come polo dei momenti il punto A.

$$\boldsymbol{AC} \times \boldsymbol{P} + \boldsymbol{AB} \times \boldsymbol{R}_2 = 0 . \tag{2.22}$$

I due momenti (del peso $\boldsymbol{P}$ e della reazione $\boldsymbol{R}_2$) sono entrambi perpendicolari al piano d'azione delle forze ed hanno versi opposti. Per la (2.22) i loro moduli devono essere uguali:

$$|\boldsymbol{AC} \times \boldsymbol{P}| = |\boldsymbol{AB} \times \boldsymbol{R}_2| .$$

Tenendo presente che $AC = \ell/2$ e che $AB = 2r\cos\alpha$, si ha

$$(P\ell/2) \cos\alpha = 2rR_2 \cos\alpha ,$$

e quindi si ricava la reazione R_2:

$$R_2 = P\ell/4r . \tag{2.23}$$

Consideriamo ora *l'equilibrio delle forze* (Fig. 2.22 c):

$$\boldsymbol{P} + \boldsymbol{R}_1 + \boldsymbol{R}_2 = 0 . \tag{2.24}$$

Scegliamo un sistema di assi di riferimento ortogonali Axy con l'origine nel punto A, l'asse x parallelo e l'asse y perpendicolare all'asta e proiettiamo l'equazione (2.24) su questi assi:

$$\begin{cases} R_{1x} = -P_x \\ R_2 + R_{1y} = -P_y \end{cases} \Rightarrow \begin{cases} R_1 \cos\alpha = P \sin\alpha \\ R_2 + R_1 \sin\alpha = P \cos\alpha \end{cases}$$

Tenendo conto della (2.23) si ottengono due espressioni per R_1:

$$R_1 = P \tan\alpha \tag{2.25}$$
$$R_1 = P/\tan\alpha - P\ell/(4r \sin\alpha) \tag{2.26}$$

che uguagliate danno

$$\tan\alpha = \frac{1}{\tan\alpha} - \frac{\ell}{4r \sin\alpha} .$$

Moltiplicando per $\sin\alpha\cos\alpha$ (nell'ipotesi che $\alpha \neq 0, \alpha \neq \pi/2$) e ricordando che $\sin^2\alpha = 1 - \cos^2\alpha$, si ottiene infine l'equazione:

$$8r\,\cos^2\alpha - \ell\,\cos\alpha - 4r \ = \ 0 \ . \tag{2.27}$$

La geometria del problema richiede che $0 < \alpha < \pi/2$, cioè che $\cos\alpha > 0$, per cui l'unica soluzione accettabile della (2.27) è

$$\cos\alpha \ = \ \frac{\ell + \sqrt{\ell^2 + 128r^2}}{16r} \ . \tag{2.28}$$

La (2.28) fornisce pertanto l'angolo α di inclinazione dell'asta. Noto l'angolo α, per mezzo della (2.25) si ricava la reazione R_1.

(?) Si verifichi che la condizione $\cos\alpha < 1$ impone, tramite la (2.28), che $\ell < 4r$. Quest'ultima condizione è comunque implicitamente contenuta nell'enunciato del problema, in quanto, se non fosse soddisfatta, l'asta non potrebbe essere inserita nel recipiente per più di metà della sua lunghezza.

Esercizio 2.8

Tre cilindri uguali, ciascuno di peso $\boldsymbol{P}$, sono sovrapposti come in Fig. 2.23. I due cilindri bassi poggiano sul piano orizzontale e contro le pareti verticali. Determinare le reazioni esercitate sui cilindri dal piano orizzontale e dalle pareti verticali (tutte le superfici a contatto sono liscie).

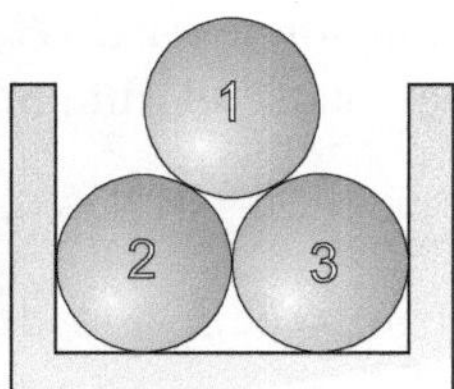

Fig. 2.23. Esercizio 2.8

Consideriamo prima le forze esterne agenti sul sistema costituito dai tre cilindri. Il diagramma di corpo libero (Fig. 2.24) evidenzia i tre pesi $\boldsymbol{P}$ e le quattro reazioni $\boldsymbol{R}_2, \boldsymbol{R}'_2, \boldsymbol{R}_3, \boldsymbol{R}'_3$ normali alle superfici a contatto.
Le forze sono complanari, per cui le condizioni di equilibrio sono:

$$\sum_i \boldsymbol{F}_i \ = \ 0 \ , \qquad \sum_i \boldsymbol{\tau}_i \ = \ 0 \ .$$

La condizione di *equilibrio delle forze* dà:

$$3\boldsymbol{P} + \boldsymbol{R}_2 + \boldsymbol{R}_3 + \boldsymbol{R}'_2 + \boldsymbol{R}'_3 \ = \ 0 \ ,$$

da cui, decomponendo le forze lungo gli assi x (orizzontale) e y (verticale):

$$x: \qquad 3P - R_2 - R_3 = 0; \qquad 3P = R_2 + R_3 \qquad (2.29)$$

$$y: \qquad R_2' - R_3' = 0; \qquad R_2' = R_3' \qquad (2.30)$$

La condizione di *equilibrio dei momenti* (prendendo come polo, ad esempio,

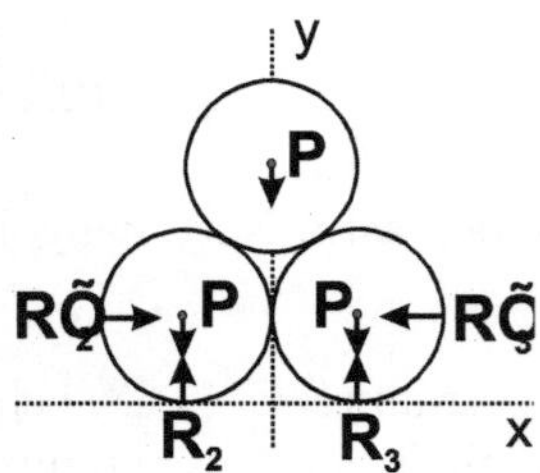

Fig. 2.24. Esercizio 2.8

il punto di contatto tra i due cilindri inferiori) dà:

$$R_2 = R_3 . \qquad (2.31)$$

Dalle (2.29) e (2.31) si ricava

$$R_2 = R_3 = 3P/2 .$$

Resta da determinare l'intensità della reazione delle pareti, $R_2' = R_3'$. Per farlo, è necessario considerare separatamente l'equilibrio di ogni cilindro. Consideriamo prima il *cilindro superiore*. Sul cilindro superiore agiscono tre forze concorrenti (Fig. 2.25 a,b): il peso P e le due reazioni simmetriche R_{21} e R_{31}. L'equilibrio dei momenti (rispetto ad esempio al punto A) impone l'uguaglianza dei moduli:

$$R_{21} = R_{31} . \qquad (2.32)$$

L'equilibrio delle forze porta, per le componenti lungo x e y, alle due

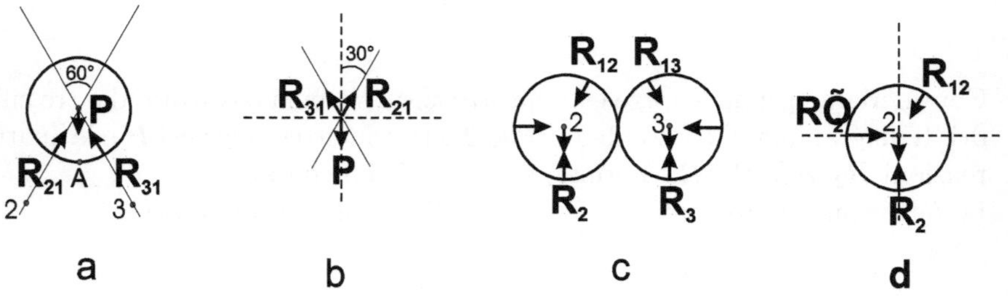

Fig. 2.25. Esercizio 2.8

equazioni

$$\begin{cases} x: & R_{21x} - R_{31x} = 0 \\ y: & R_{21y} + R_{31y} = P \end{cases} \qquad \begin{cases} R_{21x} = -R_{31x} = R_{21}\sin(\pi/6) \\ 2R_{21}\cos(\pi/6) = P \end{cases}$$

da cui

$$R_{21} = R_{31} = \frac{P}{\sqrt{3}}\;; \qquad |\,R_{21x}\,| = |\,R_{31x}| = \frac{P}{2\sqrt{3}}\;. \tag{2.33}$$

Consideriamo ora separatamente i due *cilindri inferiori* (Fig. 2.25 c,d). Sui due cilindri inferiori il cilindro superiore esercita le forze $\boldsymbol{R}_{12}$ e $\boldsymbol{R}_{13}$. Per il principio di azione e reazione

$$\boldsymbol{R}_{12} = -\boldsymbol{R}_{21}\,, \qquad \boldsymbol{R}_{13} = -\boldsymbol{R}_{31}\,.$$

La (2.32) assicura che $R_{12} = R_{13}$. Per determinare l'incognita $R'_2 = R'_3$ è pertanto sufficiente considerare la condizione di equilibrio delle forze agenti su uno solo dei due cilindri inferiori, ad esempio il n° 2 (quello di sinistra) e proiettarla sull'asse x:

$$R'_2 = |\,R_{12x}\,| = |\,R_{21x}\,| = P/2\sqrt{3}\;.$$

(?) Perché nel diagramma di corpo libero del cilindro 2 non si è considerata la reazione esercitata dal cilindro 3 (e viceversa) ?

(?) Cambierebbe la soluzione del problema se le superfici a contatto non fossero lisce ?

(?) Come cambiano le reazioni $\boldsymbol{R}'_2$ e $\boldsymbol{R}'_3$ se viene tolto il cilindro superiore ?

Esercizio 2.9

Un cilindro omogeneo di raggio r e peso $\boldsymbol{P}$ poggia su di un piano orizzontale (Fig. 2.26).
A) Si determini (in direzione e intensità) la forza minima $\boldsymbol{F}_{\min}$ che è necessario applicare all'asse del cilindro per fargli superare un gradino di altezza h ruotando intorno allo spigolo C.

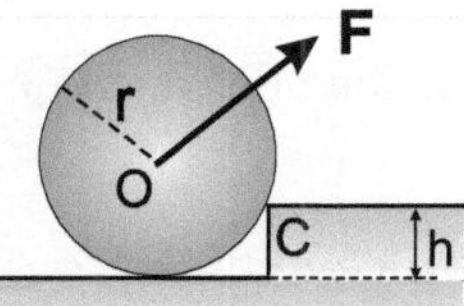

Fig. 2.26. Esercizio 2.9

Le forze agenti sul cilindro sono (Fig. 2.27 a):

– peso $\boldsymbol{P}$, applicato al baricentro O del cilindro;
– reazione vincolare $\boldsymbol{N}$ del piano;

– reazione vincolare R dello spigolo C, di direzione incognita;
– forza di sollevamento F, di direzione indeterminata, applicata al baricentro O del cilindro.

Si richiede che il cilindro ruoti intorno al punto C. Calcoliamo pertanto i momenti delle forze agenti rispetto al punto C.

Notiamo subito che la reazione vincolare N si annulla non appena il cilindro si stacca dal piano. Il momento totale è pertanto

$$\tau_c = \sum_i \tau_{c,i} = r \times P + r \times F\,,$$

dove $r = CO$. Si noti che la reazione R è applicata in C, pertanto il suo momento rispetto a C è nullo.

La rotazione attorno allo spigolo è possibile se il momento della forza F è

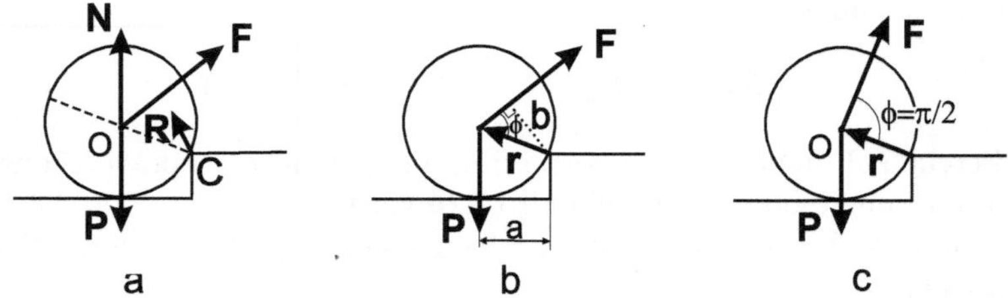

Fig. 2.27. Esercizio 2.9

maggiore in modulo del momento del peso P ($r \times F$ e $r \times R$ hanno infatti la stessa direzione ma versi opposti):

$$|r \times F| = |r \times P|\,. \tag{2.34}$$

Indicando con a e b, rispettivamente, i bracci del peso P e della forza F rispetto a C (Fig. 2.27 b), si ha:

$$b\,F > a\,P \qquad \text{cioe}' \qquad F > a\,P/b\,. \tag{2.35}$$

Il braccio a della forza peso può essere espresso in funzione del raggio r del cilindro e dell'altezza h del gradino:

$$a = \sqrt{r^2 - (r - h)^2} = \sqrt{h(2r - h)}\,.$$

Il braccio b dipende dalla direzione della forza F:

$$b = r\,\sin\phi\,,$$

dove ϕ è l'angolo tra F e CO.

La forza F è minima nella (2.35) quando b è massimo, cioè quando $\sin\phi =$

1, $\phi = \pi/2$ (Fig. 2.27 c). La forza $\boldsymbol{F}_{\min}$ deve perciò essere applicata in direzione perpendicolare al segmento OC ($\phi = \pi/2$) e la sua intensità vale

$$F_{\min} = \frac{\sqrt{h(2r - h)}}{r} P = \sqrt{\frac{h}{r}\left(2 - \frac{h}{r}\right)} P \, . \tag{2.36}$$

(?) Si discuta l'andamento di $F_{\min}$ al variare dell'altezza h del gradino, in particolare per $h = 0$ e $h = r$. Il risultato (2.36) è ancora valido per $h > r$?

B) Si determini la direzione della reazione vincolare $\boldsymbol{R}$.

Consideriamo la situazione in cui il cilindro è in equilibrio. Oltre all'equazione dei momenti, già utilizzata, deve essere verificata anche l'equazione dell'equilibrio delle forze:

$$\boldsymbol{P} + \boldsymbol{F} + \boldsymbol{R} = 0 \, ; \qquad \text{cioe}' \qquad \boldsymbol{P} + \boldsymbol{F} = -\boldsymbol{R} \, .$$

$\boldsymbol{R}$ deve equilibrare la risultante $\boldsymbol{P} + \boldsymbol{F}$ applicata al baricentro O del cilindro. Ciò è possibile solo se la retta d'azione di $\boldsymbol{R}$ passa per O. $\boldsymbol{R}$ deve quindi essere diretta radialmente.

2.6 Equilibrio di una carrucola

Consideriamo una carrucola di raggio R, libera di ruotare senza attrito attorno al suo asse O. Attorno alla carrucola passa una fune ai cui capi sono applicate due forze $\boldsymbol{F}_1$ e $\boldsymbol{F}_2$ (Fig. 2.28 a).

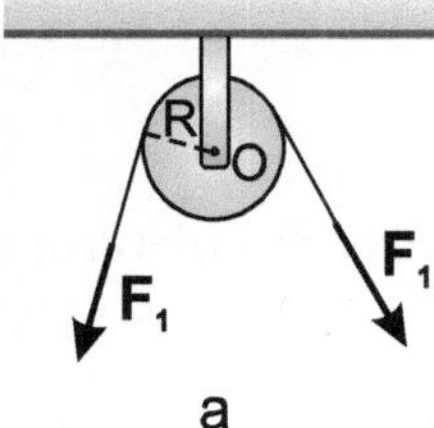

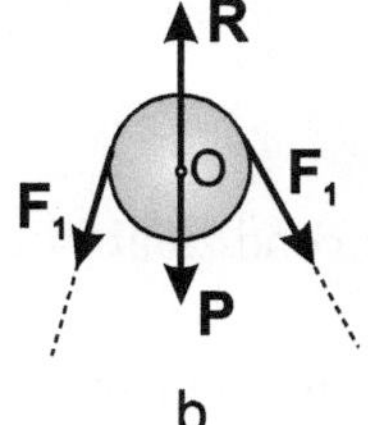

Fig. 2.28. Carrucola (a) e suo diagramma di corpo libero (b)

Le forze agenti sulla carrucola sono (Fig. 2.28 b):

- il peso $\boldsymbol{P}$ della carrucola, applicato all'asse;
- le forze $\boldsymbol{F}_1$ e $\boldsymbol{F}_2$ applicate alla fune;
- la reazione vincolare $\boldsymbol{R}$ applicata all'asse.

Si tratta di forze complanari; le condizioni di equilibrio sono:

$$\sum_i \boldsymbol{F}_i = 0 \,, \qquad \sum_i \boldsymbol{\tau}_i = 0 \,. \tag{2.37}$$

La condizione sui momenti, calcolati rispetto all'asse O, richiede che

$$R\,F_1 = R\,F_2 \,, \qquad \text{cioe}' \qquad F_1 = F_2 \,. \tag{2.38}$$

In condizioni statiche la carrucola consente di cambiare direzione ad una forza senza modificarne l'intensità. (In condizioni dinamiche, ciò è possibile solo se il peso della carrucola è trascurabile rispetto alle forze F_1 e F_2).

Esercizio 2.10

Il sistema rappresentato in Fig. 2.29 è costituito da due corpi C_1 e C_2, di pesi rispettivamente $\boldsymbol{P}_1$ e $\boldsymbol{P}_2$, da due carrucole uguali di raggio R e peso trascurabile e da una fune inestensibile di peso trascurabile con un estremo fissato al soffitto nel punto A. Il sistema è in equilibrio.
A) Si determini il rapporto tra i pesi P_1 e P_2 dei due corpi (nell'ipotesi che siano trascurabili tutti gli attriti).

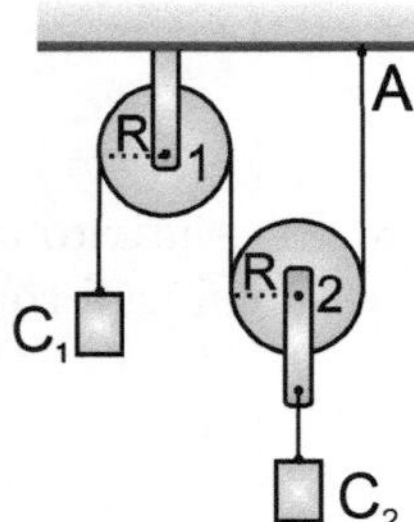

Fig. 2.29. Esercizio 2.10

Consideriamo separatamente le condizioni di equilibrio dei diversi corpi che compongono il sistema.

Sul *corpo C_1* (Fig. 2.30 a) agiscono le forze concorrenti:

– tensione della fune $\boldsymbol{T}_1$;
– peso $\boldsymbol{P}_1$ del corpo C_1.

La condizione di equilibrio è:

$$\boldsymbol{P}_1 + \boldsymbol{T}_1 = 0 \,, \qquad \text{quindi} \qquad P_1 = T_1 \,. \tag{2.39}$$

Sulla *carrucola 2* (Fig. 2.30 b) agiscono le forze complanari

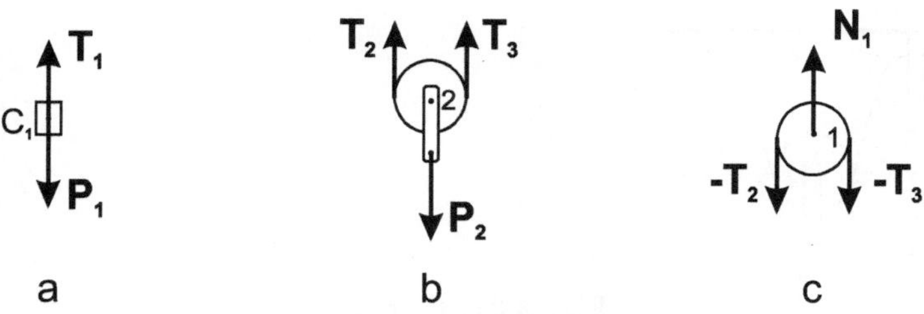

Fig. 2.30. Esercizio 2.10

– tensioni della fune, T_2 e T_3;
– peso P_2 del corpo C_2.

Le condizioni di equilibrio sulle forze e sui momenti (calcolati rispetto all'asse della carrucola 2) sono:

$$\begin{cases} P_2 + T_2 + T_3 = 0 \\ RT_2 = RT_3 \end{cases} \Rightarrow \begin{cases} P_2 = T_2 + T_3 \\ T_2 = T_3 \end{cases}$$

da cui:

$$P_2 = 2\,T_3 \; . \tag{2.40}$$

Sulla *carrucola 1* (Fig. 2.30 c) agiscono le forze parallele

– tensioni della fune, $-T_1$ e $-T_2$;
– reazione vincolare N_1 del soffitto.

Le condizioni di equilibrio sono:

$$\begin{cases} N_1 - T_1 - T_2 = 0 \\ RT_2 = RT_1 \end{cases} \Rightarrow \begin{cases} N = T_1 + T_2 \\ T_1 = T_2 \end{cases} \tag{2.41}$$

La tensione della fune è uguale in tutti i suoi punti: $T_1 = T_2 = T_3$.
Dalle (2.39) e (2.40) il rapporto tra P_1 e P_2 è quindi

$$\frac{P_1}{P_2} = \frac{T_1}{2T_3} = \frac{1}{2} \; .$$

La macchina qui studiata ha un evidente interesse pratico, in quanto consente di equilibrare una forza di intensità P_2 applicando una forza di minore intensità, $P_1 = P_2/2$.

(?) Qual è lo sforzo totale esercitato sul soffitto ?

B) Se il punto A di sospensione della fune al soffitto viene spostato verso sinistra in una nuova posizione A' (Fig. 2.31), il sistema rimane in equilibrio ?

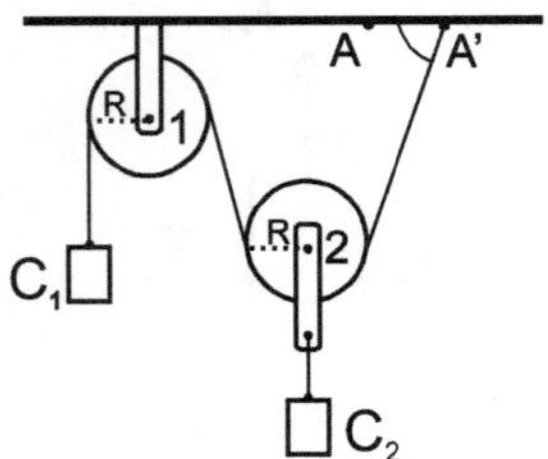

Fig. 2.31. Esercizio 2.10

Studiamo l'equilibrio della carrucola 2 nella nuova configurazione. Chiamiamo T_2' e T_3' le tensioni della fune.

Se decomponiamo le tensioni T_2' e T_3' secondo le direzioni orizzontale e verticale (Fig. 2.32 a), le condizioni di equilibrio per la carrucola 2 sono:

$$\begin{cases} P_2 = T_{2y}' + T_{3y}' \\ T_{2x}' = T_{3x}' \\ RT_2' = RT_3' \end{cases} \Rightarrow \begin{cases} P_2 = 2T_2' \sin\alpha \\ \\ T_3' = T_2' \end{cases}$$

L'equilibrio della carrucola 1 (Fig. 2.32 b) richiede che

$$P_1 = T_2' .$$

Per avere equilibrio il rapporto tra i pesi P_1 e P_2 dovrebbe pertanto essere

$$\frac{P_1}{P_2} = \frac{1}{2\sin\alpha}; \qquad P_1 = \frac{P_2}{2\sin\alpha} > \frac{P_2}{2} .$$

Se $P_1 = P_2/2$, il sistema è in equilibrio per $A' = A$ (cioè $\alpha = \pi/2$) ma non può rimanere in equilibrio se A' viene spostato verso destra ($\alpha < \pi/2$): in tal caso il corpo C_2 scende e il corpo C_1 sale.

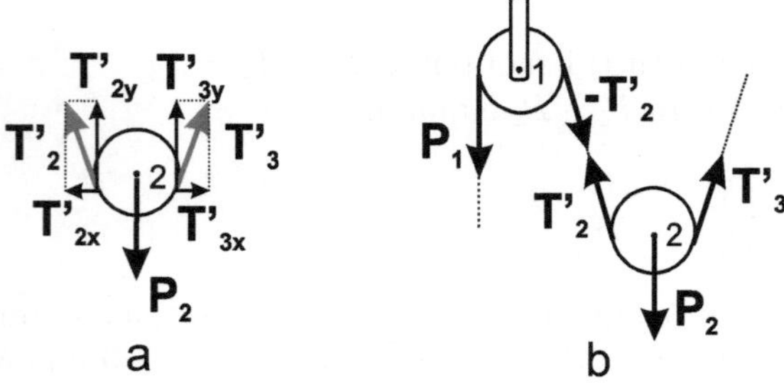

a   b   **Fig. 2.32.** Esercizio 2.10

Esercizio 2.11

*Nel sistema mostrato in Figura 2.33, un uomo di peso **P** mantiene in equilibrio la piattaforma sospesa AB esercitando una trazione verticale **F** sul capo*

C della fune. Le due carrucole hanno ugual raggio R, la piattaforma è lunga 3R. Carrucole e piattaforma hanno pesi trascurabili.
*A) Si determini l'intensità della forza **F**.*

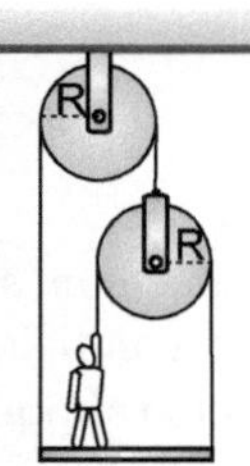

Fig. 2.33. Esercizio 2.11

Individuiamo per prima cose tutte le forze agenti sui singoli componenti il sistema (Fig. 2.34).

Sulla *carrucola 2* agiscono le forze esercitate dalle funi, $-\boldsymbol{T}_1$ verso l'alto, $\boldsymbol{T}_2$ verso il basso. Inoltre

$$T_2 = F . \tag{2.42}$$

L'equilibrio della carrucola 2 richiede che

$$T_1 = F + T_2 = 2\,F . \tag{2.43}$$

Consideriamo ora l'equilibrio della *piattaforma*. L'uomo esercita sulla fune

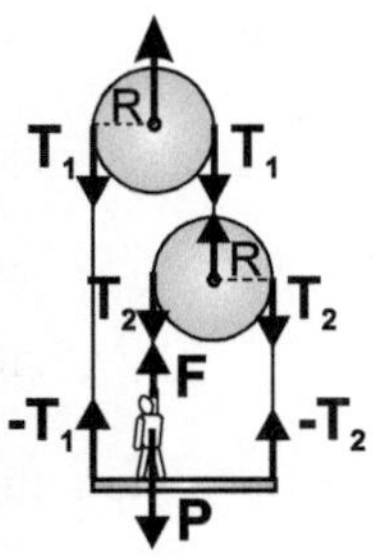

Fig. 2.34. Esercizio 2.11

una forza **F** diretta verso il basso; per il principio di azione e reazione la fune esercita sull'uomo una forza $-\boldsymbol{F}$ diretta verso l'alto. La forza con cui l'uomo grava sulla piattaforma è pertanto $\boldsymbol{P} - \boldsymbol{F}$.
Le forze agenti sulla piattaforma sono complanari e parallele; le condizioni di equilibrio sono:

$$\sum_i F_{iy} = 0 \,, \tag{2.44}$$

$$\sum_i \tau_i = 0 \,. \tag{2.45}$$

La condizione (2.44), tenendo conto delle (2.42) e (2.43), dà:

$$P = F + T_1 + T_2 \quad \Rightarrow \quad P = 4F \quad \Rightarrow \quad F = P/4 \,. \tag{2.46}$$

L'intensità di F è così determinata.

Si faccia però attenzione che la condizione (2.44) è *necessaria* ma non *sufficiente* per l'equilibrio. Dobbiamo pertanto verificare anche la condizione (2.45), cioè la condizione sui momenti. Calcoliamo i momenti rispetto al punto O di appoggio dell'uomo sulla piattaforma:

$$2 \, R \, T_2 = R \, T_1 \quad \Rightarrow \quad T_1 = 2 \, T_2 \,. \tag{2.47}$$

La (2.47) è in accordo con le (2.42) e (2.43). Anche la condizione di equilibrio (2.45) è pertanto soddisfatta.

B) È possibile mantenere l'equilibrio nel caso le due carucole abbiano raggi diversi ? Si consideri ad esempio il caso $R_1 > R_2$, con $AB = 2R_1 + R_2$.

È facile verificare che anche in questo secondo caso sono validi i risultati espressi dalle (2.42), (2.43) e (2.46):

$$T_1 = 2T_2 = 2F \,, \qquad F = P/4 \,.$$

La condizione di equilibrio dei momenti, calcolati rispetto al punto O' di appoggio dell'uomo sulla piattaforma, richiede in questo caso che:

$$T_1 \, (2R_1 - R_2) = 2 \, T_2 R_2 \,,$$

cioè

$$T_1 = 2 \, T_2 \, \frac{R_2}{2R_1 - R_2} \,. \tag{2.48}$$

La (2.48) è incompatibile con la (2.43) se $R_1 \neq R_2$. Il sistema non può pertanto essere in equilibrio se le due carrucole hanno raggio diverso.

2.7 *Problemi non risolti*

2.1. Un corpo di massa $m = 100 \, \text{kg}$ è appeso mediante una fune ad una mensola costituita da tre aste rigide AP, BP e CP disposte come in Fig. 2.35 a: $\alpha = \pi/6$, $\beta = \pi/3$, $\gamma = \pi/2$. La fune e le aste hanno massa trascurabile. Si determinino gli sforzi sulle tre aste.

2.2. Un corpo di massa $M = 100\,\mathrm{kg}$ è appeso all'estremità B di una fune omogenea AB di massa $m = 2\,\mathrm{kg}$ che può scorrere con attrito trascurabile attorno ad un perno orizzontale. All'estremità A della fune è applicata una forza verticale F che mantiene il sistema in equilibrio (Fig. 2.35 b). Si determinino:

- l'intensità della forza F,
- la tensione T della fune agli estremi A e B,
- la tensione T al centro C della fune.

nelle tre ipotesi:

a) le estremità A e B sono alla stessa altezza;
b) l'estremità A è all'altezza del perno;
c) l'estremità B è all'altezza del perno.

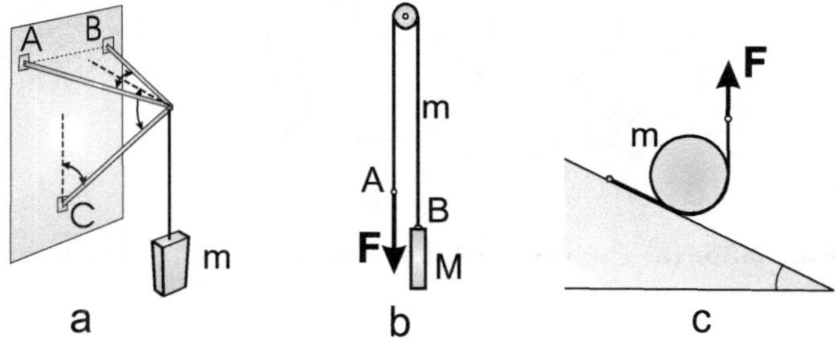

Fig. 2.35. (a) Problema 2.1, (b) Problema 2.2, (c) Problema 2.3

2.3. Un cilindro di massa m è in equilibrio su un piano inclinato di un angolo α rispetto all'orizzontale. L'equilibrio è mantenuto per mezzo di una fune che passa attorno al cilindro ed ha un'estremità fissata al piano inclinato, l'altra estremità tirata verso l'alto da una forza verticale F (Fig. 2.35 c). Determinare:

a) l'intensità della forza F;
b) la reazione esercitata dal piano inclinato.

2.4. Una sferetta di raggio trascurabile e peso $P = 100\,\mathrm{N}$ è attaccata all'estremo B di una fune AB di peso trascurabile. L'altro estremo A è legato ad un chiodo. La sferetta poggia su di una superficie sferica liscia di raggio $r = 50\,\mathrm{cm}$ (Fig. 2.36 a). La distanza tra il chiodo A e la superficie sferica è $d = 30\,\mathrm{cm}$, la lunghezza della fune è $\ell = 50\,\mathrm{cm}$. Si determinino:

a) la tensione T della fune;
b) la reazione R esercitata dalla superficie sferica.

2.5. Una molla è legata per un'estremità al punto più alto di una guida circolare di raggio r disposta verticalmente e per l'altra estremità ad un anello di massa m e raggio trascurabile in grado di scorrere senza attrito lungo la guida circolare (Fig. 2.36 b). La lunghezza della molla a riposo è $\ell < 2r$. Quando viene stirata, la molla reagisce con una forza elastica $\boldsymbol{F} = -k\,\boldsymbol{\Delta\ell}$. Determinare:

a) i valori assunti dall'angolo ϕ tra l'elastico e la verticale nelle posizioni di equilibrio dell'anello;
b) la condizione cui deve soddisfare la costante k affinché l'anello sia in equilibrio ad un angolo $\phi \neq 0$.

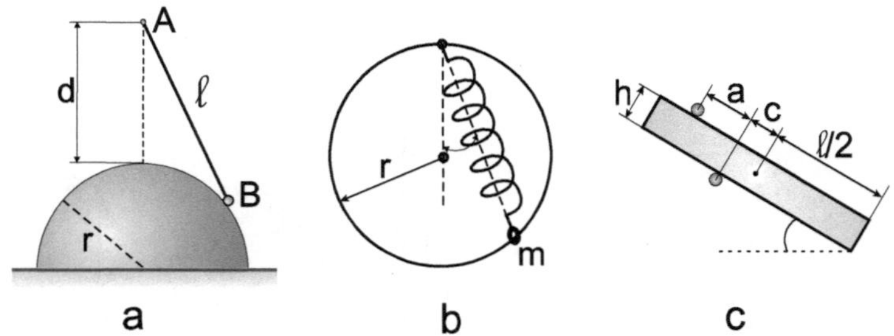

Fig. 2.36. (a) Problema 2.4, (b) Problema 2.5, (c) Problema 2.6

2.6. Una trave di lunghezza ℓ e spessore h è vincolata nel piano verticale da due perni fissi A e B (Fig. 2.36 c).
Si determini il valor massimo dell'angolo di inclinazione θ compatibile con l'equilibrio se il coefficiente d'attrito tra trave e perni è μ.
(Si eseguano i calcoli ponendo: $\ell = 2\,\mathrm{m}$, $a = 0.2\,\mathrm{m}$, $b = 0.2\,\mathrm{m}$, $c = 0.3$ m, $h = 0.1\,\mathrm{m}$, $\mu = 0.3$).

2.7. Due sferette di raggio trascurabile e masse m_1 e m_2, collegate tra loro da una fune di massa trascurabile e di lunghezza ℓ, sono in equilibrio su una superficie cilindrica liscia di raggio r (Fig. 2.37 a). Determinare:

a) le relazioni tra gli angoli ϕ_1 e ϕ_2 all'equilibrio;
b) le reazioni vincolari N_1 e N_2 esercitate dal cilindro sulle sferette.

2.8. Una sbarra omogenea AB di peso $\boldsymbol{P}$ e lunghezza ℓ è appoggiata con un'estremità ad una parete verticale liscia; l'altra estremità è sostenuta da una fune leggera attaccata alla parete nel punto C (Fig. 2.37 b). Indicando con α l'angolo tra la sbarra in equilibrio e la parete, si determinino:

- la distanza BC tra il punto B di appoggio della sbarra alla parete ed il punto C;

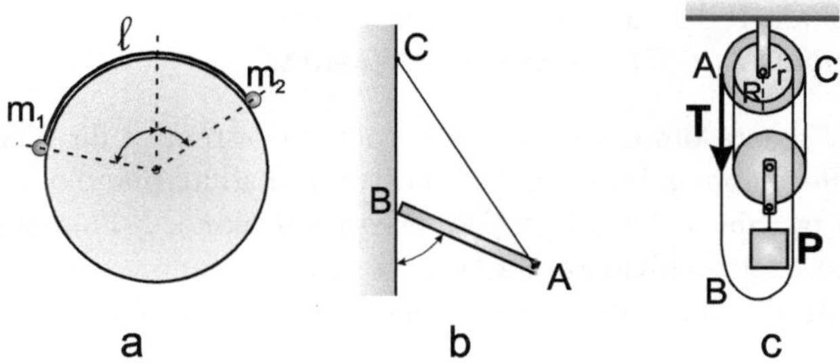

Fig. 2.37. (a) Problema 2.7, (b) Problema 2.8, (c) Problema 2.9

- la tensione T esercitata dalla fune;
- la reazione R esercitata dalla parete.

2.9. La *puleggia differenziale* è una macchina costituita da: due pulegge connesse rigidamente con l'asse di rotazione fisso in comune, una puleggia mobile al cui asse viene appeso il corpo di peso P da sollevare, una fune avvolta come in Fig. 2.37 c attorno alle pulegge. Indichiamo con r e R i raggi delle due pulegge ad asse fisso. Si determini la forza T che è necessario applicare al punto A della fune per tenere in equilibrio il corpo di peso P nei due casi:

a) il peso della fune è trascurabile;
b) il peso della porzione di fune liberamente appesa (nella figura, il tratto ABC) è p.

(Si eseguano i calcoli per $r = 0.9\,R$, $P = 100\,\text{N}$, $p = 2\,\text{N}$).

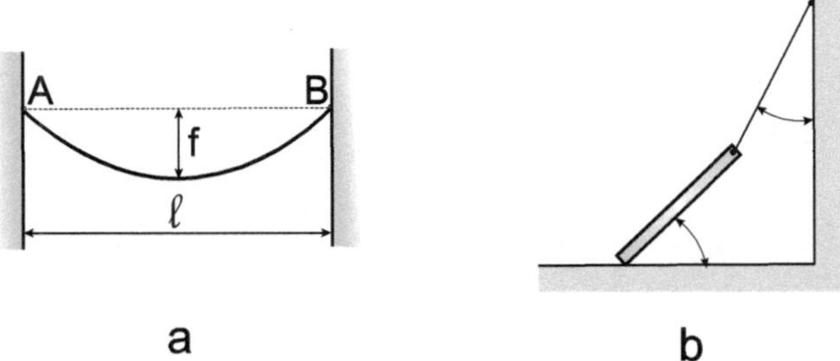

Fig. 2.38. (a) Problema 2.10, (b) Problema 2.11

2.10. Un cavo omogeneo di peso P è appeso tra due pareti verticali. Le estremità del cavo sono fissate a due punti A e B alla stessa quota (Fig. 2.38 a). Sia ℓ la distanza tra i punti A e B e f la freccia del cavo. Supponendo per semplicità che il peso del cavo possa essere scomposto in due parti uguali applicate una a distanza $\ell/4$, l'altra a distanza $3\ell/4$ dal punto A, si determinino:

a) la tensione T del cavo nel suo punto centrale;
b) le reazioni R_A e R_B esercitate dalle pareti.

2.11. Una sbarra omogenea, sorretta per un'estremità da una fune di peso trascurabile, è appoggiata con l'altra estremità ad un piano orizzontale ruvido (Fig. 2.38 b). Sia α l'angolo tra la sbarra e il piano, β l'angolo tra la fune e la verticale, μ il coefficiente d'attrito tra asta e piano.
Si determini il valore dell'angolo β per il quale l'asta comincia a scivolare.

3 Cinematica

3.1 Moto unidimensionale

Consideriamo il moto di un punto P su traiettoria rettilinea. Una volta scelti sulla retta un punto origine O ed un'orientazione, è possibile individuare la posizione istantanea del punto P per mezzo della sua coordinata x (Fig. 3.1).

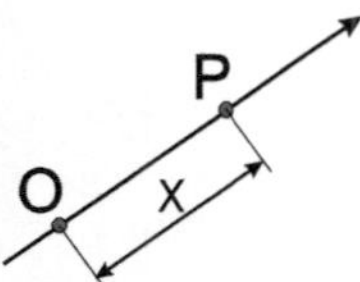

Fig. 3.1. Moto di un punto P lungo una traiettoria rettilinea

Legge oraria

La legge oraria è la funzione $x(t)$ che descrive la variazione della posizione x in funzione del tempo t. La distanza x dall'origine si misura in metri, il tempo t in secondi. Alcune semplici leggi orarie sono:

$$x(t) = k , \qquad x(t) = kt , \qquad x(t) = A\sin(\omega t) , \qquad (3.1)$$

rappresentate graficamente in Fig. 3.2.

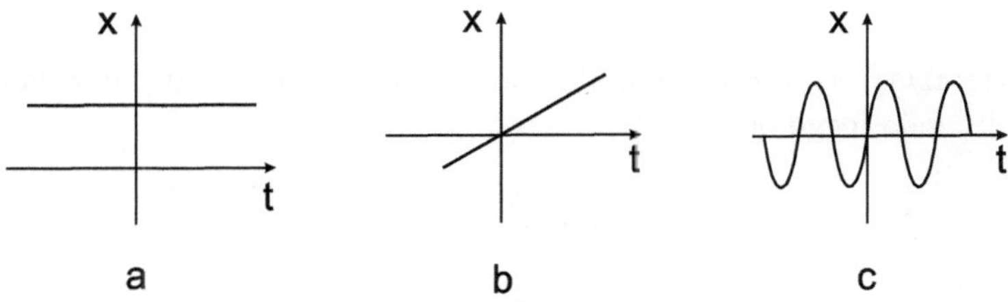

Fig. 3.2. Rappresentazione grafica delle leggi orarie espresse nella (3.1)

(?) In che unità di misura vanno espresse le costanti k, A, ω nei tre esempi considerati ?

Velocità

La *velocità media* relativa all'intervallo di tempo $\Delta t = t_2 - t_1$ (Fig. 3.3 a) è definita come

$$v_m = \frac{x_2 - x_1}{t_2 - t_1} = \frac{\Delta x}{\Delta t}. \tag{3.2}$$

La *velocità istantanea* è la derivata prima della legge oraria:

$$v(t) = \lim_{\Delta t \to 0} \frac{\Delta x}{\Delta t} = \frac{\mathrm{d}x}{\mathrm{d}t} \tag{3.3}$$

La velocità si misura in metri al secondo $(\mathrm{m\,s^{-1}})$.

Calcoliamo la velocità istantanea negli esempi (3.1):

$$v(t) = 0 \,, \qquad v(t) = k \,, \qquad v(t) = A\omega\cos(\omega t). \tag{3.4}$$

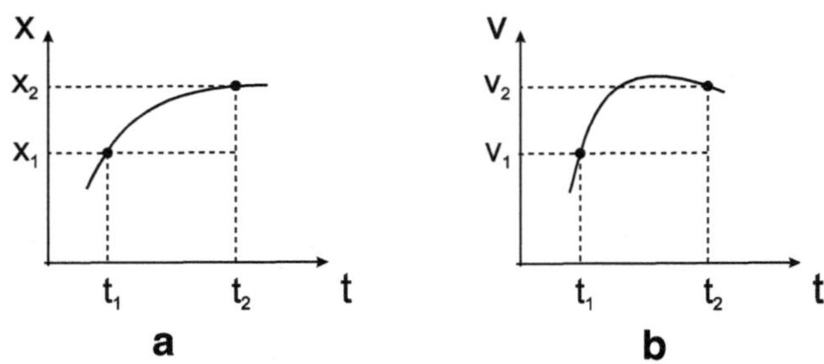

Fig. 3.3. Calcolo della velocità (**a**) e dell'accelerazione (**b**)

Accelerazione

L' *accelerazione media* relativa all'intervallo di tempo $\Delta t = t_2 - t_1$ (Fig. 3.3 b) è definita come

$$a_m = \frac{v_2 - v_1}{t_2 - t_1} = \frac{\Delta v}{\Delta t}. \tag{3.5}$$

L'*accelerazione istantanea* è la derivata prima della velocità, cioè la derivata seconda della legge oraria:

$$a(t) = \lim_{\Delta t \to 0} \frac{\Delta v}{\Delta t} = \frac{\mathrm{d}v}{\mathrm{d}t} = \frac{\mathrm{d}^2 x}{\mathrm{d}t^2}. \tag{3.6}$$

L'accelerazione si misura in metri al secondo per secondo $(\mathrm{m\,s^{-2}})$.

Calcoliamo l'accelerazione istantanea negli esempi (3.1):

$$a(t) = 0 \,, \qquad a(t) = 0 \,, \qquad a(t) = -A\omega^2\sin(\omega t). \tag{3.7}$$

Nota la velocità, ricavare la legge oraria

Nota la velocità in funzione del tempo, $v(t)$, la legge oraria $x(t)$ si può ricavare risolvendo l'equazione differenziale del primo ordine

$$\frac{\mathrm{d}}{\mathrm{d}t}\,[x(t)] \;=\; v(t). \tag{3.8}$$

La soluzione (Fig. 3.4 a)

$$x(t) \;=\; x_0 + \int_{t_0}^{t} v(t')\,\mathrm{d}t' \tag{3.9}$$

è univocamente determinata solo se è nota la *condizione iniziale* $x_0 = x(t_0)$. (La soluzione di un'equazione differenziale del primo ordine contiene sempre una costante di integrazione).

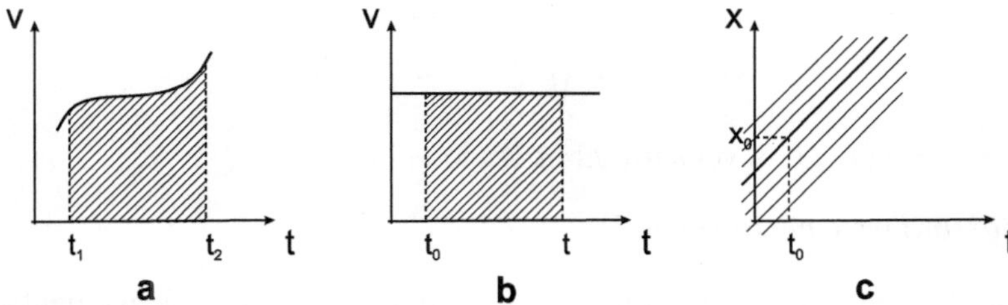

Fig. 3.4. Calcolo della legge oraria, nota la velocità in funzione del tempo

Moto uniforme

Se $v(t) = v_1 =$ costante, il moto è detto uniforme (Fig. 3.4 b). La legge oraria (3.9) diviene

$$x(t) \;=\; x_0 \;+\; v_1\,(t - t_0). \tag{3.10}$$

Se non viene specificato il valore di x_0 (posizione all'istante t_0), non è possibile scegliere tra le infinite leggi orarie per le quali $v(t) = v_1$ (Fig. 3.4 c).

Nota l'accelerazione, ricavare la velocità

Nota l'accelerazione in funzione *del tempo*, $a(t)$ (Fig. 3.5), la velocità $v(t)$ si può ricavare risolvendo l'equazione differenziale del primo ordine

$$\frac{\mathrm{d}}{\mathrm{d}t}\,[v(t)] \;=\; a(t). \tag{3.11}$$

La soluzione

$$v(t) \;=\; v_0 \;+\; \int_{t_0}^{t} a(t')\,\mathrm{d}t' \tag{3.12}$$

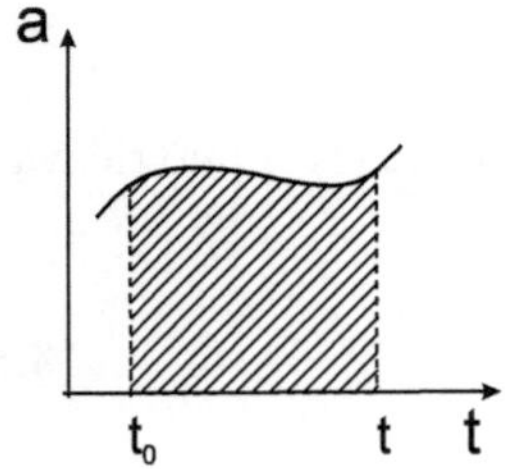

Fig. 3.5. Accelerazione in funzione del tempo

è univocamente determinata solo se è nota la *condizione iniziale* $v_0 = v(t_0)$. Nota l'accelerazione in funzione *della posizione*, $a(x)$, la velocità $v(x)$ si può ricavare integrando $a(x)$ rispetto a x:

$$\int_{x_0}^{x} a(x')\,\mathrm{d}x' \;=\; \int_{v_0}^{v} v'\,\mathrm{d}v' \;=\; \frac{1}{2}v^2(x) \;-\; \frac{1}{2}v_0^2\,, \tag{3.13}$$

cioè

$$v(x) \;=\; \pm\sqrt{v_0^2 \;+\; 2\int_{x_0}^{x} a(x')\mathrm{d}x'}\,, \tag{3.14}$$

dove $v_0 = v(x_0)$ è la velocità alla posizione iniziale.

Moto uniformemente vario

Se $a(t) = a_1 = $ costante (Fig. 3.6 a), il moto è detto uniformemente vario. Dalla (3.12) si ottiene la velocità in funzione del tempo:

$$v(t) \;=\; v_0 \;+\; a_1\,(t - t_0). \tag{3.15}$$

La velocità dipende linearmente dal tempo (Fig. 3.6 b). E' perciò agevole ricavare la legge oraria utilizzando la (3.9):

$$x(t) \;=\; x_0 + v_0\,(t - t_0) \;+\; \frac{1}{2}a_1\,(t - t_0)^2. \tag{3.16}$$

(?) Si derivi due volte la legge oraria (3.16) e si verifichi che essa corrisponde ad un'accelerazione costante.

Il grafico di $x(t)$ è parabolico (Fig. 3.6 c). Se $a_1 > 0$ la parabola ha concavità rivolta verso l'alto; se $a_1 < 0$ la parabola ha concavità rivolta verso il basso. Si noti che la determinazione della legge oraria (3.16) richiede la conoscenza di due condizioni iniziali, x_0 e v_0. Nota $a(t)$, la legge oraria si ottiene infatti risolvendo l'equazione differenziale del secondo ordine

$$\frac{\mathrm{d}^2}{\mathrm{d}t^2}\,[x(t)] \;=\; a(t). \tag{3.17}$$

In generale, la soluzione di un'equazione differenziale di ordine n contiene n costanti d'integrazione.

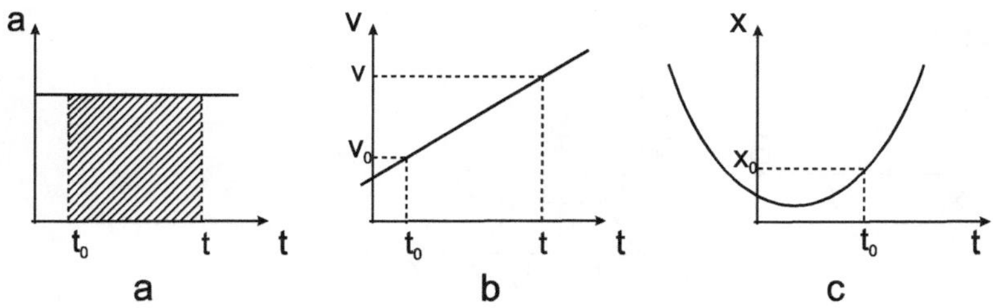

Fig. 3.6. Calcolo della legge oraria per un moto uniformemente vario: (**a**) accelerazione, (**b**) velocità, (**c**) posizione in funzione del tempo

Moto con a(x) costante

Se l'accelerazione non dipende dalla posizione, cioè se $a(x) = a_1 = $ costante, la (3.14) diviene:

$$v(x) \; = \; \pm \, \sqrt{\, v_0^2 \; + \; 2a_1\,(x - x_0)}. \tag{3.18}$$

Caso tipico è l'accelerazione di gravità, costante in direzione verso e modulo: $a = g = 9.8 \text{ ms}^{-2}$.

Esercizio 3.1

Un convoglio della metropolitana parte dalla stazione A e si ferma alla stazione B, che si trova a distanza $d = 4\,\text{km}$. Il convoglio effettua le fasi di accelerazione e frenamento con accelerazione costante, di modulo $a = 1\,\text{m s}^{-2}$. Si determini il tempo minimo necessario a percorrere il tratto tra le due stazioni e si disegni il grafico velocità-tempo.

A) Si supponga che il convoglio non abbia alcun limite di velocità.

Il moto si compone di due fasi (Fig. 3.7 a): accelerazione e decelerazione. Nella prima fase il moto è uniformemente accelerato fino a raggiungere la massima velocità v_m compatibile con la necessità di doversi arrestare alla stazione B. La fase di accelerazione dura un intervallo di tempo $t_1 = v_m/a$ durante il quale viene percorsa una distanza x_1:

$$x_1 \; = \; at_1^2/2 \; = \; v_m^2/2a \; .$$

Nella seconda fase, di frenamento, la velocità varia nel tempo secondo la legge

$$v(t) \; = \; v_m - at \; ,$$

dove t è il tempo misurato a partire dall'istante in cui ha inizio la decelerazione. L'intervallo di tempo t_2 impiegato dal convoglio a passare dalla velocità v_m alla velocità zero è dato da

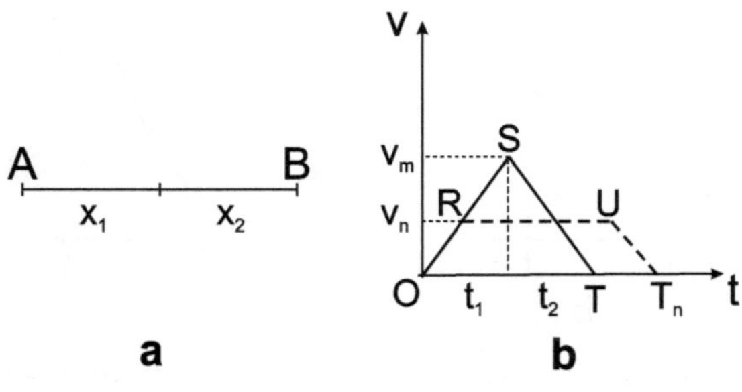

Fig. 3.7. Esercizio 3.1

$$0 = v_m - at_2 \quad \Rightarrow \quad t_2 = v_m/a \ .$$

Lo spazio percorso nell'intervallo di tempo t_2 è

$$x_2 \; = \; \frac{1}{2}at_2^2 \; = \; \frac{v_m^2}{2a} \ .$$

Il valore della velocità massima v_m si ricava imponendo

$$d \; = \; x_1 + x_2 \; = \; \frac{v_m^2}{2a} + \frac{v_m^2}{2a} \quad \Rightarrow \quad v_m = \sqrt{da} \ .$$

Il tempo minimo impiegato a percorrere il tratto AB è:

$$T \; = \; t_1 + t_2 \; = \; 2v_m/a \; = \; 2\sqrt{d/a} \ .$$

Sostituiamo i valori numerici ($d = 4\,\mathrm{km} = 4000\,\mathrm{m}$), ottenendo

$$T = 2\sqrt{d/a} = 126.5\,\mathrm{s} \ .$$

Disegnamo il diagramma velocità-tempo (Fig. 3.7 b). L'area del triangolo OST rappresenta la distanza tra le stazioni A e B. Se il convoglio raggiungesse una velocità maggiore di v_m, non sarebbe poi in grado di arrestarsi entro la stazione B per effetto della decelerazione costante a. Se invece raggiungesse una velocità massima $v_n < v_m$ e proseguisse per un tratto a velocità costante v_n impiegherebbe un tempo $T_n > T$ per raggiungere la stazione B (l'area del triangolo OST deve infatti essere uguale a quella del trapezio ORUT$_n$.)

(?) E' lecito considerare un convoglio della metropolitana come un punto materiale ?

B) Si supponga che la velocità massima consentita sia $V = 60\,km\,h^{-1}$.

In questo caso il moto si compone di tre fasi (Fig. 3.8 a):

1: Moto uniformemente accelerato; il convoglio accelera fino a raggiungere la velocità limite V, percorrendo lo spazio

$$x_1' = V^2/2a \qquad \text{nel tempo} \qquad t_1' = V/a \; .$$

2: Moto uniforme a velocità V: il convoglio procede a velocità V per un tempo t_2' durante il quale percorre lo spazio

$$x_2' = V t_2' \; .$$

3: Moto uniformemente decelerato: il convoglio decelera fino a fermarsi, percorrendo lo spazio

$$x_3' = V^2/2a \qquad \text{nel tempo} \qquad t_3' = V/a \; .$$

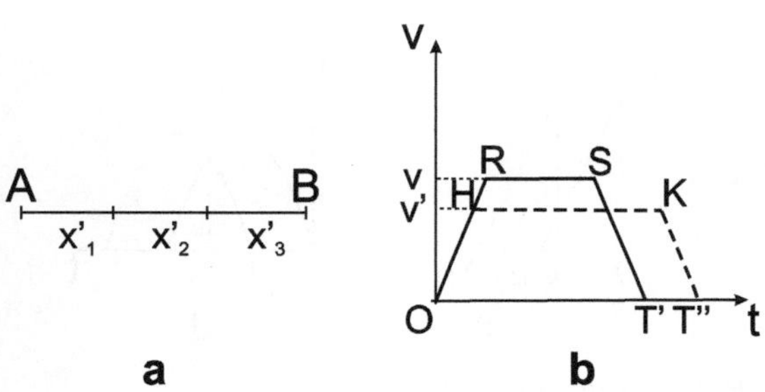

Fig. 3.8. Esercizio 3.1

Imponendo che $d = x_1' + x_2' + x_3'$, lo spazio percorso a velocità costante è

$$x_2' = d - (x_2' + x_3') = d - V^2/a$$

e il tempo impiegato a percorrerlo è

$$t_2' = \frac{x_2'}{V} = \frac{d}{V} - \frac{V}{a} \; .$$

Il tempo T' globalmente impiegato a percorrere il tratto AB è

$$T' = t_1' + t_2' + t_3' = \frac{d}{V} + \frac{V}{a} \; .$$

Sostituiamo i valori numerici ($V = 60\,\text{km h}^{-1} = 16.66\,\text{m s}^{-1}$), ottenendo:

$$T' = \frac{d}{V} - \frac{V}{a} = 256.7 \; \text{s} \; .$$

Disegnamo il grafico velocità-tempo (Fig. 3.8 b). L'area del trapezio ORST' è uguale alla distanza d. Se il treno accelerasse fino a raggiungere una velocità massima $v' < V$, impiegherebbe un tempo maggiore a percorrere la distanza d (l'area del trapezio ORST' deve infatti essere uguale a quella del trapezio OHKT'').

Esercizio 3.2

Due sassi vengono lanciati verticalmente verso l'alto con velocità iniziale $v_0 = 50\,\mathrm{m\,s}^{-1}$, a distanza temporale di $2\,\mathrm{s}$ l'uno dall'altro.
Dopo quanto tempo i due sassi si incontrano in aria ?

Per entrambi i sassi (A e B) il moto è unidimensionale. Scegliamo come riferimento un asse x verticale orientato verso l'alto (Fig. 3.9 a). L'accelerazione (di gravità) è costante, $a = -g \simeq -10\,\mathrm{m\,s}^{-2}$ (Fig. 3.9 b). Il moto di entrambi i sassi è uniformemente vario. Regoliamo l'asse dei tempi in modo che l'istante $t = 0$ corrisponda all'istante di lancio del primo sasso e indichiamo con t_0 il ritardo nel lancio del secondo sasso (Fig. 3.9 c).

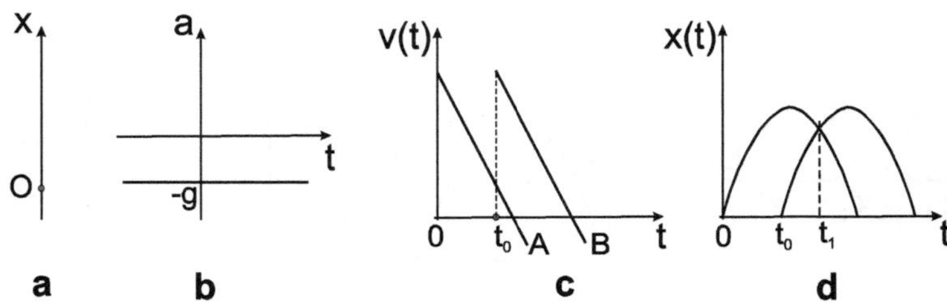

Fig. 3.9. Esercizio 3.2

Le leggi orarie per i due sassi sono (Fig. 3.9 d):

$$\begin{cases} x_A(t) = v_0 t + at^2/2 = v_0 t - gt^2/2\; ; \\ x_B(t) = v_0(t - t_0) + a(t - t_0)^2/2 = v_0(t - t_0) - g(t - t_0)^2/2\;. \end{cases}$$

La condizione di incontro è che

$$x_A(t) = x_B(t)\;,$$

cioè che

$$v_0 t - gt^2/2 = v_0(t - t_0) - g(t - t_0)^2/2\;.$$

La soluzione dell'equazione nella variabile t è

$$t_1 = t_0/2 + v_0/g = 1 + 5 = 6\;\mathrm{s}\;.$$

Infatti per $t = t_1$

$$\begin{cases} x_A(t_1) = 50 \times 6 + 5 \times 36 = 120\;\mathrm{m}\; ; \\ x_B(t_1) = 50 \times 4 + 5 \times 16 = 120\;\mathrm{m}\;. \end{cases}$$

(?) Si provi a risolvere il problema portando a $20\,\mathrm{s}$ l'intervallo di tempo tra il lancio dei due sassi. Perché in questo caso il problema non ha soluzione fisicamente accettabile ?

Esercizio 3.3

Un punto P si muove lungo un asse orientato Ox. L'accelerazione del punto dipende dalla posizione secondo la legge $a(x) = (3x - 1)\,\mathrm{m\,s^{-2}}$. Nel punto $x = 0$ la velocità è v_0. Si determini e si studi la funzione $v(x)$.

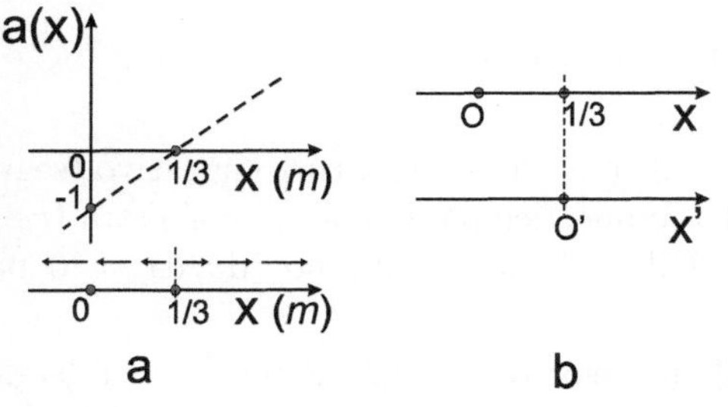

Fig. 3.10. Esercizio 3.3

Studiamo prima qualitativamente il grafico della funzione $a(x)$ (Fig. 3.10 a). L'accelerazione a cresce linearmente con x. Per $x > 1/3\,\mathrm{m}$ l'accelerazione è positiva; per $x < 1/3\,\mathrm{m}$ l'accelerazione è negativa.

Ricaviamo ora la funzione $v(x)$, ricordando che

$$\frac{1}{2}v^2 - \frac{1}{2}v_0^2 = \int_{x_0}^{x} a(x')\,\mathrm{d}x' \ .$$

Poiché per $x_0 = 0$ la velocità ha il valore noto v_0,

$$v^2 = v_0^2 + 2\int_0^{x} (3x' - 1)\,\mathrm{d}x' = v_0^2 + 3x^2 - 2x \ .$$

Pertanto

$$v(x) = \pm\sqrt{3x^2 - 2x + v_0^2} \ . \tag{3.19}$$

La funzione $v(x)$ è simmetrica rispetto al punto $x = 1/3\,\mathrm{m}$ (nel quale è nulla l'accelerazione). Lo si può vedere agevolmente considerando un nuovo asse di riferimento $O'x'$ con lo zero O' in $x = 1/3\,\mathrm{m}$ (Fig. 3.10 b). Le coordinate relative ai due assi Ox e $O'x'$ sono legate dalla relazione $x = x' + 1/3$. Nel nuovo riferimento la velocità è data da

$$v(x') = \pm\sqrt{3x'^2 + v_0^2 - 1/3} \ .$$

La funzione $v(x')$ è simmetrica rispetto a $x' = 0$ cioè $x = 1/3$.

Ritorniamo ora all'espressione (3.19). Il grafico della funzione $v(x)$ dipende dal valore v_0 (Fig. 3.11).

Se $v_0^2 > 1/3\,\mathrm{m^2\,s^{-2}}$ (Fig. 3.11 a), il radicando nella (3.19) è sempre positivo. Il grafico di $v(x)$ comprende due rami: uno tutto positivo (segno $+$ del radicale), corrispondente ad un moto da sinistra a destra sull'asse x ($v_0 > 0$), decelerato

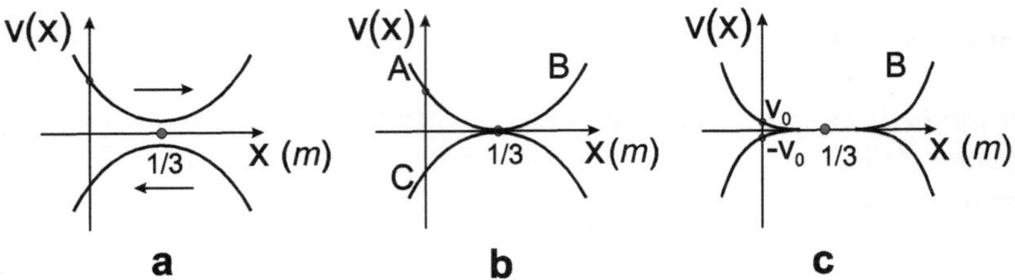

Fig. 3.11. Esercizio 3.3

per $x < 1/3\,$m, accelerato per $x > 1/3\,$m. L'altro ramo, tutto negativo (segno $-$ del radicale) corrisponde al moto simmetrico da destra verso sinistra ($v_0 < 0$). In entrambi i casi il modulo della velocità è minimo ($\mathrm{d}v/\mathrm{d}x = 0$ per $x = 1/3\,$m).

Se $v_0^2 = 1/3\,$m$^2\,$s^{-2} (Fig. 3.11 b), la velocità si annulla per $x = 1/3\,$m. I due rami del grafico si incontrano in $x = 1/3\,$m. Per $x = 1/3\,$m il punto P è istantaneamente in quiete. Se, ad esempio, P proviene da sinistra (ramo A, $v_0 > 0$) potrà poi indifferentemente allontanarsi verso destra (ramo B) o ritornare verso sinistra (ramo C).

Se $v_0^2 < 1/3\,$m$^2\,$s^{-2} (Fig. 3.11 c), $v(x)$ si annulla per due valori diversi di x, simmetrici rispetto a $x = 1/3\,$m. Il grafico comprende due rami. Il ramo di destra non ha significato fisico, in quanto non passa per $x = 0$ (la condizione iniziale impone che $v = v_0$ per $x = 0$). Il ramo di sinistra è sempre percorso dall'alto verso il basso. Se $v_0 > 0$ il punto P arriva da sinistra, si ferma e torna indietro. Se $v_0 < 0$ il punto P continua ad allontanarsi verso sinistra.

3.2 Moto tridimensionale

Consideriamo il moto di un punto su una traiettoria qualsiasi nello spazio tridimensionale, facendo riferimento ad un sistema di coordinate cartesiane ortogonali $Oxyz$ (Fig. 3.12 a).

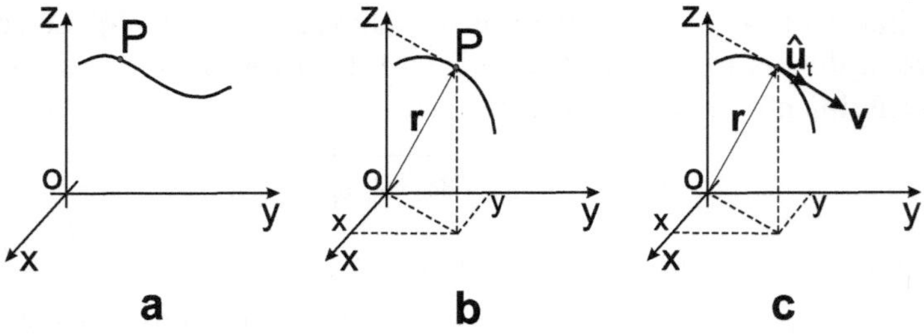

Fig. 3.12. Moto in tre dimensioni: (**a**) traiettoria generica nello spazio, (**b**) raggio vettore, (**c**) vettore velocità

Raggio vettore e legge oraria

La posizione del punto P, di coordinate (x, y, z), è individuata dal raggio vettore $\boldsymbol{r}$, di componenti $r_x = x, r_y = y, r_z = z$ (Fig. 3.12 b).
La legge oraria $\boldsymbol{r}(t)$ descrive la variazione del raggio vettore $\boldsymbol{r}$ nel tempo. La funzione vettoriale $\boldsymbol{r}(t)$ corrisponde alle tre funzioni scalari

$$r_x(t) , \qquad r_y(t) , \qquad r_z(t) . \tag{3.20}$$

Vettore velocità

Derivando rispetto al tempo il raggio vettore $\boldsymbol{r}(t)$ si ottiene il vettore velocità $\boldsymbol{v}(t)$ (Fig. 3.12 c):

$$\boldsymbol{v}(t) = \lim_{\Delta t \to 0} \frac{\Delta \boldsymbol{r}}{\Delta t} = \frac{d\boldsymbol{r}}{dt} . \tag{3.21}$$

La funzione vettoriale $\boldsymbol{v}(t)$ corrisponde alle tre funzioni scalari

$$v_x(t) = \frac{dr_x}{dt} , \qquad v_y(t) = \frac{dr_y}{dt} , \qquad v_z(t) = \frac{dr_z}{dt} . \tag{3.22}$$

Il vettore velocità $\boldsymbol{v}(t)$ è sempre tangente alla traiettoria. Indicando con $\hat{\boldsymbol{u}}_T$ il versore tangente alla traiettoria nel verso del moto,

$$\boldsymbol{v} = v \hat{\boldsymbol{u}}_T , \tag{3.23}$$

dove v è il modulo del vettore $\boldsymbol{v}$; sia v che $\hat{\boldsymbol{u}}_T$ sono funzioni del tempo.

Vettore accelerazione

Derivando rispetto al tempo il vettore velocità $\boldsymbol{v}(t)$ si ottiene il vettore accelerazione $\boldsymbol{a}(t)$ (Fig. 3.13 a):

$$\boldsymbol{a}(t) = \lim_{\Delta t \to 0} \frac{\Delta \boldsymbol{v}}{\Delta t} = \frac{d\boldsymbol{v}}{dt} . \tag{3.24}$$

La funzione vettoriale $\boldsymbol{a}(t)$ corrisponde alle tre funzioni scalari

$$a_x(t) = \frac{dv_x}{dt} , \qquad a_y(t) = \frac{dv_y}{dt} , \qquad a_z(t) = \frac{dv_z}{dt} . \tag{3.25}$$

Il vettore accelerazione $\boldsymbol{a}(t)$ è diretto verso la concavità della traiettoria. Indicando con $\hat{\boldsymbol{u}}_T$ e $\hat{\boldsymbol{u}}_N$ i versori rispettivamente tangente e normale alla triettoria in un dato punto,

$$\boldsymbol{a} = a_T \hat{\boldsymbol{u}}_T + a_N \hat{\boldsymbol{u}}_N ; \tag{3.26}$$

a_T e a_N sono le componenti rispettivamente tangente e normale alla traiettoria (Fig. 3.13 b). Si dimostra che

$$a_T = \frac{dv}{dt} , \qquad a_N = \frac{v^2}{\varrho} , \tag{3.27}$$

dove ϱ è il raggio di curvatura della traiettoria nel punto considerato.

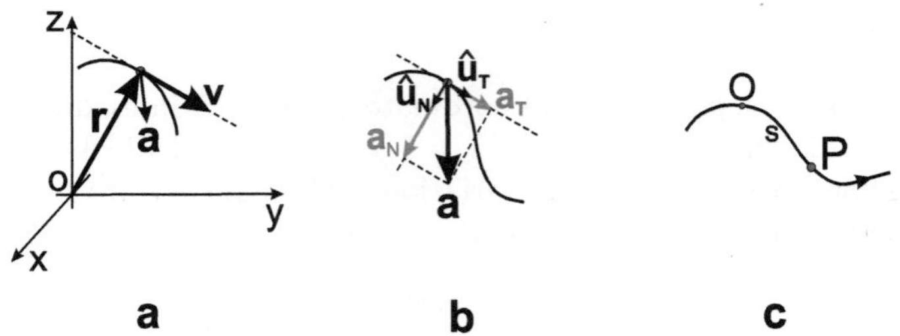

Fig. 3.13. Moto in tre dimensioni: (**a**) vettore accelerazione; (**b**) componenti tangenziale e normale dell'accelerazione; (**c**) coordinata curvilinea

Nota la velocità, ricavare la legge oraria

Nota la velocità $v(t)$, la legge oraria è data da:

$$r(t) \;=\; r_0 \;+\; \int_{t_0}^{t} v(t')\,\mathrm{d}t' \;, \tag{3.28}$$

dove r_0 è il raggio vettore all'istante t_0.
Se $v(t) = v = $ costante (*moto uniforme*):

$$r(t) \;=\; r_0 \;+\; v\,[t - t_0] \;. \tag{3.29}$$

Nota l'accelerazione, ricavare la velocità

Nota l'accelerazione in funzione del tempo, $a(t)$, la velocità è data da:

$$v(t) \;=\; v_0 \;+\; \int_{t_0}^{t} a(t')\,\mathrm{d}t' \;, \tag{3.30}$$

dove v_0 è la velocità all'istante t_0.
Se $a(t) = a = $ costante (*moto uniformemente vario*):

$$v(t) \;=\; v_0 \;+\; a\,[t - t_0] \;. \tag{3.31}$$

$$r(t) \;=\; r_0 \;+\; v_0\,[t - t_0] \;+\; \frac{1}{2}\,a\,[t - t_0]^2 \;. \tag{3.32}$$

Nota l'accelerazione in funzione della posizione, $a(r)$, si dimostra che la velocità nella generica posizione r è legata alla velocità nella posizione r_0 dalla relazione

$$\frac{1}{2}v^2(r) \;=\; \frac{1}{2}v^2(r_0) \;+\; \int_{r_0}^{r} a(r)\,\mathrm{d}r \;. \tag{3.33}$$

Coordinata curvilinea

Spesso, quando la forma geometrica della traiettoria è nota a priori, il moto del punto P viene descritto per mezzo della legge oraria $s(t)$: s è la distanza, misurata lungo la traiettoria, del punto P da un'origine prefissata O (Fig. 3.13 c). La legge $s(t)$ dà solo informazioni di natura scalare.

Quando $\Delta s \to 0$, allora $\Delta s \to \Delta r$, l'arco cioè si confonde con la corda. È facile dimostrare che

$$\frac{\mathrm{d}s}{\mathrm{d}t} = v\,, \qquad \frac{\mathrm{d}^2 s}{\mathrm{d}t^2} = a_T\,. \tag{3.34}$$

Esercizio 3.4

Un punto si muove nel piano Oxy secondo la legge oraria:

$$x = t^2\,, \tag{3.35}$$
$$y = (t-1)^2\,, \tag{3.36}$$

con x,y misurati in metri, *t misurato in* secondi.
A) Si determini l'equazione della traiettoria.

Notiamo subito, dalle (3.35) e (3.36), che $x \geq 0$, $y \geq 0$ per qualsiasi valore di t. La traiettoria sarà perciò compresa nel primo quadrante. Eliminiamo il parametro t dalle (3.35) e (3.36):

$$\begin{cases} t^2 = x \\ y = t^2 - 2t + 1 \end{cases} \qquad \begin{cases} t = \pm\sqrt{x} \\ y = x \pm 2\sqrt{x} + 1 \end{cases} \qquad (x \geq 0)$$

L'ultima equazione, riscritta nella forma

$$\pm 2\,\sqrt{x} = y - x - 1\,,$$

per elevamento al quadrato di entrambi i membri dà infine

$$y^2 + x^2 - 2xy - 2y - 2x + 1 = 0\,. \tag{3.37}$$

La (3.37) è l'equazione di una conica. Lo scambio di x con y non modifica la (3.37): pertanto la conica è simmetrica rispetto alla retta $y = x$.

B) Si disegni la traiettoria.

Sappiamo che la traiettoria è contenuta nel primo quadrante ed è simmetrica rispetto alla retta $y = x$. Ci si aspetta pertanto che la (3.37) assuma una forma più semplice se riferita ad un nuovo sistema di assi cartesiani $O'x'y'$ ruotato di $45°$ rispetto al vecchio sistema Oxy, in modo che l'asse y' sia asse di simmetria della conica (Fig. 3.14 a). Le formule di trasformazione delle coordinate di un punto P nel passaggio tra i due sistemi di assi sono:

$$x = x'\cos\theta + y'\sin\theta = \sqrt{2}x'/2 + \sqrt{2}y'/2 \tag{3.38}$$
$$y = -x'\sin\theta + y'\cos\theta = -\sqrt{2}x'/2 + \sqrt{2}y'/2 \tag{3.39}$$

(dove si è tenuto conto che $\theta = 45°$, $\sin 45° = \cos 45° = \sqrt{2}/2$).
Sostituendo le (3.38) e (3.39) nella (3.37) e semplificando si ottiene

$$y' = \frac{\sqrt{2}}{2}\, x'^2 + \frac{\sqrt{2}}{2}\,.$$

La traiettoria è perciò una parabola simmetrica rispetto al nuovo asse y'. Se

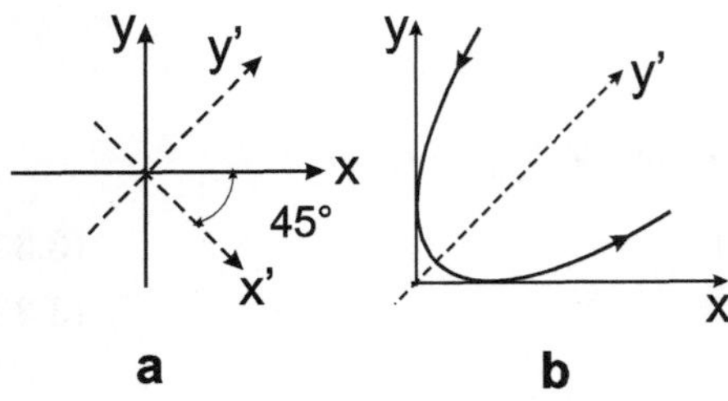

Fig. 3.14. Esercizio 3.4

si tiene presente che, dalle (3.35) e (3.36),

$$t = 0 \;\Rightarrow\; \begin{cases} x = 0 \\ y = 1 \end{cases} \qquad t = 1 \;\Rightarrow\; \begin{cases} x = 1 \\ y = 0 \end{cases}$$

si vede che la traiettoria è tangente ai vecchi assi x e y nei punti (0,1) e (1,0)
e che il verso di percorrenza è quello indicato, in Fig. 3.14 b, dalla freccia.

C) Si studi l'andamento della velocità.

Derivando le leggi orarie (3.35) e (3.36) si ottengono le componenti della
velocità rispetto al sistema Oxy (cui faremo riferimento esclusivamente d'ora
in avanti):

$$v_x = 2t\,, \qquad v_y = 2t - 2\,.$$

Più in particolare si può vedere che

$$\begin{array}{ll} \text{per } t < 0 & v_x < 0,\; v_y < 0 \\ \text{per } 0 < t < 1 & v_x > 0,\; v_y < 0 \\ \text{per } t > 1 & v_x > 0,\; v_y > 0 \end{array}$$

in accordo con il verso del moto sulla traiettoria già individuato.
Calcoliamo il modulo della velocità:

$$v = \sqrt{v_x^2 + v_y^2} = \sqrt{8t^2 - 8t + 4}\,.$$

È facile verificare che $v \neq 0$ per qualsiasi t: il punto non è mai in quiete sulla
traiettoria. Deriviamo v rispetto al tempo:

$$\frac{\mathrm{d}v}{\mathrm{d}t} = \frac{4t - 2}{\sqrt{2t^2 - 2t + 1}} \,.$$

La derivata prima è nulla per $t = 0.5$, cioè nel punto $Q\,(0.25, 0.25)$ (Fig. 3.15 a). È facile verificare che si tratta del valore minimo della velocità (analizzando la derivata seconda, oppure, più semplicemente, il valore di v per $t < 0.5$, $t = 0.5$, $t > 0.5$).

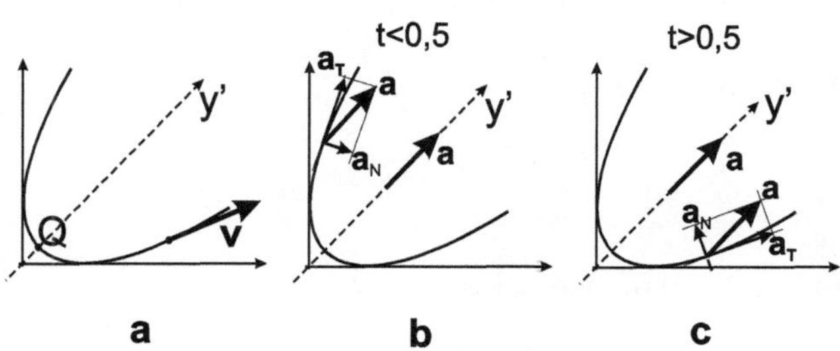

Fig. 3.15. Esercizio 3.4

D) Si studi l'andamento dell'accelerazione.

Derivando due volte le leggi orarie (3.35) e (3.36) si ottengono le componenti dell'accelerazione:

$$a_x = 2 \,, \qquad a_y = 2 \,.$$

L'accelerazione è costante in direzione, verso e modulo.
Studiamo separatamente l'andamento delle componenti tangenziale e normale dell'accelerazione:

$$\boldsymbol{a} = a_T\,\hat{\boldsymbol{u}}_T + a_N\,\hat{\boldsymbol{u}}_N \,,$$

dove $\hat{\boldsymbol{u}}_T$ e $\hat{\boldsymbol{u}}_N$ sono i versori rispettivamente tangente e normale alla traiettoria (Fig. 3.15 b,c). La componente tangenziale dell'accelerazione è:

$$a_T = \frac{\mathrm{d}v}{\mathrm{d}t} = \frac{4t - 2}{\sqrt{2t^2 - 2t + 1}} \,;$$

per $t < 0.5$ $a_T < 0$: il moto e' decelerato;
per $t = 0.5$ $a_T = 0$: l'accelerazione e' solo normale;
per $t > 0.5$ $a_T > 0$: il moto e' accelerato.

Ricordando che

$$a^2 = a_x^2 + a_y^2 = a_T^2 + a_N^2 \,,$$

calcoliamo la componente normale dell'accelerazione:

$$a_N = \sqrt{a_x^2 + a_y^2 - a_T^2} = \frac{2}{\sqrt{2t^2 - 2t + 1}} \,.$$

La componente normale a_N è sempre positiva. Studiando la sua derivata prima

$$\frac{\mathrm{d}a_N}{\mathrm{d}t} = -\frac{4t - 2}{(2t^2 - 2t + 1)^{3/2}} ,$$

si vede che a_N è crescente per $t < 0.5$, decrescente per $t > 0.5$. Per $t = 0.5$ a_N è massima, $a_T = 0$ (l'accelerazione è tutta normale, $a = a_N$).

E) Si studi l'andamento del raggio di curvatura ϱ della traiettoria.

Ricordando che $a_N = v^2/\varrho$,

$$\varrho = \frac{v^2}{a_N} = 2 \left(2t^2 - 2t + 1\right)^{3/2} .$$

ϱ è minimo per $t = 0.5$, cioè nel punto Q.

Esercizio 3.5

La posizione di un punto P sul piano cartesiano Oxy è individuata dal raggio vettore $\boldsymbol{r}$. Il punto P si muove in modo che il raggio vettore $\boldsymbol{r}$ dipende dal tempo secondo la legge oraria (Fig. 3.16):

$$\boldsymbol{r}(t) = \hat{\imath}\, A\cos(\omega t) + \hat{\jmath}\, B\sin(\omega t) ,$$

dove: $\hat{\imath}, \hat{\jmath}$ sono i versori degli assi x, y; A, B sono costanti positive espresse in metri*; ω è una costante positiva espressa in* $\mathrm{rad\,s^{-1}}$*.*
A) Si determini l'equazione della traiettoria del punto P.

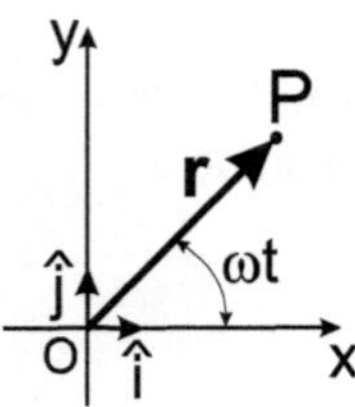

Fig. 3.16. Esercizio 3.5

Le coordinate del punto P sono le componenti del vettore $\boldsymbol{r}$ (Fig. 3.17 a):

$$x = A\,\cos(\omega t) , \tag{3.40}$$

$$y = B\,\sin(\omega t) . \tag{3.41}$$

L'equazione della traiettoria si ottiene eliminando la dipendenza di x, y dal parametro t. Quadrando e sommando membro a membro le (3.40) e (3.41)

$$\begin{cases} x^2 = A^2 \cos^2(\omega t) \\ y^2 = B^2 \sin^2(\omega t) \end{cases} \qquad \begin{cases} x^2/A^2 = \cos^2(\omega t) \\ y^2/B^2 = \sin^2(\omega t) \end{cases}$$

si ottiene

$$x^2/A^2 + y^2/B^2 = 1 . \qquad (3.42)$$

La (3.42) è l'equazione di un'ellisse avente come assi di simmetria gli assi

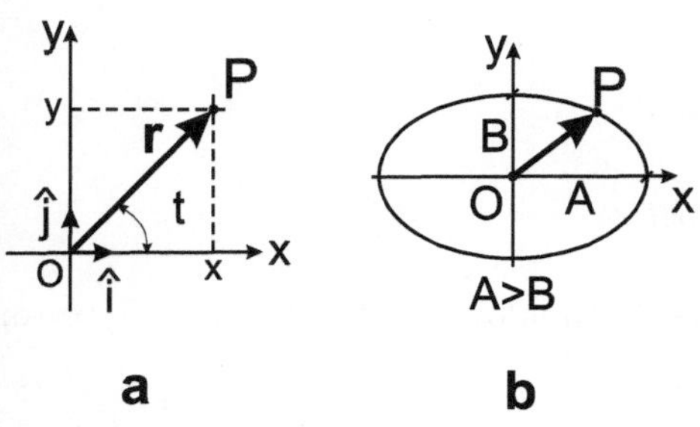

Fig. 3.17. Esercizio 3.5

cartesiani x, y. A e B sono le lunghezze dei due semiassi dell'ellisse, orientati rispettivamente secondo x e y (Fig. 3.17 b).

B) Si studi la velocità del punto P.

Il vettore velocità $\boldsymbol{v}$ si ottiene derivando rispetto al tempo il raggio vettore $\boldsymbol{r}$:

$$\boldsymbol{v} = \frac{\mathrm{d}\boldsymbol{r}}{\mathrm{d}t} = -\,\hat{\boldsymbol{\imath}}\,A\omega\sin(\omega t) + \hat{\boldsymbol{\jmath}}\,B\omega\cos(\omega t) . \qquad (3.43)$$

Utilizzando le (3.40) e (3.41) possiamo esprimere le componenti v_x, v_y del vettore $\boldsymbol{v}$ in funzione delle coordinate x, y:

$$\boldsymbol{v} = -\,\hat{\boldsymbol{\imath}}\,\frac{A}{B}\,\omega y + \hat{\boldsymbol{\jmath}}\,\frac{B}{A}\,\omega x . \qquad (3.44)$$

Il vettore velocità è sempre tangente alla traiettoria (Fig. 3.18 a).

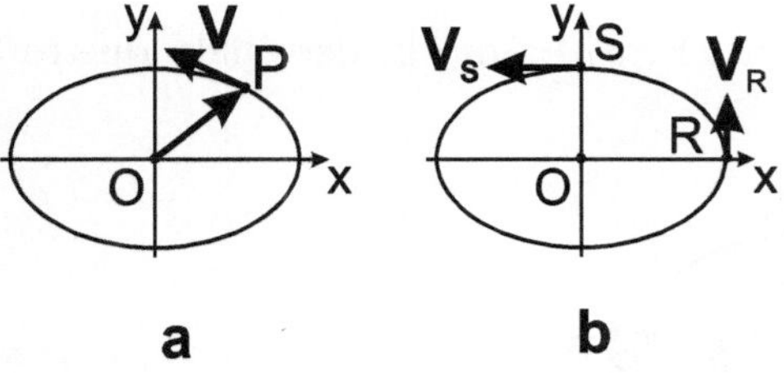

Fig. 3.18. Esercizio 3.5

Per quanto riguarda il verso di $\boldsymbol{v}$, la (3.44) mostra che v_x ha segno opposto a

y, mentre v_y è concorde in segno con x: è facile verificare che ciò corrisponde ad un moto in verso antiorario. Il modulo della velocità è:

$$v = \sqrt{v_x^2 + v_y^2} = \omega \sqrt{\frac{A^2}{B^2}\,y^2 + \frac{B^2}{A^2}\,x^2}\,. \qquad (3.45)$$

In particolare (Fig. 3.18 b):

nel punto $R\,(A,0)$, $v_R = \omega B$
nel punto $S\,(0,B)$, $v_S = \omega A$

per cui, se $A > B$, anche $v_S > v_R$.

C) Si studi l'accelerazione del punto P.

Il vettore accelerazione $\boldsymbol{a}$ si ottiene derivando rispetto al tempo il vettore velocità $\boldsymbol{v}$ dato dalla (3.43):

$$\boldsymbol{a} = \frac{d\boldsymbol{v}}{dt} = -\,\hat{\boldsymbol{\imath}}\,A\omega^2\cos(\omega t) - \hat{\boldsymbol{\jmath}}\,B\omega^2\sin(\omega t)\,.$$

Utilizzando le (3.40) e (3.41), esprimiamo le componenti a_x, a_y del vettore $\boldsymbol{a}$ in funzione delle coordinate x, y:

$$\boldsymbol{a} = -\hat{\boldsymbol{\imath}}\,\omega^2 x - \hat{\boldsymbol{\jmath}}\,\omega^2 y = -\omega^2\,(\hat{\boldsymbol{\imath}}\,x + \hat{\boldsymbol{\jmath}}\,y) = -\omega^2\,\boldsymbol{r}\,.$$

L'accelerazione $\boldsymbol{a}$ è sempre parallela ad $\boldsymbol{r}$, ma di verso opposto: è cioè un'accelerazione *centripeta*. Il modulo dell'accelerazione è $a = \omega^2 r$.
In particolare:

nel punto $R\,(A,0)$, $a_R = \omega^2 A$
nel punto $S\,(0,B)$, $a_S = \omega^2 B$

per cui, se $A > B$, anche $a_R > a_S$.
Studiamo ora le componenti dell'accelerazione nelle direzioni tangente e normale alla traiettoria, a_T e a_N (Fig. 3.19 a):

$$\boldsymbol{a} = a_T\,\hat{\boldsymbol{u}}_T + a_N\,\hat{\boldsymbol{u}}_N\,.$$

Calcoliamo la componente tangenziale, $a_T = dv/dt$, derivando ripetto al

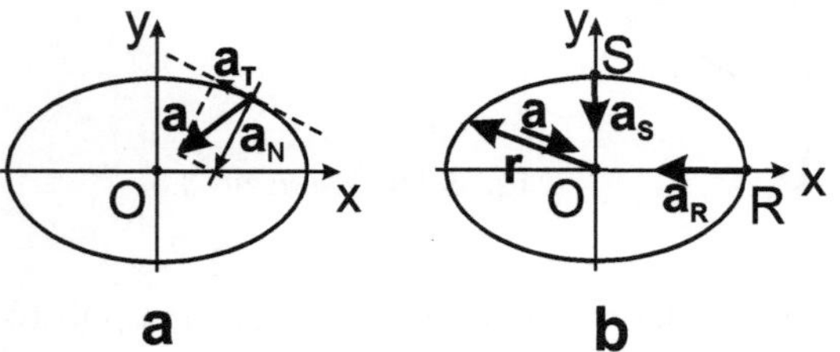

Fig. 3.19. Esercizio 3.5

tempo il modulo v del vettore velocità, espresso dalla (3.45):

$$
a_T = \frac{\mathrm{d}}{\mathrm{d}t} \left(\omega \sqrt{\frac{B^2 x^2}{A^2} + \frac{A^2 y^2}{B^2}} \right)
$$
$$
= \frac{\omega \left[(2B^2 x/A^2)\,(\mathrm{d}x/\mathrm{d}t) + (2A^2 y/B^2)\,(\mathrm{d}y/\mathrm{d}t) \right]}{\sqrt{B^2 x^2/A^2 + A^2 y^2/B^2}} .
$$

Ricordando che

$$
\frac{\mathrm{d}x}{\mathrm{d}t} = v_x = -\frac{A\omega}{B} y , \qquad \frac{\mathrm{d}y}{\mathrm{d}t} = v_y = \frac{B\omega}{A} x ,
$$

si ottiene infine

$$
a_T = \frac{2\omega^2\, xy\,(A^2 - B^2)}{AB\,\sqrt{B^2 x^2/A^2 + A^2 y^2/B^2}} .
$$

La componente tangenziale a_T si annulla per $x = 0$ oppure per $y = 0$. Ad esempio, nei punti $R\,(A,0)$ ed $S\,(0,B)$ l'accelerazione è puramente normale (Fig. 3.19 b). La componente normale dell'accelerazione è data da:

$$
a_N = v^2/\varrho ,
$$

dove ϱ è il raggio di curvatura della traiettoria.
Calcoliamo, a titolo di esempio, il raggio di curvatura ϱ nei due punti R ed S della traiettoria. Come abbiamo già visto, nei punti R ed S si ha che $a_T = 0$, $a = a_N$. Inoltre

$$
v_R = \omega B , \qquad a_R = \omega^2 A ,
$$
$$
v_S = \omega A , \qquad a_S = \omega^2 B ,
$$

per cui

$$
\varrho = v^2/a_N \quad \Rightarrow \quad \varrho_R = B^2/A, \quad \varrho_S = A^2/B .
$$

(?) Si ridiscuta il problema nell'ipotesi che $A = B$.

3.3 Moto circolare

Il moto di un punto P su una traiettoria circolare di raggio R può essere descritto in vari modi.

Coordinate cartesiane x, y

Utilizziamo un sistema di riferimento cartesiano ortogonale Oxy con l'origine O coincidente con il centro della circonferenza. La posizione del punto P è individuata dal raggio vettore $\boldsymbol{R}$, di modulo costante e componenti R_x, R_y. Il problema si riconduce quindi a quello generale della descrizione del moto in due o tre dimensioni (Fig. 3.20 a).
Il vettore velocità $\boldsymbol{v}$ è tangente alla circonferenza. Il vettore accelerazione $\boldsymbol{a}$ è diretto verso l'interno della circonferenza (Fig. 3.20 b).

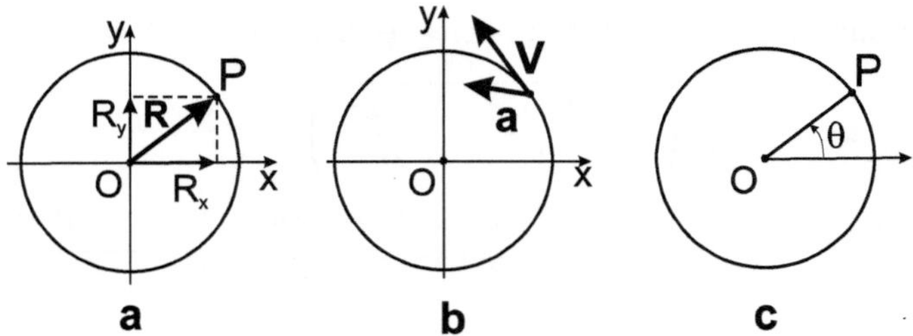

Fig. 3.20. Moto circolare: descrizione in coordinate cartesiane (**a, b**) e in coordinate polari (**c**)

Coordinate polari R, θ

Prefissato un asse con origine nel centro della circonferenza, la posizione del punto P è univocamente determinata dall'angolo θ (misurato in radianti) (Fig. 3.20 c). Si possono pertanto definire le tre funzioni scalari

1. legge oraria: $\theta(t)$
2. velocità angolare: $\omega(t) \;=\; \mathrm{d}\theta/\mathrm{d}t$
3. accelerazione angolare: $\alpha(t) \;=\; \mathrm{d}\omega/\mathrm{d}t \;=\; \mathrm{d}^2\theta/\mathrm{d}t^2$

Relazione tra v, a e ω, α

Le due descrizioni del moto circolare, in coordinate cartesiane e in coordinate polari, sono collegate dalle seguenti relazioni:

$$
\begin{array}{ll}
\text{arco di circonferenza} & s \;=\; R\,\theta \\
\text{velocita}' & v \;=\; R\,\omega \\
\text{accelerazione tangenziale} & a_T \;=\; \mathrm{d}v/\mathrm{d}t \;=\; R\,\alpha \\
\text{accelerazione normale} & a_N \;=\; v^2/R \;=\; \omega^2 R
\end{array}
$$

Un caso particolare molto importante è quello del *moto circolare uniforme*: $v = R\omega = $ costante. Nel moto circolare uniforme, $a_T = 0$ ma $a_N = \omega^2 R \neq 0$; l'accelerazione a è diretta verso il centro della circonferenza (accelerazione centripeta).

Il vettore ω

È spesso conveniente descrivere il moto circolare in tre dimensioni per mezzo di un vettore ω, di direzione perpendicolare al piano di rotazione, applicato in un punto dell'asse di rotazione (Fig. 3.21). Il vettore ω individua:

- con la direzione: il piano di rotazione (perpendicolare ad ω);
- con il verso: il verso di rotazione (regola del cavatappi);
- con il modulo: la velocità angolare ω.

Il vettore velocità v è legato al vettore ω dalla relazione

$$
v \;=\; \omega \times r\,, \qquad v \;=\; \omega r \sin\phi \;=\; \omega R\,. \tag{3.46}
$$

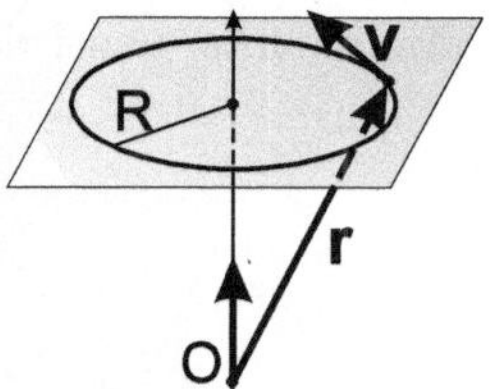

Fig. 3.21. Il vettore ω

Esercizio 3.6

Un punto P si muove su di un piano secondo la legge oraria:

$$x(t) \; = \; A \, \sin(\omega t) \,, \qquad\qquad y(t) \; = \; A \, \cos(\omega t) \,,$$

dove x, y rappresentano le coordinate del punto P rispetto ad un sistema di assi cartesiani ortogonali Oxy. A e ω sono costanti reali positive.
A) Si determini l'equazione della traiettoria.

Quadrando $x(t)$ e $y(t)$

$$x^2 \; = \; A^2 \, \sin^2(\omega t)$$
$$y^2 \; = \; A^2 \, \cos^2(\omega t)$$

e sommando membro a membro si ottiene

$$x^2 \; + \; y^2 \; = \; A^2 \,.$$

La traiettoria è una circonferenza di raggio A e centro coincidente con l'origine del sistema di riferimento Oxy (Fig. 3.22 a). Il raggio vettore $r(t)$ ha componenti $x(t), y(t)$ e modulo $r = A$.

(?) Il punto P percorre la traiettoria in verso orario o antiorario ?

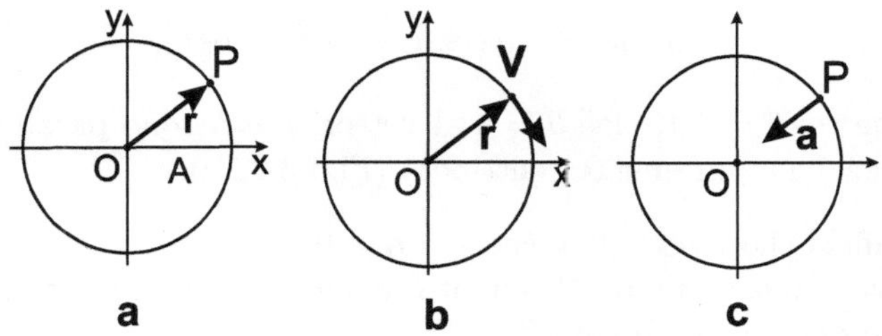

Fig. 3.22. Esercizio 3.6

B) Si studi la velocità del punto P.

Derivando rispetto al tempo la legge oraria, si ottengono le componenti del vettore velocità:

$$\begin{cases} v_x = \mathrm{d}x/\mathrm{d}t = Aw\cos(\omega t)\,, \\ v_y = \mathrm{d}y/\mathrm{d}t = -\,A\omega\sin(\omega t)\,. \end{cases}$$

Il modulo del vettore velocità è

$$v = \sqrt{v_x^2 + v_y^2} = A\omega = \text{costante}\,.$$

Il moto è circolare uniforme, con velocità angolare ω.
Per determinare la direzione di $\boldsymbol{v}$, calcoliamo il prodotto scalare

$$\boldsymbol{r}\cdot\boldsymbol{v} = x\,v_x + y\,v_y = A^2\omega\sin(\omega t)\cos(\omega t) - A^2\omega\cos(\omega t)\sin(\omega t) = 0\,.$$

I vettori $\boldsymbol{r}$ e $\boldsymbol{v}$ sono mutuamente perpendicolari. Pertanto $\boldsymbol{v}$ è tangente alla circonferenza (Fig. 3.22 b).

C) Si studi l'accelerazione del punto P.

Derivando rispetto al tempo le componenti della velocità, si ottengono le componenti dell'accelerazione $\boldsymbol{a}$:

$$\begin{cases} a_x = \mathrm{d}v_x/\mathrm{d}t = -A\omega^2\sin(\omega t)\,, \\ a_y = \mathrm{d}v_y/\mathrm{d}t = -A\omega^2\cos(\omega t)\,. \end{cases}$$

Il modulo del vettore accelerazione è

$$a = \sqrt{a_x^2 + a_y^2} = \omega^2 A\,.$$

Determiniamo direzione e verso del vettore $\boldsymbol{a}$, calcolando il prodotto scalare

$$\boldsymbol{r}\cdot\boldsymbol{a} = x\,a_x + y\,a_y = -A^2\omega^2\,.$$

Ricordando che, per definizione di prodotto scalare,

$$\boldsymbol{r}\cdot\boldsymbol{a} = ra\cos\theta = A^2\omega^2\cos\theta\,,$$

si vede che $\cos\theta = -1$, cioè $\theta = \pi$. I vettori $\boldsymbol{r}$ e $\boldsymbol{a}$ sono paralleli e discordi. L'accelerazione è puramente centripeta (Fig. 3.22 c).

(?) Si verifichi che $\boldsymbol{v}\cdot\boldsymbol{a} = 0$, e che $\boldsymbol{r}\times\boldsymbol{a} = 0$.
(?) Se $A = 1\,\mathrm{m}$, $\omega = \pi\,\mathrm{rad\,s^{-1}}$, quanto tempo impiega il punto P a compiere un giro della circonferenza ?

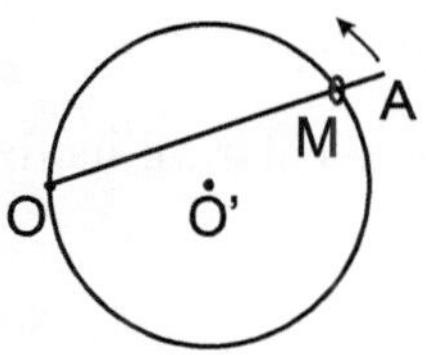

Fig. 3.23. Esercizio 3.7

Esercizio 3.7

Un anellino M può scorrere lungo una guida circolare di centro O' e raggio R. Nell'anellino è infilata un'asta OA, incernierata nel punto O fisso sulla guida circolare. L'asta OA ruota rispetto al perno O con velocità angolare costante ω nel piano della guida circolare (Fig. 3.23).
Si studi il moto dell'anellino M, determinando in particolare componenti e modulo della velocità rispetto ad un sistema di riferimento solidale con la guida circolare.

L'anellino M è vincolato a muoversi lungo la guida circolare. La sua traiettoria sarà perciò un arco di circonferenza. Studiamo il moto in un sistema di coordinate polari $Or\theta$, con polo in corrispondenza del perno O (Fig. 3.24 a). Si noti che $r = 2R\cos\theta$, e che $\omega = \mathrm{d}\theta/\mathrm{d}t = $ costante (Fig. 3.24 b). Le leggi orarie per le due coordinate polari r, θ sono:

$$\theta(t) \; = \; \omega t \, , \qquad\qquad r(t) \; = \; 2R\cos(\omega t) \, . \qquad\qquad (3.47)$$

In coordinate polari, il vettore velocità si decompone secondo le direzioni *radiale* e *trasversa* (Fig. 3.24 c):

$$\boldsymbol{v} \; = \; v_r \, \hat{\boldsymbol{u}}_r \; + \; v_\theta \, \hat{\boldsymbol{u}}_\theta \, ,$$

dove $\hat{\boldsymbol{u}}_r, \hat{\boldsymbol{u}}_\theta$ sono i versori rispettivamente radiale e trasverso, e

$$v_r \; = \; \frac{\mathrm{d}r}{\mathrm{d}t} \, , \qquad\qquad v_\theta \; = \; r \, \frac{\mathrm{d}\theta}{\mathrm{d}t} \, .$$

Nel nostro caso, derivando le (3.47), si ottiene

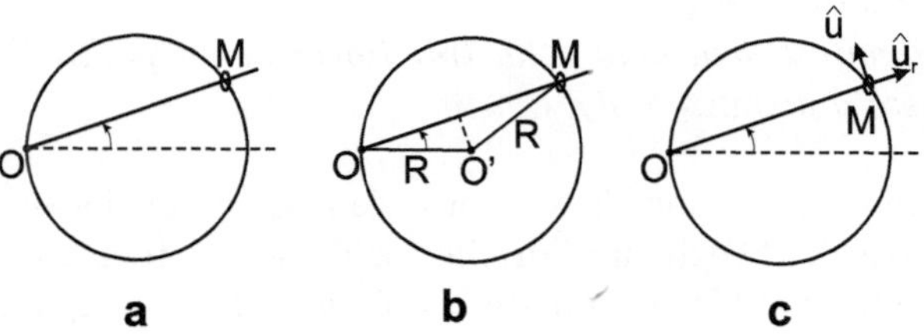

Fig. 3.24. Esercizio 3.7

$$v_r = -2\omega R \, \sin(\omega t) \,, \qquad v_\theta = 2\omega R \, \cos(\omega t) \,.$$

Poichè i versori radiale e trasverso sono tra di loro perpendicolari, il modulo del vettore velocità è

$$v = \sqrt{v_r^2 + v_\theta^2} = 2\omega R = \text{costante} \,.$$

Il moto dell'anellino è perciò circolare uniforme. Il vettore velocità è ovviamente tangente alla traiettoria circolare.

(?) Si arrivi allo stesso risultato riferendosi ad un sistema di coordinate polari $O'r'\theta'$ con polo O' nel centro della circonferenza. Si noti che $r' = R =$ costante, $\theta' = 2\theta = 2\omega t$ (Fig. 3.25 a).

(?) Si arrivi allo stesso risultato riferendosi ad un sistema di coordinate cartesiane ortogonali Oxy (Fig. 3.25 b).

Poichè il moto dell'anellino M è circolare uniforme, l'accelerazione è puramente centripeta di modulo

$$a = a_N = v^2/R = 4\omega^2 R.$$

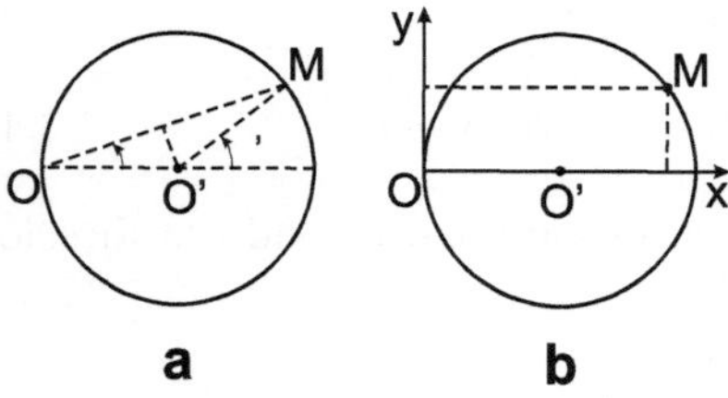

Fig. 3.25. Esercizio 3.7

Esercizio 3.8

Una ruota di raggio R rotola senza strisciare su un piano orizzontale. La velocità lineare del centro C della ruota è v_0, la velocità angolare della ruota rispetto al centro C è ω.

A) Determinare l'equazione della traiettoria di un punto P solidale con la ruota e posto a distanza r dal centro.

Introduciamo un sistema di assi cartesiani Oxy con l'asse x orizzontale e l'asse y verticale. Scegliamo l'origine dell'asse dei tempi in modo che, per $t = 0$, il punto P abbia coordinate $x = 0$, $y = R - r$ (Fig. 3.26 a). Il moto del punto P può essere considerato come sovrapposizione di due moti semplici (Fig. 3.26 b):

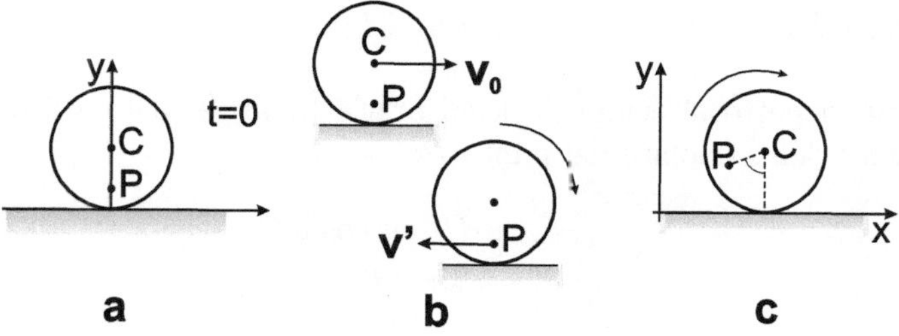

Fig. 3.26. Esercizio 3.8

1. traslazione del centro C della ruota con velocità lineare costante $\boldsymbol{v}_0$;
2. rotazione rispetto al centro C della ruota con velocità angolare costante ω; la velocità lineare del punto P rispetto al punto C è $\boldsymbol{v}'$, di modulo $v' = \omega r$; in particolare, se P è sul bordo della ruota, $v' = \omega R$.

La ruota rotola senza strisciare (moto di *puro rotolamento*). Il punto Q sul bordo della ruota a contatto con il terreno è istantaneamente fermo; indichiamo con $\boldsymbol{v}'_Q$ la velocità del punto Q rispetto al centro C (di direzione orizzontale e modulo $v'_Q = \omega R$); la velocità $\boldsymbol{v}_Q$ del punto Q rispetto al suolo sarà perciò

$$\boldsymbol{v}_Q = \boldsymbol{v}'_Q + \boldsymbol{v}_0 = 0\,.$$

Pertanto il modulo di $\boldsymbol{v}_0$ sarà

$$v_0 = \omega R\,.$$

Le leggi orarie delle coordinate x_c, y_c del centro della ruota sono:

$$x_c = v_0 t = \omega R t\,,$$
$$y_c = R\,.$$

Le coordinate x_p, y_p del generico punto P (Fig. 3.26 c) seguono le leggi orarie

$$x_p = x_c - r\sin\theta = R\omega t - r\sin(\omega t)\,, \tag{3.48}$$
$$y_p = y_c - r\cos\theta = R - r\cos(\omega t)\,. \tag{3.49}$$

Le (3.48) e (3.49) sono le equazioni parametriche di una curva chiamata *cicloide* (Fig. 3.27).

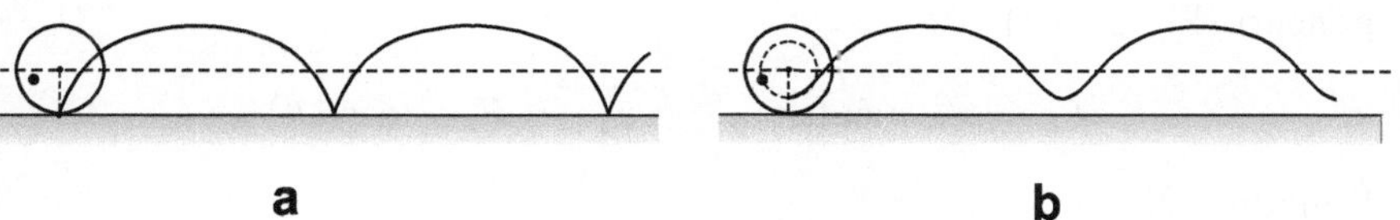

Fig. 3.27. Esercizio 3.8

B) Studiare l'andamento della velocità del punto P.

Derivando rispetto al tempo le leggi orarie (3.48) e (3.49), si ottengono le componenti della velocità del punto P:

$$v_x = \omega R - \omega r \cos(\omega t)\,,$$
$$v_y = \omega r \sin(\omega t)\,.$$

Il modulo della velocità è

$$v = \sqrt{v_x^2 + v_y^2} = \omega\,\sqrt{R^2 + r^2 - 2Rr\cos(\omega t)}\,. \qquad (3.50)$$

Il valore minimo di v si ha per $\omega t = \theta = 0, 2\pi, 4\pi, ..., 2n\pi$, cioè quando il punto P è esattamente sotto il centro C della ruota:

$$v_{\min} = \omega\,\sqrt{R^2 + r^2 - 2Rr} = \omega\,(R - r)\,.$$

In particolare, se $r = R$, cioè se il punto P è sul bordo della ruota, $v_{\min} = 0$ (Fig 3.28 a). Infatti, come abbiamo già visto, nel moto di puro rotolamento il punto a contatto con il terreno è istantaneamente fermo.
Il valore massimo di v si ha per $\omega t = \theta = \pi, 3\pi, ..., (2n + 1)\pi$, cioè quando il punto P è esattamente sopra al centro C della ruota. In tale posizione, $v_y = 0$. In particolare, se $r = R$, $v_{\max} = 2v_0$ (Fig 3.28 b).

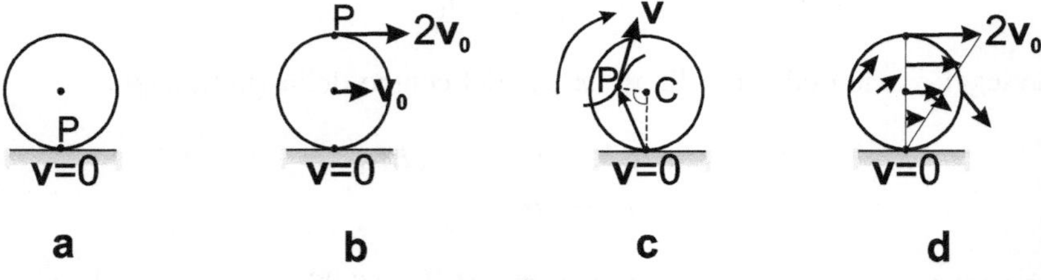

Fig. 3.28. Esercizio 3.8

C) Studiare il moto del punto P rispetto a punto Q di contatto della ruota con il terreno.

Consideriamo la ruota in una posizione generica. Il vettore $\boldsymbol{\xi} = \boldsymbol{QP}$ ha componenti (Fig 3.28 c)

$$\xi_x = -r\sin(\omega t)\,, \qquad \xi_y = R - r\cos(\omega t)\,.$$

Il modulo di ξ è

$$\xi = \sqrt{\xi_x^2 + \xi_y^2} = \sqrt{R^2 + r^2 - 2Rr\cos(\omega t)}\,.$$

Il confronto con la (3.50) mostra che $v = \omega\xi$. Si verifica inoltre che i vettori $\boldsymbol{v}$ e $\boldsymbol{\xi}$ sono perpendicolari; infatti il loro prodotto scalare è nullo:

$$\boldsymbol{v} \cdot \boldsymbol{\xi} = v_x\,\xi_x + v_y\,\xi_y = 0 \, .$$

Il moto del punto P può quindi essere considerato istantaneamente come di pura rotazione intorno al punto Q, con velocità angolare ω (Fig 3.28 d).

D) Studiare l'accelerazione del punto P.

Derivando due volte rispetto al tempo le leggi orarie (3.48) e (3.49), si ottengono le componenti dell'accelerazione:

$$a_x = r\omega^2\sin(\omega t)\,, \qquad a_y = r\omega^2\cos(\omega t)\,.$$

Il modulo dell'accelerazione è

$$a = \sqrt{a_x^2 + a_y^2} = r\omega^2\,,$$

indipendente dal tempo. È immediato verificare che le componenti a_x, a_y sono proporzionali alle componenti del vettore $\boldsymbol{CP}$ ma hanno segno opposto. Il vettore $\boldsymbol{a}$ è perciò sempre diretto verso il centro della ruota: l'accelerazione è puramente centripeta (Fig 3.29 a).

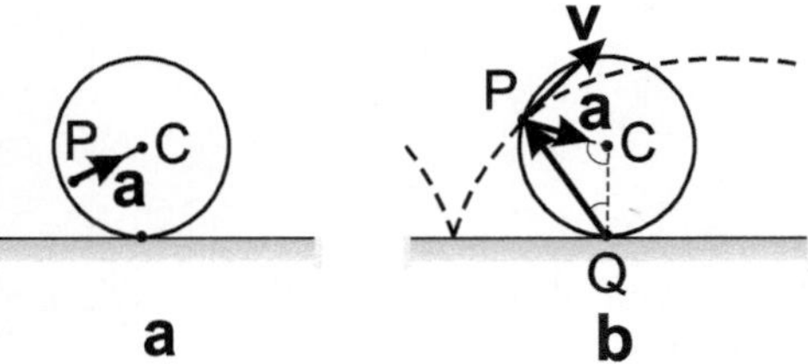

Fig. 3.29. Esercizio 3.8

E) Studiare il raggio di curvatura della cicloide nel caso in cui il punto P stia sul bordo della ruota, cioè $r = R$.

Abbiamo già visto che $\boldsymbol{\xi} = \boldsymbol{QP}$ è perpendicolare a $\boldsymbol{v}$. Il centro di curvatura della traiettoria in corrispondenza del generico punto P deve perciò trovarsi sulla retta passante per Q e P (Fig 3.29 b).
Sappiamo che l'accelerazione normale alla traiettoria (cioè alla cicloide) è

$$a_N = v^2/\varrho\,,$$

dove ϱ è il raggio di curvatura istantaneo. Considerando il triangolo isoscele PCQ, si vede che $2\alpha = \pi - \theta$, cioè $\alpha = \pi/2 - \theta/2$, per cui

$$a_N = a \ |\cos\alpha| = a \ |\sin(\theta/2)| = \omega^2 R \ |\sin(\omega t/2)| \ .$$

Ricordando dalla (3.50) che, per $r = R$,

$$v^2 = 2\omega^2 R^2 \ [1 - \cos(\omega t)] \ ,$$

si ottiene infine

$$\varrho = \frac{v^2}{a_N} = \frac{2\omega^2 R^2 \ [1 - \cos(\omega t)]}{\omega^2 R \ |\sin(\omega t/2)|} = \left| \frac{2R \ [1 - \cos(\omega t)]}{\sin(\omega t/2)} \right|$$

$$= \left| \frac{2R[1 - \cos(2 \ \omega t/2)}{\sin(\omega t/2)} \right| = \left| \frac{2R \ [1 - \cos^2(\omega t/2) + \sin^2(\omega t/2)}{\sin(\omega t/2)} \right|$$

$$= 4R \ |\sin(\omega t/2)| \ .$$

Il raggio di curvatura della cicloide è minimo, $\varrho = 0$, quando $\omega t = 2n\pi$. Il raggio di curvatura è massimo, $\varrho = 4R$, quando $\omega t = (2n + 1)\pi$.

3.4 Cinematica dei moti relativi

Confrontiamo le descrizioni del moto di un punto P relative a due sistemi di riferimento $Oxyz$ e $O'x'y'z'$, in moto l'uno rispetto all'altro (Fig. 3.30). Consideriamo il caso in cui la velocità relativa dei due sistemi di riferimento è piccola rispetto alla velocità di propagazione della luce nel vuoto (pari a circa $3 \times 10^8 \ \mathrm{m \, s^{-1}}$).

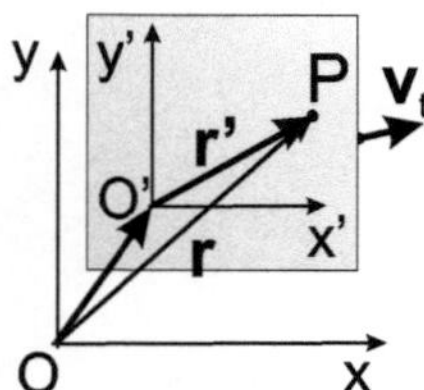

Fig. 3.30. Due sistemi di riferimento $Oxyz$ e $O'x'y'z'$ in moto relativo qualsiasi

Caso generale

Consideriamo raggi vettori, velocità e accelerazioni:

r, v, a rispetto al sistema $Oxyz$
r', v', a' rispetto al sistema $O'x'y'z'$.

Le formule generali di trasformazione sono:

$$r = r' + OO' \tag{3.51}$$

$$v = v' + v_t \tag{3.52}$$

$$a = a' + a_t + a_c \tag{3.53}$$

dove:

v_t è la *velocità di trascinamento*, cioè la velocità rispetto ad O di un punto in quiete rispetto ad O';

a_t è l'*accelerazione di trascinamento*, cioè l'accelerazione rispetto ad O di un punto in quiete rispetto ad O';

a_c è l'*accelerazione complementare*; $a_c = 0$ nei moti relativi puramente traslatori.

Consideriamo ora alcuni casi particolari.

Moto relativo traslazionale uniforme

Il sistema O' si muove con velocità costante v_0 rispetto al sistema O (Fig. 3.31 a). Poniamo $OO' = 0$ per $t = 0$. Le formule di trasformazione sono:

$$r = r' + v_0 t \tag{3.54}$$
$$v = v' + v_0 \tag{3.55}$$
$$a = a' \tag{3.56}$$

Pertanto: $v_t = v_0$; $a_t = a_c = 0$.
Le accelerazioni sono uguali nei due sistemi di riferimento.

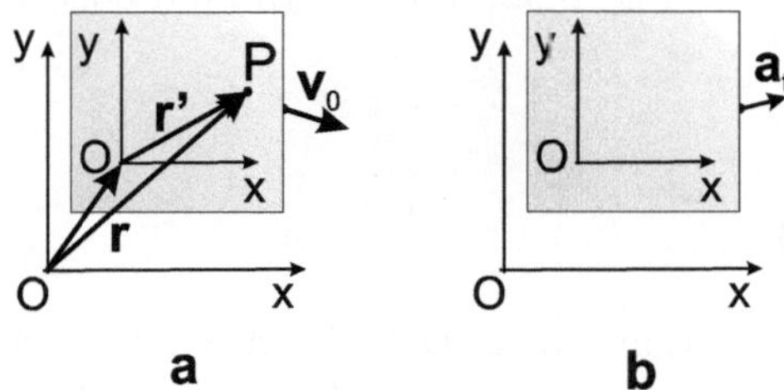

Fig. 3.31. Moto relativo: (a) traslazionale uniforme, (b) traslazionale uniformemente vario

Moto relativo traslazionale uniformemente vario

Il sistema O' si muove con accelerazione costante a_0 rispetto al sistema O (Fig. 3.31 b). Poniamo $OO' = 0$ e $v_t = 0$ per $t = 0$. Le formule di trasformazione sono:

$$r = r' + a_0 t^2/2 \tag{3.57}$$
$$v = v' + a_0 t \tag{3.58}$$
$$a = a' + a_0 \tag{3.59}$$

Pertanto: $v_t = a_0 t$, $a_t = a_0$, $a_c = 0$.

Moto relativo rotazionale uniforme

La rotazione del sistema O' rispetto al sistema O è descritta dal vettore $\boldsymbol{\omega}$. Poniamo $O = O'$ (Fig. 3.32). Le formule di trasformazione sono:

$$\boldsymbol{r} = \boldsymbol{r}' \tag{3.60}$$

$$\boldsymbol{v} = \boldsymbol{v}' + \boldsymbol{\omega} \times \boldsymbol{r}' \tag{3.61}$$

$$\boldsymbol{a} = \boldsymbol{a}' + \boldsymbol{\omega} \times (\boldsymbol{\omega} \times \boldsymbol{r}') + 2\boldsymbol{\omega} \times \boldsymbol{v}' \tag{3.62}$$

dove:

$\boldsymbol{v}_t = \boldsymbol{\omega} \times \boldsymbol{r}'$ è la velocità (tangenziale) di trascinamento;
$\boldsymbol{a}_t = \boldsymbol{\omega} \times (\boldsymbol{\omega} \times \boldsymbol{r}')$ è l'accelerazione (centripeta) di trascinamento;
$\boldsymbol{a}_c = 2\boldsymbol{\omega} \times \boldsymbol{v}'$ è l'accelerazione complementare di Coriolis.

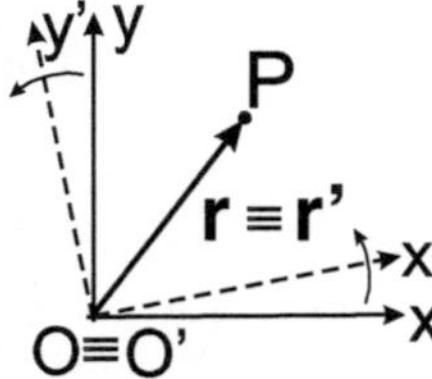

Fig. 3.32. Moto relativo rotazionale uniforme

Esercizio 3.9

Un fiume largo $d = 1\,km$ scorre da Sud a Nord; la velocità della corrente è $v_t = 3\,km\,h^{-1}$. Una barca si stacca dal punto A sulla riva occidentale e si muove perpendicolarmente alla direzione del fiume, in modo da approdare al punto B (Fig. 3.33).
Quanto tempo impiega la barca ad attraversare il fiume se la sua velocità è di $5\,km\,h^{-1}$ rispetto all'acqua ?

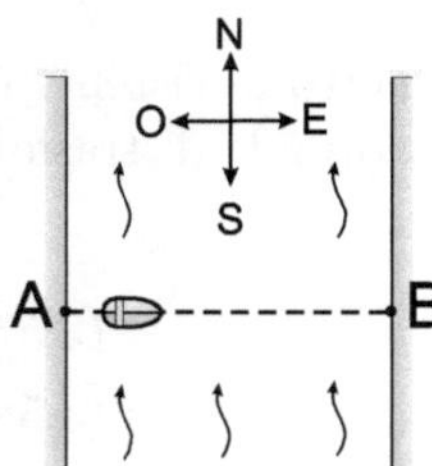

Fig. 3.33. Esercizio 3.9

Consideriamo due sistemi di riferimento (Fig. 3.34 a):

a) Oxy,   solidale con il terreno;
b) $O'x'y'$, solidale con la corrente d'acqua.

Affinché la barca compia la traiettoria rettilinea AB, la sua velocità v relativa a Oxy deve essere orientata da Ovest a Est (Fig. 3.34 b). La velocità relativa a $O'x'y'$ (di cui si conosce il modulo, $v' = 5\,\mathrm{km\,h^{-1}}$) è data da:

$$v' = v - v_t .$$

Applicando il teorema di Pitagora, si ottiene che il modulo di v è $v =$

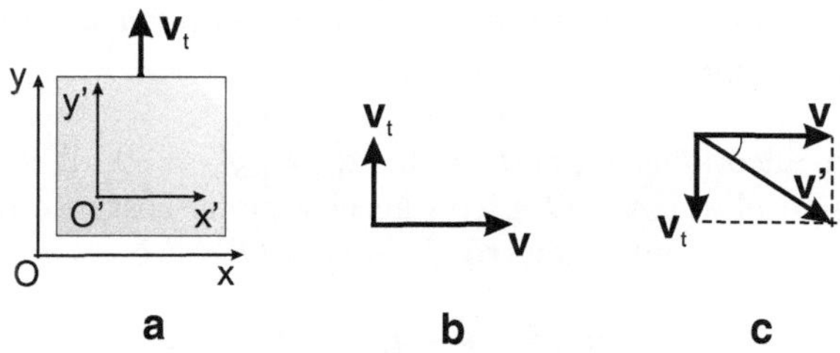

Fig. 3.34. Esercizio 3.9

$4\,\mathrm{km\,h^{-1}}$. L'angolo ϕ tra v e v' è

$$\phi = \arctan(v_t/v) = \arctan(3/4) = \simeq 37° .$$

La barca deve cioè puntare verso Sud-Est, con inclinazione $37°$ rispetto alla rotta voluta (Fig. 3.34 c). Il tempo impiegato ad attraversare il fiume è

$$t = \frac{d}{v} = \frac{1\,\mathrm{km}}{4\,\mathrm{km\,h^{-1}}} = 15\,\mathrm{minuti} .$$

Esercizio 3.10

Un furgone si muove orizzontalmente in linea retta con accelerazione costante a_t (Fig. 3.35). All'istante $t = 0$, una vite si stacca dal soffitto del furgone e cade. (Indichiamo con v_0 la velocità del furgone all'istante $t = 0$).
A) Si studi il moto di caduta della vite rispetto ad un riferimento Oxy solidale con il terreno.

Fig. 3.35. Esercizio 3.10

Supponiamo che l'origine O coincida con la posizione della vite all'istante $t = 0$; così $x_0 = y_0 = 0$. Orientiamo l'asse x nel verso del moto del furgone, l'asse y verso il baso (Fig. 3.36 a). L'accelerazione della vite nel sistema Oxy è $\boldsymbol{a} = \boldsymbol{g}$ (accelerazione di gravità). La legge oraria è perciò:

$$x(t) \; = \; v_0 t \,, \qquad y(t) \; = \; gt^2/2 \,.$$

La traiettoria è una parabola (Fig. 3.36 b) di equazione

$$y \; = \; \frac{g}{2v_0^2} \, x^2 \,.$$

B) Si studi il moto della vite rispetto ad un sistema di riferimento $O'x'y'$ solidale con il furgone.

Supponiamo ancora che, per $t = 0$, $x'_0 = y'_0 = 0$. Il sistema $O'x'y'$ si muove rispetto al sistema Oxy con accelerazione costante $\boldsymbol{a}_t$ (Fig. 3.36 c). L'accelerazione della vite rispetto al sistema $O'x'y'$ è

$$\boldsymbol{a}' \; = \; \boldsymbol{a} - \boldsymbol{a}_t \; = \; \boldsymbol{g} - \boldsymbol{a}_t \,.$$

Il moto avviene con accelerazione costante $\boldsymbol{a}'$ e velocità iniziale $\boldsymbol{v}'_0 = 0$. La traiettoria è una retta parallela al vettore $\boldsymbol{a}'$ (Fig. 3.36 d). La legge oraria è

$$x'(t) \; = \; -\, a_t t^2/2 \,, \qquad y'(t) \; = \; gt^2/2 \,.$$

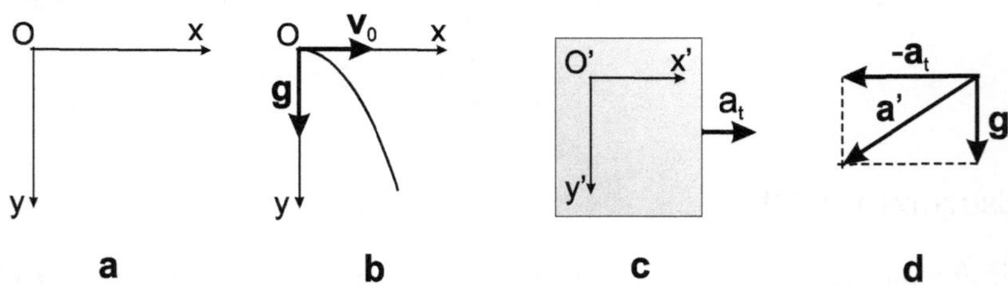

Fig. 3.36. Esercizio 3.10

C) Si studi il moto della vite in entrambi i sistemi, nel caso in cui $\boldsymbol{v}_0 = 0$ (la vite cioè si stacca quando il furgone è in quiete).

Nel sistema Oxy, la legge oraria diviene

$$x(t) \; = \; 0 \,, \qquad y(t) \; = \; gt^2/2 \,.$$

Il moto della vite è rettilineo in direzione verticale.

Nel sistema $O'x'y'$, la legge oraria diviene

$$x'(t) \; = \; - \, a_t t^2/2 \, , \qquad y'(t) \; = \; g t^2/2 \, .$$

La traiettoria è una retta parallela al vettore $\boldsymbol{a}'$, di equazione

$$y' \; = \; - \, \frac{g}{a_t} x' \, .$$

(?) Si studino i tre casi A, B, C, nell'ipotesi che il moto del furgone sia uniforme, con velocità di trascinamento costante v_t.

Esercizio 3.11

Un cuneo $O'AB$ scivola su un piano orizzontale con accelerazione costante a_t.
Un corpo P, di dimensioni trascurabili, si muove lungo la superficie inclinata
AB con accelerazione $\boldsymbol{a}'$ (relativa al cuneo) costante (Fig. 3.37). All'istante
iniziale $t = 0$ sono nulle le velocità del cuneo e del corpo P, e il corpo P si
trova al punto A, ad altezza h rispetto al piano orizzontale.
A) Determinare l'accelerazione del corpo P rispetto al piano orizzontale.

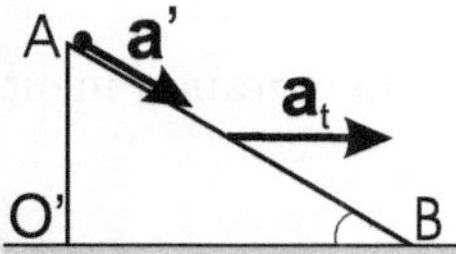

Fig. 3.37. Esercizio 3.11

Introduciamo i due sistemi di riferimento (Fig. 3.38 a):

a) Oxy,   solidale con il piano orizzontale;
b) $O'x'y'$, solidale con il cuneo.

Il sistema $O'x'y'$ si muove con accelerazione $\boldsymbol{a}_t$ rispetto al sistema Oxy. L'accelerazione del corpo P rispetto al sistema Oxy è (Fig. 3.38 b)

$$\boldsymbol{a} \; = \; \boldsymbol{a}' \, + \, \boldsymbol{a}_t \, ,$$

di componenti

$$a_x \; = \; a'_x + a_{tx} \; = \; a' \cos\alpha + a_t \, ,$$
$$a_y \; = \; a'_y + a_{ty} \; = \; -a' \sin\alpha \, .$$

Il modulo dell'accelerazione $\boldsymbol{a}$ è pertanto

$$a \; = \; \sqrt{a_x^2 + a_y^2} \; = \; \sqrt{a'^2 + a_t^2 + 2a' a_t \cos\alpha} \, .$$

Il vettore $\boldsymbol{a}$ è inclinato rispetto all'orizzontale di un angolo

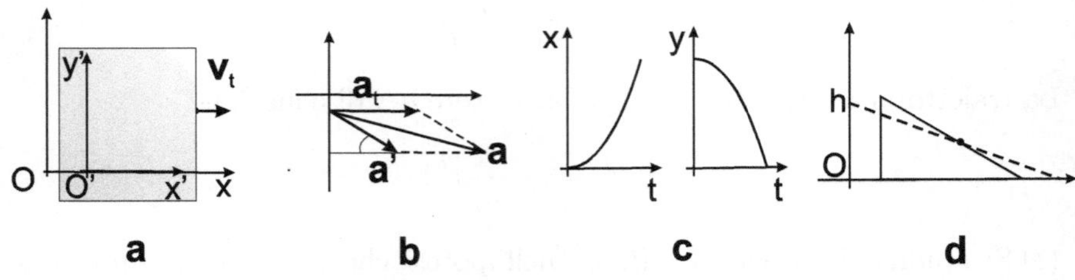

Fig. 3.38. Esercizio 3.11

$$\phi = \arctan \frac{a_y}{a_x} = -\frac{a'\sin\alpha}{a'\cos\alpha + a_t} \ .$$

B) Determinare la velocità del corpo P rispetto al piano orizzontale.

La velocità v relativa al sistema Oxy si ottiene integrando a rispetto al tempo e ricordando la condizione iniziale: $v = 0$ per $t = 0$:

$$v(t) = \int_0^t a(t')\,dt' = a\,t\ .$$

Il vettore v è parallelo al vettore a: la sua direzione è perciò costante, mentre il suo modulo cresce linearmente con il tempo.

C) Determinare la traiettoria del corpo P.

Il raggio vettore r del corpo P relativo al sistema di riferimento Oxy si ottiene integrando v rispetto al tempo e ricordando le condizioni iniziali: per $t = 0$, $x = 0, y = h$:

$$r(t) = r_0 + \int_0^t v(t')\,dt' = r_0 + \frac{1}{2}at^2.$$

Le componenti del raggio vettore r sono (Fig. 3.38 c):

$$x(t) = \frac{1}{2}a_x t^2 = \frac{1}{2}a't^2\cos\alpha + \frac{1}{2}a_t t^2 \ , \tag{3.63}$$

$$y(t) = h + \frac{1}{2}a_y t^2 = h - \frac{1}{2}a't^2\sin\alpha \ . \tag{3.64}$$

Ricavando t^2 dalla (3.63) e inserendolo nella (3.64), si ottiene l'equazione della traiettoria del corpo P rispetto al sistema di riferimento Oxy:

$$y = -\frac{2a'\sin\alpha}{a'\cos\alpha + a_t}\,x + h \ .$$

La traiettoria è evidentemente rettilinea (Fig. 3.38 d).

(?) In quale punto dell'asse x il corpo P toccherà il piano orizzontale ?

Esercizio 3.12

Una piattaforma circolare ruota, rispetto al terreno, con velocità angolare costante ω_t attorno ad un asse verticale passante per il suo centro O. Un uomo corre sulla piattaforma lungo una traiettoria circolare di raggio r' e centro O (Fig. 3.39). La velocità angolare dell'uomo, relativa alla piattaforma, è ω'. Il vettore $\boldsymbol{\omega}'$ ha verso opposto a quello del vettore $\boldsymbol{\omega}_t$.
Si studi l'accelerazione dell'uomo rispetto al terreno.

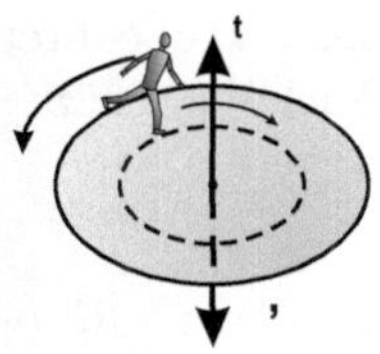

Fig. 3.39. Esercizio 3.12

Introduciamo i due sistemi di riferimento (Fig. 3.40 a):

a) $Oxyz$,   solidale con il terreno;
b) $O'x'y'z'$, solidale con la piattaforma rotante.

L'asse $z = z'$ coincide con l'asse di rotazione.
Rispetto alla piattaforma (sistema $Ox'y'z'$), la velocità dell'uomo ha modulo

$$v' \;=\; \omega'\, r' \;=\; \text{costante}\,,$$

e l'accelerazione è puramente centripeta, di modulo

$$a' \;=\; \frac{v'^2}{r'} \;=\; \omega'^2\, r'\,.$$

Rispetto al terreno (sistema $Oxyz$), l'accelerazione dell'uomo è:

$$\boldsymbol{a} \;=\; \boldsymbol{a}' \;+\; \boldsymbol{\omega}_t \times (\boldsymbol{\omega}_t \times \boldsymbol{r}') \;+\; 2\,\boldsymbol{\omega}_t \times \boldsymbol{v}'\,. \tag{3.65}$$

Vogliamo determinare direzione e modulo di $\boldsymbol{a}$. Allo scopo, studiamo prima separatamente i tre termini nel membro di destra della (3.65).

L'accelerazione $\boldsymbol{a}'$ è diretta radialmente verso il centro O; il suo modulo vale $a' = \omega'^2 r'$.

L'accelerazione di trascinamento $a_t = \boldsymbol{\omega}_t \times (\boldsymbol{\omega}_t \times \boldsymbol{r}')$ è anch'essa diretta radialmente verso il centro O, come è agevole verificare applicando la regola della mano destra (Fig. 3.40 b). Poiché $\boldsymbol{\omega}_t \perp \boldsymbol{r}'$ e $\boldsymbol{\omega}_t \perp (\boldsymbol{\omega}_t \times \boldsymbol{r}')$, il modulo di $\boldsymbol{a}_t$ è

$$a_t \;=\; \omega_t^2\, r'\,.$$

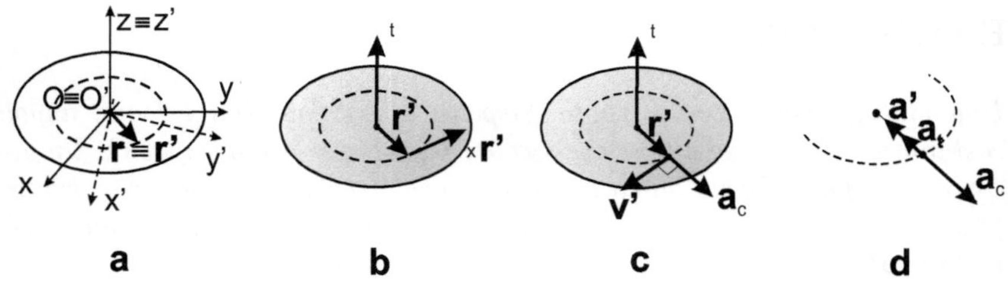

Fig. 3.40. Esercizio 3.12

L'accelerazione complementare di Coriolis $\boldsymbol{a}_c = 2\boldsymbol{\omega}_t \times \boldsymbol{v}'$ (Fig. 3.40 c) è diretta radialmente verso l'esterno (regola della mano destra). Poiché $\boldsymbol{\omega}_t \perp \boldsymbol{v}'$, il modulo di $\boldsymbol{a}_c$ è

$$a_c = 2\omega_t v' = 2\omega_t \omega' r' \ .$$

L'accelerazione $\boldsymbol{a}$ dell'uomo relativa al sistema di riferimento $Oxyz$ sarà pertanto diretta radialmente verso il centro O (Fig. 3.40 d) ed avrà modulo

$$\begin{aligned}
a &= \omega'^2 r' + \omega_t^2 r' - 2\omega_t \omega' r' \\
&= r' \left(\omega'^2 + \omega_t^2 - 2\omega' \omega_t\right) \\
&= r' \left(\omega' - \omega_t\right)^2 \ .
\end{aligned}$$

Rispetto al sistema $Oxyz$, il moto dell'uomo equivale ad un moto circolare uniforme, con velocità angolare $\omega = \omega' - \omega_t$. Se $\omega' = \omega_t$ (con versi di rotazione opposti) l'uomo è fermo rispetto al sistema $Oxyz$ e la sua accelerazione è nulla: $\boldsymbol{a} = 0$. Si noti che la velocità angolare $\boldsymbol{\omega}$ rispetto al sistema $Oxyz$ è la somma (vettoriale) delle velocità angolari $\boldsymbol{\omega}'$ (relativa a $O'x'y'z'$) e $\boldsymbol{\omega}_t$ (di trascinamento).

L'accelerazione centripeta dipende dal quadrato di ω:

$$a = \omega^2 r = (\omega' - \omega_t)^2 r \ , \qquad (r = r')$$

e non può pertanto essere ottenuta sommando semplicemente i due termini

$$a' = \omega'^2 r \quad\text{e}\quad a_t = \omega_t^2 r \ .$$

L'accelerazione complementare in questo caso fornisce il termine mancante (doppio prodotto) $-2\omega' \omega_t$.

(?) Si ponga $r = r' = 10\,\mathrm{m}$, $\omega_t = 0.1\,\mathrm{rad\,s^{-1}}$, $\omega' = 1\,\mathrm{rad\,s^{-1}}$. Si valutino e si confrontino i valori numerici di a', a_t, a_c, a.

Esercizio 3.13

Una piattaforma circolare ruota, rispetto al terreno, con velocità angolare costante $\boldsymbol{\omega}$ attorno ad un asse verticale passante per il suo centro O. Un *uomo si sposta dal centro O al bordo della piattaforma lungo un suo raggio muovendosi con velocità $\boldsymbol{v}'$ costante rispetto alla piattaforma (Fig. 3.41). A) Si studi la velocità dell'uomo rispetto al terreno e se ne determini la traiettoria.*

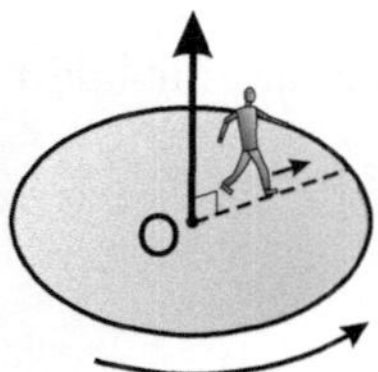

Fig. 3.41. Esercizio 3.13

Introduciamo i due sistemi di riferimento (Fig. 3.42 a):

a) $Oxyz$,   solidale con il terreno;
b) $O'x'y'z'$, solidale con la piattaforma rotante.

L'asse $z = z'$ coincide con l'asse di rotazione della piattaforma.

Rispetto alla piattaforma (sistema $O'x'y'z$), il moto dell'uomo è rettilineo uniforme, con velocità $\boldsymbol{v}'$ di direzione radiale.

Rispetto al terreno (sistema $Oxyz$), l'uomo si muove con velocità

$$\boldsymbol{v} = \boldsymbol{v}' + \boldsymbol{\omega} \times \boldsymbol{r}' . \qquad (\boldsymbol{r}' = \boldsymbol{r})$$

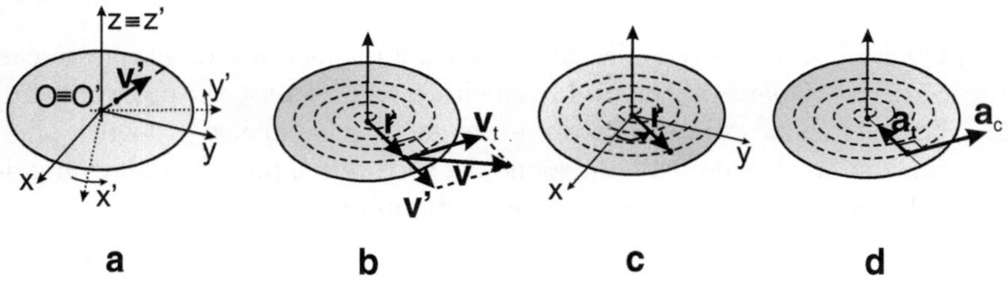

Fig. 3.42. Esercizio 3.13

La velocità di trascinamento $\boldsymbol{v}_t = \boldsymbol{\omega} \times \boldsymbol{r}$ è perpendicolare alla velocità $\boldsymbol{v}'$: $\boldsymbol{v}_t \perp \boldsymbol{v}'$. Il modulo di v_t,

$$v_t = \omega\, r ,$$

cresce linearmente con la distanza r dal centro della piattaforma. Poiché $\boldsymbol{v}_t$ e $\boldsymbol{v}'$ sono perpendicolari, il modulo di $\boldsymbol{v}$ è (Fig. 3.42 b):

$$v = \sqrt{v'^2 + \omega^2 r^2} .$$

Per determinare la traiettoria relativa al sistema $Oxyz$, notiamo che v' e $v_t = \omega r$ sono, rispettivamente, le componenti radiale e trasversa della velocità in un sistema di coordinate polari r, θ con origine nel centro della piattaforma:

$$v_r = \frac{\mathrm{d}r}{\mathrm{d}t} = v'; \qquad v_\theta = r\frac{\mathrm{d}\theta}{\mathrm{d}t} = r\omega .$$

La legge oraria in coordinate polari, imponendo la condizione iniziale $r = 0, \theta = 0$ per $t = 0$, è:

$$r(t) = v' t; \qquad \theta(t) = \omega t .$$

Eliminando t, si ottiene l'equazione della traiettoria:

$$r = \frac{v'}{\omega} \theta . \qquad (v'/\omega = \text{costante})$$

La traiettoria è una spirale di Archimede (Fig. 3.42 c).

B) Si studi l'accelerazione dell'uomo rispetto al terreno.

Rispetto alla piattaforma (sistema $O'x'y'z'$), il moto è rettilineo uniforme, perciò $\boldsymbol{a}' = 0$. Rispetto al terreno (sistema $Oxyz$), l'accelerazione è

$$\boldsymbol{a} = \boldsymbol{\omega} \times (\boldsymbol{\omega} \times \boldsymbol{r}') + 2\boldsymbol{\omega} \times \boldsymbol{v}' . \qquad (\boldsymbol{r}' = \boldsymbol{r})$$

L'accelerazione di trascinamento $\boldsymbol{a}_t = \boldsymbol{\omega} \times (\boldsymbol{\omega} \times \boldsymbol{r}')$ è centripeta, di modulo $a_t = \omega^2 r$ crescente linearmente con la distanza r dal centro della piattaforma. L'accelerazione complementare di Coriolis $\boldsymbol{a}_c = 2\boldsymbol{\omega} \times \boldsymbol{v}'$ ha direzione perpendicolare a quella di $\boldsymbol{a}_t$. Il suo modulo $a_c = 2\omega v'$ è costante (Fig. 3.42 d).

(?) Qual è il significato dell'accelerazione complementare $\boldsymbol{a}_c$ in questo caso ? Si derivi rispetto al tempo la velocità $\boldsymbol{v} = \boldsymbol{v}' + \boldsymbol{\omega} \times \boldsymbol{r}'$ e si verifichi che l'accelerazione complementare è per metà (cioè $\boldsymbol{\omega} \times \boldsymbol{v}'$) dovuta alla variazione nel tempo della direzione del vettore $\boldsymbol{v}'$, per metà alla variazione del modulo di $\boldsymbol{\omega} \times \boldsymbol{r}'$ al crescere nel tempo di r'.

3.5 *Problemi non risolti*

3.1. Un treno si muove in linea retta a velocità costante v_0. Ad un certo istante il macchinista inserisce il freno e il treno riduce la velocità al valore v_1. Durante il periodo di decelerazione il treno percorre una distanza d (Fig. 3.43 a). Supponendo costante l'accelerazione (negativa):

a) Per quanto tempo è rimasto inserito il freno ?
b) Qual è il modulo dell'accelerazione ?

(Si ponga: $v_0 = 50\,\mathrm{m\,s^{-1}}$, $v_1 = 20\,\mathrm{m\,s^{-1}}$, $d = 80\,\mathrm{m}$.)

3.2. Una barca a motore si muove con velocità costante v_0 (Fig. 3.43 b). All'istante $t = 0$ il motore viene spento e la barca prosegue il suo moto rettilineo a velocità decrescente; l'accelerazione è proporzionale al quadrato della velocità: $a = -bv^2$ ($b =$ costante). Si determini:

a) il modulo v della velocità in funzione del tempo (per $t > 0$);
b) la distanza percorsa in funzione del tempo (legge oraria);
c) il modulo v della velocità in funzione della distanza x percorsa dopo l'istante $t = 0$.

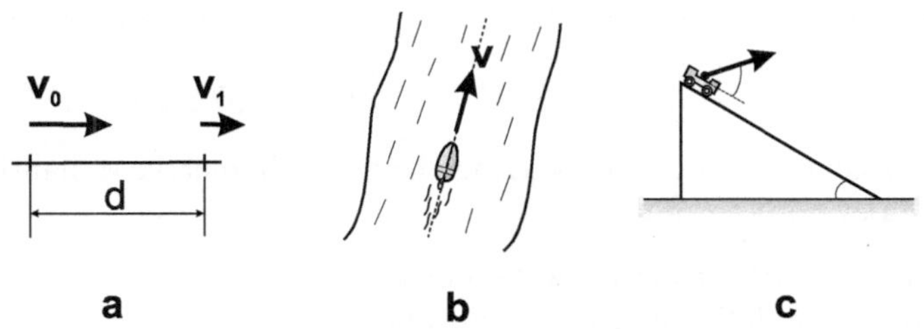

Fig. 3.43. (a) Problema 3.1, (b) Problema 3.2, (c) Problema 3.3

3.3. Da un carrello che si trova appoggiato su un piano liscio, inclinato di un angolo α rispetto all'orizzontale, una palla viene espulsa secondo una direzione che forma un angolo θ rispetto al piano inclinato (Fig. 3.43 c). All'istante dell'espulsione della palla il carrello è momentaneamente fermo. Che valore deve avere l'angolo θ affinché la palla ricada esattamente sul carrello in movimento lungo il piano inclinato ?

3.4. Una bicicletta senza parafanghi si muove con velocità costante v_0 lungo una strada orizzontale ricoperta di fango. Le ruote della bicicletta hanno raggio R (Fig. 3.44 a). Si determini:

a) la massima altezza h dal suolo raggiunta dalle particelle di fango che si staccano dalle ruote;
b) l'angolo θ_M corrispondente al punto di stacco delle particelle di fango che raggiungono la massima altezza.

3.5. Un sasso viene lanciato da un punto A di un piano, inclinato di un angolo α rispetto all'orizzontale. La velocità di lancio $\boldsymbol{v_0}$ forma un angolo θ con l'orizzontale (Fig. 3.44 b). Si determini:

a) la distanza ℓ tra il punto A e il punto B di caduta del sasso sul piano inclinato in funzione dell'angolo di lancio ϑ;
b) l'angolo di lancio θ_M cui corrisponde la massima distanza tra A e B;
c) il valore ℓ_M di tale distanza massima.

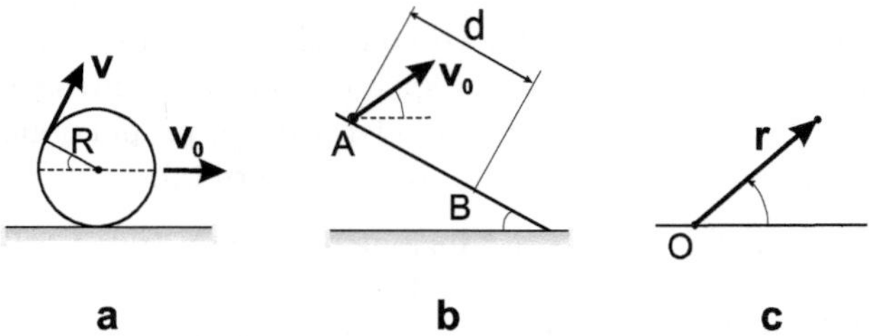

Fig. 3.44. (a) Problema 3.4, (b) Problema 3.5, (c) Problema 3.6

3.6. Un punto si muove su un piano secondo la legge espressa in coordinate polari

$$r(t) \;=\; a\,\mathrm{e}^{bt}\,, \qquad \phi(t) \;=\; bt\,,$$

dove a e b sono costanti espresse rispettivamente in metri e radianti al secondo (Fig. 3.44 c). Si determini:

a) l'equazione della traiettoria del punto;
b) l'andamento della velocità in funzione di r;
c) l'andamento dell'accelerazione in funzione di r;
d) il raggio di curvatura della traiettoria in funzione di r.

3.7. Una particella si muove di moto oscillatorio lungo l'asse Ox secondo la legge oraria $x(t) = x_0 \sin(\omega t + \phi)$. Si determini:

a) la velocità e l'accelerazione della particella all'istante iniziale $t = 0$;
b) l'intervallo di tempo che intercorre tra l'istante in cui la particella passa per la posizione $x = x_0/2$ con velocità negativa e l'istante in cui essa ripassa per la stessa posizione con velocità positiva.

(Si ponga: $x_0 = 1\,\mathrm{m}$, $\omega = 2\pi\,\mathrm{rad\,s}^{-1}$, $\phi = \pi/4$).

3.8. Una particella di dimensioni trascurabili si muove nello spazio secondo una traiettoria elicoidale (Fig. 3.45 a). Le sue coordinate x, y, z dipendono dal tempo secondo la legge oraria

$$x \;=\; A\,\cos(\omega t)\,, \qquad y \;=\; A\,\sin(\omega t)\,, \qquad z \;=\; Bt\,.$$

a) Determinare le componenti v_x, v_y, v_z e il modulo del vettore velocità in funzione del tempo.
b) Determinare il passo dell'elica (distanza PQ in figura).
c) Determinare la lunghezza s della traiettoria tra i due punti P e Q in figura.
d) Determinare le componenti a_x, a_y, a_z e il modulo del vettore accelerazione in funzione del tempo.
e) Individuare le componenti normale e tangenziale dell'accelerazione e determinare il raggio di curvatura della traiettoria.

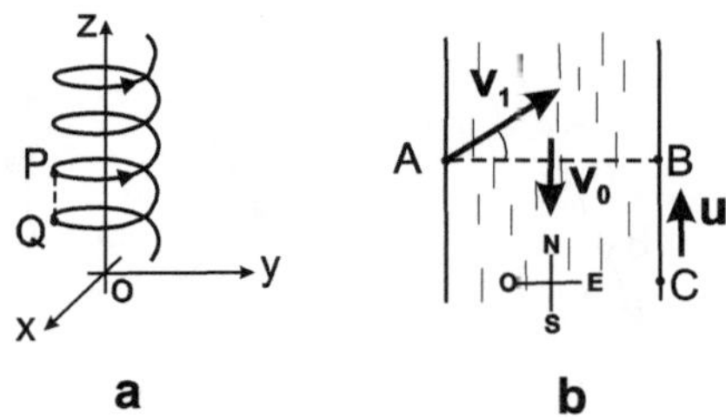

Fig. 3.45. (a) Problema 3.8, (b) Problema 3.9

(Si ponga: $A = 2\,\mathrm{m}$, $B = 3\,\mathrm{m\,s^{-1}}$, $\omega = 2\,\mathrm{rad\,s^{-1}}$).

3.9. L'acqua di un fiume scorre in direzione Nord–Sud con velocità costante v_0 rispetto al terreno (Fig. 3.45 b). Un uomo, che si trova sulla riva occidentale del fiume nel punto A, vuole raggiungere il corrispondente punto B sulla riva opposta utilizzando una barca a motore. La barca si muove rispetto all'acqua del fiume con velocità v_1, con $v_1 < v_0$.

a) Si verifichi che, essendo $v_1 < v_0$, l'uomo sarà comunque costretto a sbarcare in un punto C a Sud di B.

Una volta sbarcato sulla riva orientale, l'uomo si muove a piedi dal punto C al punto B con velocità costante u.

b) In quale direzione gli sarebbe convenuto orientare inizialmente la barca per raggiungere la destinazione finale B nel minor tempo possibile ?

3.10. Un treno transita per una stazione con velocità costante v_0 in direzione parallela all'asse Ox. Un passeggero del treno osserva una palla lanciata in alto da un bambino fermo sulla banchina della stazione. Il moto della palla, nel sistema di riferimento Oxy solidale con la stazione, è descritto dalle equazioni:
$$x(t) = 0\,, \qquad y(t) = -\,gt^2/2 + v_1 t\,.$$

a) Come descrive il moto della palla il passeggero rispetto al sistema di riferimento $O'x'y'$ solidale con il treno, se all'istante $t = 0$ le origini O e O' dei due sistemi di riferimento coincidono ?

b) Con quale accelerazione si muove la palla rispetto al passeggero del treno ?

c) Qual è l'equazione della traiettoria della palla rispetto al sistema $O'x'y'$?

3.11. Due ciclisti A e B partono contemporaneamente dal punto Q dirigendosi lungo la medesima strada rettilinea in versi opposti. Il ciclista A pedala alla velocità costante $v_A = 6\,\mathrm{m\,s^{-1}}$, accompagnato dal suo cane, il ciclista B pedala alla velocità costante $v_b = 4\,\mathrm{m\,s^{-1}}$. Dopo 10 minuti dalla partenza, il cane del ciclista A lascia il suo padrone e, correndo a velocità costante $v_C = 12\,\mathrm{m\,s^{-1}}$, raggiunge il ciclista B e immediatamente ritorna dal suo padrone A (Fig. 3.46 a).
Quanto tempo impiega il cane nel suo viaggio di andata e ritorno ?

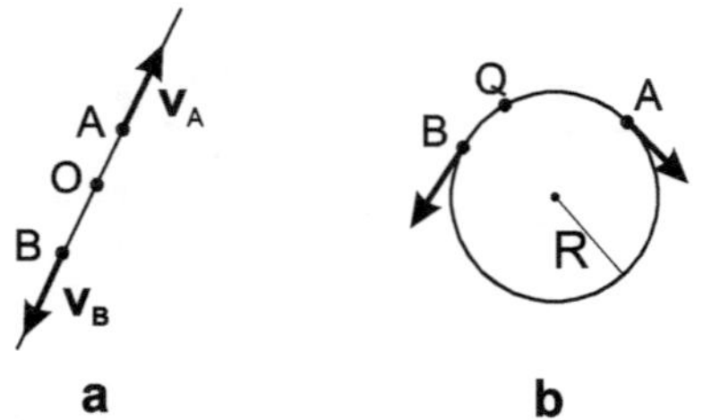

Fig. 3.46. (a) Problema 3.11, (b) Problema 3.13

3.12. Una vite cade dal soffitto di un ascensore sul pavimento percorrendo una distanza d. Calcolare l'accelerazione della vite rispetto ad un osservatore sull'ascensore e il tempo di caduta nei tre casi seguenti:

a) l'ascensore accelera verso l'alto con accelerazione cg (dove c è una costante positiva minore di 1, g è l'accelerazione di gravità);
b) l'ascensore accelera verso il basso con accelerazione cg;
c) l'ascensore si muove a velocità costante.

3.13. Due ciclisti A e B, inizialmente in quiete, lasciano contemporaneamente il punto Q dirigendosi, in versi opposti, lungo il medesimo percorso circolare di raggio $R = 1$ km (Fig. 3.46 b). Per 30 secondi i due ciclisti accelerano in modo uniforme, fino a raggiungere velocità di moduli, rispettivamente, $v_A = 6\,\mathrm{m\,s}^{-1}$, $v_B = 4\,\mathrm{m\,s}^{-1}$. I due ciclisti procedono quindi di moto circolare uniforme.

a) Si determini il valore della componente tangenziale dell'accelerazione del ciclista A nei primi 30 secondi.
b) Si determini l'andamento temporale della componente normale dell'accelerazione del ciclista A nei primi 30 secondi.
c) Dopo quanto tempo dalla partenza i due ciclisti si incontrano per la prima volta ?
d) Con quale frequenza temporale avvengono gli incontri successivi ?
e) Dopo i primi 30 secondi, qual è il modulo dell'accelerazione del ciclista B rispetto al ciclista A ?

4 Dinamica del punto

4.1 I principi della dinamica

Punto materiale

Chiamiamo punto materiale un corpo le cui dimensioni geometriche sono sufficientemente piccole, rispetto alle dimensioni della traiettoria considerata, da poter essere trascurate.

Principio d'inerzia - Riferimenti inerziali

Esistono sistemi di riferimento rispetto ai quali un punto materiale, non soggetto ad interazioni con altri punti materiali, è in quiete o si muove di moto rettilineo ed uniforme.

Tali sistemi di riferimento sono detti *sistemi di riferimento inerziali.* I riferimenti inerziali rivestono importanza fondamentale nello studio della dinamica. Un sistema di assi cartesiani solidale con le stelle fisse è, con ottima approssimazione, un riferimento inerziale. Per molte applicazioni pratiche anche un sistema solidale con la Terra può essere considerato inerziale con sufficiente approssimazione. Nel seguito, salvo avviso contrario, ci serviremo esclusivamente di sistemi di riferimento inerziali.

Massa inerziale

Consideriamo l'interazione tra due punti materiali A e B in un riferimento inerziale (Fig. 4.1). A seguito dell'interazione, in un prefissato intervallo di

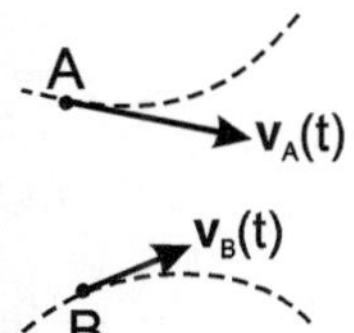

Fig. 4.1. Due punti A e B in moto lungo le rispettive traiettorie

tempo Δt i due punti variano le loro velocità rispettivamente di Δv_A e Δv_B.

L'esperienza mostra che $\Delta \boldsymbol{v}_A$ e $\Delta \boldsymbol{v}_B$ hanno la stessa direzione e versi opposti. Inoltre, il rapporto tra i moduli

$$\frac{|\Delta \boldsymbol{v}_A|}{|\Delta \boldsymbol{v}_B|} = k_{AB} \tag{4.1}$$

dipende dalla natura dei due punti materiali A e B ma non dall'intervallo di tempo Δt. Quanto minore è la variazione di velocità del corpo A rispetto a quella del corpo B, tanto maggiore è l'*inerzia* del corpo A rispetto all'inerzia del corpo B.

Per valutare quantitativamente l'inerzia, si introduce la grandezza fisica *massa inerziale m*. Attribuito un valore arbitrario m_C di massa inerziale ad un punto materiale C scelto come campione di riferimento, la massa inerziale di qualsiasi altro punto materiale i può essere misurata facendo interagire il punto i con il punto campione C e misurando le variazioni di velocità dei due punti:

$$\frac{m_i}{m_C} = \frac{|\Delta \boldsymbol{v}_C|}{|\Delta \boldsymbol{v}_i|} \,. \tag{4.2}$$

La massa inerziale è una grandezza scalare e si misura in *chilogrammi* (kg).

Quantità di moto

Si definisce *quantità di moto* $\boldsymbol{p}$ di un punto materiale il vettore prodotto della massa (inerziale) per il vettore velocità:

$$\boldsymbol{p} = m \boldsymbol{v} \,. \tag{4.3}$$

La quantità di moto si misura in $\mathrm{kg\,m\,s^{-1}}$.

Principio di conservazione della quantità di moto

Consideriamo due punti materiali A e B, di masse rispettivamente m_A e m_B. Se i due punti A e B interagiscono tra di loro ma sono completamente isolati da qualsiasi altro punto materiale, allora le variazioni di velocità hanno la stessa direzione e versi opposti, e, per la (4.2), il rapporto dei loro moduli è inversamente proporzionale al rapporto delle masse:

$$\frac{m_A}{m_B} = \frac{|\Delta \boldsymbol{v}_B|}{|\Delta \boldsymbol{v}_A|} \,. \tag{4.4}$$

Ciò equivale a dire che

$$m_A \, \Delta \boldsymbol{v}_A = - m_B \, \Delta \boldsymbol{v}_B. \tag{4.5}$$

Se si considerano le variazioni di quantità di moto tra l'inizio e la fine dell'intervallo di tempo considerato (peraltro arbitrario)

$$\Delta p_A = p_{A,\text{fin}} - p_{A,\text{in}} = m_A \Delta v_A \,, \tag{4.6}$$

$$\Delta p_B = p_{B,\text{fin}} - p_{B,\text{in}} = m_B \Delta v_B \,, \tag{4.7}$$

la (4.5) è equivalente alla:

$$\Delta p_A = -\Delta p_B \,, \tag{4.8}$$

o anche, se ci si riferisce alla *quantità di moto totale* del sistema, $P_{\text{tot}} = p_A + p_B$,

$$P_{\text{tot}} = P_{A,\text{in}} + P_{B,\text{in}} = P_{A,\text{fin}} + P_{B,\text{fin}} = \text{costante} \,. \tag{4.9}$$

In altri termini:

In un riferimento inerziale, la quantità di moto totale di un sistema isolato di due punti interagenti resta costante.

Definizione di forza

Consideriamo ancora l'interazione tra due punti materiali A e B isolati dal resto del mondo. A seguito dell'interazione, la quantità di moto di ciascuno dei due punti varia nel tempo. Le dipendenze temporali $p_A(t)$, $p_B(t)$ dipendono dal tipo di interazione. È spesso molto utile poter considerare, anziché l'interazione tra due punti materiali, l'effetto dell'interazione su un singolo punto (Fig. 4.2). A tale scopo si introduce una nuova grandezza fisica vettoriale, la *forza*, definita come la derivata temporale della quantità di moto; la forza che il punto B esercita sul punto A è quindi

$$F_{BA} = \frac{\mathrm{d}p_A}{\mathrm{d}t} \,. \tag{4.10}$$

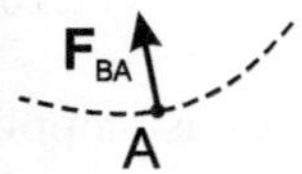

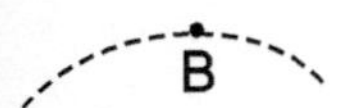

Fig. 4.2. Forza F_{BA} agente sul punto materiale A come conseguenza dell'interazione con il punto materiale B

Principio di sovrapposizione

Consideriamo un punto materiale che interagisce con altri punti materiali. L'effetto di ciascuna interazione sarà descritto da una forza F_i (Fig. 4.3). Si verifica sperimentalmente che l'effetto complessivo di più interazioni equivale all'effetto di una singola interazione descritta da una *forza risultante* F_T, somma vettoriale delle forze che descrivono le singole interazioni:

$$F_T = \sum_i F_i \,.$$

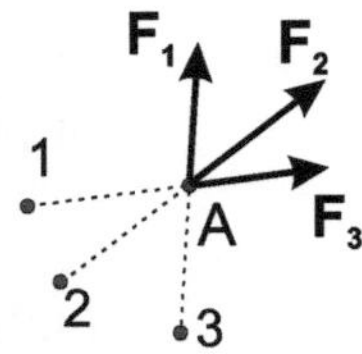

Fig. 4.3. Tre diverse forze agenti sullo stesso punto materiale come conseguenza dell'interazione con tre diversi punti materiali

Legge fondamentale della dinamica

Come conseguenza del Principio di sovrapposizione e della definizione (4.10) di forza, si può enunciare la *Legge fondamentale* della dinamica del punto:

$$\sum_i \boldsymbol{F}_i = \frac{\mathrm{d}\boldsymbol{p}}{\mathrm{d}t} = \frac{\mathrm{d}}{\mathrm{d}t}(m\boldsymbol{v}) \,. \tag{4.11}$$

La (4.11) è detta anche *legge del moto* del punto materiale.
Se la massa m del punto materiale è costante, l'eq. (4.11) si semplifica

$$\sum_i \boldsymbol{F}_i = m\,\boldsymbol{a} \,. \tag{4.12}$$

Le forze si misurano in newton (N): $1\,\mathrm{N} = 1\,\mathrm{kg\,m\,s^{-2}}$.

Legge di azione e reazione

Torniamo a considerare l'interazione tra due punti materiali A e B isolati dal resto del mondo (Fig. 4.4). Poiché, come conseguenza del Principio di conservazione della quantità di moto, per qualsiasi intervallo di tempo $\mathrm{d}t$ si ha $\mathrm{d}\boldsymbol{p}_A = -\mathrm{d}\boldsymbol{p}_B$, allora vale anche la relazione

$$\frac{\mathrm{d}\boldsymbol{p}_A}{\mathrm{d}t} = -\frac{\mathrm{d}\boldsymbol{p}_B}{\mathrm{d}t}\,, \qquad \text{cioe}' \qquad \boldsymbol{F}_{BA} = -\boldsymbol{F}_{AB}\,. \tag{4.13}$$

La (4.13) esprime la *Legge dell'azione e reazione*, valida per qualsiasi coppia di punti materiali in interazione.

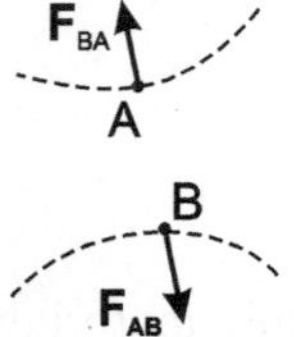

Fig. 4.4. Interazione tra due punti materiali A e B

Impulso

L'impulso $\boldsymbol{J}$ di una forza $\boldsymbol{F}$ per un intervallo di tempo (da t_1 a t_2) è definito come l'integrale del prodotto della forza per il tempo, calcolato nell'intervallo da t_1 a t_2 (Fig. 4.5 a):

$$J = \int_{t_1}^{t_2} \boldsymbol{F}\, \mathrm{d}t \, . \tag{4.14}$$

L'impulso è una *grandezza vettoriale*. Il suo modulo si misura in N s.

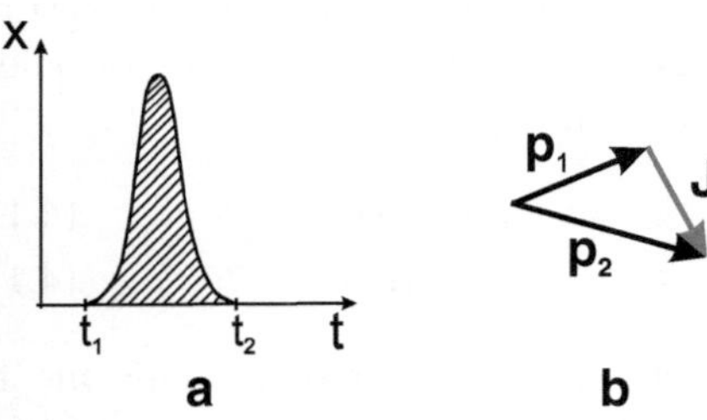

Fig. 4.5. Impulso: (a) modulo della forza in funzione del tempo; (b) relazione vettoriale tra impulso e quantità di moto

Come conseguenza della Legge fondamentale della dinamica, si dimostra che

$$J = \int_{t_1}^{t_2} \boldsymbol{F}\, \mathrm{d}t = \boldsymbol{p}(t_2) - \boldsymbol{p}(t_1) \, , \tag{4.15}$$

cioè la variazione della quantità di moto $\boldsymbol{p}$ di un punto materiale in un intervallo di tempo da t_1 a t_2 è uguale all'impulso della forza agente durante quell'intervallo di tempo (Fig. 4.5 b).

Esercizio 4.1

Un corpo di massa m e dimensioni trascurabili è appeso, mediante un filo di lunghezza s e massa trascurabile, al vertice di una superficie conica di semiapertura α. Il corpo si muove di moto circolare uniforme, con velocità angolare ω, strisciando senza attrito sulla superficie conica (Fig. 4.6).
Si determinino i valori delle reazioni vincolari.

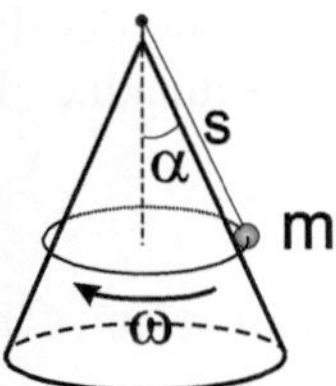

Fig. 4.6. Esercizio 4.1

Le forze agenti sul corpo sono (Fig. 4.7 a):

- il peso $\boldsymbol{P} = m\boldsymbol{g}$ (di direzione verticale);
- la tensione $\boldsymbol{T}$ della fune (parallela alla superficie conica);
- la reazione $\boldsymbol{N}$ normale alla superficie conica.

In un sistema di riferimento inerziale solidale con la superficie conica fissa, il moto del corpo è circolare uniforme: l'accelerazione è centripeta (Fig. 4.7 b). La legge del moto è

$$mg + T + N = ma .$$ (4.16)

Trasformiamo l'equazione vettoriale (4.16) in due equazioni scalari proiettandola sui due assi cartesiani ortogonali fissi x e y, rispettivamente normale e parallelo alla superficie conica in un dato punto (Fig. 4.7 c):

$$x: \quad -mg \sin\alpha + N = -ma \cos\alpha ,$$ (4.17)

$$y: \quad -mg \cos\alpha + T = ma \sin\alpha .$$ (4.18)

Ricordando che l'accelerazione centripeta nel moto circolare uniforme ha modulo $a = \omega^2 r$, e che nel nostro caso $r = s \sin\alpha$, dalle (4.17) e (4.18) ricaviamo i moduli N e T delle reazioni vincolari:

$$N = mg \sin\alpha - m\omega^2 s \sin\alpha \cos\alpha ,$$ (4.19)

$$T = mg \cos\alpha + m\omega^2 s \sin^2\alpha .$$ (4.20)

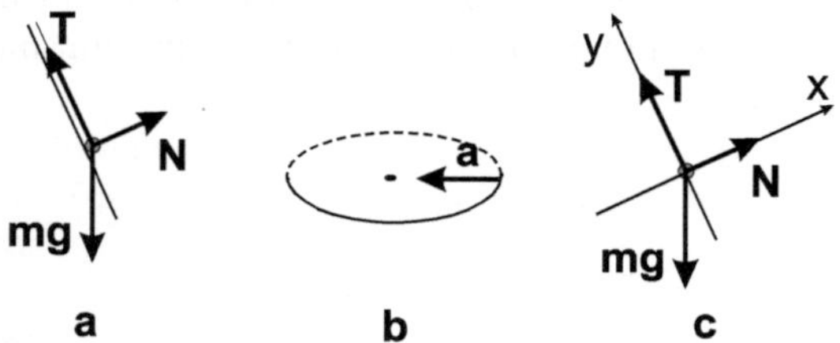

Fig. 4.7. Esercizio 4.1

(?) Si discuta l'andamento di N e di T per $\alpha \to 0$ e per $\alpha \to \pi/2$.

(?) Si proietti l'equazione vettoriale del moto (4.16) sui due assi cartesiani ortogonali x' e y', rispettivamente orizzontale e verticale. Quale dei due sistemi di assi, (x, y) e (x', y'), è più conveniente per la soluzione del problema e perché ?

B) Per quale valore minimo ω_0 della velocità angolare la reazione vincolare N si annulla ?

Ponendo $N = 0$ nella (4.19) si ottiene l'equazione

$$0 = g - \omega^2 s \cos\alpha ,$$

soddisfatta per $\omega_0 = \sqrt{g/(s \cos\alpha)}$. Per $\omega > \omega_0$ il corpo si stacca dalla superficie conica e l'unica reazione vincolare è la tensione T della fune.

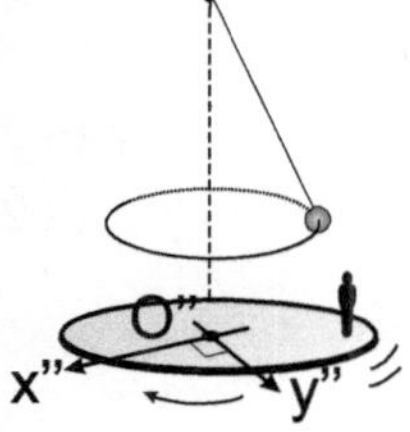

Fig. 4.8. Esercizio 4.1

(?) Si ridiscuta l'intero problema ponendosi in un sistema di riferimento *non inerziale* $O''x''y''$ ruotante con velocità angolare ω solidalmente al corpo di massa m (Fig. 4.8).

Esercizio 4.2

Una pallina di dimensioni trascurabili può scivolare senza attrito su una superficie concava semicircolare di raggio R (Fig. 4.9). La pallina viene fatta partire dalla posizione A ($\theta = 0$) con velocità iniziale nulla.
A) Si determini l'equazione del moto della pallina.

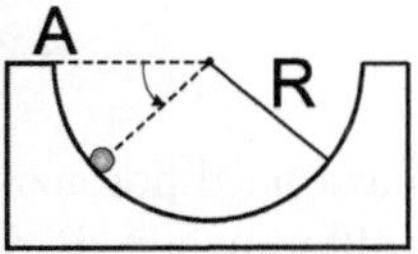

Fig. 4.9. Esercizio 4.2

Le forze agenti sulla pallina sono:

- il peso $P = mg$ di direzione verticale;
- la reazione vincolare N normale alla traiettoria.

Rispetto ad un osservatore inerziale, il moto della pallina è circolare non uniforme. L'equazione del moto è (Fig. 4.10 a)

$$mg + N = ma. \tag{4.21}$$

L'equazione vettoriale (4.21) si può scomporre in due equazioni scalari scegliendo un opportuno sistema di assi cartesiani Oxy. Consideriamo una posizione generica istantanea della pallina, individuata da un valore dell'angolo θ, e poniamo l'origine O del sistema di assi in tale posizione fissa, con l'asse x tangente e l'asse y normale alla traiettoria (Fig. 4.10 b). Questo sistema consente di separare le componenti tangenziale e normale dell'accelerazione nel moto circolare non uniforme

$$a = a_T \,\hat{u}_T + a_N \,\hat{u}_N.$$

La (4.21) si scinde infatti nelle due equazioni scalari:

$$x: \qquad mg\cos\theta \;\; = ma_T\,, \qquad (4.22)$$

$$y: \qquad N - mg\sin\theta = ma_N\,. \qquad (4.23)$$

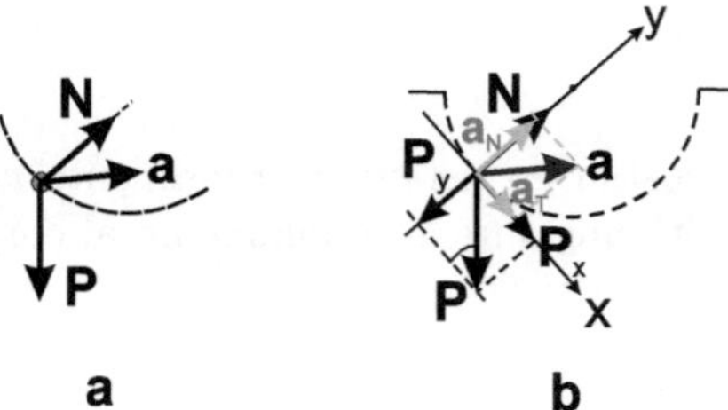

Fig. 4.10. Esercizio 4.2

B) Si determini l'andamento della velocità angolare ω della pallina in funzione dell'angolo θ.

Dalla (4.22), ricordando che $a_T = \mathrm{d}v/\mathrm{d}t$ e che $v = \omega R$, si ottiene

$$R\,\frac{\mathrm{d}\omega}{\mathrm{d}t} \;=\; g\cos\theta\,. \qquad (4.24)$$

Per esprimere ω in funzione di θ si deve integrare l'equazione differenziale (4.24), nella quale però compare anche la variabile t. Il differenziale $\mathrm{d}t$ può però essere sostituito da $\mathrm{d}t = \mathrm{d}\theta/\omega$, per cui la (4.24) diviene

$$R\omega\,\mathrm{d}\omega \;=\; g\cos\theta\,\mathrm{d}\theta\,. \qquad (4.25)$$

Ora è facile integrare l'equazione differenziale (4.25) tra l'angolo iniziale $\theta = 0$ (per cui $\omega = 0$) ed il generico angolo θ:

$$R\int_0^\omega \omega'\,\mathrm{d}\omega' \;=\; g\int_0^\theta \cos\theta'\,\mathrm{d}\theta'\,.$$

Calcolando gli inegrali definiti a primo e secondo membro, si ottiene

$$R\omega^2/2 \;=\; g\sin\theta\,,$$

da cui

$$\omega(\theta) \;=\; \pm\sqrt{\frac{2g}{R}\sin\theta}\,. \qquad (4.26)$$

Nel problema proposto, l'angolo θ cresce con il tempo, per cui $\omega > 0$; il radicale andrà pertanto preso con il segno $+$. Il segno $-$ (corrispondente a $\omega < 0$) si riferisce ad un moto di verso opposto, con l'angolo θ decrescente nel tempo. Tale moto, pur non corrispondendo alle condizioni del problema proposto, è governato dalla medesima equazione (4.21).

C) Si determini la reazione vincolare N in funzione dell'angolo θ.

Il modulo della reazione vincolare N si può ottenere dalla (4.23), ricordando che l'accelerazione normale del moto circolare vale

$$a_N = \omega^2 R \,.$$

Utilizzando l'espressione di $\omega(\theta)$ data dalla (4.26), la (4.23) ci dà

$$N = mg \sin\theta + m\omega^2 R = 3\,mg \sin\theta \,.$$

Nel punto più basso della traiettoria ($\theta = \pi/2$), N raggiunge il valor massimo, pari a tre volte il peso della pallina.

(?) È possibile risolvere il problema applicando la legge di conservazione dell'energia ?
(?) Come scriverebbe l'equazione del moto un osservatore non inerziale solidale con la pallina ?

Esercizio 4.3

Due corpi di massa m_1 e m_2, con $m_1 > m_2$, sono collegati come in Fig. 4.11 da una fune inestensibile di massa trascurabile. La carrucola, pure di massa trascurabile, è appesa al soffitto.
A) Determinare le accelerazioni dei due corpi.

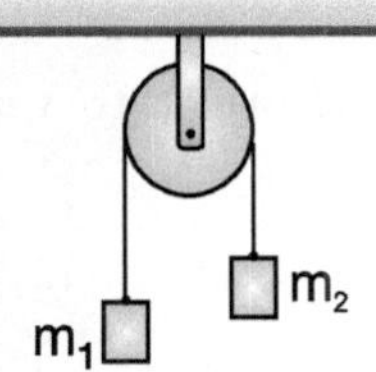

Fig. 4.11. Esercizio 4.3

Su ognuno dei due corpi agiscono (Fig. 4.12 a):

– la forza peso;
– la reazione vincolare della fune.

Le equazioni del moto dei due corpi sono:

$$m_1 g + T_1 = m_1 a_1 ;$$
$$m_2 g + T_2 = m_2 a_2 .$$

Poiché la fune è inestensibile, le accelerazioni dei due corpi devono avere ugual modulo e versi opposti:

$$|a_1| = |a_2| = a ; \qquad a_1 = -a_2 .$$

Ci aspettiamo inoltre che l'accelerazione a_1 del corpo di massa maggiore sia diretta verso il basso.

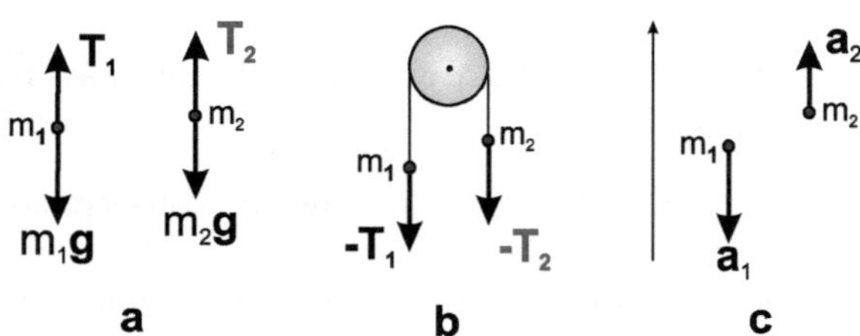

Fig. 4.12. Esercizio 4.3

Consideriamo ora le reazioni T_1 e T_2. Per la legge dell'azione e reazione, ai due capi della fune sono applicate due forze $-T_1$ e $-T_2$ (Fig. 4.12 b). Poiché la carrucola ha massa (e quindi inerzia) trascurabile, le due forze $-T_1$ e $-T_2$ devono avere uguale modulo

$$|T_1| = |T_2| = T .$$

I loro momenti rispetto all'asse della carrucola sono uguali ed opposti. (In caso contrario, momenti non equilibrati provocherebbero, su una carrucola priva di inerzia, un'accelerazione angolare infinita).
Proiettiamo ora le equazioni del moto su un asse verticale orientato verso l'alto (Fig. 4.12 c):

$$-m_1 a = -m_1 g + T , \tag{4.27}$$
$$m_2 a = -m_2 g + T . \tag{4.28}$$

Eliminando l'incognita T dalle (4.27) e (4.28) si ottiene

$$a = \frac{m_1 - m_2}{m_1 + m_2} g . \tag{4.29}$$

B) Determinare la tensione T della fune.

Eliminando l'incognita a dalle (4.27) e (4.28) si ottiene

$$T \;=\; 2\,\frac{m_1 m_2}{m_1 + m_2}\,g \;.$$

Sempre basandosi sulle (4.27) e (4.28) è facile verificare che

$$m_2\,g \;<\; T \;<\; m_1\,g \;.$$

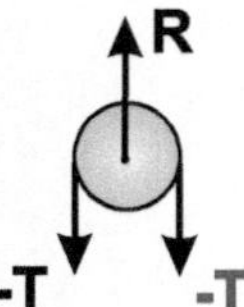

Fig. 4.13. Esercizio 4.3

C) Determinare lo sforzo R esercitato sul soffitto.

Poiché l'asse della carrucola è in equilibrio, si deve avere (Fig. 4.13)

$$R \;=\; 2T \;=\; 4\,\frac{m_1 m_2}{m_1 + m_2}\,g \;.$$

Dalle (4.27) e (4.28) si vede che

$$\begin{aligned}
R \;=\; 2T \;&=\; m_1 g + m_2 g + (m_2 - m_1)\,a \;,\\
&=\; m_1 g + m_2 g - (m_1 - m_2)\,a \;,
\end{aligned}$$

cioè

$$R \;<\; m_1 g + m_2 g \;.$$

R è inferiore alla somma dei pesi dei due corpi.

(?) Si studi il caso particolare $m_1 = m_2$. Che valori assumono a, T, R ?

4.2 Lavoro ed energia - Conservazione dell'energia

Lavoro

In un dato sistema di riferimento $Oxyz$, il *lavoro* infinitesimo dW di una forza $\boldsymbol{F}(\boldsymbol{r})$ per uno spostamento infinitesimo d$\boldsymbol{r}$ è definito dal prodotto scalare

$$\mathrm{d}W \;=\; \boldsymbol{F} \cdot \mathrm{d}\boldsymbol{r} \;. \tag{4.30}$$

Il lavoro W di una forza $\boldsymbol{F}(\boldsymbol{r})$ per uno spostamento finito da un punto A ad un punto B dello spazio è definito dall'integrale (Fig. 4.14)

$$W = \int_A^B \boldsymbol{F} \cdot \mathrm{d}\boldsymbol{r} \, . \tag{4.31}$$

Il lavoro è una grandezza scalare e si misura in *joule* (J): $1\,\mathrm{J} = 1\,\mathrm{N\,m}$.
Il lavoro in generale dipende dal cammino percorso per passare dal punto A al punto B (Fig. 4.15 a):

$$W_I \neq W_{II} \neq W_{III} \, . \tag{4.32}$$

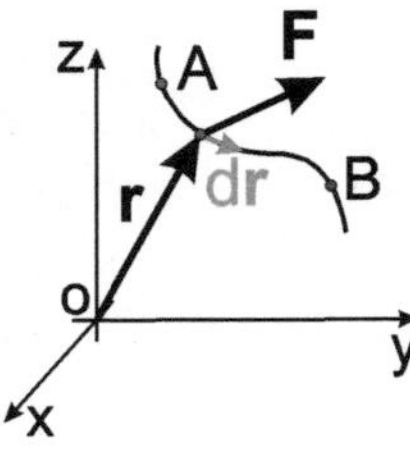

Fig. 4.14. Calcolo del lavoro di una forza per uno spostamento lungo una traiettoria

Potenza

Si definisce *potenza* la derivata temporale del lavoro

$$P = \frac{\mathrm{d}W}{\mathrm{d}t} \, . \tag{4.33}$$

La potenza è una grandezza scalare e si misura in *watt* (W). $1\,\mathrm{W} = 1\,\mathrm{J\,s^{-1}}$.

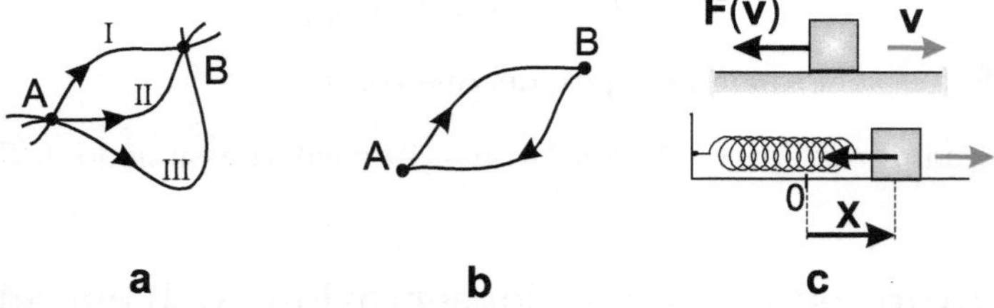

Fig. 4.15. Forze conservative: (**a**) il lavoro in genere dipende dal cammino; (**b**) se il lavoro per qualsiasi cammino chiuso è nullo, la forza è conservativa; (**c**) la forza elastica è conservativa, la forza d'attrito non è conservativa

Energia cinetica

Si definisce *energia cinetica* di un corpo di massa m in moto a velocità $\boldsymbol{v}$ la grandezza scalare

$$E_k = \frac{1}{2} m v^2 \ . \tag{4.34}$$

Si dimostra che il lavoro è *sempre* uguale alla variazione di energia cinetica:

$$W = \int_A^B \boldsymbol{F} \cdot \mathrm{d}\boldsymbol{r} = \frac{1}{2} m v_B^2 - \frac{1}{2} m v_A^2 = E_k(B) - E_k(A) = \Delta E_k \ . \tag{4.35}$$

L'energia cinetica si misura in joule. Come il lavoro W, anche la variazione di energia cinetica ΔE_k dipende dal cammino percorso tra A e B.

Forze conservative

Una forza è detta *conservativa* se il suo lavoro per un qualsiasi spostamento dipende solo dagli estremi dello spostamento e non dal cammino percorso. Se una forza è conservativa, allora per qualsiasi percorso chiuso (Fig. 4.15 b)

$$\oint \boldsymbol{F} \cdot \mathrm{d}\boldsymbol{r} = 0 \ . \tag{4.36}$$

Viceversa, se è verificata la (4.36) per qualsiasi percorso chiuso, allora la forza è conservativa.

Esempi (Fig. 4.15 c):

- sono *conservative* le forze unidimensionali dipendenti solo dalla posizione (ad esempio la forza elastica $F = -kx$);
- sono *conservative* le forze uniformi (ad esempio la forza di gravità);
- sono *conservative* le forze centrali $\boldsymbol{F}(r)$ (ad esempio la forza d'interazione gravitazionale);
- sono *non conservative* le forze dipendenti dalla velocità o dal tempo (ad esempio l'attrito).

Energia potenziale

Se la forza cui è soggetto un punto materiale è conservativa, si può definire una grandezza *energia potenziale* E_p del punto materiale, funzione della sua posizione $\boldsymbol{r}$. L'energia potenziale $E_p(\boldsymbol{r})$ è legata al lavoro dalla relazione:

$$W = \int_A^B \boldsymbol{F} \cdot \mathrm{d}\boldsymbol{r} = E_p(A) - E_p(B) = -\Delta E_p \ . \tag{4.37}$$

L'energia potenziale è sempre definita a meno di una costante additiva.

Esempi:

- per la forza di gravità: $\Delta E_p = mg \, \Delta h$;
- per la forza elastica $E_p = kx^2/2 + \text{cost.}$

Conservazione dell'energia meccanica

Se su di un punto materiale agiscono *solo forze conservative* (o se le eventuali forze non conservative non fanno lavoro perché perpendicolari allo spostamento), allora

$$W = \int_A^B \boldsymbol{F} \cdot \mathrm{d}\boldsymbol{r} = \Delta E_k = -\Delta E_p . \tag{4.38}$$

La variazione di energia cinetica è uguale e contraria alla variazione di energia potenziale; resta pertanto costante l'*energia totale* E_T, somma dell'energia cinetica e dell'energia potenziale:

$$E_T = E_k(A) + E_p(A) = E_k(B) + E_p(B) = \text{costante} . \tag{4.39}$$

Perciò

$$v_B^2 = v_A^2 - \frac{2}{m} \Delta E_p . \tag{4.40}$$

Esercizio 4.4

Su di una superficie piana la posizione di ogni punto è individuata con riferimento ad un sistema di assi cartesiani ortogonali Oxy. Un punto materiale, posto sulla superficie, è soggetto ad un campo di forze $\boldsymbol{F}(\boldsymbol{r})$ tale che
$$F_x = 0 , \qquad F_y = kx . \qquad (k = \text{costante})$$
(Le distanze sono misurate in metri, *le forze in* newton, *k in* $\mathrm{N\,m^{-1}}$).
Si calcoli il lavoro del campo di forze per lo spostamento del punto materiale dalla posizione $P_1(-1,-1)$ alla posizione $P_2(1,1)$ secondo le due traiettorie indicate in Fig. 4.16.

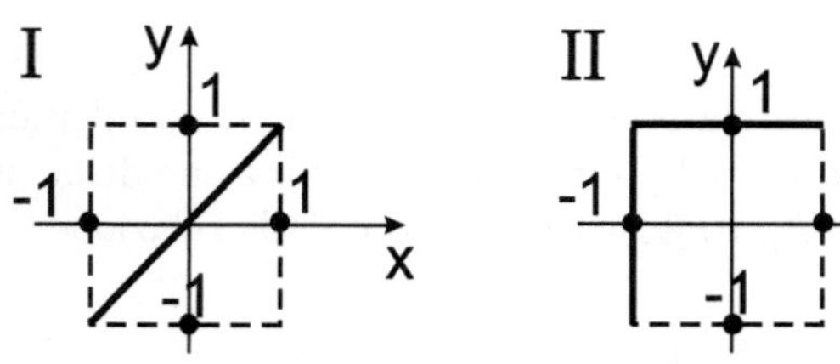

Fig. 4.16. Esercizio 4.4

Traiettoria I

Il lavoro è definito come

$$W = \int_{P_1}^{P_2} \boldsymbol{F} \cdot \mathrm{d}\boldsymbol{r} = \int_{P_1}^{P_2} (F_x \, \mathrm{d}x + F_y \, \mathrm{d}y) = \int_{x_1}^{x_2} F_x \, \mathrm{d}x + \int_{y_1}^{y_2} F_y \, \mathrm{d}y . \tag{4.41}$$

Nel nostro caso, $F_x = 0$ e $F_y = kx$, per cui

$$W = \int_{-1}^{+1} F_y \, dy = k \int_{-1}^{+1} x \, dy \ .$$

Per calcolare l'integrale, è necessario esprimere x in funzione della variabile d'integrazione y; lungo la traiettoria I si ha $y = x$, per cui (Fig. 4.17 a)

$$W_I = k \int_{-1}^{+1} y \, dy = k \left. \frac{y^2}{2} \right|_{-1}^{+1} = 0 \ .$$

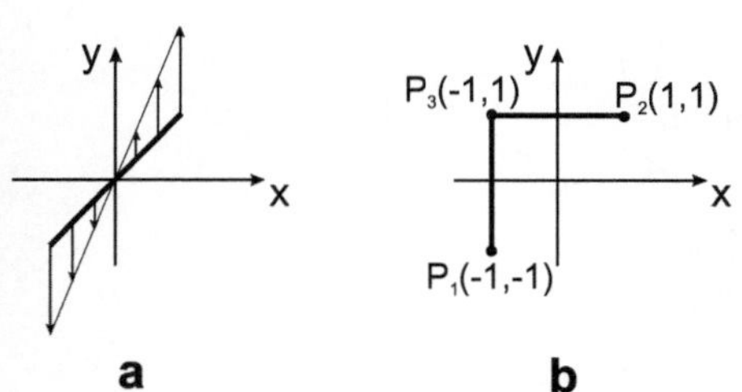

Fig. 4.17. Esercizio 4.4

Traiettoria II

Consideriamo il lavoro W_{II} come somma dei lavori relativi ai due tragitti rettilinei $P_1 \to P_3$ e $P_3 \to P_2$ (Fig. 4.17 b):

$$W_{II} = \int_{P_1}^{P_3} \boldsymbol{F} \cdot d\boldsymbol{r} + \int_{P_3}^{P_2} \boldsymbol{F} \cdot d\boldsymbol{r} \ .$$

Utilizzando la (4.41) e ricordando che $F_x = 0$,

$$W_{II} = \int_{P_1}^{P_3} F_y \, dy + \int_{P_3}^{P_2} F_y \, dy \ .$$

Il secondo integrale è nullo, in quanto da P_3 a P_2 y = costante, cioè $dy = 0$. Poiché $F_y = kx$ e inoltre tra P_1 a P_3 $x = -1$, si ha infine

$$W_{II} = k \int_{-1}^{+1} (-1) \, dy = -ky \Big|_{-1}^{+1} = -2k \ \neq 0.$$

Il lavoro lungo il cammino II è $W_{II} = (-2k)$ J.

Poiché $W_I \neq W_{II}$, il campo di forze considerato *non* è conservativo.

Esercizio 4.5

Un corpo di massa m, collegato ad un punto fisso O da una fune inestensibile di massa trascurabile e lunghezza r, ruota su una traiettoria circolare verticale (Fig. 4.18).

Si determini la differenza tra la tensione della fune nel punto più basso, B, e nel punto più alto, A, della traiettoria. (Si trascuri l'attrito dell'aria).

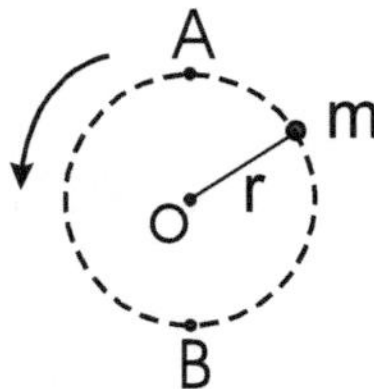

Fig. 4.18. Esercizio 4.5

Le forze agenti sul corpo sono (Fig. 4.19 a):

- il peso $m\boldsymbol{g}$, costante in direzione, verso e modulo;
- la tensione $\boldsymbol{T}$ della fune, variabile in direzione e modulo.

L'equazione del moto è perciò

$$m\boldsymbol{g} + \boldsymbol{T} = m\boldsymbol{a} \, .$$

L'accelerazione varia in direzione, verso e modulo lungo la tariettoria (Fig. 4.19 b).

Nel *punto più alto* A della traiettoria, il peso e la tensione della fune hanno la stessa direzione (radiale) e lo stesso verso (centripeto) (Fig. 4.19 c). L'equazione scalare del moto è:

$$mg + T_A = ma_A \, .$$

L'accelerazione è puramente centripeta

$$a_A = v_A^2/r \, .$$

La tensione della fune in A è pertanto legata alla velocità del corpo in A:

$$T_A = m\left(v_A^2/r - g\right) \, . \tag{4.42}$$

Nel *punto più basso* B della traiettoria, peso e tensione della fune hanno ancora ugual direzione (radiale) ma versi opposti (Fig. 4.19 d). L'accelerazione è ancora centripeta (in un sistema inerziale l'accelerazione è sempre rivolta verso la concavità della traiettoria). L'equazione scalare del moto è:

$$T_B - mg = ma_B \, , \qquad \text{con} \qquad a_B = v_B^2/r \, .$$

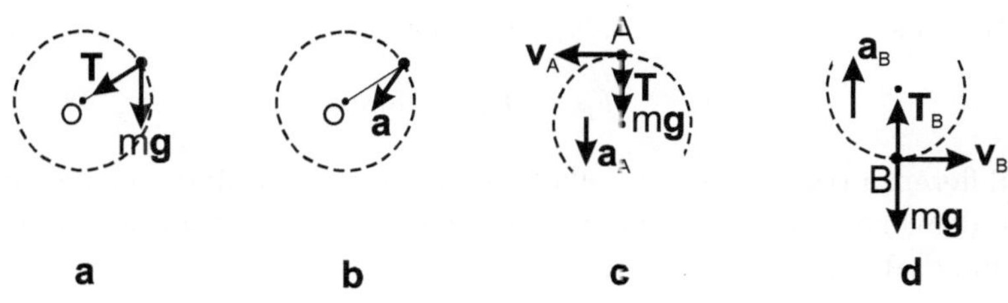

Fig. 4.19. Esercizio 4.5

La tensione della fune nel punto B è pertanto

$$T_B = m\left(v_B^2/r + g\right) . \tag{4.43}$$

Sottraendo la (4.43) dalla (4.42) si ottiene la differenza

$$T_B - T_A = m\left(v_B^2 - v_A^2\right)/r + 2mg . \tag{4.44}$$

Per calcolare la differenza $v_B^2 - v_A^2$ utilizziamo la legge di conservazione dell'energia meccanica. Ciò è possibile in quanto:

a) la forza peso mg è conservativa;
b) la forza T non compie lavoro, perché lungo tutta la traiettoria ha direzione normale allo spostamento.

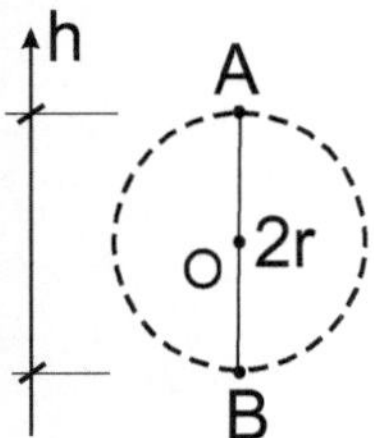

Fig. 4.20. Esercizio 4.5

Indicando con E_k l'energia cinetica e con E_g l'energia potenziale di gravità

$$E_g = mgh + \text{cost.} ,$$

la legge di conservazione dell'energia meccanica dà (Fig. 4.20):

$$E_k(B) - E_k(A) = E_g(A) - E_g(B) ,$$

cioè

$$mv_B^2/2 - mv_A^2/2 = mgh_A - mgh_B .$$

Quindi

$$v_B^2 - v_A^2 = 2g\left(h_A - h_B\right) = 4gr . \tag{4.45}$$

Sostituendo la (4.45) nella (4.44) troviamo infine

$$T_B - T_A = 6mg.$$

La differenza tra la tensione della fune in B e in A è quindi uguale a 6 volte il peso del corpo e non dipende né dal raggio della traiettoria né dalla velocità nei punti A e B.

(?) Qual è il valore minimo di v_B che consente al corpo di compiere l'intera traiettoria circolare ? Cosa avviene per valori di v_B più piccoli ?

Esercizio 4.6

Una pietra di massa $m = 3\,\mathrm{kg}$ e di dimensioni trascurabili è posta sulla sommità di una superficie sferica di raggio $R = 10\,\mathrm{m}$, perfettamente liscia (Fig. 4.21). La pietra ha velocità iniziale orizzontale di modulo $v_0 = 5\,\mathrm{m\,s^{-1}}$. A) Si determini la coordinata angolare ϕ del punto in cui la pietra si stacca dalla superficie (trascurando la resistenza dell'aria).

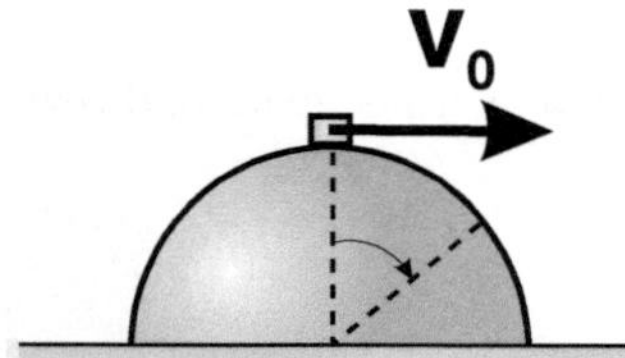

Fig. 4.21. Esercizio 4.6

Le forze agenti sulla pietra sono (Fig. 4.22 a):

–   il peso $\boldsymbol{P} = m\boldsymbol{g}$, verticale;
–   la reazione vincolare $\boldsymbol{N}$, normale alla superficie.

L'equazione del moto è pertanto

$$m\boldsymbol{g} + \boldsymbol{N} = m\boldsymbol{a}\,.$$

Proiettiamo l'equazione vettoriale del moto lungo le direzioni tangente e normale alla traiettoria in un punto generico (Fig. 4.22 b):

$$mg \sin \phi = ma_T = m\frac{\mathrm{d}v}{\mathrm{d}t}\,, \tag{4.46}$$

$$mg \cos \phi - N = ma_N = mv^2/R\,. \tag{4.47}$$

Dalla (4.47) si vede che la pietra potrà rimanere sulla traiettoria circolare a contatto con la superficie emisferica finché le forze agenti saranno in grado

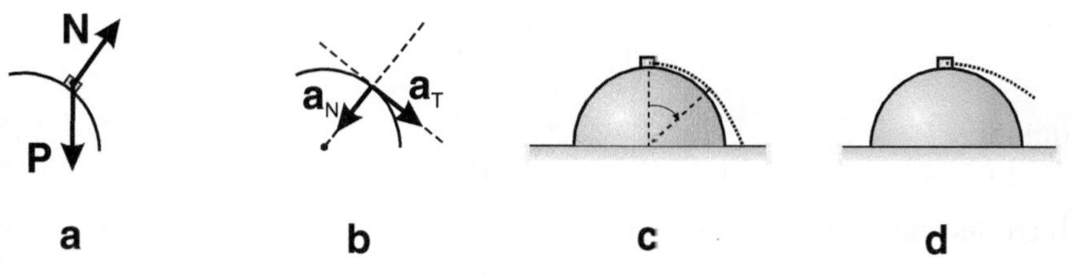

Fig. 4.22. Esercizio 4.5

di produrre l'accelerazione centripeta necessaria a_N, cioè finché $mg\cos\phi > mv^2/R$.

Al crescere dell'angolo ϕ, però, $mg\cos\phi$ diminuisce mentre v^2 cresce. La pietra si stacca dalla superficie quando $N = 0$, cioè quando

$$g\cos\phi \;=\; v^2/R\,. \tag{4.48}$$

Per poter determinare l'angolo di stacco ϕ_0 a partire dalla (4.48) dobbiamo poter esprimere v in funzione di ϕ (Fig. 4.22 c). Allo scopo, consideriamo che, delle due forze agenti sulla pietra, $m\boldsymbol{g}$ è conservativa, mentre $\boldsymbol{N}$ non fa lavoro in quanto normale alla traiettoria. Possiamo quindi applicare la legge di conservazione dell'energia meccanica: indicando con E_k l'energia cinetica, con E_g l'energia potenziale di gravità:

$$\Delta E_k \;=\; -\,\Delta E_g\,,$$
$$m\left(v^2 - v_0^2\right)/2 \;=\; mgR\left(1 - \cos\phi\right),$$

da cui

$$v^2/R \;=\; v_0^2/R + 2g\left(1 - \cos\phi\right).$$

Sostituendo v^2/R nella (4.48) e semplificando, si ottiene infine

$$\phi_0 \;=\; \arccos\left(\frac{v_0^2}{3Rg} + \frac{2}{3}\right). \tag{4.49}$$

Introducendo i valori numerici,

$$\phi_0 \;=\; \arccos\left(0.752\right) \;=\; 41.3°\,.$$

(?) È possibile, riducendo il valore di v_0, fare in modo che la pietra non si stacchi mai dalla superficie emisferica ?

B) Qale deve essere il valore minimo di v_0 affinché la pietra si stacchi dalla superficie sferica già all'istante iniziale ? (Fig. 4.22 d)

Ponendo nella (4.49) $\phi_0 = 0$, cioè $\cos\phi_0 = 1$, si ha

$$1 \;=\; \frac{v_0^2}{3Rg} \;+\; \frac{2}{3}\,,$$

quindi

$$v_0^2 \;=\; Rg\,.$$

Introducendo i valori numerici,

$$v_{0,\mathrm{min}} \;=\; \sqrt{Rg} \;\simeq\; 10\ \mathrm{m\ s^{-1}}\,.$$

Esercizio 4.7

Una molla ideale, di costante elastica $k = 2{\times}10^3\,\mathrm{N\,m^{-1}}$ e di massa trascu-rabile, è appesa per un estremo A al soffitto. Un corpo di massa $m = 5\,\mathrm{kg}$, inizialmente in quiete, viene appeso all'estremo libero B (Fig. 4.23).
A) Si determini la posizione di equilibrio del corpo.

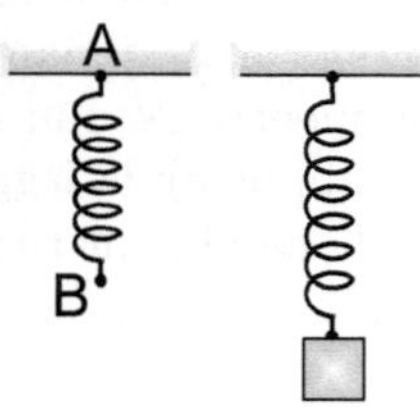

Fig. 4.23. Esercizio 4.7

Introduciamo un asse y verticale orientato verso l'alto e sia y_0 la coordinata dell'estremo B della molla *scarica* (Fig. 4.24 a).
Le forze che agiscono sul corpo, una volta appeso alla molla, sono:

- il peso $\boldsymbol{P} = m\boldsymbol{g}$;
- la forza elastica $\boldsymbol{F}_e = -k\boldsymbol{\Delta y}$ $(\Delta y = y - y_0)$.

La condizione di equilibrio è (Fig. 4.24 a)

$$\boldsymbol{P} + \boldsymbol{F}_e \;=\; 0\,,$$

cioè, proiettando sull'asse y,

$$-mg - k\,(y - y_0) \;=\; 0\,.$$

La posizione di equilibrio è quindi

$$y_1 \;=\; y_0 - mg/k\,.$$

Sostituendo i valori numerici

$$y_1 \;=\; y_0 - \frac{5\,\mathrm{kg} \times 9.8\,\mathrm{m\,s^{-2}}}{2 \times 10^{-3}\,\mathrm{N\,m^{-1}}} \;\simeq\; y_0 - 2.45\,\mathrm{cm}\,.$$

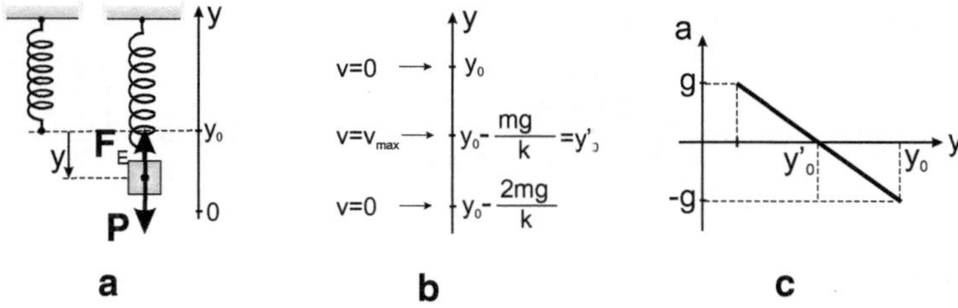

Fig. 4.24. Esercizio 4.7

(?) Se le uniche forze agenti sono P e F_e, può il corpo essere in *quiete* alla posizione di *equilibrio* ?

B) Si studi l'andamento della velocità del corpo in funzione della posizione.

Le uniche forze agenti sul corpo, P e F_e, sono conservative. Possiamo quindi applicare la legge di conservazione dell'energia meccanica

$$E_T = E_k + E_g + E_e = \text{costante} , \qquad (4.50)$$

dove E_k indica l'energia cinetica, $E_g = mgy$ l'energia potenziale di gravità (a meno di una costante additiva), $E_e = k(y - y_0)^2/2$ l'energia potenziale elastica (pure a meno di una costante additiva). Secondo la (4.50), l'energia totale E_T non varia al variare della posizione y del corpo:

$$E_T(y) = E_T(y_0) . \qquad (4.51)$$

Per $y = y_0$ il corpo è in quiete ($v_0 = 0$) e la molla a riposo ($E_e = 0$), per cui $E_T(y_0) = mgy_0$. La (4.51) dà quindi

$$mv^2/2 + mgy + k(y - y_0)^2/2 = mgy_0 ,$$

da cui

$$v^2 = -2g(y - y_0) - k(y - y_0)^2/m . \qquad (4.52)$$

Il secondo membro della (4.52) si annulla per

$$y = y_0 \qquad \text{e} \qquad y = y_2 = y_0 - 2mg/k$$

ed è positivo solo per $y_0 < y < y_2$. Poiché v^2 non può essere negativo, il corpo si può pertanto muovere solo tra $y = y_0$ e $y = y_2$ (Fig. 4.24 b).
Derivando la (4.52) rispetto a y, è facile verificare che il massimo di v^2 (e quindi del modulo di v) si ha per $y = y_0 - mg/k$, cioè al punto di equilibrio. Dalla (4.52), ponendo $y = y_0 - mg/k$,

$$v_{max}^2 = mg^2/k .$$

Sostituendo i valori numerici:

$$v_{max} = \sqrt{\frac{5\,\text{kg} \times (9.8)^2\,\text{m}^2\,\text{s}^{-4}}{2 \times 10^3\,\text{N}\,\text{m}^{-1}}} \simeq 0.49\,\text{m}\,\text{s}^{-1}\,.$$

C) Si studi l'andamento dell'accelerazione del corpo in funzione della posizione.

Per la legge fondamentale della dinamica, l'accelerazione è data da

$$\boldsymbol{a} = \frac{\boldsymbol{P} + \boldsymbol{F}_e}{m}\,,$$

per cui, nel generico punto y,

$$a = -g - \frac{k}{m}\,(y - y_0) = -\frac{k}{m}y - \left(\frac{k}{m}y_0 + g\right)\,.$$

L'accelerazione a dipende linearmente dalla posizione y (Fig. 4.24 c):

-   è massima (positiva) per $y = y_0 - 2mg/k$,
-   è nulla per $y = y_0 - mg/k$ (posizione di equilibrio),
-   è minima (negativa) per $y = y_0$.

Nei punti di massimo e minimo il modulo dell'accelerazione a è uguale a g.

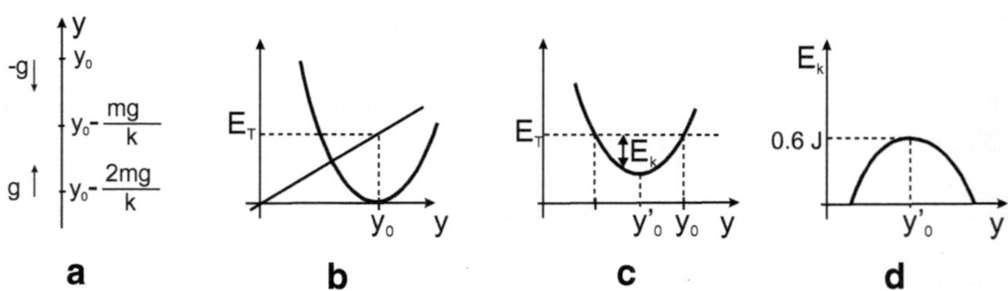

Fig. 4.25. Esercizio 4.7

D) Si disegni il grafico dell'energia in funzione della posizione.

Il grafico dell'energia potenziale di gravità $E_g = mgy$ è una retta, quello dell'energia potenziale elastica $E_e = k(y - y_0)^2/2$ è una parabola col minimo in $y = y_0$ (Fig. 4.25 b).
Il grafico dell'energia potenziale totale

$$E_p = E_g + E_e = mgy + k(y - y_0)^2/2 \tag{4.53}$$

è ancora una parabola con la stessa apertura della parabola E_e:

$$E_p = k(y - y_0')^2/2 + C \qquad (C = \text{costante})$$

col minimo in $y_0' = y_0 - mg/k$. Lo si può verificare sostituendo $y_0 = y_0' + mg/k$ nella (4.53) (Fig. 4.25 c).
L'energia totale è $E_T(y) = E_T(y_0) = mgy_0 = \text{costante}$. L'energia cinetica

$$E_k = mv^2/2 = E_T - E_p$$

è massima per $y = y_0 - mg/k = y_0'$ ed è nulla per $y = y_0$ e $y = y_0 - 2mg/k$ (Fig. 4.25 d). Sostituendo i valori numerici,

$$E_{k,\max} = mv_{\max}^2/2 = 0.6\,\mathrm{J}\,.$$

(?) Si disegni il grafico della velocità v in funzione della posizione y.

Esercizio 4.8

Un carrello di massa m scivola lungo la pista rappresentata in Fig. 4.26. L'attrito tra la pista e il carrello è trascurabile.
A) Determinare l'altezza minima, $h_{\min}$, da cui occorre rilasciare il carrello con velocità iniziale nulla affinché esso percorra l'intero tratto circolare.

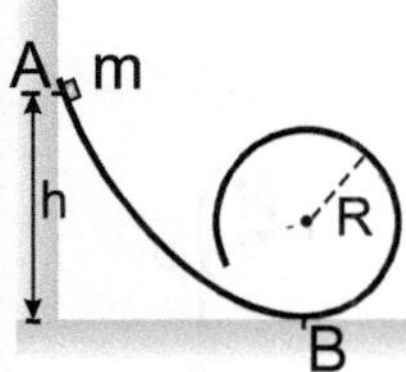

Fig. 4.26. Esercizio 4.8

Sul carrello agiscono la forza peso $\boldsymbol{P} = m\boldsymbol{g}$, verticale, e la reazione vincolare $\boldsymbol{N}$, ortogonale in ogni punto alla pista. L'equazione del moto è pertanto

$$m\boldsymbol{g} + \boldsymbol{N} = m\boldsymbol{a}\,.$$

Nel punto più alto del tratto circolare (punto M, Fig. 4.27 a) l'accelerazione è puramente centripeta e l'equazione scalare del moto del carrello diviene:

$$mg + N_M = mv_M^2/R\,, \tag{4.54}$$

dove v_M e N_M rappresentano rispettivamente la velocità del carrello e la reazione vincolare in M.
Affinché il carrello aderisca alla pista anche nel punto M e sia valida la

(4.54) con $N_M \geq 0$, è necessario che la velocità v_M sia sufficientemente alta, in modo che l'accelerazione centripeta corrispondente $a_N = v_M^2/R$ non sia inferiore all'accelerazione di gravità g; è cioè necessario che

$$v_M^2 \geq gR \, . \tag{4.55}$$

Determiniamo ora l'altezza minima $h_{\min}$ da cui bisogna rilasciare il carrello affinché sia soddisfatta la (4.55). Delle forze in gioco, il peso $\boldsymbol{P}$ è conservativo; la reazione $\boldsymbol{N}$ non fa lavoro in quanto perpendicolare alla traiettoria. Al bilancio energetico contribuisce quindi solo la forza conservativa $\boldsymbol{P}$. Si può dunque applicare la legge di conservazione dell'energia meccanica. L'energia totale nel punto di partenza A (potenziale di gravità) è uguale all'energia totale nel punto M (cinetica + potenziale di gravità):

$$mgh = mv_M^2/2 + 2mgR \, ,$$

per cui

$$h = v_M^2/2g + 2R \, .$$

Tenendo conto della (4.55), si ottiene infine

$$h_{\min} = R/2 + 2R = 2.5\,R \, .$$

(?) Si descriva qualitativamente il moto del carrello quando viene rilasciato da un'altezza $h < h_{\min}$.

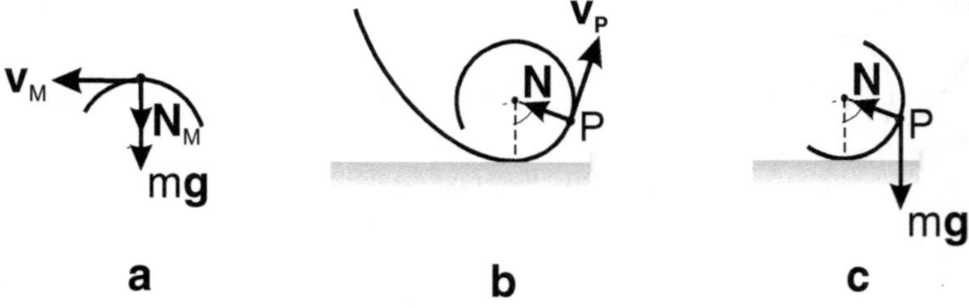

Fig. 4.27. Esercizio 4.8

B) Nell'ipotesi che il carrello sia rilasciato con velocità iniziale nulla da un'altezza $h > h_{\min}$, si determini la reazione vincolare N in funzione dell'angolo α indicato in Fig. 4.27 b.

Proiettando l'equazione vettoriale del moto lungo la direzione normale alla traiettoria nel generico punto P (Fig. 4.27 c), si ottiene l'equazione scalare

$$N - mg\cos\alpha = mv_P^2/R \, . \tag{4.56}$$

La (4.56) contiene due incognite: N e v_P. Per determinare v_P utilizziamo la legge di conservazione dell'energia meccanica:

$$mgh \; = \; mv_P^2/2 + mgR\,(1 - \cos\alpha)\,. \tag{4.57}$$

L'ultimo termine nella (4.57) è l'energia potenziale di gravità nel generico punto P. Ricavando dalla (4.57) mv_P^2 e sostituendolo nella (4.56) si ha

$$N \; = \; mg\,(2h/R + 3\cos\alpha - 2)\,.$$

(?) Che valore assume N per $h = h_{\min}$?
(?) Per quali valori di h si ha $N \geq mg$?

C) Supponendo di eliminare il tratto CD della pista, sotteso dall'angolo 2ϕ (Fig. 4.28 a), si determini l'altezza h' da cui il carrello deve essere rilasciato con velocità iniziale nulla affinché esso torni a contatto della pista esattamente al punto D.

Quando il carrello abbandona la pista nel punto C, la reazione N cessa di esistere. Fuori pista il moto, con velocità iniziale $\boldsymbol{v}_c$, è soggetto alla sola forza peso: la traiettoria è parabolica (Fig. 4.28 b). Affinché il carrello ricada esattamente in D e possa proseguire il moto lungo la pista, la gittata del moto parabolico deve essere uguale alla lunghezza della corda CD:

$$v_c^2 \sin(2\phi)/g \; = \; CD \; = \; 2R\sin\phi\,,$$

da cui, ricordando che $\sin(2\phi) = 2\sin\phi\cos\phi$,

$$v_c^2 \; = \; gR/\cos\phi\,. \tag{4.58}$$

L'altezza h' da cui va rilasciato il carrello si determina ricorrendo ancora

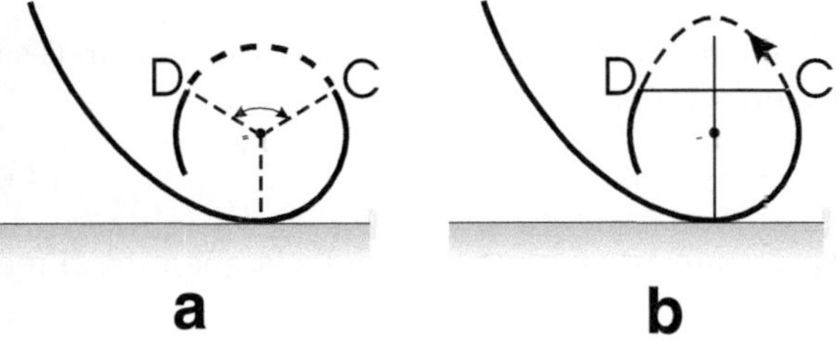

Fig. 4.28. Esercizio 4.8

alla legge di conservazione dell'energia meccanica:

$$mgh' \; = \; mv_c^2/2 + mgR\,(1 + \cos\phi)\,. \tag{4.59}$$

Sostituendo la (4.58) nella (4.59) si ha infine

$$h' = R \left(1 + \cos\phi + \frac{1}{2\cos\phi} \right) . \qquad (4.60)$$

D) Con riferimento alla situazione della domanda C, per quali valori dell'angolo ϕ l'altezza di rilascio h' risulta minima ?

Dalla (4.60) si vede già che

$$\text{per } \phi = 0 \qquad h' = 2.5R \,,$$
$$\text{per } \phi \to \pi/2 \qquad h' \to \infty \,.$$

I minimi della funzione $h'(\phi)$, per $0 \le \phi \le \pi/2$, si ottengono imponendo

$$\frac{\mathrm{d}h'}{\mathrm{d}\phi} = 0 \,.$$

Questa condizione, sostituendo il valore di h' dato dalla (4.60), implica che

$$\sin\phi \left(1 - \frac{1}{2\cos^2\phi} \right) = 0 \,. \qquad (4.61)$$

La (4.61) è soddisfatta per i due valori di ϕ (compresi tra 0 e $\pi/2$):

$$\phi_1 = 0; \qquad \phi_2 = \pi/4 \,.$$

(?) Determinare e discutere i valori di h' corrispondenti agli angoli ϕ_1 e ϕ_2. Qual è il minimo assoluto ? Disegnare un grafico approssimato di h' in funzione di ϕ.

4.3 Momento angolare di un punto materiale

Definizione di momento angolare

Il *momento angolare* $\boldsymbol{L}$ di un punto materiale Q rispetto ad un prefissato punto O è definito dal prodotto vettoriale

$$\boldsymbol{L} = \boldsymbol{r} \times \boldsymbol{p} = m\boldsymbol{r} \times \boldsymbol{v} \,, \qquad (4.62)$$

dove $\boldsymbol{r} = \boldsymbol{OQ}$ e $\boldsymbol{p}$ sono rispettivamente il raggio vettore e la quantità di moto del punto (Fig. 4.29 a).

Il momento angolare (detto anche *momento della quantità di moto*) è un vettore. Il suo modulo

$$|\boldsymbol{L}| = r\,p\sin\theta \qquad (4.63)$$

si misura in newton×metri (N m).

Il punto O è detto *polo* del momento. Il momento angolare dipende (in direzione, verso e intensità) dalla scelta del polo O.

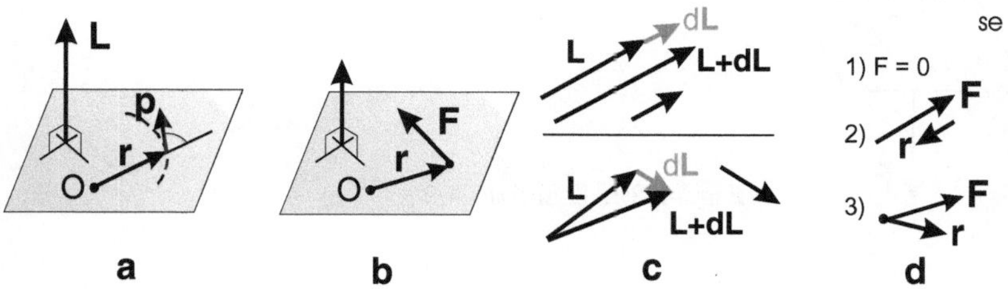

Fig. 4.29. Momento angolare: (**a**) definizione, (**b,c**) relazione tra momento angolare e momento di una forza, (**d**) conservazione del momento angolare

Momento angolare e momento di una forza

Come conseguenza della Legge fondamentale della dinamica, si dimostra che, in un *riferimento inerziale*,

$$\frac{\mathrm{d}\boldsymbol{L}}{\mathrm{d}t} = \boldsymbol{\tau} \,, \tag{4.64}$$

dove $\boldsymbol{\tau} = \boldsymbol{r} \times \boldsymbol{F}$ è il momento della forza risultante $\boldsymbol{F}$ applicata al punto materiale. Affinché la (4.64) sia verificata, i vettori $\boldsymbol{L}$ e $\boldsymbol{\tau}$ devono essere riferiti al medesimo polo O. La (4.64) implica che il differenziale $\mathrm{d}\boldsymbol{L}$ è un vettore parallelo al momento della forza $\boldsymbol{\tau}$ (Fig. 4.29 b, c).

Conservazione del momento angolare

Come conseguenza della (4.64),

$$\text{se} \quad \boldsymbol{\tau} = 0 \quad \text{allora} \quad \frac{\mathrm{d}\boldsymbol{L}}{\mathrm{d}t} = 0 \,. \tag{4.65}$$

La (4.65) esprime la legge di conservazione del momento angolare: se il momento della forza risultante è nullo, il momento angolare è costante in direzione, verso e intensità (Fig. 4.29 d). Il momento $\boldsymbol{\tau} = \boldsymbol{R} \times \boldsymbol{F}$ è nullo se $\boldsymbol{F} = 0$, se $\boldsymbol{r} = 0$ oppure se $\boldsymbol{F}$ è parallela a $\boldsymbol{r}$ (forza centrale).

Esercizio 4.9

Un punto materiale di massa m si muove su un piano orizzontale privo di attrito lungo una traiettoria circolare di raggio R, con velocità angolare costante ω. Una fune inestensibile di massa trascurabile, legata per un estremo al punto materiale, passa attraverso un foro del piano orizzontale. All'altro estremo della fune è applicata una forza costante $\boldsymbol{F}$ (Fig. 4.30).
A) Si determini il modulo della forza $\boldsymbol{F}$.

Poiché il moto è circolare uniforme, l'accelerazione è puramente centripeta: $a = \omega^2 R$. La fune esercita sul punto materiale una forza $\boldsymbol{F}'$ di modulo $F' = F$. Per la legge fondamentale della dinamica

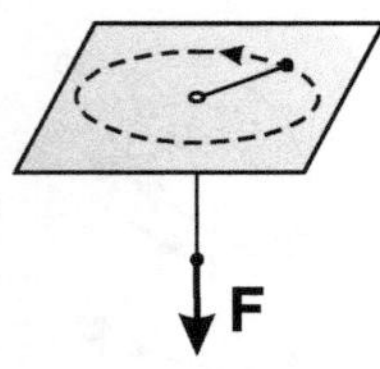

Fig. 4.30. Esercizio 4.9

$$F' = ma; \qquad F = F' = m\omega^2 R \,.$$

La forza F' è centripeta. Il foro sul piano si trova quindi al centro della traiettoria circolare del punto.

B) Il modulo della forza F viene variato molto lentamente dal valore F_1 al valore F_2 (con $F_2 > F_1$). Come variano la velocità angolare ω e il raggio R ?

La forza applicata al punto materiale è una forza centrale (Fig. 4.31 a). Pertanto il vettore momento angolare L (calcolato rispetto al centro della traiettoria circolare) si conserva al variare del modulo della forza F (Fig. 4.31 b):

$$L_1 = L_2 \,.$$

Poiché il raggio vettore del punto rispetto al foro, R, è perpendicolare alla velocità tangenziale v,

$$L_1 = mR_1 v_1 = mR_1^2 \omega_1 \,,$$
$$L_2 = mR_2 v_1 = mR_2^2 \omega_2 \,,$$

da cui si ricava che, essendo $L_1 = L_2$,

$$\frac{\omega_2}{\omega_1} = \frac{R_1^2}{R_2^2} \,. \tag{4.66}$$

Il rapporto tra i raggi R_1 e R_2 (Fig. 4.31 c) può essere collegato direttamente al rapporto tra le forze utilizzando la (4.66):

$$\frac{F_1}{F_2} = \frac{m\omega_1^2 R_1}{m\omega_2^2 R_2} = \frac{R_2^3}{R_1^3} \,. \tag{4.67}$$

Poiché $F_2 > F_1$, dalla (4.67) si ha che $R_2 < R_1$, e dalla (4.66) si ha che $\omega_2 > \omega_1$.

(?) Come varia la velocità lineare v ?

C) Calcolare il lavoro W fatto per variare la forza dal valore F_1 al valore F_2.

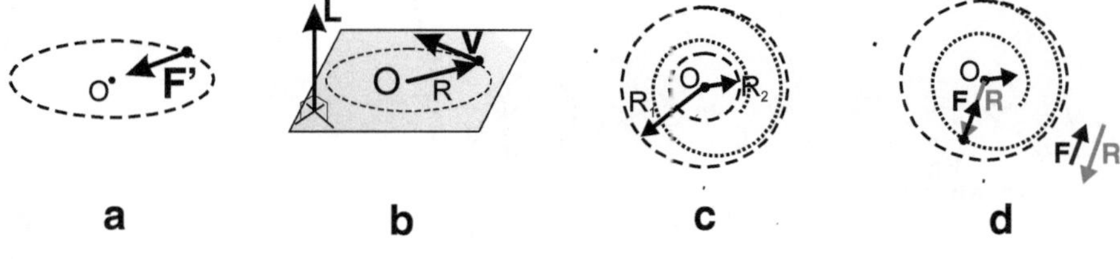

Fig. 4.31. Esercizio 4.9

Il lavoro è uguale alla variazione di energia cinetica:

$$W = E_{k,2} - E_{k,1} = \frac{1}{2}mv_2^2 - \frac{1}{2}mv_1^2$$

$$= \frac{1}{2}m\left(\omega_2^2 R_2^2 - \omega_1^2 R_1^2\right) = \frac{1}{2}m\omega_1^2 R_1^2 \left(\frac{R_1^2}{R_2^2} - 1\right).$$

Poiché nel nostro caso $R_1 > R_2$, il lavoro $W > 0$ (e l'energia cinetica aumenta).

Alternativamente, il lavoro W può essere calcolato secondo la definizione

$$W = \int_{R_1}^{R_2} \boldsymbol{F} \cdot \mathrm{d}\boldsymbol{R}.$$

Se il raggio R restasse costante (in modulo !), si avrebbe che $\mathrm{d}\boldsymbol{R} \perp \boldsymbol{F}$, e pertanto $W = 0$. Il lavoro W è invece diverso da zero quando, come nel nostro caso, il raggio della traiettoria varia in modulo (Fig. 4.31 d), perché allora

$$\boldsymbol{F} \cdot \mathrm{d}\boldsymbol{R} = -F\,\mathrm{d}R.$$

Poiché $F = m\omega^2 R$ e $\omega^2 = \omega_1^2 R_1^4 / R^4$,

$$W = -\int_{R_1}^{R_2} (m\omega^2 R)\,\mathrm{d}R = -m\int_{R_1}^{R_2} \omega_1^2 \frac{R_1^4}{R^4} R\,\mathrm{d}R$$

$$= -m\omega_1^2 R_1^4 \int_{R_1}^{R_2} \frac{1}{R^3}\,\mathrm{d}R = \frac{1}{2}m\omega_1^2 R_1^2 \left(\frac{R_1^2}{R_2^2} - 1\right).$$

Esercizio 4.10

Una particella di massa m, posta su un piano orizzontale privo di attrito, è collegata ad un'estremità di una fune leggera e inestensibile di lunghezza ℓ. L'altra estremità della fune è legata ad un perno O. La particella si muove inizialmente con velocità costante $\boldsymbol{v}_0$ su una traiettoria rettilinea a distanza d dal perno, finché la fune, tendendosi, la costringe a muoversi su una traiettoria circolare (Fig. 4.32).

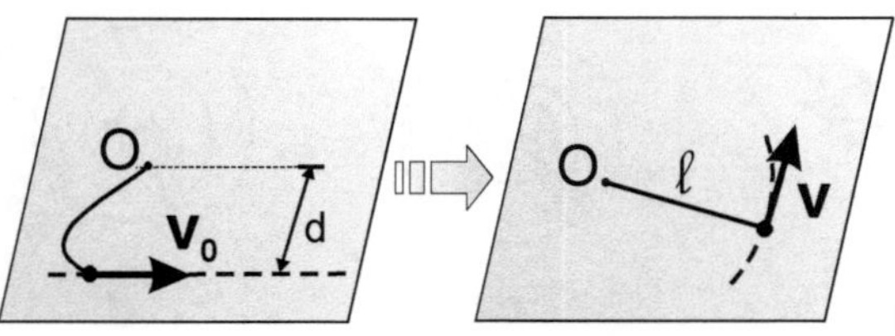

Fig. 4.32. Esercizio 4.10

A) Si determini la velocità angolare con cui la particella si muove sulla traiettoria circolare.

Il moto rettilineo si svolge in assenza di forze. Dal momento in cui la fune si tende, essa esercita sulla particella una forza diretta verso il perno, cioè una forza centrale. In entrambe le situazioni il momento τ delle forze applicate alla particella, calcolato rispetto al perno O, è nullo. Pertanto il momento angolare L della particella rispetto al perno O si conserva.

Prima che la fune si tenda, il momento angolare (Fig. 4.33 a) è espresso come

$$L = m\boldsymbol{r} \times \boldsymbol{v}_0$$

ed ha direzione perpendicolare al piano del moto e modulo

$$L = m v_0 d . \tag{4.68}$$

Quando la fune è tesa e il moto è circolare uniforme, il momento angolare (Fig. 4.33 b) è espresso come

$$L = m\boldsymbol{\ell} \times \boldsymbol{v} ,$$

dove $\boldsymbol{v}$ è la velocità tangenziale del moto circolare. Poiché $\boldsymbol{\ell} \perp \boldsymbol{v}$, introducendo la velocità angolare $\omega = v/\ell$, il modulo del momento angolare L diviene

$$L = m\ell^2\omega . \tag{4.69}$$

Uguagliando i secondi membri delle (4.68) e (4.69) si ha

$$\omega = v_0 d/\ell^2 . \tag{4.70}$$

(?) Si analizzi la dipendenza di $v = \omega\ell$ da d, con particolare attenzione ai due casi limite $d = 0$ e $d = \ell$.

B) Si determini l'impulso che la particella subisce quando la fune si tende.

L'impulso esercitato sulla particella quando la fune si tende è uguale alla variazione della quantità di moto della particella:

$$\boldsymbol{J} = \Delta \boldsymbol{p} = m(\boldsymbol{v} - \boldsymbol{v}_0) .$$

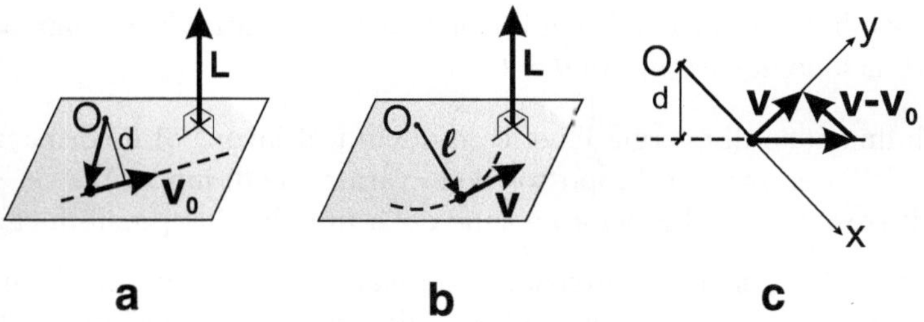

Fig. 4.33. Esercizio 4.10

Calcoliamo le componenti del vettore $\boldsymbol{J}$ secondo due assi x, y rispettivamente normale e tangente alla traiettoria circolare (Fig. 4.33 c)

$$J_x = -mv_0 \cos\alpha \, .$$
$$J_y = mv - mv_0 \sin\alpha \, .$$

Sostituendo il valore di v dato dalla (4.70),

$$v = \omega\ell = v_0 \, d/\ell \, ,$$

e notando che $\sin\alpha = d/\ell$, è immediato verificare che $J_y = 0$. Il vettore $\boldsymbol{J}$ è pertanto diretto radialmente e il suo modulo è

$$|\boldsymbol{J}| = |J_x| = mv_0 \cos\alpha \, .$$

(?) Si poteva prevedere, senza fare i conti, che il vettore $\boldsymbol{J}$ è diretto radialmente ?

C) Si determini la variazione di energia cinetica della particella quando la fune si tende.

Nella situazione di *moto rettilineo*, l'energia cinetica è costante e vale

$$E_{k,0} = \frac{1}{2} mv_0^2 \, .$$

Durante il *moto circolare uniforme*, l'energia cinetica è costante e vale

$$E_k = \frac{1}{2}mv^2 = \frac{1}{2}mv_0^2 \left(\frac{d}{\ell} \right)^2 \, .$$

La differenza è

$$\Delta E_k = E_k - E_{k,0} = \frac{1}{2}mv_0^2 \left(\frac{d^2}{\ell^2} - 1 \right) \, . \tag{4.71}$$

Poiché $d \le \ell$, $\Delta E_k \le 0$.

(?) Si studi il risultato (4.71) in funzione del parametro d; si ponga particolare attenzione al caso limite $d = 0$.

La diminuzione di energia cinetica è dovuta al lavoro di deformazione della fune. Nell'esercizio si è supposto che la variazione di lunghezza sia $\Delta\ell \ll \ell$, e quindi trascurabile. La deformazione della fune ha due possibili effetti:

a) accumulo di energia potenziale elastica nella fune (deformazione elastica);
b) dissipazione di energia sotto forma di calore (deformazione plastica).

(?) Se la fune fosse perfettamente elastica, sarebbe possibile il fenomeno descritto dall'enunciato del problema, cioè la trasformazione di un moto puramente rettilineo in un moto puramente circolare ? (Si ponga attenzione al caso limite $d = 0$.)

4.4 Dinamica dei moti relativi

Sistemi di riferimento inerziali

Dato un sistema di riferimento *inerziale Oxyz*, qualsiasi altro sistema di riferimento $O'x'y'z'$ che si muova a *velocità costante* rispetto al primo è pure esso *inerziale* (Fig. 4.34). Si dimostra infatti (§ 3.4) che l'accelerazione di un corpo è la stessa rispetto ad entrambi i riferimenti (*Principio di relatività galileiano*):

$$a = a'.$$ (4.72)

Pertanto, la forza risultante agente sul punto materiale, $F = ma = ma'$, risulta uguale in entrambi i riferimenti.

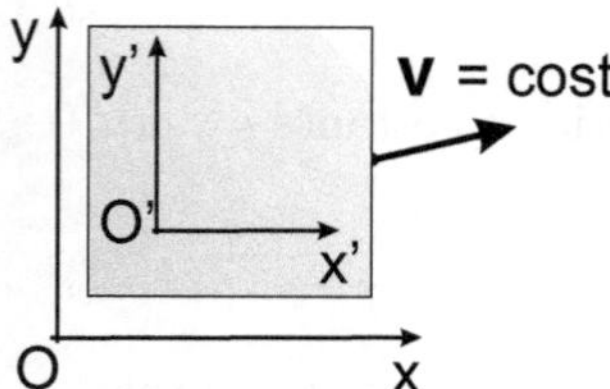

Fig. 4.34. Due sistemi di riferimento in moto relativo uniforme

Sistemi di riferimento non inerziali

Dato un sistema di riferimento *inerziale Oxyz*, qualsiasi altro sistema di riferimento $O'x'y'z'$ *accelerato* rispetto al primo *non è inerziale* (Fig. 4.35). Infatti si è visto (§ 3.4) che

$$a' = a - a_t - a_c.$$ (4.73)

Pertanto, se nel riferimento inerziale $Oxyz$ $\boldsymbol{a} = 0$, nel riferimento $O'x'y'z'$ $\boldsymbol{a}' \neq 0$: il Principio d'inerzia non è verificato. Poiché sono diverse le accelerazioni rispetto ai due riferimenti $Oxyz$ e $O'x'y'z'$, $\boldsymbol{a} \neq \boldsymbol{a}'$, sono diverse anche le forze:

$$\sum_i \boldsymbol{F}_i = m\boldsymbol{a} \quad \neq \quad \sum_j \boldsymbol{F}'_j = m\boldsymbol{a}'. \qquad (4.74)$$

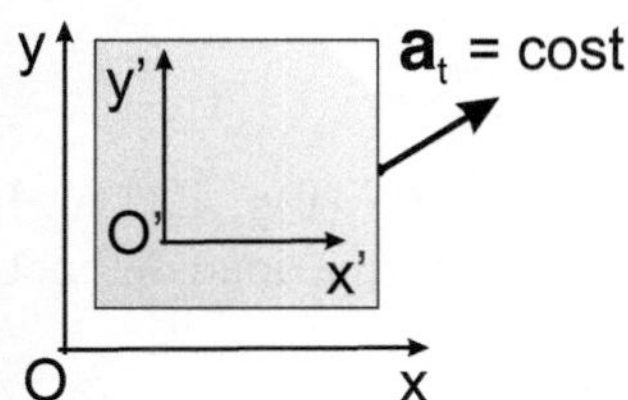

Fig. 4.35. Due sistemi di riferimento in moto relativo accelerato

Forze "non inerziali"

In un riferimento *inerziale*, le forze $\boldsymbol{F}_i$ rappresentano interazioni tra punti materiali. In un riferimento *non inerziale*:

$$\sum_j \boldsymbol{F}'_j = m\boldsymbol{a}' = \sum_i \boldsymbol{F}_i - m\boldsymbol{a}_t - m\boldsymbol{a}_c. \qquad (4.75)$$

I termini $-m\boldsymbol{a}'_t$ e $-m\boldsymbol{a}'_c$ non rappresentano interazioni, e sono chiamati *forze non inerziali*.

Se il moto del riferimento $O'x'y'z'$ rispetto ad $Oxyz$ è puramente rotazionale,

- $-m\boldsymbol{a}_t$ è chiamata *forza centrifuga*,
- $-m\boldsymbol{a}_c$ è chiamata *forza complementare di Coriolis*.

Esercizio 4.11

Il sistema rappresentato in Fig. 4.36 è costituito da due carrucole A e B di massa trascurabile e da tre corpi di masse m_1, m_2 e m_3 collegati da due funi inestensibili di massa trascurabile. L'asse della carrucola A è fissato al soffitto. Nell'ipotesi che gli attriti siano trascurabili e che il sistema non sia in equilibrio, si determinino:

- *l'accelerazione di ciascun corpo;*
- *le tensioni delle due funi.*

A) Tensioni delle funi

Indichiamo con T_A e T_B i moduli delle tensioni delle funi avvolte rispettivamente alle carrucole A e B. Poiché la massa delle carrucole è nulla, la tensione delle funi è uguale da entrambi i lati di ogni carrucola. Inoltre

$$T_A = 2T_B. \qquad (4.76)$$

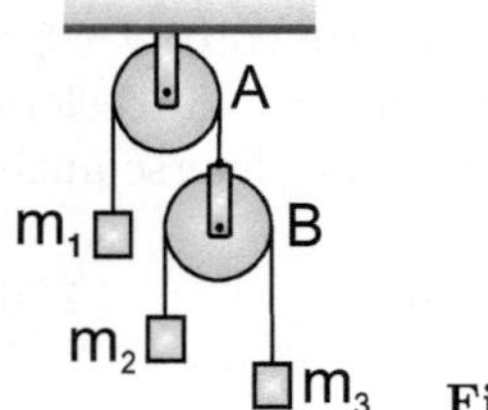

Fig. 4.36. Esercizio 4.11

B) Equazione del moto del corpo 1

Il corpo 1 è soggetto alla forza peso $m_1\boldsymbol{g}$ e alla tensione $\boldsymbol{T}_A$ (Fig. 4.37 a). In un sistema di riferimento inerziale l'accelerazione è $\boldsymbol{a}_1$ e l'equazione del moto è

$$m_1\boldsymbol{g} + \boldsymbol{T}_A = m_1\boldsymbol{a}_1 \,. \tag{4.77}$$

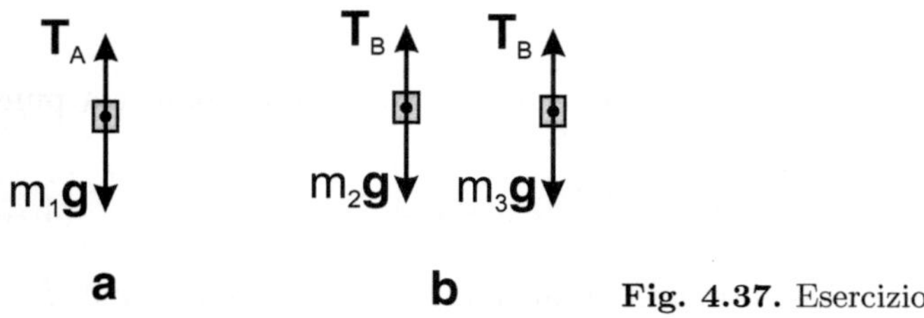

Fig. 4.37. Esercizio 4.11

C) Equazioni del moto dei corpi 2 e 3

Sul corpo 2 agiscono il peso $m_2\boldsymbol{g}$ e la tensione $\boldsymbol{T}_B$, sul corpo 3 il peso $m_3\boldsymbol{g}$ e la tensione $\boldsymbol{T}_B$ (Fig. 4.37 b). Per determinare le accelerazioni $\boldsymbol{a}_2$ e $\boldsymbol{a}_3$ relative al riferimento inerziale, conviene considerare prima il moto dei due corpi rispetto alla carrucola B. La carrucola B si muove con accelerazione

$$\boldsymbol{a}_B = -\boldsymbol{a}_1$$

e costituisce dunque un riferimento *non inerziale*.

Rispetto alla carrucola B, i corpi 2 e 3, vincolati tra loro dalla fune, si muovono con accelerazioni $\boldsymbol{a}'_2$ e $\boldsymbol{a}'_3$ di ugual modulo e di verso opposto

$$\boldsymbol{a}'_2 = -\boldsymbol{a}'_3.$$

Rispetto al riferimento inerziale le accelerazioni sono dunque

$$\boldsymbol{a}_2 = \boldsymbol{a}'_2 + \boldsymbol{a}_B \,;$$
$$\boldsymbol{a}_3 = \boldsymbol{a}'_3 + \boldsymbol{a}_B \,.$$

Le equazioni vettoriali del moto dei due corpi sono quindi

$$m_2\boldsymbol{g} + \boldsymbol{T}_B = m_2\left(\boldsymbol{a}'_2 + \boldsymbol{a}_B\right), \tag{4.78}$$
$$m_3\boldsymbol{g} + \boldsymbol{T}_B = m_3\left(\boldsymbol{a}'_3 + \boldsymbol{a}_B\right). \tag{4.79}$$

D) Soluzione delle equazioni del moto

Trasformiamo le tre equazioni vettoriali del moto (4.77), (4.78) e (4.79) in tre equazioni scalari, proiettandole su un asse x verticale orientato verso il basso e ricordando che per le componenti lungo tale asse

$$T_A = 2T_B, \qquad a_1 = -a_B, \qquad a_2' = -a_3' = a'.$$

Facciamo inoltre l'ipotesi iniziale di lavoro

$$a_1 > 0, \qquad\qquad a_2' > 0.$$

Le equazioni del moto diventano:

$$m_1 g - 2T_B = m_1 a_1, \tag{4.80}$$
$$m_2 g - T_B = m_2 (a' - a_1), \tag{4.81}$$
$$m_3 g - T_B = m_3 (-a' - a_1). \tag{4.82}$$

Si tratta di un sistema di 3 equazioni nelle 3 incognite a_1, a', T_B. Sottraendo la (4.82) dalla (4.81) si ottiene

$$a' = \frac{m_2 - m_3}{m_2 + m_3} (a_1 + g) \tag{4.83}$$

e sostituendo a' nella (4.81) si ottiene

$$T_B = 2 \frac{m_2 m_3}{m_2 + m_3} (g + a_1). \tag{4.84}$$

Infine, sostituendo T_B nella (4.80), si ottiene

$$a_1 = \frac{m_1 m_2 + m_1 m_3 - 4 m_2 m_3}{m_1 m_2 + m_1 m_3 + 4 m_2 m_3} \, g. \tag{4.85}$$

Il segno di a_1 (quindi il verso del movimento) dipende dal segno del numeratore. Sostituendo a_1 dato dalla (4.85) nelle (4.83) e (4.84) è facile trovare:

$$T_B = 4g \frac{m_1 m_2 m_3}{m_1 m_2 + m_1 m_3 + 4 m_2 m_3} \, ;$$
$$a' = 2g \frac{(m_2 - m_3) m_1}{m_1 m_2 + m_1 m_3 + 4 m_2 m_3} \, .$$

(?) Si discutano le soluzioni ottenute nei casi:

$$
\begin{array}{ll}
m_2 = m_3 & (a' = \dots) \\
m_3 = 0 & (a_1 = \dots, \ a_2 = \dots) \\
m_1 = m_2 + m_3, \ m_2 \neq m_3 & (a_1 = \dots) \\
m_1 = m_2 + m_3, \ m_2 = m_3 & (a_1 = \dots)
\end{array}
$$

Esercizio 4.12

Un corpo di massa $m = 100\,\mathrm{kg}$ è posto sul piatto di una bilancia a molla, di massa trascurabile. La bilancia è fissata ad una piattaforma di massa $M = 200\,\mathrm{kg}$ che scivola senza attrito lungo un piano inclinato di $\theta = 30°$ (Fig. 4.38). Che valore di massa sarà letto sul quadrante della bilancia ?

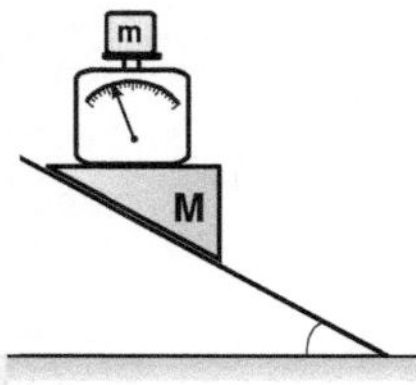

Fig. 4.38. Esercizio 4.12

Nella bilancia a molla la forza peso $m\boldsymbol{g}$ viene equilibrata dalla reazione $\boldsymbol{F}_e = -k\boldsymbol{x}$ di una molla deformata elasticamente (Fig. 4.39 a). La deformazione x della molla è proporzionale al peso mg, quindi alla massa m. Nel nostro caso il sistema *corpo–bilancia–piattaforma* scivola solidalmente lungo il piano inclinato. Le forze esterne agenti sul sistema sono (Fig. 4.39 b):

– il peso $(M + m)\,\boldsymbol{g}$, verticale,
– la reazione vincolare $\boldsymbol{N}$, normale al piano inclinato.

L'accelerazione $\boldsymbol{a}_t$ del sistema è tangente al piano inclinato. Proiettando l'equazione del moto

$$(M + m)\,\boldsymbol{g} + \boldsymbol{N} = (M + m)\,\boldsymbol{a}_t$$

lungo il piano si ottiene

$$a_t = g \sin\theta \ . \tag{4.86}$$

(Si noti che a_t non dipende dall'entità delle masse).

Studiamo ora la dinamica del corpo sulla bilancia, prima da osservatori inerziali, poi da osservatori solidali con la piattaforma in moto accelerato (cioè da osservatori non inerziali).

A) Osservatore inerziale

Il corpo si muove con accelerazione $\boldsymbol{a}_t$. Sul corpo agiscono (Fig. 4.39 c):

– la forza peso $m\boldsymbol{g}$, verticale;
– la reazione $\boldsymbol{R}$ dovuta al contatto con il piatto della bilancia, che converrà decomporre secondo le direzioni orizzontale ($\boldsymbol{T}$) e verticale ($\boldsymbol{F}_e$):

$$\boldsymbol{R} = \boldsymbol{T} + \boldsymbol{F}_e \ .$$

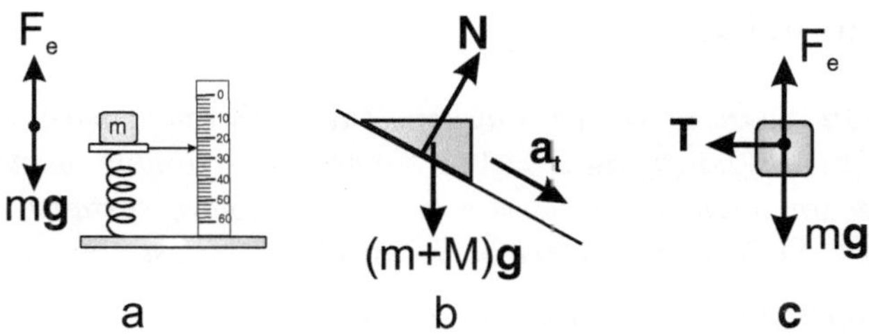

Fig. 4.39. Esercizio 4.12

La reazione $\boldsymbol{R}$ è una forza interna al sistema corpo–bilancia. La componente $\boldsymbol{F}_e$ è la reazione elastica della molla, il cui modulo F_e dà il valore letto sul quadrante della bilancia.

L'equazione del moto del corpo è

$$m\boldsymbol{g} + \boldsymbol{F}_e + \boldsymbol{T} = m\boldsymbol{a}_t \,. \tag{4.87}$$

Proiettando la (4.87) in direzione verticale si ottiene

$$F_e = mg - ma_t \sin\theta \,,$$

che, tenendo conto della (4.86), diviene

$$F_e = mg\,(1 - \sin^2\theta) = mg\cos^2\theta \,.$$

Numericamente, $F_e = 0.75\,mg \simeq 750\,\mathrm{N}$.

(?) Si commenti il risultato ottenuto per le condizioni limite $\theta = 0$, $\theta = \pi/2$.
(?) Che influenza ha, sul risultato ottenuto, la massa della piattaforma ?
(?) Si discuta il ruolo della forza $\boldsymbol{T}$. Cosa avviene se $\boldsymbol{T} = 0$ (cioè se non c'è attrito tra corpo e piatto della bilancia) ?

B) Osservatore non inerziale

Per l'osservatore solidale con la piattaforma, il corpo è in quiete e in equilibrio:

$$\boldsymbol{v}' = 0\,, \qquad \boldsymbol{a}' = 0\,.$$

L'equazione del moto può ancora essere scritta, purché alle forze già considerate dall'osservatore inerziale si aggiunga la forza non inerziale

$$-m\boldsymbol{a}_t \,.$$

Per l'osservatore inerziale il corpo è immerso nel campo della forza peso $m\boldsymbol{g}$; per l'osservatore non inerziale il corpo è immerso in un campo di forza $m\,(\boldsymbol{g} - \boldsymbol{a}_t)$. L'equazione del moto nel riferimento non inerziale è

$$m\boldsymbol{g} - m\boldsymbol{a}_t + \boldsymbol{F}_e + \boldsymbol{T} = m\boldsymbol{a}' = 0$$

che proiettata in direzione verticale, tenendo sempre conto della (4.86), dà lo stesso risultato ottenuto dall'osservatore inerziale,

$$F_e = mg\cos^2\theta \,.$$

Esercizio 4.13

Un corpo di massa m = 5 kg e dimensioni trascurabili, fissato all'estremo di un'asta rigida di lunghezza R = 1 m e massa trascurabile, viene fatto ruotare in aria in un piano verticale con velocità angolare costante ω = 5 rad s⁻¹ (Fig. 4.40). Si determini la reazione vincolare dell'asta quando il corpo è:

- *nel punto più alto A della traiettoria;*
- *nel punto più basso B della traiettoria;*
- *nel punto intermedio C.*

Si risolva il problema prima da osservatore inerziale, poi da osservatore non inerziale solidale con la massa rotante.

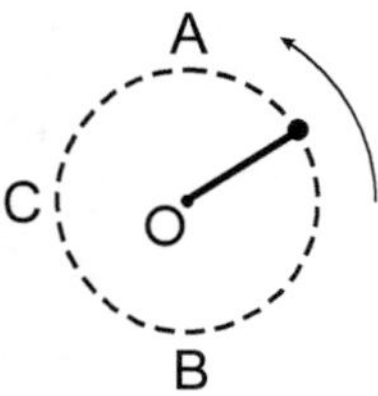

Fig. 4.40. Esercizio 4.13

A) Osservatore inerziale

Il corpo si muove di moto circolare uniforme. L'accelerazione è puramente centripeta, di modulo $a_c = \omega^2 R$.

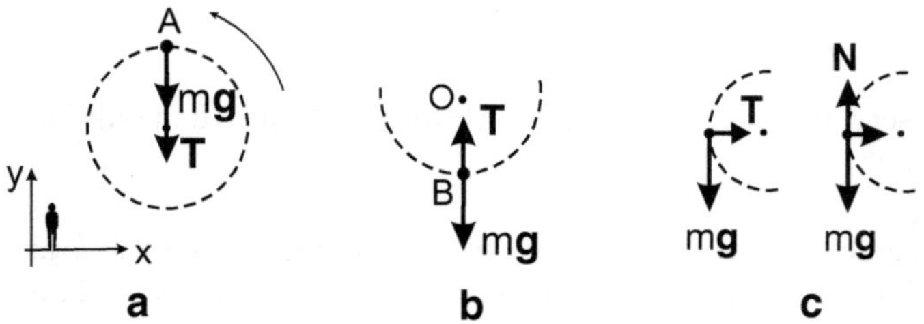

Fig. 4.41. Esercizio 4.13

Nel punto A (Fig. 4.41 a) le forze agenti, il peso *mg* e la reazione dell'asta *T*, sono parallele, per cui l'equazione scalare del moto è

$$mg + T_A = m\omega^2 R \,.$$

Quindi

$$T_A = m(\omega^2 R - g) \,.$$

(?) Come variano il modulo e il verso di T_A in funzione di ω ?

Nel punto B (Fig. 4.41 b) le forze agenti, mg e T, sono parallele e discordi; l'equazione scalare del moto è

$$T_B - mg = m\omega^2 R \, .$$

Quindi

$$T_B = m\left(\omega^2 R + g\right) \, .$$

Nel punto C (Fig. 4.41 c) solo la reazione T contribuisce a fornire l'accelerazione centripeta:

$$T_C = m\omega^2 R \, .$$

Si noti che, essendo costante la velocità angolare ω, l'accelerazione tangenziale a_T è nulla. Nel punto C deve pertanto essere esercitata sul corpo da parte dell'asta anche una forza N normale alla direzione dell'asta che equilibra la forza peso: $N = -mg$.

Numericamente: $T_A = 76\,\text{N}$, $T_B = 174\,\text{N}$, $T_C = 125\,\text{N}$.

(?) Si confronti il risultato di questo esercizio con quello dell'esercizio 4.5 (in cui l'asta rigida è sostituita da una fune, e ω non è costante).
(?) Durante il moto di rotazione l'energia meccanica del corpo è conservata ?
(?) Cosa avviene nei punti intermedi tra A e C e tra C e B ?

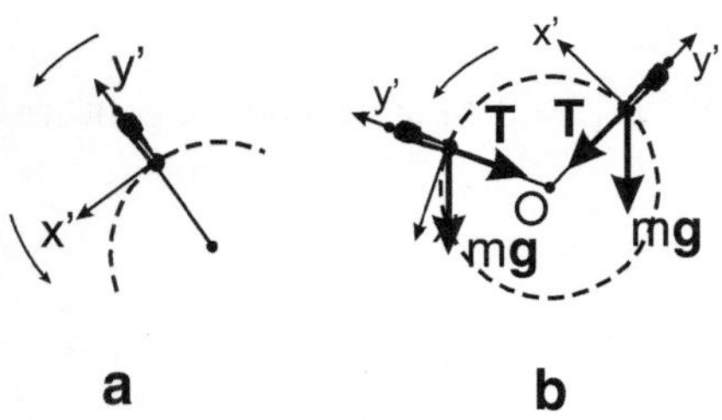

Fig. 4.42. Esercizio 4.13

B) Osservatore non inerziale

Il sistema di riferimento non inerziale ruota con velocità angolare costante ω rispetto al riferimento inerziale (Fig. 4.42 a). Per l'osservatore non inerziale il corpo resta fermo:

$$v' = 0, \qquad a' = 0 \, .$$

L'equazione del moto si può scrivere

$$\sum_i F_i - ma_t - ma_c = ma'$$

introducendo le forze *non inerziali*

$$\text{centrifuga:} \quad -m\boldsymbol{a}_t = \boldsymbol{\omega} \times (\boldsymbol{\omega} \times \boldsymbol{r}')$$
$$\text{di Coriolis:} \quad -m\boldsymbol{a}_c = \boldsymbol{\omega} \times \boldsymbol{v}'.$$

Nel nostro caso:

$$ma_t = \omega^2 R,$$
$$ma_c = 0 \text{ perché } v' = 0.$$

La forza centrifuga e la reazione $\boldsymbol{T}$ hanno direzione costante; il vettore $m\boldsymbol{g}$ ruota con velocità angolare $-\boldsymbol{\omega}$. Il modulo di $\boldsymbol{T}$ si può ricavare proiettando l'equazione del moto lungo la direzione dell'asta (Fig. 4.42 b):

$$\text{in } A: \quad mg + T_A - m\omega^2 R = 0,$$
$$\text{in } B: \quad T_B - mg - m\omega^2 R = 0,$$
$$\text{in } C: \quad T_C - m\omega^2 R = 0.$$

4.5 Attrito tra superfici solide

Reazioni vincolari di superficie

Un corpo solido a contatto di superficie con un altro corpo è *vincolato*, cioè non è completamente libero di muoversi. La forza che un corpo subisce a motivo del contatto con un altro corpo è una *reazione vincolare*. La reazione vincolare alla superficie di contatto tra due corpi è somma di due vettori tra di loro perpendicolari (Fig. 4.43):

$\boldsymbol{N}$ normale alla superficie di contatto,
$\boldsymbol{F}_a$ parallelo alla superficie di contatto.

Il vettore $\boldsymbol{F}_a$ è detto *forza d'attrito*. Se $\boldsymbol{F}_a = 0$ la superficie di contatto è detta *liscia*.

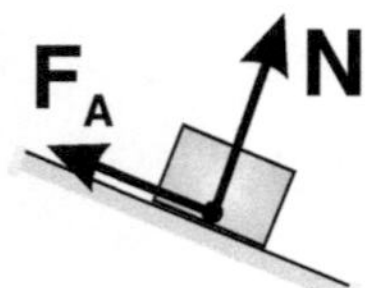

Fig. 4.43. Reazioni vincolari parallela e perpendicolare alla superficie di contatto

Attrito e coefficiente d'attrito

Si verifica sperimentalmente che la forza d'attrito tra superfici solide è

a) indipendente dall'estensione della superficie di contatto;
b) proporzionale in modulo alla reazione normale $\boldsymbol{N}$:

$$F_a = \mu N. \tag{4.88}$$

La grandezza adimensionale μ è chiamata *coefficiente d'attrito*. μ assume valori diversi a seconda della natura dei materiali e della finitura delle superfici, nonché dello stato di moto relativo dei corpi a contatto.

Attrito statico

Se i due corpi a contatto di superficie sono in quiete uno rispetto all'altro, la reazione vincolare d'attrito $\boldsymbol{F}_a$ non può superare in modulo il valore

$$F_{a,\max} = \mu_s N \, , \qquad (4.89)$$

dove μ_s è il *coefficiente d'attrito statico*. Il verso del vettore $\boldsymbol{F}_a$ è opposto al verso della risultante delle forze attive applicate al corpo, proiettata sulla superficie di contatto. Il modulo di $\boldsymbol{F}_a$ è sempre

$$F_a \leq \mu_s N \, . \qquad (4.90)$$

Attrito cinetico

Se i due corpi a contatto di superficie sono in moto relativo, la forza d'attrito applicata a ciascuno dei due corpi ha verso opposto al verso della velocità relativa, e modulo

$$F_a = \mu_c N \, , \qquad (4.91)$$

dove μ_c, detto *coefficiente di attrito cinetico*, è:

a) indipendente dalla velocità relativa;
b) minore del coefficiente di attrito statico: $\mu_c \leq \mu_s$.

Esercizio 4.14

Un corpo di massa m e dimensioni trascurabili è appoggiato su un piano incli-
nato di un angolo θ (Fig. 4.44). Il corpo, inizialmente in quiete ad un'altezza h
dal piano orizzontale, viene lasciato libero di muoversi. Il coefficiente d'attrito
cinetico è μ sia sul piano inclinato che sul piano orizzontale.
A) Con quale velocità v_1 il corpo arriva alla base del piano inclinato ?

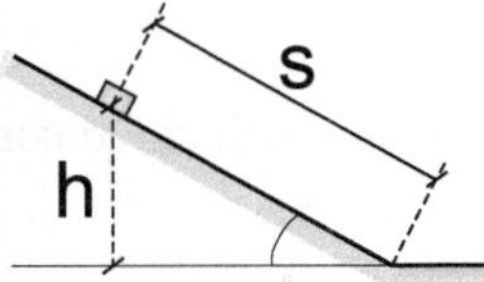

Fig. 4.44. Esercizio 4.14

Le forze agenti sul corpo sono (Fig. 4.45 a):

– il peso $\boldsymbol{P}$, di modulo $P = mg$;
– la reazione normale $\boldsymbol{N}$, di modulo $N = mg\cos\theta$;
– la reazione d'attrito $\boldsymbol{F}_a$, di modulo $F_a = \mu N = \mu mg\cos\theta$.

La reazione N non fa lavoro in quanto normale allo spostamento. Pertanto la variazione di energia cinetica è

$$\Delta E_k = m v_1^2/2 = W_{\text{peso}} + W_{\text{attr}} \,, \qquad (4.92)$$

dove W_{peso} e W_{attr} sono i lavori rispettivamente del peso e della forza d'attrito F_a. La forza peso è conservativa, per cui

$$W_{\text{peso}} = -\Delta E_p = mgh = mgs \sin\theta \,. \qquad (4.93)$$

La forza d'attrito F_a non è conservativa, in quanto dipende (in direzione

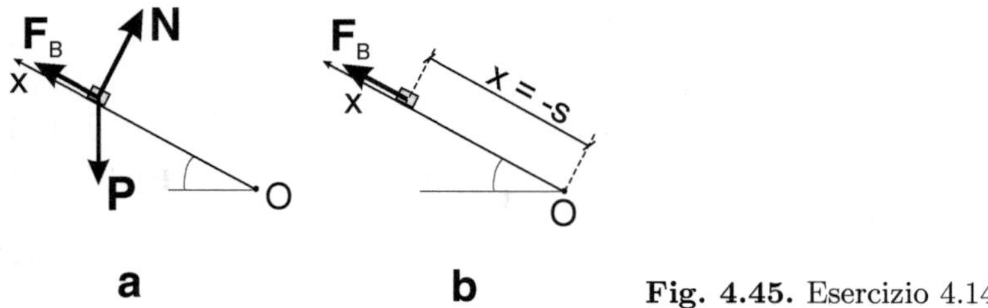

Fig. 4.45. Esercizio 4.14

e verso) dalla direzione e dal verso della velocità; il suo lavoro deve essere calcolato esplicitamente (Fig. 4.45 b):

$$W_{\text{attr}} = \int_{-s}^{0} F_a \cdot dx = \int_{-s}^{0} -F_a \, dx = (-\mu mg \cos\theta)\, s \,. \qquad (4.94)$$

Pertanto, inserendo nella (4.92) le espressioni del lavoro date dalle (4.93) e (4.94), si ottiene

$$\Delta E_k = m v_1^2/2 = mgs \sin\theta - \mu mgs \cos\theta = mgs \, (\sin\theta - \mu \cos\theta) \,. \qquad (4.95)$$

Dalla (4.95) si ricava

$$v_1 = \sqrt{2gs \, (\sin\theta - \mu \cos\theta)} \,. \qquad (4.96)$$

Dalla (4.95) si vede anche che, affinché ΔE_k sia positivo, cioè affinché il corpo si metta in movimento, deve essere

$$(\sin\theta - \mu \cos\theta) > 0 \qquad \text{cioe}' \qquad \mu > \tan\theta \,.$$

(?) Come è variata l'energia meccanica totale $E_k + E_p$ durante il moto del corpo lungo il piano inclinato ?

B) Che distanza d percorrerà il corpo sul piano orizzontale prima di arrestarsi (Fig. 4.46 a) ? (Supponiamo che il raccordo tra piano inclinato e piano orizzontale avvenga mediante un breve profilo curvo privo di spigoli).

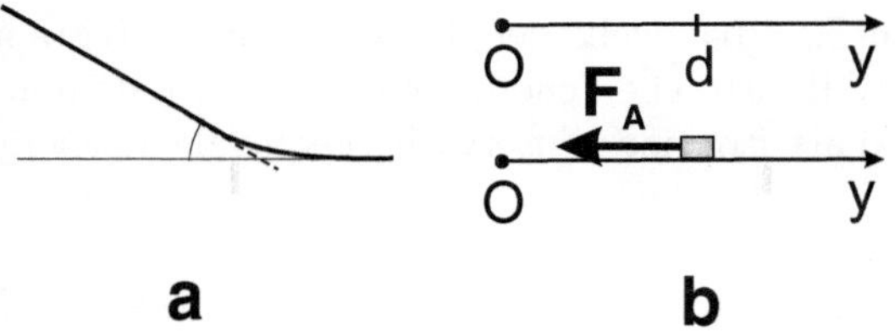

a   **b**   **Fig. 4.46.** Esercizio 4.14

Sul piano orizzontale, l'unica forza non equilibrata è la forza d'attrito $\boldsymbol{F}'_a$, di modulo

$$F'_a = \mu mg \,,$$

che provoca il progressivo rallentamento del corpo, fino al suo arresto. La corrispondente variazione di energia cinetica è

$$\Delta E_k = 0 - mv_1^2/2 = W_{\text{attr}} \,. \tag{4.97}$$

Poiché il lavoro della forza d'attrito è (Fig. 4.46 b)

$$W_{\text{attr}} = \int_0^d \boldsymbol{F}'_a \cdot \mathrm{d}\boldsymbol{y} = (-\mu mg)\, d \,,$$

la (4.97) dà

$$- mv_1^2/2 = -\mu mgd \,,$$

da cui si ricava d, utilizzando la (4.96),

$$d = \frac{v_1^2}{2\mu g} = \frac{s}{\mu}\,(\sin\theta - \mu\cos\theta) \,.$$

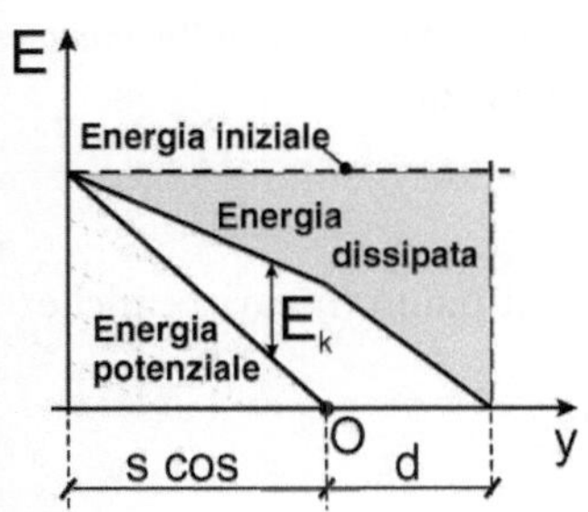

Fig. 4.47. Esercizio 4.14

C) Si studi il grafico dell'energia meccanica in funzione della posizione del corpo.

Si disegni il grafico dell'energia cinetica E_k, dell'energia potenziale di gravità E_p e dell'energia totale $E_T = E_k + E_p$ in funzione della coordinata orizzontale

y, ponendo convenzionalmente $E_p = 0$ a livello del piano orizzontale. Il grafico (Fig. 4.47) illustra chiaramente il fatto che l'energia meccanica totale non si conserva. Il lavoro della forza d'attrito (non conservativa) equivale ad energia meccanica dissipata.

Esercizio 4.15

Una cassa di massa m, altezza h e larghezza d è appoggiata sul piano di carico di un camion che si muove su un percorso rettilineo (Fig. 4.48).

A) Supponendo che il coefficiente di attrito statico tra cassa e piano d'appoggio sia μ, determinare il valore dell'accelerazione del camion per cui ha inizio lo slittamento della cassa.

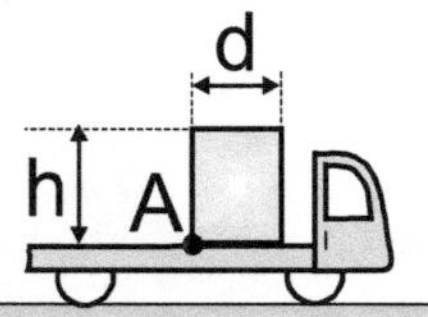

Fig. 4.48. Esercizio 4.15

Supponiamo che il camion si muova con accelerazione costante $\boldsymbol{a}$ e studiamo il moto della cassa da osservatori *non inerziali* solidali con il camion. La cassa è soggetta alla forza non inerziale (Fig. 4.49 a)

$$\boldsymbol{F} = -m\boldsymbol{a} \,,$$

che tenderebbe a farla scivolare sul piano di carico. Al moto della cassa si oppone la forza di attrito, il cui modulo vale al massimo

$$R_{\max} = \mu\,mg \,.$$

La cassa rimane in equilibrio e in quiete rispetto al piano di carico finché

$$ma \leq R_{\max} = \mu\,mg \,.$$

La cassa scivola se l'accelerazione del camion è

$$a > \mu g \,.$$

B) Supponendo ora che l'attrito statico sia comunque sufficiente ad impedire lo slittamento della cassa, determinare il valore dell'accelerazione del camion per cui ha inizio il ribaltamento della cassa attorno allo spigolo A.

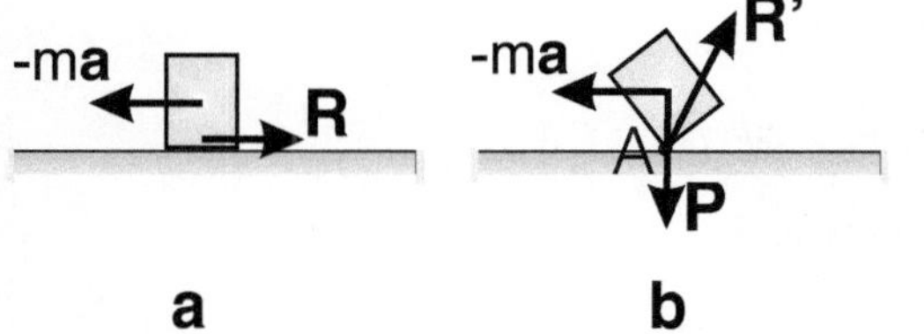

Fig. 4.49. Esercizio 4.15

Rimaniamo nel sistema di riferimento non inerziale solidale con il camion in moto accelerato.

Individuiamo tutte le forze cui è soggetta la cassa (Fig. 4.49 b). La cassa è soggetta al peso P, alla forza d'inerzia $-ma$, nonché alla reazione vincolare del piano d'appoggio, la cui componente orizzontale è la forza d'attrito. Le forze P e $-ma$ sono applicate al CM della cassa. La reazione vincolare, durante il ribaltamento, è applicata lungo lo spigolo A della cassa. Affinché si verifichi il ribaltamento della cassa attorno allo spigolo A è necessario che il momento della forza d'inerzia $-ma$ rispetto ad A sia in modulo maggiore del momento della forza peso:

$$m\,a\,h/2 \;>\; mg\,d/2 \;;$$

è cioè necessario che l'accelerazione del camion sia

$$a \;>\; g\,d/h \;. \tag{4.98}$$

(?) Se $h = d$, la (4.98) dà $a > g$; è un'accelerazione ragionevole per un camion ? E se invece $h = 3d$?

C) Supponendo che il camion stia viaggiando con velocità costante v_0, determinare la minima distanza s entro la quale può essere arrestato con decelerazione costante senza che si verifichi lo strisciamento o il ribaltamento della cassa.

Utilizzando i risultati ottenuti sopra, indichiamo con a_1 l'accelerazione limite al di sopra della quale si avrebbe lo slittamento

$$a_1 \;=\; \mu\,g$$

e con a_2 l'accelerazione limite al di sopra della quale si avrebbe il ribaltamento

$$a_2 \;=\; g\,d/h \;.$$

Affinché non si abbia né ribaltamento né strisciamento della cassa, il modulo a della decelerazione costante del camion deve essere contemporaneamente

$$a \;<\; a_1, \qquad\qquad a \;<\; a_2 \;.$$

La distanza di frenata s è data da

$$s = -at^2/2 + v_0 t.$$

Tenendo conto che $t = v_0/a$ si ottiene

$$s = v_0^2/2a\ .$$

Pertanto, se in base ai valori di h, d e μ si ha $a_2 > a_1$, lo spazio minimo di frenata è

$$s = v_0^2/2a_1\ ;$$

se invece $a_2 < a_1$,

$$s = v_0^2/2a_2\ .$$

(?) Si risolva l'intero problema (domande A, B, C) da osservatori inerziali solidali con la strada.

Esercizio 4.16

Un blocco A di massa m_A è sovrapposto ad un blocco B di massa m_B; tra i due blocchi il coefficiente d'attrito cinetico è μ_c. Il blocco B è appoggiato ad un piano orizzontale privo di attrito. Il blocco A è collegato, per mezzo di una fune inestensibile e di una carrucola (entrambe di massa trascurabile) ad un corpo appeso C di massa m_C (Fig. 4.50).
A) Si determinino le accelerazioni dei tre blocchi A, B e C rispetto ad un sistema di riferimento inerziale solidale con il piano.

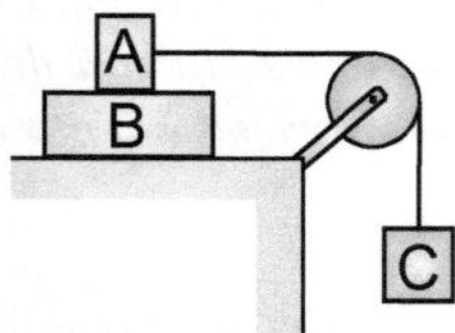

Fig. 4.50. Esercizio 4.16

Determiniamo le equazioni del moto dei tre blocchi.
Sul blocco C agiscono il peso $m\boldsymbol{g}$ e la tensione $\boldsymbol{T}$ della fune (Fig. 4.51 a). L'equazione del moto è

$$m_C g - T = m_C a_C\ . \tag{4.99}$$

Sui due blocchi A e B le forze verticali sono equilibrate. Sul blocco A agisce la tensione della fune $\boldsymbol{T}'$, di modulo $T' = T$, che fa muovere il blocco verso

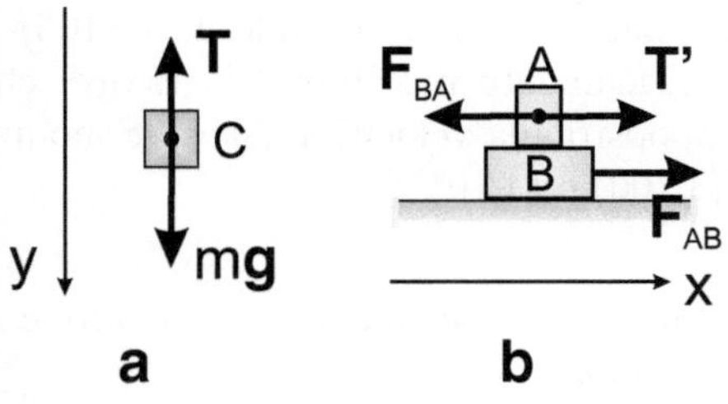

Fig. 4.51. Esercizio 4.16

destra. L'interazione tra i blocchi A e B, dovuta all'attrito cinetico, è descritta dalle due forze $\boldsymbol{F}_{AB}$ e $\boldsymbol{F}_{BA}$ agenti rispettivamente sul blocco B e sul blocco A, di verso opposto e di ugual modulo per la legge di azione e reazione (Fig. 4.51 b).

Entrambi i blocchi A e B sono accelerati verso destra; le loro equazioni scalari del moto sono:

$$T - F_{BA} = m_A a_A , \tag{4.100}$$

$$F_{AB} = m_B a_B . \tag{4.101}$$

Tenendo conto che per le forze d'attrito si ha

$$F_{AB} = F_{BA} = \mu_c m_A g$$

e che i blocchi A e C sono vincolati dalla fune, per cui

$$a_A = a_C = a ,$$

le equazioni del moto diventano

$$m_C g - T = m_C a , \tag{4.102}$$

$$T - \mu_c m_A g = m_A a , \tag{4.103}$$

$$\mu_c m_A g = m_B a_B . \tag{4.104}$$

Si tratta di un sistema di tre equazioni nelle tre incognite a, a_B e T. Dalla (4.104) si ha

$$a_B = \mu_c \frac{m_A}{m_B} g . \tag{4.105}$$

Eliminando T dalle (4.102) e (4.103) si ottiene

$$a = a_A = a_C = \frac{m_C - \mu_c m_A}{m_A + m_C} g . \tag{4.106}$$

(?) Si discuta la dipendenza dell'accelerazione a da μ_c, m_A e m_C espressa dalla (4.106). Se $m_C \leq \mu_c m_A$, la (4.106) dà $a \leq 0$. È un risultato fisicamente plausibile ? Se il peso del corpo C è minore della forza d'attrito F_{BA}, i due corpi A e B restano uniti, e le equazioni del moto (4.100) e (4.101) vanno modificate. Come ?

(?) Se m_B è sufficientemente piccola, può avvenire, secondo le (4.105) e (4.106), che $a_B > a_A$. È un caso fisicamente possibile ? Si ricordi che la forza d'attrito ha sempre verso opposto alla velocità relativa. Sono ancora valide le equazioni del moto (4.100) e (4.101) ?

B) Si studi il moto dei blocchi rispetto ad un sistema di riferimento non inerziale solidale con il blocco B (Fig. 4.52 a).

Per l'osservatore non inerziale tutti i corpi sono soggetti, oltre alla gravità, ad un campo di forze d'inerzia $-m\boldsymbol{a}_B$ ($\boldsymbol{a}_B$ è l'accelerazione di trascinamento del sistema non inerziale).

Indichiamo con $\boldsymbol{a}\,'_A$ e $\boldsymbol{a}\,'_C$ le accelerazioni dei blocchi A e C rispetto al riferimento non inerziale. Le equazioni del moto sono (Fig. 4.52 b, c):

$$\boldsymbol{T}' + \boldsymbol{F}_{BA} - m_A\boldsymbol{a}_B = m_A\boldsymbol{a}'_A \, ,$$
$$m_C\boldsymbol{g} - m_C\boldsymbol{a}_B = m_C\boldsymbol{a}'_C \, .$$

Proiettando sui due assi x' e y' si ottengono tre equazioni scalari:

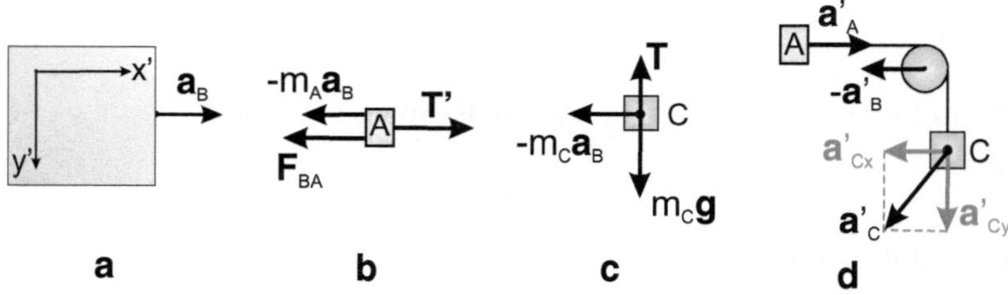

Fig. 4.52. Esercizio 4.16

$$T - m_A a_B - \mu_c m_A g = m_A a'_A \, , \qquad\qquad (4.107)$$
$$-m_C a_B = m_C a'_{C,x} \, , \qquad\qquad (4.108)$$
$$m_C g - T = m_C a'_{C,y} \, . \qquad\qquad (4.109)$$

La (4.108) dà direttamente

$$a'_{C,x} = -a_B \, . \qquad\qquad (4.110)$$

Eliminando T dalle (4.107) e (4.109) si ottiene un'equazione nelle due incognite a'_A e $a'_{C,y}$. È facile ottenere una relazione tra a'_A e $a'_{C,y}$ se si osserva che anche la carrucola, rispetto all'osservatore non inerziale, si muove con accelerazione $-\boldsymbol{a}_B$ (Fig. 4.52 d). L'inestensibilità della fune implica che

$$a'_{C,y} = a'_A + a_B \, . \qquad\qquad (4.111)$$

Sostituendo la (4.111) nella (4.109), dalle (4.107) e (4.109) si ottiene

$$a'_A \;=\; \frac{m_C - \mu_c m_A}{m_A + m_C}\, g \,-\, a_B \,. \tag{4.112}$$

Sostituendo infine la (4.112) nella (4.111) si ha

$$a'_{C,y} \;=\; \frac{m_C - \mu_c m_A}{m_A + m_C}\, g \,. \tag{4.113}$$

(?) Utilizzando la formula di trasformazone tra sistemi di riferimento in moto
relativo traslazionale accelerato $a = a' + a_t$ (con $a_t = a_B$), si
verifichi la consistenza delle soluzioni (4.110), (4.112) e (4.113) ottenute
nel riferimento non inerziale con le soluzioni (4.105) e (4.106) ottenute nel
riferimento inerziale.

4.6 *Problemi non risolti*

4.1. Un corpo di massa $m = 1$ kg e dimensioni trascurabili è appeso, mediante
una molla, all'estremo superiore A di un profilo circolare di raggio $R = 1$ m,
disposto verticalmente. Il corpo, sottoposto alla forza peso, può scivolare
senza attrito lungo il profilo (Fig. 4.53 a). Inizialmente il corpo si trova fermo
nel punto B, con $\theta = \theta_0 = 60°$; in tale posizione la molla è a riposo.

a) Determinare i valori delle componenti normale e tangenziale dell'accelerazione del corpo nei punti B e C, supponendo che la costante elastica
   della molla sia $k = 20\,\mathrm{N\,m^{-1}}$.

b) Quale valore deve avere la costante k della molla affinché sia nulla la forza
   esercitata sul profilo quando il corpo, in movimento, si trova al punto C ?

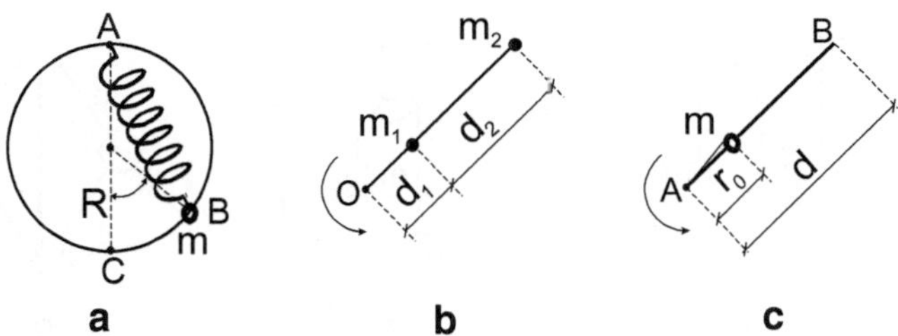

Fig. 4.53. (a) Problema 4.1, (b) Problema 4.2, (c) Problema 4.3

4.2. Una massa m_1 è collegata mediante un filo di lunghezza d_1 ad un perno
O. Una seconda massa m_2 è collegata a m_1 mediante un filo di lunghezza d_2.
Le due masse ruotano intorno al perno O su un piano orizzontale privo di
attrito con la medesima velocità angolare ω (Fig. 4.53 b). Le masse dei due
fili sono trascurabili. Si determini la tensione di ciascuno dei due fili.

4.3. Una sbarra AB di lunghezza d è mantenuta in rotazione su un piano orizzontale per mezzo di un motore: la sbarra ruota con velocità angolare costante ω intorno ad un asse verticale passante per l'estremo A. Un anello di massa m è infilato sulla sbarra e può scorrere su di essa senza attrito (Fig. 4.53 c). Inizialmente l'anello è mantenuto a distanza R_0 dall'estremo A mediante un filo sottile.

a) Si determini la tensione del filo.

All'istante $t = 0$ il filo si rompe.

b) Si determinino le componenti radiale, v_r, e trasversa, v_θ, della velocità dell'anello nell'istante in cui raggiunge l'estremo B della sbarra.
c) Quanto tempo impiega l'anello a raggiungere l'estremo B ?

4.4. Si consideri il sistema rappresentato in Fig. 4.54 a. L'attrito e l'inerzia delle pulegge e delle funi sono trascurabili.

a) Si determini l'accelerazione della massa m_1.
b) Si determini l'espressione della velocità della massa m_1 in funzione della coordinata di posizione x, supponendo che m_1 sia fermo in $x = 0$ e che la sua accelerazione sia diretta verso il basso.

4.5. Due corpi di masse m_1 e m_2 $(m_1 > m_2)$ sono collegati da una fune avvolta intorno ad una puleggia (Fig. 4.54 b). All'istante iniziale i due corpi, liberi di muoversi, sono in quiete con un dislivello relativo d. Supponendo trascurabili gli attriti e l'inerzia della fune e della puleggia, si determini:

a) dopo quanto tempo i due corpi si incrociano allo stesso livello;
b) la tensione della fune.

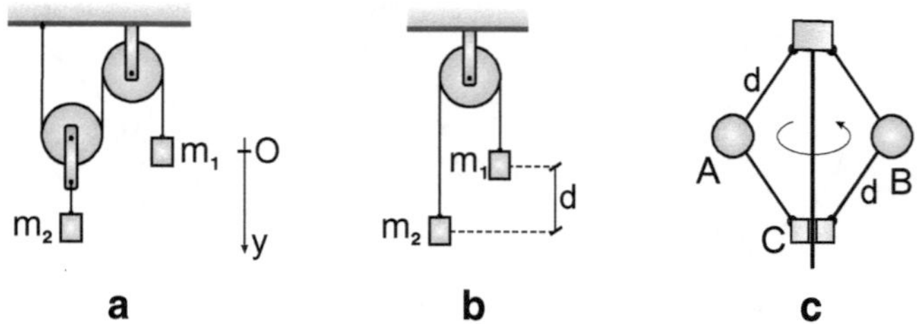

Fig. 4.54. (a) Problema 4.4, (b) Problema 4.5, (c) Problema 4.6

4.6. Il *regolatore di Watt* è un meccanismo a retroazione utilizzato per controllare la velocità delle macchine a vapore (Fig. 4.54 c). Il regolatore mostrato in figura ruota intorno ad un asse verticale con velocità angolare ω. I due corpi A e B hanno ciascuno massa $m = 1\,\mathrm{kg}$; l'anello C, scorrevole verticalmente

senza attrito, ha massa $M = 0.5\,$kg; le quattro aste OA, OB, AC e BC hanno tutte la stessa lunghezza $d = 1$ m e massa trascurabile. Lo spostamento verticale dell'anello C comanda la valvola di immissione del vapore: quando C sale, la valvola si chiude progressivamente, riducendo la potenza.
Determinare il valore dell'angolo ϕ di apertura delle aste per una velocità angolare $\omega = 5\,\mathrm{rad\,s}^{-1}$.

4.7. Un corpo di massa m, inizialmente in quiete, viene lasciato cadere al suolo da un'altezza h. Il corpo penetra nel terreno per una profondità d (Fig. 4.55 a). La resistenza alla penetrazione offerta dal terreno è riassumibile in una forza media F. Si determinino, in funzione della profondità di penetrazione d e della resistenza d'attrito F:

a) la velocità v_B del corpo nell'istante in cui urta il suolo;
b) l'altezza h da cui viene fatto cadere il corpo.

4.8. Un corpo di massa $m = 2\,$kg e dimensioni trascurabili è legato ad un'estremità di una fune di lunghezza $R = 1\,$m e massa trascurabile. L'altra estremità della fune è fissata ad un perno O su un piano inclinato; l'angolo di inclinazione è $\theta = 30°$. Il corpo percorre sul piano inclinato una traiettoria circolare con la fune tesa (Fig. 4.55 b).
Sapendo che il coefficiente d'attrito tra il corpo e il piano è $\mu = 0.25$, si determini la variazione ΔE_k di energia cinetica del corpo tra il punto A ed il punto B, rispettivamente il più basso ed il più alto della traiettoria.

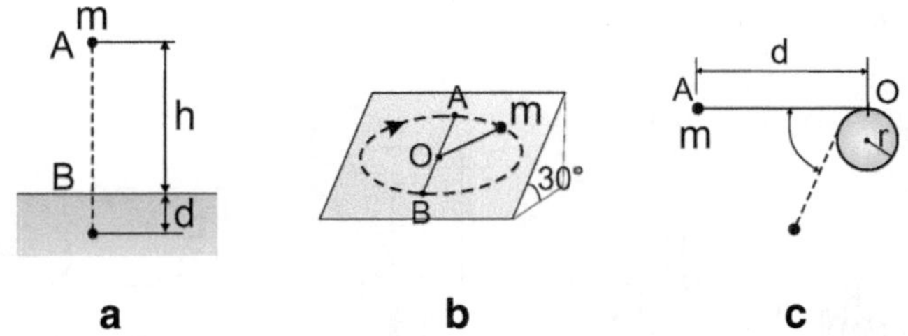

Fig. 4.55. (a) Problema 4.7, (b) Problema 4.8, (c) Problema 4.9

4.9. Un corpo di massa m e dimensioni trascurabili è legato ad una estremità di una fune sottile di lunghezza d e massa trascurabile. L'altra estremità della fune è vincolata nel punto più alto O di un perno cilindrico di raggio r. Il corpo viene abbandonato con velocità iniziale nulla dalla posizione A con la fune tesa ed orizzontale. Durante la caduta del corpo la fune si avvolge intorno al perno (Fig. 4.55 c).
Trascurando ogni forma di attrito, si determini la velocità del corpo in funzione dell'angolo θ indicato in figura.

4.10. Una particella si muove lungo una retta sotto l'influenza di una forza conservativa la cui energia potenziale varia con la posizione x secondo la legge $E_p(x) = 6x^2 - 3x^3$ (con E_p misurata in joule, x in metri).

a) Si disegni il grafico di $E_p(x)$.
b) Si determini l'espressione della forza (in newton) in funzione di x.
c) Si determini il valor massimo dell'energia meccanica totale per il quale il moto rimane limitato nello spazio.
d) Nota l'energia meccanica totale E_t, si determini l'intervallo di tempo che intercorre tra l'istante t_0 in cui la particella si trova in un punto x_0 e l'istante t in cui la particella si trova in un generico punto x.

4.11. Un corpo di massa m e dimensioni trascurabili, messo in moto da una molla di costante elastica k, può scorrere su una guida costituita da un tratto orizzontale AB e da un semicerchio verticale BCD di raggio R. Nel punto C della guida uno sportello si apre verso l'esterno se sollecitato da una forza di modulo superiore al valore F (Fig. 4.56 a). Determinare:

a) la compressione minima Δx_1 della molla affinché il corpo arrivi al punto C, se l'attrito tra corpo e guida è trascurabile;
b) la deformazione massima Δx_2 della molla per cui il corpo scivola sullo sportello senza aprirlo, sempre considerando tracurabile l'attrito;
c) la compressione minima Δx_3 della molla affinché il corpo arrivi in C, se su un tratto orizzontale della guida di lunghezza d c'è attrito con coefficiente $\mu \neq 0$.

(Si ponga: $g = 10\,\mathrm{m\,s^{-2}}$, $m = 0.1\,\mathrm{kg}$; $R = 1$ m, $k = 3\times 10^4\,\mathrm{N\,m^{-1}}$, $F = 1\,\mathrm{N}$; $d = 3\,\mathrm{m}$; $\mu = 1/6$.)

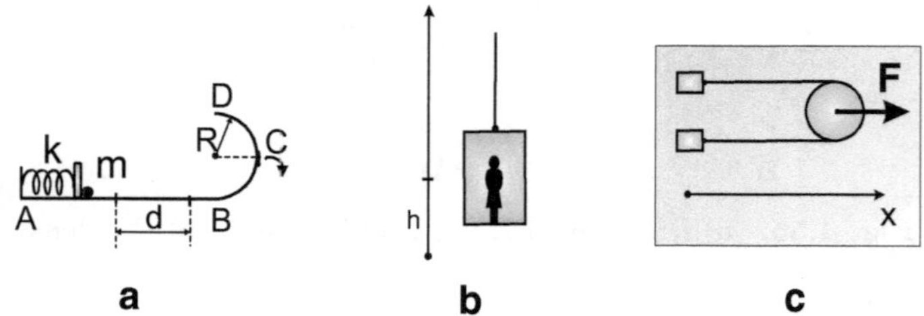

Fig. 4.56. (a) Problema 4.11, (b) Problema 4.12, (c) Problema 4.13

4.12. Un ascensore di massa M (passeggeri inclusi), inizialmente fermo, sale con accelerazione costante fino all'altezza h, quindi prosegue con velocità costante v_0 (Fig. 4.56 b). Si determini la tensione della fune:

a) nella fase di accelerazione;
b) durante il moto a velocità costante v_0.

In prossimità della fermata l'ascensore decelera uniformemente in un intervallo di tempo Δt_0 dalla velocità v_0 alla velocità zero.

c) Si determini la forza R esercitata da un uomo di massa m sul pavimento dell'ascensore durante la fase di decelerazione.

4.13. Due corpi di masse m_1 e m_2 sono collegati da una fune avvolta intorno ad una puleggia (Fig. 4.56 c). I corpi e la puleggia sono appoggiati su un piano orizzontale. Al centro della puleggia è applicata una forza costante orizzontale $\boldsymbol{F}$. Considerando trascurabili le masse della fune e della puleggia nonché tutti gli attriti, si determini:

a) l'accelerazione a_t della puleggia;
b) le accelerazioni delle due masse rispetto alla puleggia;
c) la tensione della fune.

4.14. Un uomo di massa $m = 60\,\mathrm{kg}$ misura il suo peso con una bilancia a molla tarata in Newton stando su di un ascensore (Fig. 4.57 a). Determinare il peso misurato dall'uomo nei casi:

a) l'ascensore sale con accelerazione costante di 1 m s^{-2};
b) l'ascensore sale con velocità costante di 5 m s^{-1};
c) l'ascensore sale con decelerazione costante di 1 m s^{-2};
d) l'ascensore scende con accelerazione costante di 1 m s^{-2};
e) l'ascensore scende con velocità costante di 5 m s^{-1};
f) l'ascensore scende con decelerazione costante di 1 m s^{-2}.

Se la bilancia segna un peso di 480 N:

g) qual è l'accelerazione dell'ascensore ?
h) è possibile determinare il verso del moto dell'ascensore ?

4.15. Nel dispositivo mostrato in Fig. 4.57 b, $m_1 > m_2$. Inizialmente la massa m_1 è vincolata da una fune f al centro della carrucola. La bilancia è in equilibrio.

a) Determinare il valore della massa M sul piatto sinistro della bilancia.

La fune f viene rotta e le masse m_1 e m_2 si muovono rispetto alla carrucola.

b) Che massa M' deve essere posta sul piatto sinistro della bilancia per mantenere l'equilibrio della bilancia ?
c) Quale delle due masse, M e M', è maggiore ?

(Si consideri trascurabile la bassa della carrucola).

4.16. Un blocco di massa $m_1 = 2\,\mathrm{kg}$ poggia su una lastra di massa $m_2 = 10\,\mathrm{kg}$, a sua volta appoggiata su un piano orizzontale (Fig. 4.57 c). I coefficienti d'attrito sono: $\mu_1 = 0.8$ tra blocco e lastra, $\mu_2 = 0.6$ tra lastra e piano

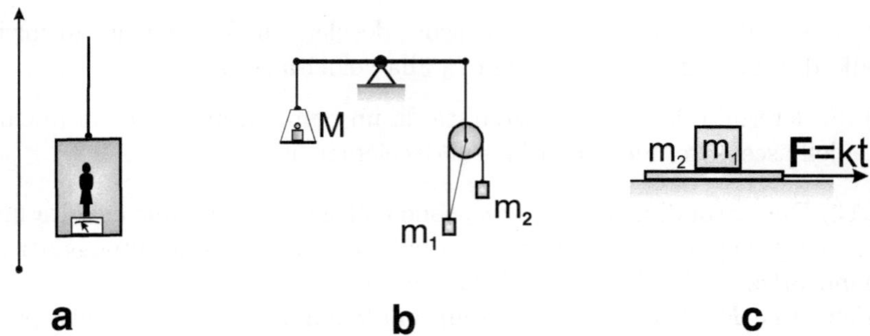

Fig. 4.57. (a) Problema 4.14, (b) Problema 4.15, (c) Problema 4.16

(per semplicità supponiamo che i coefficienti di attrito statico e cinetico coincidano). All'istante $t = 0$ alla lastra viene applicata una forza orizzontale di direzione costante e modulo dipendente linearmente dal tempo: $F = kt$, con $k = 1 \text{ N s}^{-1}$.

Determinare:

a) l'istante t_1 in cui il sistema blocco–piastra si mette in movimento;
b) l'accelerazione a_s del sistema blocco–piastra in funzione del tempo;
c) il valore a'_s dell'accelerazione del sistema per il quale il blocco inizia a muoversi rispetto alla piastra;
d) l'istante t_2 in cui il blocco inizia a muoversi rispetto alla piastra;
e) l'accelerazione a_b del blocco per $t > t_2$;
f) l'accelerazione a_p della piastra in funzione del tempo, per $t > t_2$.

5 Dinamica dei sistemi

5.1 Quantità di moto di un sistema

Centro di massa

Dato un sistema di N particelle, indichiamo con r_i il raggio vettore e con m_i la massa della i-ma particella. $M = \sum m_i$ è la massa totale del sistema. Il *centro di massa* (CM) del sistema (Fig. 5.1 a) è il punto individuato dal vettore

$$r_{\mathrm{cm}} = \frac{\sum_i m_i r_i}{\sum_i m_i}; \qquad M r_{\mathrm{cm}} = \sum_i m_i r_i . \qquad (5.1)$$

Derivando rispetto al tempo si ottiene la velocità del CM (Fig. 5.1 b):

$$v_{\mathrm{cm}} = \frac{\sum_i m_i v_i}{\sum_i m_i}; \qquad M v_{\mathrm{cm}} = \sum_i m_i v_i . \qquad (5.2)$$

Derivando ulteriormente si ottiene l'accelerazione del CM:

$$a_{\mathrm{cm}} = \frac{\sum_i m_i a_i}{\sum_i m_i}; \qquad M a_{\mathrm{cm}} = \sum_i m_i a_i . \qquad (5.3)$$

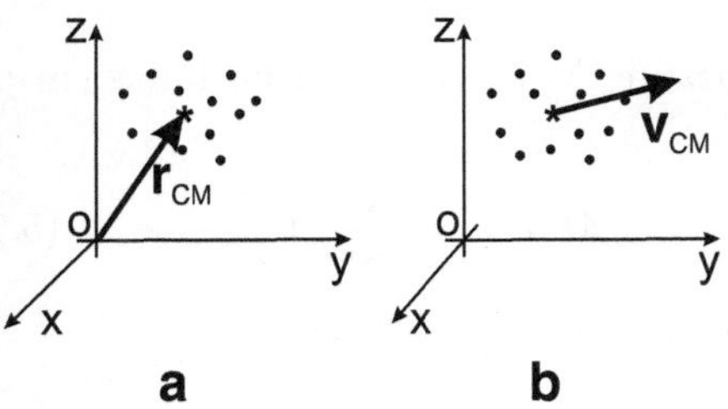

Fig. 5.1. Sistema di particelle: (a) centro di massa; (b) velocità del centro di massa

Forze interne e forze esterne

Le forze *interne* ad un sistema rappresentano le interazioni tra particelle appartenenti al sistema (Fig. 5.2 a). Le forze *esterne* rappresentano le interazioni tra particelle appartenenti al sistema e particelle esterne al sistema (Fig. 5.2 b).

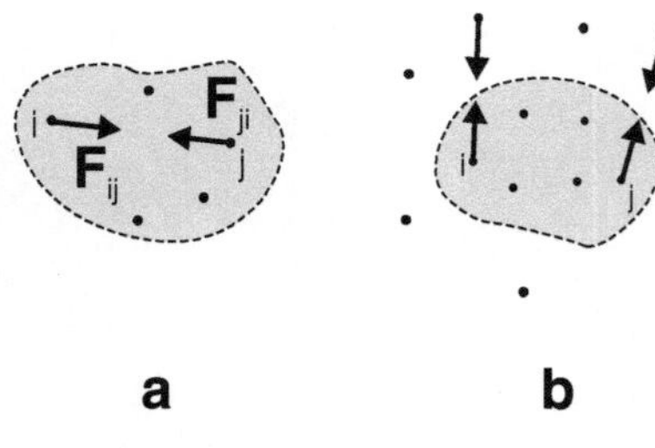

Fig. 5.2. Sistema di particelle: (**a**) forze interne di interazione tra le particelle i e j; (**b**) forze esterne di interazione tra le particelle i, j e particelle esterne al sistema

Quantità di moto

Il vettore quantità di moto totale $\boldsymbol{P}$ di un sistema è definito come (Fig. 5.3):

$$\boldsymbol{P} = \sum_i \boldsymbol{p}_i = \sum_i m_i \boldsymbol{v}_i = M \boldsymbol{v}_{\mathrm{cm}} . \tag{5.4}$$

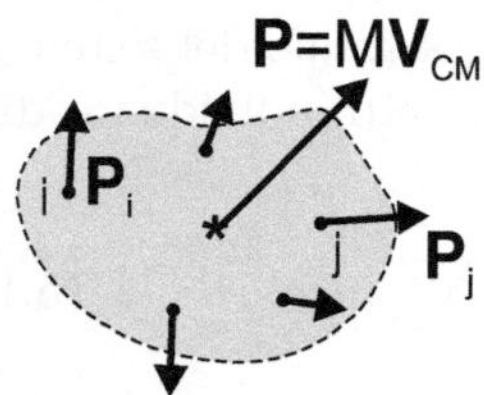

Fig. 5.3. Quantità di moto di un sistema di particelle

Per una particella singola in un riferimento inerziale la legge fondamentale della dinamica dà

$$\frac{\mathrm{d}\boldsymbol{p}_i}{\mathrm{d}t} = \sum_i \boldsymbol{F}_i = \sum_i \boldsymbol{F}_{i,\mathrm{int}} + \sum_i \boldsymbol{F}_{i,\mathrm{ext}} . \tag{5.5}$$

Per l'intero sistema:

$$\frac{\mathrm{d}\boldsymbol{P}}{\mathrm{d}t} = \sum_i \frac{\mathrm{d}\boldsymbol{p}_i}{\mathrm{d}t} = \sum \boldsymbol{F}_{\mathrm{int}} + \sum \boldsymbol{F}_{\mathrm{ext}} . \tag{5.6}$$

Poiché, per la legge dell'*azione e reazione*, $\sum \boldsymbol{F}_{\mathrm{int}} = 0$, si ha infine, in un riferimento inerziale:

$$\frac{\mathrm{d}\boldsymbol{P}}{\mathrm{d}t} = \sum \boldsymbol{F}_{\mathrm{ext}}; \qquad\qquad M \boldsymbol{a}_{\mathrm{cm}} = \sum \boldsymbol{F}_{\mathrm{ext}} . \tag{5.7}$$

Il moto del CM dipende solo dalle forze esterne al sistema.

Conservazione della quantità di moto

Come conseguenza della (5.7), se la risultante delle *forze esterne* applicate è nulla, l'accelerazione del CM è nulla e il vettore *quantità di moto totale* del sistema si conserva:

$$\sum \boldsymbol{F}_{\mathrm{ext}} = 0 \quad \Rightarrow \quad \boldsymbol{a}_{\mathrm{cm}} = 0 \quad \Rightarrow \quad \boldsymbol{P} = \mathrm{cost.} \tag{5.8}$$

Quantità di moto nel riferimento del CM

La quantità di moto totale di un sistema, calcolata rispetto ad un riferimento solidale con il CM, è sempre nulla:

$$P_{(cm)} = \sum_i m_i \left(v_i - v_{cm} \right) = 0. \tag{5.9}$$

Massa ridotta

Per un sistema costituito da 2 sole particelle, si dimostra che l'accelerazione relativa

$$a_{12} = \frac{d^2 r_{12}}{dt^2} = \frac{d^2}{dt^2}(r_2 - r_1) \tag{5.10}$$

è legata alla forza d'interazione $F_{12} = -F_{21}$ dalla relazione

$$F_{12} = \mu \, a_{12}\,, \tag{5.11}$$

dove μ è la *massa ridotta*

$$\mu = \frac{m_1 m_2}{m_1 + m_2}\,. \tag{5.12}$$

Esercizio 5.1

Un carrello di massa M si muove con velocità costante V_0 da sinistra verso destra. Sul carrello è seduto un uomo di massa m. Ad un certo istante t_0 l'uomo si alza e inizia a muoversi da destra verso sinistra con velocità costante v' relativa al carrello (Fig. 5.4).
A) Si determini la velocità V con cui si muove il carrello rispetto al pavimento dopo l'istante t_0.

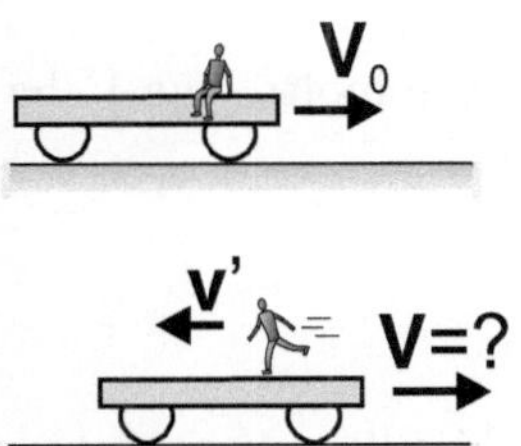

Fig. 5.4. Esercizio 5.1

Sull'uomo e sul carrello agiscono sia le forze esterne al sistema uomo–carrello sia le forze interne. Le forze esterne sono i pesi dell'uomo e del carrello e le reazioni vincolari del pavimento. La loro risultante è nulla. Il vettore quantità di moto del sistema

$$\boldsymbol{P} = \boldsymbol{p}_{\mathrm{car}} + \boldsymbol{p}_{\mathrm{uomo}}$$

è pertanto costante nel tempo; quindi

$$\boldsymbol{P}_{\mathrm{in}} = \boldsymbol{P}_{\mathrm{fin}} \,,$$

dove $\boldsymbol{P}_{\mathrm{in}}$ è la quantità di moto del sistema prima dell'istante t_0 (cioè con l'uomo seduto sul carrello), $\boldsymbol{P}_{\mathrm{fin}}$ è la quantità di moto del sistema dopo l'istante t_0 (cioè con l'uomo in movimento).

$$\boldsymbol{P}_{\mathrm{in}} = (m+M)\,\boldsymbol{V}_0 \tag{5.13}$$

$$\boldsymbol{P}_{\mathrm{fin}} = M\boldsymbol{V} + m\boldsymbol{v} \tag{5.14}$$

dove $\boldsymbol{v}$ è la velocità dell'uomo rispetto al pavimento:

$$\boldsymbol{v} = \boldsymbol{v}' + \boldsymbol{V} \,.$$

Uguagliando i due membri a destra nelle (5.13) e (5.14) e proiettando su un asse x orizzontale, si ha l'equazione scalare

$$(m + M)\,V_0 = MV + mv \tag{5.15}$$

(dove V e v sono incognite in modulo e segno).
Ricordando che $\boldsymbol{v} = \boldsymbol{V} + \boldsymbol{v}'$ e che $\boldsymbol{v}'$ è diretto verso sinistra, si ha

$$v = V - v' \,. \tag{5.16}$$

Sostituendo la (5.16) nella (5.15) si ricava

$$(m + M)\,V_0 = MV + mV - mv' \,,$$

da cui

$$V = V_0 + \frac{m}{m + M}\,v' \,. \tag{5.17}$$

Poiché $v' = |\boldsymbol{v}'|$ è positivo, la (5.17) indica che $V > V_0$ e inoltre che $\boldsymbol{V}$ ha lo stesso verso di $\boldsymbol{V}_0$. Riscrivendo l'eq. (5.17) nella forma

$$V = V_0 + \frac{1}{1 + M/m}\,v'$$

si vede subito che se $m \ll M$, allora $V \simeq V_0$; se $m \simeq M$, allora $V \simeq V_0 + v'/2$; se infine $m \gg M$, allora $V \simeq V_0 + v'$.

(?) Si analizzino le forze interne al sistema uomo–carrello. È possibile risolvere il problema senza applicare la legge di conservazione della quantità di moto ?

(?) Quale sarebbe il valore di V se $\boldsymbol{v}'$ avesse lo stesso verso di $\boldsymbol{V}_0$? (Fig. 5.5)

Fig. 5.5. Esercizio 5.1

B) Si determini la velocità del CM del sistema uomo–carrello prima e dopo l'istante t_0 (cioè quando l'uomo è seduto e quando l'uomo è in movimento rispetto al carrello).

Prima dell'istante t_0 è ovviamente

$$(V_{\text{cm}})_{\text{in}} = V_0 \, .$$

Dopo l'istante t_0, per definizione di velocità del CM

$$(V_{\text{cm}})_{\text{fin}} = \frac{mv + MV}{m + M} \, . \tag{5.18}$$

Sostituendo nella (5.18) V come espresso dalla (5.17) e

$$v = V - v' = V_0 - \frac{M}{m + M} v' \, , \tag{5.19}$$

si trova che il CM non varia la sua velocità:

$$(V_{\text{cm}})_{\text{fin}} = (V_{\text{cm}})_{\text{in}} \, .$$

(?) Il risultato poteva essere ottenuto più rapidamente facendo una considerazione sull'accelerazione del CM. Quale ?

C) Si determini la variazione di energia cinetica del sistema uomo–carrello dalla situazione iniziale (uomo seduto) a quella finale (uomo in movimento rispetto al carrello).

Nella situazione iniziale

$$E_{k,\text{in}} = \frac{1}{2} \left(m + M \right) V_0^2 = \frac{1}{2} m V_0^2 + \frac{1}{2} M V_0^2 \, .$$

Nella situazione finale

$$E_{k,\text{fin}} = \frac{1}{2} m v^2 + \frac{1}{2} M V^2 \, .$$

Sostituendo i valori delle velocità v e V dati dalle (5.17) e (5.19) in funzione di V_0 e v', si ha infine

$$E_{k,\text{fin}} = \frac{1}{2} m V_0^2 + \frac{1}{2} M V_0^2 + \frac{1}{2} \frac{mM}{m + M} v'^2 = E_{k,\text{in}} + \frac{1}{2} \mu v'^2 \, , \tag{5.20}$$

dove μ rappresenta la massa ridotta del sistema. La (5.20) mostra che l'energia cinetica del sistema è aumentata. Poiché la forza d'interazione tra uomo e carrello non è conservativa, la variazione di energia $\Delta E_k = E_{k,\mathrm{fin}} - E_{k,\mathrm{in}}$ non è riconducibile ad una corrispondente diminuzione di energia potenziale. In altri termini, l'energia meccanica non si conserva.

D) Si determinino le quantità di moto dell'uomo e del carrello nel sistema di riferimento solidale con il CM.

Nella situazione *iniziale*, uomo e carrello sono entrambi fermi rispetto al CM. Le loro quantità di moto sono nulle. La quantità di moto totale è nulla.
Nella situazione *finale*, le velocità dell'uomo e del carrello rispetto al CM sono rispettivemante

$$\boldsymbol{v}_{\mathrm{u(cm)}} = \boldsymbol{v} - \boldsymbol{V}_{\mathrm{cm}} ; \qquad \boldsymbol{v}_{\mathrm{c(cm)}} = \boldsymbol{V} - \boldsymbol{V}_{\mathrm{cm}} .$$

In termini scalari, ricordando che $V_{\mathrm{cm}} = V_0$ e usando le (5.17) e (5.19)

$$v_{\mathrm{u(cm)}} = -\frac{M}{m+M}\, v' ; \qquad v_{\mathrm{c(cm)}} = +\frac{m}{m+M}\, v' , \qquad (5.21)$$

per cui le quantità di moto relative al CM sono:

$$P_{\mathrm{u(cm)}} = m\, v_{\mathrm{u(cm)}} = -\frac{mM}{m+M}\, v' = -\mu v' ,$$

$$P_{\mathrm{c(cm)}} = m\, v_{\mathrm{c(cm)}} = +\frac{mM}{m+M}\, v' = +\mu v' .$$

Le quantità di moto relative al CM sono uguali e contrarie. La quantità di moto totale è ancora nulla.

(?) Facendo uso delle (5.21), si calcoli l'energia cinetica del sistema nel riferimento del CM nella situazione finale, e si verifichi che $E_{k,\mathrm{fin(cm)}} = \mu v'^2/2$. Si confronti questo risultato con la (5.20). L'azione delle forze interne non ha modificato l'energia *del CM*, $(m+M)V_0^2/2$, ma ha fatto crescere l'energia cinetica del moto *relativo al CM*.

5.2 Energia di un sistema

Energia cinetica e lavoro

L'energia cinetica totale di un sistema è la somma delle energie cinetiche delle singole particelle:

$$E_k = \sum_i E_{k,i} = \sum_i \left(m_i v_i^2/2 \right) . \qquad (5.22)$$

La variazione di energia cinetica ΔE_k è uguale alla somma dei lavori svolti sulle singole particelle dalle forze agenti (interne ed esterne):

$$\Delta E_k \;=\; \sum_i \Delta E_{k,i} \;=\; \sum_i W_i \,. \tag{5.23}$$

È spesso conveniente separare il lavoro delle forze interne, W_{int}, dal lavoro delle forze esterne, W_{ext}.

Conservazione dell'energia meccanica

Se *tutte le forze* agenti sul sistema, interne ed esterne, sono *conservative*, il lavoro può essere espresso in funzione della variazione di un'energia potenziale E_p:

$$W_{\text{int}} \;=\; -\Delta E_{p,\text{int}} \,, \qquad\qquad W_{\text{ext}} \;=\; -\Delta E_{p,\text{ext}} \,,$$

per cui

$$\Delta E_k \;=\; -\Delta E_{p,\text{int}} \;-\; \Delta E_{p,\text{ext}} \,. \tag{5.24}$$

L'energia totale (cinetica + potenziale) è allora costante:

$$E_k \;+\; E_{p,\text{int}} \;+\; E_{p,\text{ext}} \;=\; \text{costante.} \tag{5.25}$$

Energia cinetica nel riferimento del CM

Si dimostra che l'energia cinetica totale di un sistema può essere espressa come somma di due termini:

$$E_k \;=\; E_{k(\text{cm})} \;+\; \frac{1}{2}\,M\,v_{\text{cm}}^2 \,. \tag{5.26}$$

Il primo termine

$$E_{k(\text{cm})} \;=\; \frac{1}{2}\,m_i\,(\boldsymbol{v}_i - \boldsymbol{v}_{\text{cm}})^2 \tag{5.27}$$

è l'energia cinetica legata al moto delle singole particelle *rispetto al CM*. Il secondo termine, in cui M è la massa totale del sistema, è l'energia cinetica *del CM*, cioè l'energia cinetica corrispondente al moto traslazionale del sistema. I due termini sono legati, rispettivamente, al lavoro delle forze interne al sistema

$$W_{\text{int}} \;=\; \Delta E_{k(\text{cm})} \tag{5.28}$$

ed al lavoro delle forze esterne al sistema

$$W_{\text{ext}} \;=\; \Delta\left(\frac{1}{2}\,M\,v_{\text{cm}}^2\right) \,. \tag{5.29}$$

Esercizio 5.2

*Il profilato mostrato in Fig. 5.6 ha massa M ed è appoggiato su un piano oriz-
zontale privo di attrito. Sulla superficie curva del profilato, a sezione circolare
di raggio R, può scorrere senza attrito un corpo di massa m e dimensioni
trascurabili. Inizialmente il corpo, libero di muoversi, è in quiete al punto più
alto del profilato.*
*A) Si determinino le velocità v_f e V_f con cui il corpo ed il profilato si muo-
veranno sul piano orizzontale, una volta che il corpo sia scivolato fino alla
base del profilato circolare.*

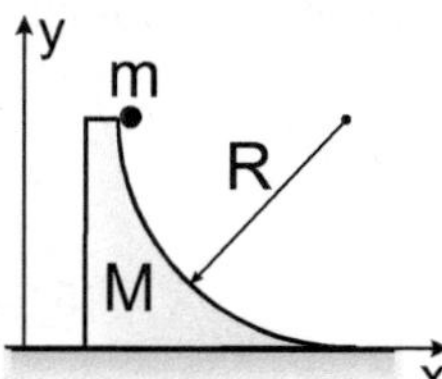

Fig. 5.6. Esercizio 5.2

Le *forze esterne* al sistema (profilato + corpo) sono: i pesi $M\boldsymbol{g}$ e $m\boldsymbol{g}$ e la
reazione vincolare $\boldsymbol{N}$ che il piano orizzontale esercita sul profilato (Fig. 5.7 a).
Le forze esterne hanno tutte direzione verticale. La loro risultante *non* è nulla,
per cui la quantità di moto totale del sistema non si conserva. Osserviamo
però che, per quanto riguarda la direzione orizzontale,

$$\left(\sum F_{\text{ext}}\right)_x = 0\,.$$

Si conserva pertanto la componente orizzontale della quantità di moto, nulla
all'istante iniziale, (Fig. 5.7 b):

$$P_x = MV + mv_x = 0\,. \tag{5.30}$$

Poiché a fine caduta anche la velocità del corpo è orizzontale, dalla (5.30)
abbiamo che (Fig. 5.7 c)

$$MV_f + mv_f = 0\,. \tag{5.31}$$

La conservazione della componente P_x stabilisce la relazione (5.31) tra le due
incognite V_f e v_f, ma non è sufficiente per determinarne i singoli valori.
Osserviamo che le forze esterne sono conservative (i pesi $M\boldsymbol{g}$, $m\boldsymbol{g}$) oppure
non fanno lavoro (la reazione $\boldsymbol{N}$) e che le forze interne al sistema, in assenza
di attrito, sono normali alla superficie curva del profilato e quindi non fanno
lavoro (Fig. 5.7 d). Pertanto l'energia meccanica si conserva:

$$-\Delta E_p = \Delta E_k\,,$$

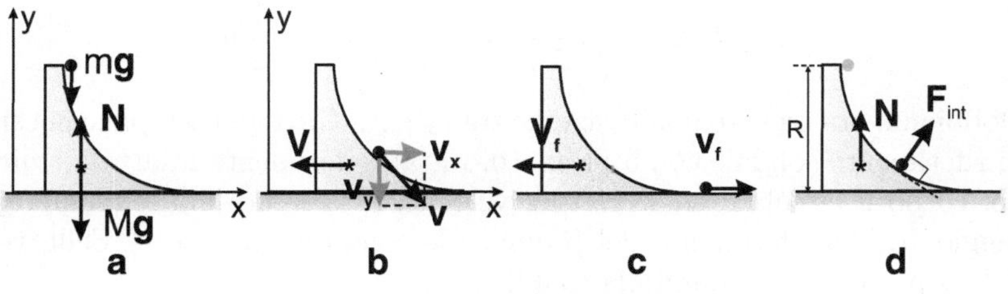

Fig. 5.7. Esercizio 5.2

cioè

$$mgR = m v_f^2/2 + M V_f^2/2 \,. \tag{5.32}$$

Il sistema di equazioni (5.31) e (5.32) è ora sufficiente a ricavare il valore delle due incognite v_f e V_f:

$$v_f^2 = 2gR\,\frac{M}{m+M}\,, \qquad V_f^2 = 2gR\,\frac{m^2}{M\,(m+M)}\,.$$

(?) Si studi la dipendenza di v_f e V_f dal rapporto tra le masse, m/M.

B) Si determini la velocità del CM del sistema in funzione della coordinata angolare θ che individua la posizione del corpo sul profilato (Fig. 5.8).

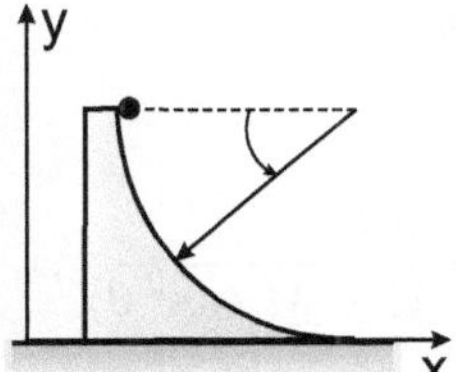

Fig. 5.8. Esercizio 5.2

Le componenti x e y della velocità del CM, tenendo anche conto della (5.30), sono

$$(v_{\mathrm{cm}})_x = \frac{mv_x + MV}{m+M} = 0\,, \qquad (v_{\mathrm{cm}})_y = \frac{mv_y}{m+M}\,.$$

Il CM si muove quindi in verticale.

Studiamo ora l'andamento di v_y e quindi di $(v_{\mathrm{cm}})_y$ in funzione di θ. Allo scopo, utilizziamo la legge di conservazione dell'energia meccanica

$$mgR \sin\theta = \frac{1}{2}MV^2 + \frac{1}{2}mv_x^2 + \frac{1}{2}mv_y^2 \,. \tag{5.33}$$

La (5.30) ci consente di esprimere V in funzione di v_x, per cui la (5.33) diviene

$$mgR \sin\theta \;=\; \frac{1}{2}\frac{m}{M}\,(m+M)\,v_x^2 \;+\; \frac{1}{2}\,m\,v_y^2\,.\qquad(5.34)$$

Dobbiamo ora trovare una relazione tra v_x e v_y. Ciò è più semplice nel sistema di riferimento solidale con il profilato. In tale riferimento infatti la traiettoria del corpo è circolare ed il vettore velocità è tangente alla circonferenza di raggio R. Nel riferimento del profilato le componenti v_x' e v_y' della velocità del corpo sono, ricordando la (5.30),

$$v_x' \;=\; v_x - V \;=\; v_x + \frac{m}{M}\,v_x{}' \qquad\qquad v_y' \;=\; v_y\,.$$

Il rapporto tra v_x' e v_y' è

$$\frac{v_x'}{v_y'} \;=\; \frac{v_x + (m/M)\,v_x}{v_y} \;=\; \tan\theta\,,$$

per cui infine

$$v_x \;=\; v_y \tan\theta\,\frac{M}{m+M}\,.$$

Sostituendo v_x nella (5.34) e semplificando si ottiene

$$gR \sin\theta \;=\; \frac{1}{2}\,v_y^2\left(1 + \frac{M \tan^2\theta}{m+M}\right),$$

da cui

$$v_y^2 \;=\; 2gR \sin\theta\,\frac{m+M}{m+M+M \tan^2\theta}\,,$$

ed infine

$$(v_{\mathrm{cm}})_y^2 \;=\; \left(\frac{m}{m+M}\right)^2 v_y^2 \;=\; 2gR\,\frac{m \sin\theta}{(m+M)\,(m+M+M \tan^2\theta)}\,.$$

(?) Si verifichi che $(v_{\mathrm{cm}})_y = 0$ per $\theta = 0$ e per $\theta = \pi/2$.

(?) È possibile ottenere il medesimo risultato utilizzando la formula

$$(m+M)\,\boldsymbol{a}_{\mathrm{cm}} = \sum \boldsymbol{F}_{\mathrm{ext}} \;?$$

5.3 Momento angolare di un sistema

Momento angolare e momento delle forze

Il momento angolare totale $\boldsymbol{L}$ di un sistema di particelle rispetto ad un polo O (Fig. 5.9) è definito come

$$\boldsymbol{L} \;=\; \sum_i \boldsymbol{r}_i \times \boldsymbol{p}_i\,,\qquad(5.35)$$

dove $\boldsymbol{r}_i$ sono i raggi vettori delle singole particelle rispetto al polo O, $\boldsymbol{p}_i$ sono le quantità di moto. Si dimostra che, in un *riferimento inerziale*,

$$\frac{\mathrm{d}\boldsymbol{L}}{\mathrm{d}t} = \sum \boldsymbol{\tau}_{\mathrm{ext}} , \tag{5.36}$$

dove $\sum \boldsymbol{\tau}_{\mathrm{ext}}$ è il momento risultante delle forze esterne applicate al sistema, calcolato rispetto allo stesso polo O. Nei riferimenti *non inerziali* la (5.36) *non* è generalmente valida.

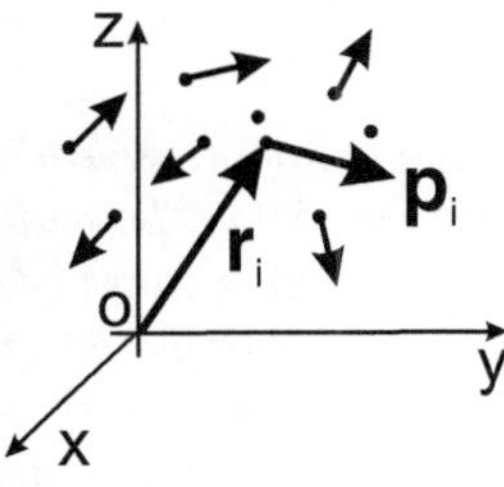

Fig. 5.9. Calcolo del momento angolare di un sistema di particelle

Conservazione del momento angolare

Come conseguenza della (5.36), in un riferimento inerziale, se il momento risultante delle forze applicate ad un sistema è nullo, allora il vettore momento angolare si conserva (in direzione, verso ed intensità):

$$\sum \boldsymbol{\tau}_{\mathrm{ext}} = 0 \qquad \Rightarrow \qquad \boldsymbol{L} = \mathrm{cost.} \tag{5.37}$$

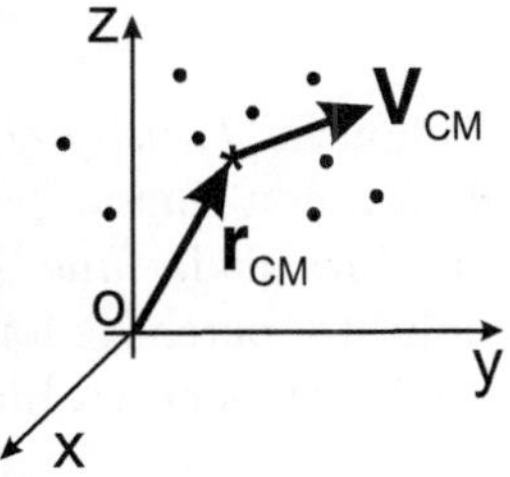

Fig. 5.10. Momento angolare di un sistema nel riferimento del CM

Momento angolare nel riferimento del CM

Si dimostra che il momento angolare di un sistema calcolato rispetto al CM (Fig. 5.10), $\boldsymbol{L}_{\mathrm{(cm)}}$, è legato al momento angolare calcolato rispetto ad un riferimento inerziale, $\boldsymbol{L}$, dalla relazione

$$\boldsymbol{L} = \underbrace{\boldsymbol{L}_{\mathrm{(cm)}}}_{\mathrm{risp.\ al\ CM}} + \underbrace{M\,\boldsymbol{r}_{\mathrm{cm}} \times \boldsymbol{v}_{\mathrm{cm}}}_{\mathrm{del\ CM}} . \tag{5.38}$$

Se indichiamo con $\boldsymbol{\tau}_{(\mathrm{cm})}$ il risultante dei momenti delle forze calcolati rispetto al CM, si dimostra che

$$\frac{\mathrm{d}\boldsymbol{L}_{(\mathrm{cm})}}{\mathrm{d}t} = \boldsymbol{\tau}_{(\mathrm{cm})} \, . \tag{5.39}$$

La (5.39) è valida anche se il CM si muove di moto accelerato rispetto ad un riferimento inerziale, cioè anche se il riferimento solidale con il CM *non* è inerziale.

Esercizio 5.3

Due palline, aventi masse $m_1 = 1\,\mathrm{kg}$, $m_2 = 3\,\mathrm{kg}$ e dimensioni trascurabili, sono appoggiate su un piano orizzontale privo di attrito (Fig. 5.11). Le palline sono collegate da una fune inestensibile di lunghezza $d = 4\,\mathrm{m}$ e massa tra-scurabile. Inizialmente le palline sono in quiete e la fune è completamente distesa. All'istante t_0 la pallina 2 subisce un impulso $\boldsymbol{J}$ perpendicolare alla direzione della fune ed inizia a muoversi: la velocità iniziale istantanea della pallina 2 ha modulo $v_0 = 2\,\mathrm{m\,s}^{-1}$.
A) Si descriva il moto delle due palline per $t > t_0$.

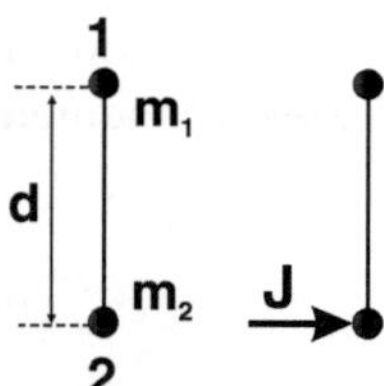

Fig. 5.11. Esercizio 5.3

La velocità iniziale $\boldsymbol{v}_0$ della pallina 2 è parallela all'impulso $\boldsymbol{J}$, in quanto $\boldsymbol{J} = \Delta\boldsymbol{p}_2 = m_2\boldsymbol{v}_0$ (Fig. 5.12 a). La velocità della pallina 2 non rimane però costante, a causa dell'interazione tra le due palline stabilita dalla fune. Lo studio separato del moto delle due palline è molto complicato, perché le forze $\boldsymbol{T}$ e $-\boldsymbol{T}$, che agiscono rispettivamente sulle palline 1 e 2, non sono costanti (se non altro per quanto riguarda la direzione).
Conviene considerare il moto delle due palline come sovrapposizione di:

$$\text{moto del } CM + \text{moto relativo al } CM \, .$$

Moto del CM

Introduciamo un riferimento Oxy solidale con il piano e disposto, all'istante t_0, come in Fig. 5.12 b. Le coordinate x e y del CM sono

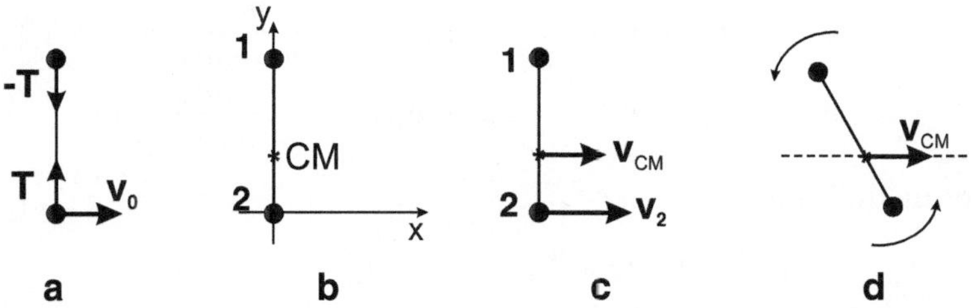

Fig. 5.12. Esercizio 5.3

$$x_{\mathrm{cm}} = \frac{m_1 x_1 + m_2 x_2}{m_1 + m_2} = 0 \,, \qquad y_{\mathrm{cm}} = \frac{m_1 y_1 + m_2 y_2}{m_1 + m_2} = \frac{m_1}{m_1 + m_2}\, y_1 \,.$$

Il CM si trova sulla congiungente le due palline, a distanza $d_1 = d - y_1 = 3\,\mathrm{m}$ dalla pallina 1, $d_2 = y_1 = 1\,\mathrm{m}$ dalla pallina 2 (Fig. 5.12 c). È immediato verificare che

$$\frac{d_1}{d_2} = \frac{m_2}{m_1} \,.$$

All'istante t_0 le due palline hanno velocità, rispettivamente, $v_1 = 0$ e $v_2 = v_0$. La velocità del CM

$$\boldsymbol{v}_{\mathrm{cm}} = \frac{m_1 \boldsymbol{v}_1 + m_2 \boldsymbol{v}_2}{m_1 + m_2} = \frac{m_2}{m_1 + m_2}\,\boldsymbol{v}_2 = \frac{m_2}{m_1 + m_2}\,\boldsymbol{v}_0$$

è parallela a $\boldsymbol{v}_0$ (Fig. 5.12 d). Il suo modulo vale

$$v_{\mathrm{cm}} = \frac{m_2}{m_1 + m_2}\,v_0 = 1.5 \ \mathrm{m\ s}^{-1} \,. \tag{5.40}$$

Per $t > t_0$ la risultante delle forze esterne applicate al sistema è nulla. Pertanto l'accelerazione del CM è nulla. Il CM si muove con velocità costante lungo una traiettoria rettilinea parallela alla direzione dell'impulso iniziale $\boldsymbol{J}$.

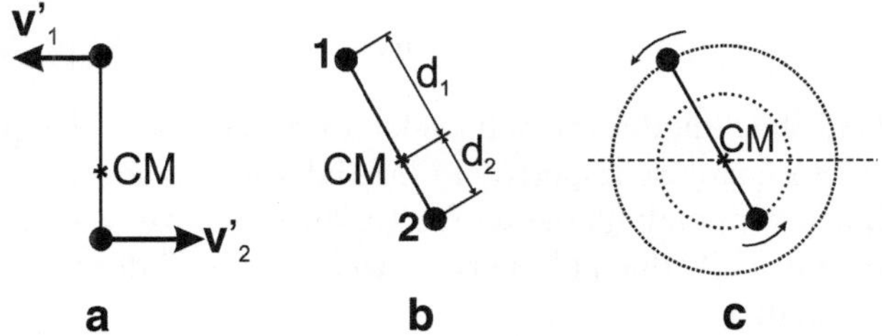

Fig. 5.13. Esercizio 5.3

Moto relativo al CM.

Studiamo ora il moto delle due palline in un riferimento solidale con il CM. All'istante t_0, le velocità delle due palline rispetto al CM sono (Fig. 5.13 a)

$$v'_1 = v_1 - v_{cm} = -v_{cm} = -\frac{m_2}{m_1 + m_2}\,v_0\,, \qquad (5.41)$$

$$v'_2 = v_2 - v_{cm} = v_0 - v_{cm} = +\frac{m_1}{m_1 + m_2}\,v_0\,. \qquad (5.42)$$

I loro moduli sono

$$v'_1 = 1.5 \text{ m s}^{-1}\,, \qquad v'_2 = 0.5 \text{ m s}^{-1}\,.$$

Per $t > t_0$, le palline sono soggette solo a forze centrali (rispettivamente $-T$ e T). Pertanto i loro momenti angolari calcolati rispetto al CM

$$\boldsymbol{L}_{1(cm)} = \boldsymbol{d}_1 \times m_1 \boldsymbol{v}'_1; \qquad \boldsymbol{L}_{2(cm)} = \boldsymbol{d}_2 \times m_2 \boldsymbol{v}'_2 \qquad (5.43)$$

si conservano (Fig. 5.13 b).
Le traiettorie delle due palline sono circolari, per cui $\boldsymbol{d}_1 \perp \boldsymbol{v}'_1$ e $\boldsymbol{d}_2 \perp \boldsymbol{v}'_2$. I moduli dei momenti angolari sono quindi

$$L_{1(cm)} = m_1 d_1 v'_1 = \text{costante}\,, \qquad L_{2(cm)} = m_2 d_2 v'_2 = \text{costante}\,.$$

Poiché m_1, m_2, d_1 e d_2 sono costanti, anche le velocità v'_1 e v'_2 relative al CM sono costanti. Il moto delle due palline rispetto al CM è pertanto circolare uniforme (Fig. 5.13 c), con velocità angolare

$$\omega = \frac{v'_1}{d_1} = \frac{v'_2}{d_2} = 0.5 \text{ rad s}^{-1}\,.$$

Il moto delle due palline rispetto al piano è la sovrapposizione del moto traslazionale uniforme del CM e del moto rotazionale uniforme relativo al CM.
È utile notare che le velocità $\boldsymbol{v}'_1$ e $\boldsymbol{v}'_2$ rispetto al CM sono sempre parallele e di verso opposto. Usando le (5.41) e (5.42) si vede che anche le velocità $\boldsymbol{v}_1$ e $\boldsymbol{v}_2$ rispetto al piano sono sempre parallele e di verso opposto e che la velocità relativa delle due palline ha modulo costante

$$|\boldsymbol{v}'_2 - \boldsymbol{v}'_1| = |\boldsymbol{v}_2 - \boldsymbol{v}_1| = v_0\,.$$

(?) Si verifichi che il modulo v_0 della velocità relativa delle due palline è legato alla velocità angolare rispetto al CM dalla relazione $v_0 = \omega d$.

(?) Si studi come dipendono dal tempo (in direzione, verso ed intensità) le velocità $\boldsymbol{v}_1$ e $\boldsymbol{v}_2$ delle due palline rispetto al piano. Si disegnino le traiettorie delle due palline.

B) Si calcoli il momento angolare totale del sistema rispetto al CM e rispetto ad un generico punto fisso sul piano.

I momenti angolari delle due palline rispetto al CM, dati dalle (5.43), sono entrambi perpendicolari al piano e costanti in modulo. Il momento angolare totale del sistema rispetto al CM è

$$L_{(cm)} = L_{1(cm)} + L_{2(cm)} .$$

Il suo modulo vale

$$L_{(cm)} = m_1 d_1 v_1' + m_2 d_2 v_2' = (m_1 d_1^2 - m_2 d_2^2)\,\omega = 6\,\mathrm{kg\,m^2\,s^{-1}} .$$

(?) Si verifichi che $L_{(cm)} = \mu v_0 d$, dove μ è la massa ridotta del sistema.

Il momento angolare rispetto ad un generico punto O del piano (Fig. 5.14 a) è dato da

$$L = L_1 + L_2 = r_1 \times m_1 v_1 + r_2 \times m_2 v_2 .$$

Il momento angolare totale L si conserva, in quanto sul sistema (per $t > t_0$) non agiscono forze esterne non equilibrate. Il suo modulo dipende dalla scelta del polo O. Non si conservano invece separatamente i momenti L_1 e L_2. Le forze che agiscono sulle singole particelle sono centrali rispetto al CM ma non rispetto ad un generico punto O del piano.

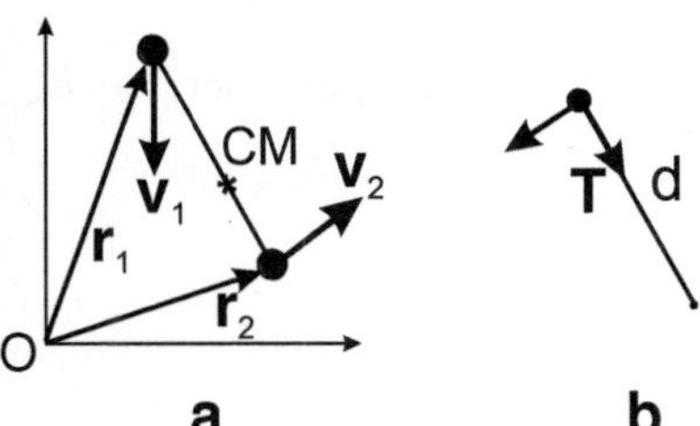

Fig. 5.14. Esercizio 5.3

C) *Si determini la tensione della fune.*

La forza di tensione non dipende dal sistema di riferimento usato. Il riferimento più comodo, in questo caso, è quello del CM: in esso, il moto delle palline è circolare uniforme; la tensione della fune è uguale al prodotto della massa per l'accelerazione centripeta di una delle due palline (Fig. 5.14 b):

$$T = \frac{m_1 v_1'^2}{d_1} = \frac{m_2 v_2'^2}{d_2} = 0.75\,\mathrm{N} .$$

(?) Si verifichi che $T = \mu v_0^2 / d$.

D) *Si calcoli l'energia totale del sistema nel riferimento del CM e in un riferimento solidale con il piano.*

Nel riferimento del CM il moto è circolare uniforme. L'energia cinetica totale è costante:

$$E_{k,(cm)} = m_1 v_1'^2/2 + m_2 v_2'^2/2 = 1.5\,\mathrm{J} .$$

Sono costanti anche le energie cinetiche delle singole palline.
Nel riferimento solidale con il piano non possiamo calcolare l'energia cinetica
come

$$E_k \;=\; m_1 v_1^2/2 \;+\; m_2 v_2^2/2 \,,$$

in quanto non conosciamo v_1 e v_2 in funzione del tempo. L'energia E_k
può però essere espressa come somma dell'energia cinetica relativa al CM
e dell'energia cinetica del CM:

$$\begin{aligned}
E_k \;&=\; E_{k(\mathrm{cm})} \;+\; \frac{1}{2}\,(m_1 + m_2)\,v_{\mathrm{cm}}^2 \\
&=\; 1.5\,\mathrm{J} \;+\; 4.5\,\mathrm{J} \;=\; 6\,\mathrm{J}.
\end{aligned}$$

Anche in un riferimento solidale con il piano l'energia cinetica totale del sistema è costante. Non sono invece costanti le energie cinetiche delle singole
palline: le forze agenti, parallele alla fune, non sono infatti in generale perpendicolari agli spostamenti.

(?) Si verifichi che $E_{k(\mathrm{cm})} = \mu v_0^2/2$.
(?) Si determinino i valori massimo e minimo delle energie cinetiche $E_{k,1}$ e
$\quad E_{k,2}$ delle due palline.

5.4 Urti

Si chiama urto un'interazione molto intensa e di breve durata tra due (o più)
corpi. Durante un urto le forze d'interazione variano molto rapidamente nel
tempo (Fig. 5.15). Una loro descrizione sintetica è data dall'*impulso* scambiato tra i due corpi:

$$\boldsymbol{J}_1 \;=\; \int_{t_1}^{t_2} \boldsymbol{F}_{12}\,\mathrm{d}t \;=\; \Delta\boldsymbol{p}_1 \;; \qquad \boldsymbol{J}_2 \;=\; -\,\boldsymbol{J}_1 \,. \tag{5.44}$$

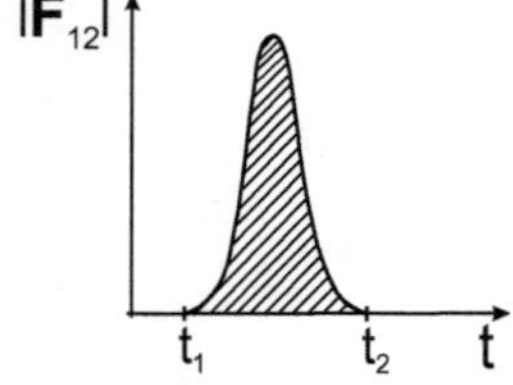

Fig. 5.15. Dipendenza dal tempo del modulo della forza
d'interazione durante un urto

Forze interne e forze esterne

Le forze interne che si sviluppano durante un urto generalmente raggiungono
intensità molto maggiori delle forze esterne applicate (ad es. il peso). In tali
casi è possibile considerare il sistema dei corpi interagenti come se fosse sottoposto – durante il breve intervallo di tempo dell'urto – a sole forze interne
(*approssimazione d'impulso*).

Quantità di moto

Se durante l'urto le forze esterne sono equilibrate oppure sono trascurabili in
confronto alle forze interne, *la quantità di moto totale si conserva* (Fig. 5.16
a,b):

$$\underbrace{\boldsymbol{p}_1 + \boldsymbol{p}_2}_{\text{prima}} = \underbrace{\boldsymbol{p}'_1 + \boldsymbol{p}'_2}_{\text{dopo}} \ .$$

In particolare, nel sistema di riferimento solidale con il CM (Fig. 5.16 c):

$$\underbrace{\boldsymbol{p}_{1(\text{cm})} + \boldsymbol{p}_{2(\text{cm})}}_{\text{prima}} = 0 = \underbrace{\boldsymbol{p}'_{1(\text{cm})} + \boldsymbol{p}'_{2(\text{cm})}}_{\text{dopo}} \ .$$

L'osservatore nel CM prima dell'urto vede arrivare i due corpi con quantità
di moto uguali in modulo e di verso opposto. Dopo l'urto, li vede allontanarsi
con le quantità di moto modificate ma ancora uguali tra loro in modulo e di
verso opposto.

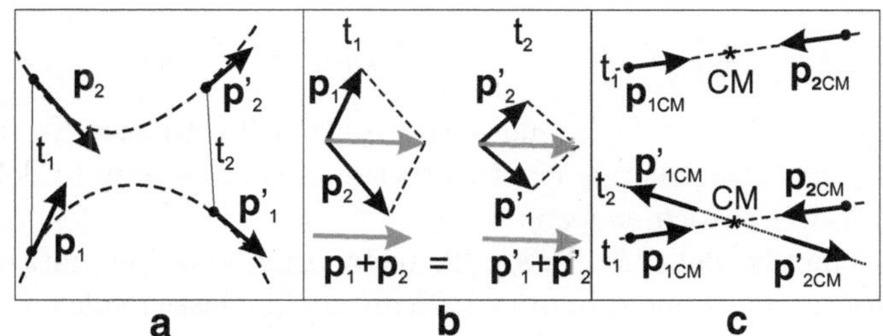

Fig. 5.16. Conservazione della quantità di moto durante un urto

Energia cinetica

L'energia cinetica totale è la somma delle energie cinetiche dei corpi che si
urtano. Nel caso di due corpi:

$$\text{prima dell'urto}: \quad E_k = E_{k,1} + E_{k,2} \tag{5.45}$$

$$\text{dopo l'urto}: \quad E'_k = E'_{k,1} + E'_{k,2} \tag{5.46}$$

Alternativamente, l'energia cinetica totale può essere espressa distinguendo l'energia cinetica del CM e l'energia cinetica del moto relativo al CM:

$$\text{prima dell'urto}: \quad E_k = M v_{\text{cm}}^2/2 + E_{k(\text{cm})} \qquad (5.47)$$

$$\text{dopo l'urto}: \quad E'_k = M v_{\text{cm}}^2/2 + E'_{k(\text{cm})} \qquad (5.48)$$

dove M è la somma delle masse dei due corpi. Poiché durante l'urto le forze esterne al sistema in genere sono irrilevanti, la velocità del CM rimane invariata; rimane quindi costante l'energia cinetica del CM, cioè $M v_{\text{cm}}^2/2$.

Urti elastici

Si chiama *elastico* un urto per il quale l'energia cinetica totale finale è uguale all'energia cinetica totale iniziale:

$$E'_k = E_k . \qquad (5.49)$$

Nel riferimento del CM:

$$E'_{k(\text{cm})} = E_{k(\text{cm})} . \qquad (5.50)$$

Negli urti elastici si conservano sia la quantità di moto sia l'energia cinetica.

Urti anelastici

Un urto si chiama *anelastico* quando l'energia cinetica totale dopo l'urto è diversa dall'energia cinetica totale prima dell'urto:

$$E'_k \neq E_k; \qquad\qquad E'_{k(\text{cm})} \neq E_{k(\text{cm})} . \qquad (5.51)$$

Se l'energia cinetica totale diminuisce a seguito dell'urto, cioè $E'_k < E_k$, l'urto si dice *esoergico*. Se l'energia cinetica totale aumenta a seguito dell'urto, cioè $E'_k > E_k$, l'urto si dice *endoergico*.

L'energia cinetica del CM, $M v_{\text{cm}}^2/2$, resta comunque invariata (purché sia valida l'approssimazione d'impulso). Negli urti anelastici vale solo la legge di conservazione della quantità di moto.

Un urto si dice *perfettamente anelastico* se l'energia cinetica del moto relativo al CM si annulla a seguito dell'urto:

$$E_{k(\text{cm})} \rightarrow E'_{k(\text{cm})} = 0 . \qquad (5.52)$$

Dopo un urto perfettamente anelastico i corpi interagenti rimangono uniti. Resta comunque invariata l'energia cinetica del CM.

Esercizio 5.4

Tre corpi, di masse rispettivamente m_1, m_2 e m_3, sono disposti come in Fig. 5.17 su una guida orizzontale rettilinea, sulla quale possono scivolare senza attrito. All'istante iniziale il corpo 1 si muove verso destra con velocità costante di modulo v_1, mentre i corpi 2 e 3 sono in quiete. Il corpo 1 urta elasticamente il corpo 2, il quale a sua volta urta pure elasticamente il corpo 3.

Supposti noti i valori delle masse m_1 e m_3 e della velocità v_1, si determini il valore della massa m_2 che rende massima la velocità finale del corpo 3.

Fig. 5.17. Esercizio 5.4

Studiamo prima l'urto del corpo 1 con il corpo 2 nel sistema di riferimento solidale con la guida (sistema di riferimento *del laboratorio*) (Fig. 5.18 a). Poiché l'urto è perfettamente elastico, si conservano sia la quantità di moto che l'energia. Il moto dei due corpi è unidimensionale. Indicando con v'_1 e v'_2 le velocità dei due corpi dopo l'urto, le due leggi di conservazione sono espresse dalle due equazioni scalari:

$$m_1 v_1 = m_1 v'_1 + m_2 v'_2 \,, \tag{5.53}$$

$$m_1 v_1^2 / 2 = m_1 v'^2_1 / 2 + m_2 v'^2_2 / 2 \,. \tag{5.54}$$

Sostituendo nella (5.54) il valore v'_1 ottenuto dalla (5.53) e semplificando, si ottiene l'equazione di secondo grado nell'incognita v'_2:

$$\frac{m_1 + m_2}{m_1} \, v'^2_2 - 2 v_1 v'_2 = 0 \,.$$

L'equazione ha due soluzioni.

La *prima soluzione* è $v'_2 = 0$, che introdotta nella (5.53) dà $v'_1 = v_1$; questa soluzione corrisponde al caso, fisicamente impossibile ma compatibile con le (5.53) e (5.54), che il corpo 1 *non veda* il corpo 2 e prosegua la sua corsa indisturbato.

La *seconda soluzione*, fisicamente significativa, è

$$v'_2 = 2 v_1 \frac{m_1}{m_1 + m_2} \,, \tag{5.55}$$

che inserita nella (5.53) dà

$$v'_1 = \frac{m_1 - m_2}{m_1 + m_2} v_1 \,. \tag{5.56}$$

(?) Si studi la dipendenza del modulo e del verso di v'_1 e v'_2 dal rapporto m_2/m_1. In particolare, cosa avviene se $m_1 = m_2$?

(?) Può essere $v'_1 > v'_2$?

(?) Si determini la velocità del CM dei corpi 1 e 2. Si studi l'urto nel sistema di riferimento del CM.

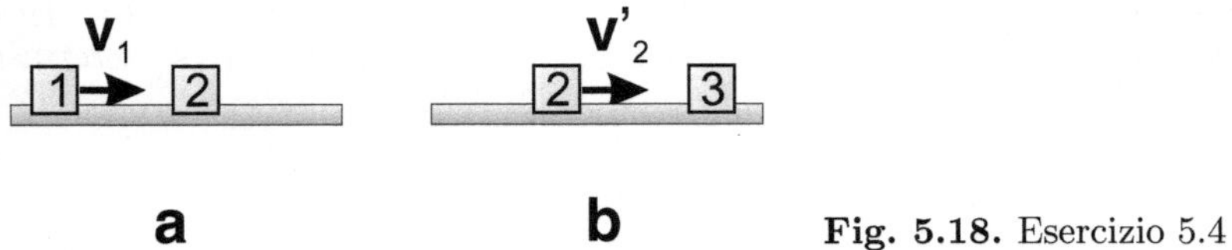

Fig. 5.18. Esercizio 5.4

Studiamo ora l'urto del corpo 2 con il corpo 3, utilizzando sempre il sistema di riferimento del laboratorio (Fig. 5.18 b). Prima dell'urto il corpo 2 si muove verso destra con la velocità v'_2 data dalla (5.55). L'urto è analogo a quello studiato sopra tra il corpo 1 e il corpo 2. Pertanto, per determinare la velocità v'_3 del corpo 3 dopo l'urto, possiamo utilizzare la formula (5.55) sostituendo v'_2 con v'_3, v_1 con v'_2, m_1 con m_2 e m_2 con m_3:

$$v'_3 \ = \ 2\,v'_2\,\frac{m_2}{m_2 + m_3}\,. \tag{5.57}$$

Sostituiamo ora nella (5.57) la velocità v'_2 con il valore dato dalla (5.55):

$$v'_3 \ = \ 4\,v_1\,\frac{m_1 m_2}{(m_1 + m_2)(m_2 + m_3)}\,. \tag{5.58}$$

La (5.58) esprime la velocità v'_3 in funzione di m_2. Calcoliamo ora la derivata di v'_3 rispetto a m_2:

$$\frac{\mathrm{d}v'_3}{\mathrm{d}m_2} \ = \ 4\,v_1\,m_1\,\frac{m_1 m_3 - m_2^2}{[(m_1 + m_2)(m_2 + m_3)]^2}\,. \tag{5.59}$$

La (5.59) si annulla per

$$m_2 \ = \ \sqrt{m_1 m_3}\,.$$

(?) Si verifichi che la soluzione ottenuta $m_2 = \sqrt{m_1 m_3}$ corrisponde al massimo di v'_3 in funzione di m_2 (e non ad un minimo o ad un flesso).

Esercizio 5.5

Due dischi 1 e 2, di masse m e M, scivolano senza attrito su un piano orizzontale nella stessa direzione con versi opposti. I bordi dei dischi sono e-lastici e lisci, cosicché l'urto è perfettamente elastico e non induce rotazioni.

A seguito dell'urto il disco 1 viene deviato di 90°, il disco 2 di 135° (Fig. 5.19).

A) Supposti noti la massa m e i moduli v_1 e $v_1' = v_1/2$ delle velocità iniziale e finale del disco 1, si determinino:

- *il rapporto m/M;*
- *i moduli v_2 e v_2' delle velocità del disco 2 prima e dopo l'urto.*

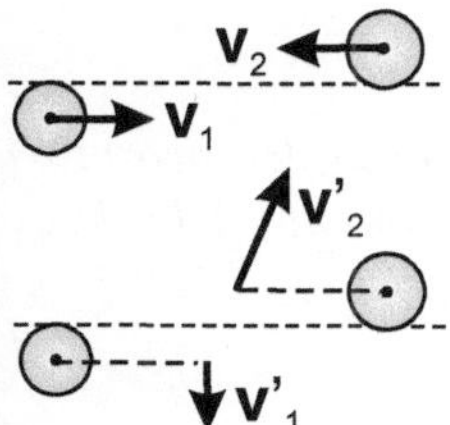

Fig. 5.19. Esercizio 5.5

L'urto tra i dischi è perfettamente elastico. Pertanto si conservano sia la quantità di moto che l'energia. Studiamo l'urto nel sistema di riferimento del laboratorio (Fig. 5.20 a). La legge di conservazione del vettore quantità di moto è espressa dall'equazione

$$m\boldsymbol{v}_1 + M\boldsymbol{v}_2 = m\boldsymbol{v}_1' + M\boldsymbol{v}_2' \, . \tag{5.60}$$

Introduciamo il sistema di assi cartesiani ortogonali Oxy mostrato in Fig. 5.20 a. Ricordando che, per ipotesi, $v_1' = v_1/2$, l'equazione vettoriale (5.60) può essere proiettata nelle due equazioni scalari:

$$x: \qquad mv_1 - Mv_2 = Mv_2' \cos 45° \, , \tag{5.61}$$

$$y: \qquad 0 = -mv_1/2 + Mv_2' \sin 45° \, , \tag{5.62}$$

dove le incognite v_2 e v_2' sono i moduli (non le componenti) delle velocità $\boldsymbol{v}_2$ e $\boldsymbol{v}_2'$.

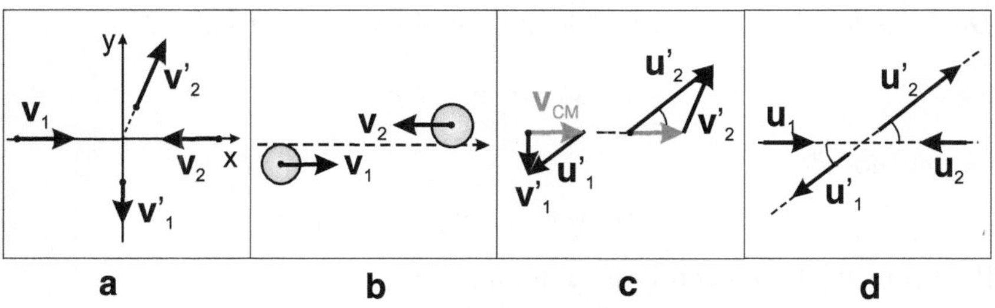

Fig. 5.20. Esercizio 5.5

La legge di conservazione dell'energia meccanica è espressa dall'equazione:

$$\frac{1}{2}\,m\,v_1^2 \;+\; \frac{1}{2}\,M\,v_2^2 \;=\; \frac{1}{2}\,m\,v_1'^2 \;+\; \frac{1}{2}\,M\,v_2'^2\,. \tag{5.63}$$

Risolvendo il sistema delle tre equazioni (5.61), (5.62) e (5.63), si determinano i valori delle tre incognite:

$$\frac{m}{M} \;=\; 3; \qquad v_2 \;=\; \frac{3}{2}\,v_1; \qquad v_2' \;=\; \frac{3}{\sqrt{2}}\,v_1\,. \tag{5.64}$$

B) Utilizzando i risultati ottenuti nel sistema di riferimento del laboratorio, si descriva ora l'urto tra i due dischi nel sistema di riferimento del CM.

La velocità del CM è

$$\boldsymbol{v}_{\mathrm{cm}} \;=\; \frac{m\boldsymbol{v}_1 + M\boldsymbol{v}_2}{m+M}\,.$$

Prima dell'urto, $\boldsymbol{v}_1$ e $\boldsymbol{v}_2$ sono entrambe dirette lungo l'asse x (Fig. 5.20 b); pertanto anche $\boldsymbol{v}_{\mathrm{cm}}$ è diretta lungo x. In modulo, utilizzando i risultati (5.64),

$$v_{\mathrm{cm}} \;=\; \frac{m v_1 - M v_2}{m+M} \;=\; \frac{3}{8}\,v_1\,.$$

Le velocità $\boldsymbol{u}_1$ e $\boldsymbol{u}_2$ dei due dischi nel riferimento del CM

$$\boldsymbol{u}_1 \;=\; \boldsymbol{v}_1 - \boldsymbol{v}_{\mathrm{cm}}\,, \qquad \boldsymbol{u}_2 \;=\; \boldsymbol{v}_2 - \boldsymbol{v}_{\mathrm{cm}}$$

hanno uguale direzione e versi opposti. I loro moduli valgono

$$u_1 \;=\; v_1 - v_{\mathrm{cm}} \;=\; 5v_1/8\,, \qquad u_2 \;=\; v_2 + v_{\mathrm{cm}} \;=\; 15v_1/8\,.$$

Si osservi che il rapporto tra i moduli delle velocità relative al CM è l'inverso del rapporto tra le masse m/M.

(?) Si calcolino i moduli delle quantità di moto relative al CM dei due dischi.

L'urto lascia inalterata la velocità del CM, $\boldsymbol{v}_{\mathrm{cm}}$.
Dopo l'urto (Fig. 5.20 c), la velocità del disco 1 rispetto al CM

$$\boldsymbol{u}_1' \;=\; \boldsymbol{v}_1' - \boldsymbol{v}_{\mathrm{cm}}$$

ha per modulo

$$u_1' \;=\; \sqrt{v_1'^2 + v_{\mathrm{cm}}^2} \;=\; 5\,v_1/8\,.$$

Il vettore $\boldsymbol{u}_1'$ forma con l'asse x un angolo

$$\alpha \;=\; \arctan\,(v_1'/v_{\mathrm{cm}}) \;=\; \arctan\,(4/3)\,.$$

La velocità del disco 2 dopo l'urto è (Fig. 5.20 c)

$$\boldsymbol{u}\,'_2 \;=\; \boldsymbol{v}\,'_2 - \boldsymbol{v}_{\mathrm{cm}}\;.$$

Il modulo di $\boldsymbol{u}\,'_2$ si può ricavare con il teorema di Carnot, ricordando che l'angolo tra $\boldsymbol{v}_2$ e $\boldsymbol{v}_{\mathrm{cm}}$ è $45°$:

$$u'_2 \;=\; \sqrt{v'^2_2 + v'^2_{\mathrm{cm}} - 2v'_2 v_{\mathrm{cm}} \cos 45°} \;=\; \frac{15}{8}\, v_1\;.$$

Il vettore $\boldsymbol{u}\,'_2$ forma con l'asse x un angolo

$$\beta \;=\; \arctan\left(\frac{v'_2 \sin 45°}{v'_2 \cos 45° - v_{\mathrm{cm}}}\right) \;=\; \arctan(4/3)\;.$$

Osserviamo che $\alpha = \beta$ (Fig. 5.20 d); anche dopo l'urto i due dischi, nel riferimento del CM, si muovono nella stessa direzione con versi opposti. Inoltre

$$u'_1 \;=\; u_1\;, \qquad\qquad u'_2 \;=\; u_2\;.$$

L'urto lascia inalterati i moduli delle velocità relative al CM dei due dischi.

(?) Queste conclusioni sono generalizzabili a qualsiasi urto tra due corpi ? Oppure solo agli urti elastici ?

Esercizio 5.6

Un corpo di massa m_1, inizialmente in quiete, viene lasciato cadere da un'altezza h su un corpo di massa m_2 sostenuto da una molla di costante elastica k (Fig. 5.21).
Supponendo che l'urto tra i due corpi sia istantaneo e perfettamente anelastico, si determini la massima deformazione y della molla rispetto alla posizione iniziale di equilibrio statico della massa m_2.

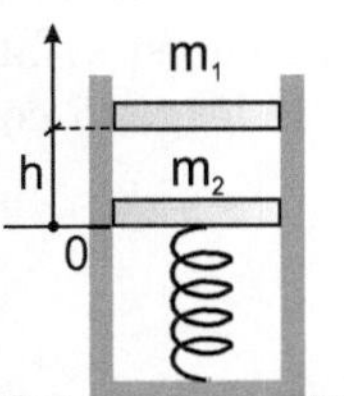

Fig. 5.21. Esercizio 5.6

Studiamo separatamente ciò che avviene prima, durante e dopo l'urto.

Prima dell'urto

Il corpo 1 è soggetto alla sola forza peso $m_1 g$. Possiamo calcolare la velocità v_1 del corpo 1 immediatamente prima dell'urto con il corpo 2 applicando la legge di conservazione dell'energia meccanica:

$$m_1 g h \; = \; m_1 v_1^2 / 2 \, ,$$

da cui

$$v_1 \; = \; \sqrt{2gh} \, . \tag{5.65}$$

Il corpo 2 è in equilibrio ed in quiete (Fig. 5.22 a). La deformazione y_0 della molla rispetto alla sua lunghezza a riposo L è

$$y_0 \; = \; \frac{m_2 g}{k} \, . \tag{5.66}$$

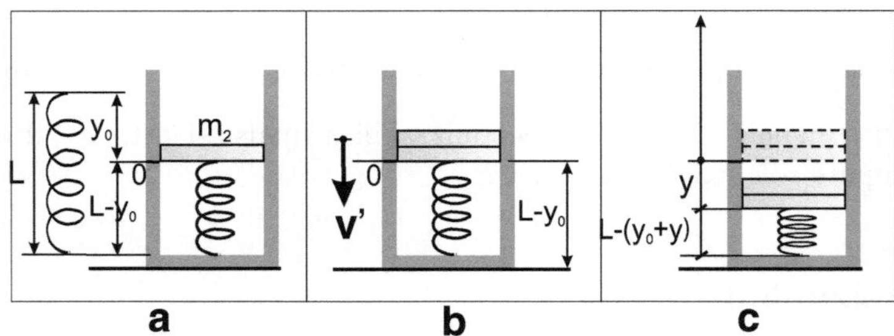

Fig. 5.22. Esercizio 5.6

Urto

L'urto è perfettamente anelastico: i due corpi rimangono uniti dopo l'urto (Fig. 5.22 b). L'energia meccanica non si conserva. Le forze non equilibrate esterne al sistema sono trascurabili rispetto alle forze interne che si sviluppano durante un urto istantaneo. Possiamo perciò applicare la legge di conservazione della quantità di moto

$$m_1 v_1 \; = \; (m_1 + m_2) \, v' \, ,$$

per cui, tenendo conto della (5.65), la velocità dei due corpi uniti immediatamente dopo l'urto è

$$v' \; = \; \frac{m_1}{m_1 + m_2} \, v_1 \; = \; \frac{m_1}{m_1 + m_2} \, \sqrt{2gh} \, . \tag{5.67}$$

Dopo l'urto

Dopo l'urto il sistema costituito dai due corpi uniti è soggetto alla forza peso ed alla reazione elastica della molla. Si conserva pertanto l'energia meccanica. L'energia meccanica è la somma di tre termini: cinetico, potenziale di gravità e potenziale elastico. Poniamo lo zero dell'energia potenziale di gravità a livello del pavimento. Immediatamente dopo l'urto, l'energia del sistema è

$$E = \frac{1}{2}(m_1 + m_2)v'^2 + (m_1 + m_2)g(L - y_0) + \frac{1}{2}k y_0^2 . \tag{5.68}$$

La deformazione della molla è massima quando $v' = 0$ (Fig. 5.22 c). L'energia del sistema è allora

$$E' = (m_1 + m_2)g(L - y_0 - y) + \frac{1}{2}k(y_0 + y)^2 . \tag{5.69}$$

Uguagliando le (5.68) e (5.69) si ottiene

$$k y^2 + (2ky_0 - 2m_1g - 2m_2g)y - (m_1 + m_2)v'^2 = 0 ,$$

da cui, eliminando y_0 e v' mediante le (5.66) e (5.67):

$$k y^2 - (2m_1g)y - \frac{2m_1^2gh}{m_1 + m_2} = 0 . \tag{5.70}$$

Le soluzioni dell'equazione di secondo grado (5.70) sono

$$y = \frac{m_1g}{k} \pm \sqrt{\left(\frac{m_1g}{k}\right)^2 + \frac{2m_1^2gh}{k(m_1 + m_2)}} . \tag{5.71}$$

La massima deformazione della molla è data dalla soluzione (5.71) con il radicale positivo.

(?) Per quale motivo si trascura la soluzione (5.71) con il radicale negativo ?
(?) Si discuta la soluzione (5.71) per $h \to 0$.

Esercizio 5.7

Una pallina di massa m e dimensioni trascurabili, inizialmente in quiete, all'istante $t = 0$ viene lasciata cadere al suolo da un'altezza h (Fig. 5.23). L'urto con il pavimento è parzialmente anelastico: ad ogni rimbalzo la pallina perde una frazione f della sua energia cinetica $(0 < f < 1)$.
Dopo quanto tempo la pallina si fermerà ? (Si trascuri la resistenza dell'aria)

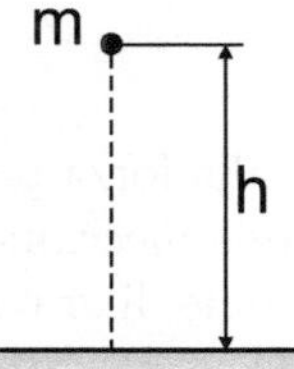

Fig. 5.23. Esercizio 5.7

La pallina, soggetta alla sola forza peso, tocca per la prima volta il pavimento all'istante

$$t_0 = \sqrt{2h/g} \tag{5.72}$$

con un'energia cinetica

$$E_{k,0} = m\,v_0^2/2 = -\Delta E_p = mgh\,.$$

Durante il primo urto con il pavimento l'energia cinetica si riduce a

$$E_{k,1} = (1-f)\,E_{k,0} = (1-f)\,mgh\,. \tag{5.73}$$

Dopo l'urto, durante il primo rimbalzo l'energia si conserva: la pallina raggiunge l'altezza massima (Fig. 5.24)

$$h_1 = (1-f)\,h \tag{5.74}$$

e ricade sul pavimento in un intervallo di tempo

$$\Delta t_1 = 2\sqrt{\frac{2h(1-f)}{g}} = 2t_0\sqrt{1-f}\,. \tag{5.75}$$

Generalizziamo ora le eq. (5.73), (5.74) e (5.75) al caso del generico urto

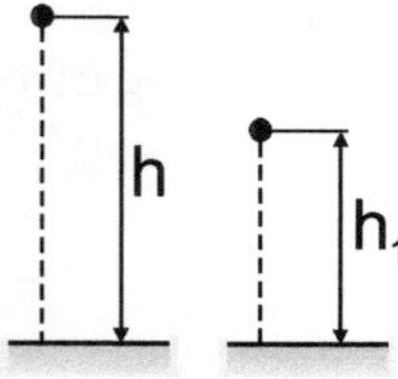

Fig. 5.24. Esercizio 5.7

n-mo e del successivo rimbalzo. A seguito dell'urto n-mo della pallina con il pavimento, l'energia cinetica della pallina si riduce a

$$E_{k,n} = (1-f)\,E_{k,n-1} = (1-f)^n\,E_{k,0} = (1-f)^n\,mgh\,. \tag{5.76}$$

Nel successivo rimbalzo la pallina raggiunge l'altezza

$$h_n = (1 - f)^n \, h \tag{5.77}$$

e ricade a terra dopo un intervallo di tempo

$$\Delta t_n = 2 \sqrt{\frac{2h(1 - f)^n}{g}} = 2 t_0 \left(\sqrt{1 - f}\right)^n . \tag{5.78}$$

La (5.76) mostra che l'energia cinetica *non* si annulla in un numero *finito* di urti. È possibile che l'energia cinetica si annulli comunque in un intervallo finito di tempo ?

Il tempo necessario alla pallina per fermarsi è

$$T = t_0 + \Delta t_1 + \Delta t_2 + \ldots = t_0 + \sum_{n=1}^{\infty} \Delta t_n .$$

Utilizzando le (5.78) e (5.72) si può scrivere

$$T = \sqrt{\frac{2h}{g}} + 2 \sqrt{\frac{2h}{g}} \sum_{n=1}^{\infty} \left(\sqrt{1 - f}\right)^n . \tag{5.79}$$

La serie che compare nella (5.79) è una serie geometrica; poiché $\sqrt{1 - f} < 1$, la serie è convergente:

$$\sum_{n=1}^{\infty} \left(\sqrt{1 - f}\right)^n = \frac{\sqrt{1 - f}}{1 - \sqrt{1 - f}} .$$

La pallina si fermerà pertanto dopo un intervallo *finito* di tempo:

$$T = \sqrt{\frac{2h}{g}} \left[1 + \frac{2\sqrt{1 - f}}{1 - \sqrt{1 - f}}\right] = \sqrt{\frac{2h}{g}} \frac{1 + \sqrt{1 - f}}{1 - \sqrt{1 - f}} .$$

(?) Si disegni il grafico dell'energia potenziale della pallina in funzione del tempo.

(?) Si discuta l'applicazione della conservazione della quantità di moto agli urti della pallina con il pavimento.

5.5 Meccanica dei fluidi

Spinta di Archimede

Un corpo totalmente o parzialmente immerso in un fluido (liquido o gas) è soggetto ad una forza diretta verso l'alto, uguale in modulo al peso del fluido spostato, detta *spinta di Archimede* (Fig. 5.25).

Indicando rispettivamente con ρ e ρ_f le densità (o masse volumiche) del corpo e del fluido, con V e V_f il volume del corpo e del fluido spostato,

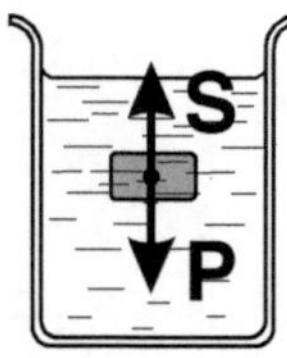

Fig. 5.25. Spinta di Archimede S

– il peso del corpo P è diretto verso il basso ed ha modulo $P = \rho g V$;
– la *spinta di Archimede* S è diretta verso l'alto ed ha modulo $S = \rho_f g V_f$.

Il comportamento di un corpo immerso in un fluido cambia a seconda del rapporto tra la sua densità ρ e la densità del fluido ρ_f (Fig. 5.26):

a) se $\rho < \rho_f$, il peso e la spinta di Archimede si equilibrano solo se $V_f < V$, cioè se il corpo galleggia;
b) se $\rho = \rho_f$, il peso e la spinta di Archimede si equilibrano per qualsiasi posizione del corpo totalmente immerso nel fluido;
c) se $\rho > \rho_f$, il peso prevale sulla spinta di Archimede e il corpo affonda.

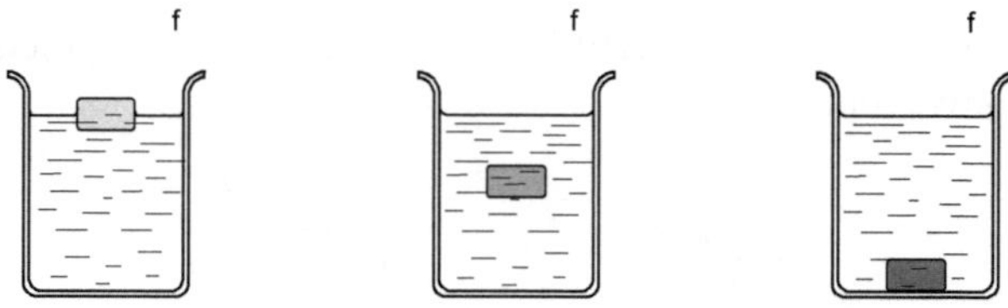

Fig. 5.26. Comportamento di un corpo immerso in un fluido al variare del rapporto tra la sua densità ρ e la densità del fluido ρ_f

Attrito viscoso e velocità limite

Un corpo in moto in un fluido è soggetto ad una forza F_f, detta *attrito viscoso*, diretta nel verso opposto alla velocità v (Fig. 5.27 a). Se la velocità del corpo non è troppo elevata, l'attrito viscoso ha modulo proporzionale alla velocità v:

$$F_f = -k\eta v ,\tag{5.80}$$

dove k (misurato in metri) è un fattore dipendente dalla forma del corpo, η è il *coefficiente di viscosità* del fluido. Il coefficiente di viscosità si misura in $\mathrm{N\,s\,m^{-1}}$, oppure in *poise* (P): $1\,\mathrm{P} = 0.1\,\mathrm{N\,s\,m^{-1}}$.

Un corpo immerso in un fluido di viscosità η e sottoposto ad una forza costante F (Fig. 5.27 b) si muove secondo l'equazione del moto

$$m\,\frac{\mathrm{d}^2 x}{\mathrm{d}t^2} = F - k\eta\,\frac{\mathrm{d}x}{\mathrm{d}t} .\tag{5.81}$$

Si dimostra che la velocità cresce nel tempo secondo la legge

$$v(t) \; = \; \frac{F}{k\eta} \left[1 - \exp\left(-\frac{k\eta}{m} t \right) \right] . \tag{5.82}$$

L'accelerazione diminuisce progressivamnte al crescere della velocità. Asintoticamente (per $t \to \infty$) l'accelerazione si annulla e la velocità assume il valore limite (Fig. 5.27 c)

$$v_\infty \; = \; F/k\eta . \tag{5.83}$$

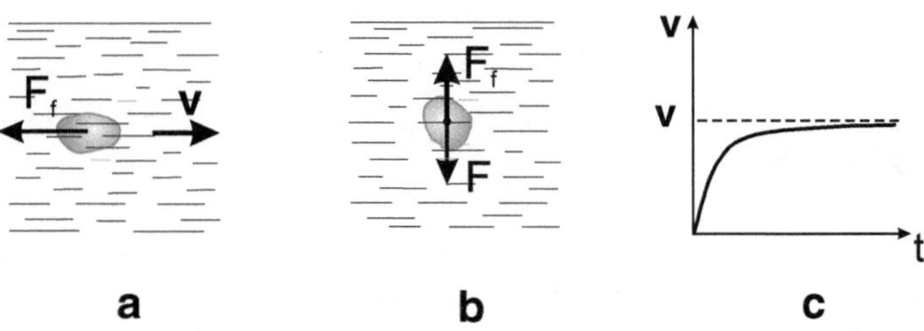

Fig. 5.27. Attrito viscoso: (**a**) la forza d' attrito viscoso è opposta alla velocità; (**b**) corpo immerso in un fluido e soggetto ad una forza costante F: (**c**) velocità limite

Pressione – Principio di Pascal

La prssione P è il rapporto tra il modulo di una forza esercitata perpendicolarmente ad una superficie e l'area della superficie stessa. La pressione si misura in *pascal* (Pa): $1 \, \text{Pa} = 1 \, \text{N}\,\text{m}^{-2}$. Un'unità spesso usata è anche il *bar*: $1 \, \text{bar} = 10^5 \, \text{Pa}$.

In un fluido in equilibrio la pressione in un punto qualsiasi è indipendente dall'orientazione dell'elemento di superficie su cui la si misura *(principio di Pascal)*.

Moto stazionario di un fluido

Un fluido è detto in moto *stazionario* se la distribuzione delle velocità v dei singoli elementi del fluido in funzione della posizione r, cioè $v(r)$, resta invariata nel tempo. In altri termini, la velocità di un elemento di fluido può cambiare quando l'elemento si sposta dalla posizione A alla posizione B. Ogni elemento di fluido è però caratterizzato dalla stessa veolocità v_A quando si trova nella posizione A.

Teorema di Bernoulli

Consideriamo un fluido in moto stazionario in un campo di forze esterne conservative; indichiamo con ε_p l'energia potenziale per unità di volume, cioè la densità di energia potenziale.
Il teorema di Bernoulli afferma che in ogni punto del fluido

$$\rho v^2/2 + P + \varepsilon_p = \text{costante}\,, \tag{5.84}$$

dove P è la pressione, ρ la densità, v la velocità. Nel caso di un fluido soggetto alla forza di gravità, $\varepsilon_p = \rho g z$ e la (5.84) diviene:

$$\rho v^2/2 + P + \rho g z = \text{costante}\,.$$

Esercizio 5.8

Una pallina omogenea di volume V è appesa mediante un filo sottile e leggero al coperchio di un recipiente pieno d'aria. Il recipiente può scivolare senza attrito su un piano inclinato di un angolo θ rispetto all'orizzontale (Fig. 5.28). Indichiamo con ρ_1 la densità della pallina, con ρ_0 la densità dell'aria, e supponiamo che $\rho_1 > \rho_0$.
A) Si determinino le forze agenti sulla pallina mentre il recipiente scivola sul piano inclinato.

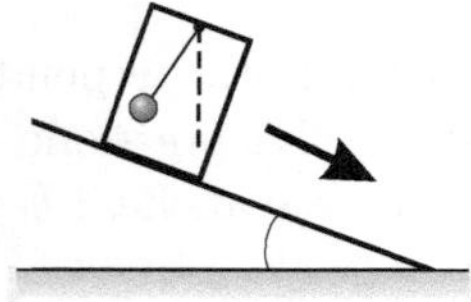

Fig. 5.28. Esercizio 5.8

Il recipiente, l'aria in esso contenuta e la pallina si muovono sul piano inclinato (Fig. 5.29 a) con accelerazione costante $\boldsymbol{a}_0$, di modulo

$$a_0 = g \sin\theta\,.$$

Per un osservatore solidale con il recipiente (riferimento non inerziale $O'x'y'z'$) la pallina è in equilibrio, soggetta alle seguenti forze (Fig. 5.29 b):

- forza peso $\boldsymbol{P} = \rho_1 V \boldsymbol{g}$;
- spinta di Archimede $\boldsymbol{S} = -\rho_0 V \boldsymbol{g}$;
- tensione del filo $\boldsymbol{T}$ (di direzione a priori incognita);
- forza non inerziale di trascinamento $\boldsymbol{F} = -\rho_1 V \boldsymbol{a}_0$;
- forza non inerziale di Archimede $\boldsymbol{R} = \rho_0 V \boldsymbol{a}_0$.

Riflettiamo sulla natura di quest'ultima forza $\boldsymbol{R}$. Per l'osservatore non inerziale, il campo della forza non inerziale di trascinamento $\boldsymbol{F}$, proporzionale alla massa dei corpi, appare come un campo di gravità additivo (Fig. 5.29 c). La forza non inerziale di Archimede $\boldsymbol{R}$ è legata alla forza non inerziale di trascinamento $\boldsymbol{F}$ nello stesso modo in cui la spinta di Archimede $\boldsymbol{S}$ è legata alla forza di gravità $\boldsymbol{P}$.

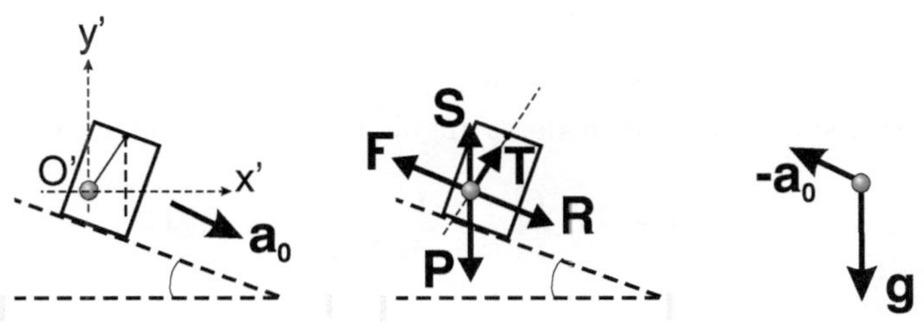

Fig. 5.29. Esercizio 5.8

Per l'equilibrio della pallina nel riferimento non inerziale si deve avere:

$$\boldsymbol{P} + \boldsymbol{S} + \boldsymbol{F} + \boldsymbol{R} + \boldsymbol{T} = 0 \, . \tag{5.85}$$

(?) In un riferimento inerziale, alla (5.85) corrisponde l'equazione del moto

$$\rho_1 V \boldsymbol{a}_0 = \boldsymbol{P} + \boldsymbol{S} + \boldsymbol{T} + \boldsymbol{R} \, .$$

Come si giustifica fisicamente la presenza della forza $\boldsymbol{R}$ nel riferimento inerziale ?

B) Si determini l'angolo α di inclinazione del filo rispetto alla verticale mentre il recipiente scivola sul piano.

Rimaniamo nel sistema di riferimento non inerziale solidale con il recipiente, con gli assi $x'y'$ rispettivamente orizzontale e verticale (Fig. 5.30 a). Proiettiamo sui due assi $x'y'$ l'equazione vettoriale dell'equilibrio (5.85), ricordando che la tensione $\boldsymbol{T}$ del filo ha direzione incognita:

$$x' : \quad T_x - \rho_1 V a_0 \cos\theta + \rho_0 V a_0 \cos\theta = 0 \, ,$$
$$y' : \quad T_y - \rho_1 V g + \rho_0 V g + \rho_1 V a_0 \sin\theta - \rho_0 V a_0 \sin\theta = 0 \, .$$

Ponendo $a_0 = g \sin\theta$ e semplificando:

$$\begin{cases} T_x = (\rho_1 - \rho_0) V g \, \sin\theta \, \cos\theta \, , \\ T_y = (\rho_1 - \rho_0) V g \, (1 - \sin^2\theta) \, . \end{cases} \tag{5.86}$$

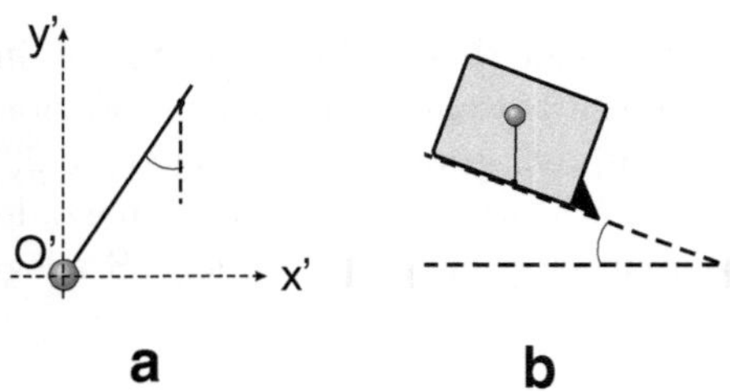

a   **b**   **Fig. 5.30.** Esercizio 5.8

Poiché $\rho_1 > \rho_0$, dalle (5.86) si ricava che $T_x > 0$ e $T_y > 0$, cioè il filo si inclina a sinistra rispetto alla verticale. L'angolo α si ricava ponendo

$$\tan\alpha = \frac{T_y}{T_x} = \frac{1 - \sin^2\theta}{\sin\theta\,\cos\theta} = \cot\theta$$

da cui

$$\alpha = \pi/2 - \theta \ .$$

(?) Quale sarebbe l'angolo di inclinazione α in assenza di aria nel recipiente ?

(?) Si studi il caso in cui la densità della pallina è $\rho_2 < \rho_0$ e il filo è agganciato alla base del recipiente (Fig. 5.30 b). Da che parte si inclina il filo quando il recipiente viene lasciato scivolare lungo il piano inclinato ?

Esercizio 5.9

Una pallina di massa m viene lasciata cadere con velocità iniziale v_0 diretta verso il basso in un liquido di viscosità η (Fig. 5.31).
A) Si determini la velocità della pallina in funzione del tempo.

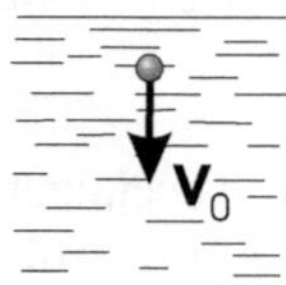

Fig. 5.31. Esercizio 5.9

Le forze agenti sulla pallina sono (Fig. 5.32 a):

- il peso $m\boldsymbol{g}$;
- la forza d'attrito viscoso $\boldsymbol{F}_a = -k\eta\boldsymbol{v}$, diretta verso l'alto.

La legge del moto è pertanto:

$$m\boldsymbol{a} = m\boldsymbol{g} - k\eta\boldsymbol{v} \ .$$

In forma scalare, esplicitando la variabile $v(t)$:

$$m\,\frac{\mathrm{d}v}{\mathrm{d}t} \;=\; mg \;-\; k\eta v\;. \tag{5.87}$$

Dobbiamo ora integrare l'equazione differenziale (5.87) per trovare $v(t)$. Allo scopo, conviene separare le due variabili v e t (cioè isolarle ciascuna in un membro dell'equazione). Ponendo, per semplificare la notazione, $\gamma = k\eta/m$, la (5.87) si può trasformare:

$$\frac{1}{g-\gamma v}\,\mathrm{d}v \;=\; \mathrm{d}t\;. \tag{5.88}$$

Integriamo ora la (5.88) tra l'istante iniziale t_0 in cui $v = v_0$ e il generico itante t in cui la velocità è v:

$$\int_{v_0}^{v} \frac{1}{g-\gamma v'}\,\mathrm{d}v' \;=\; \int_{t_0}^{t} \mathrm{d}t'\;. \tag{5.89}$$

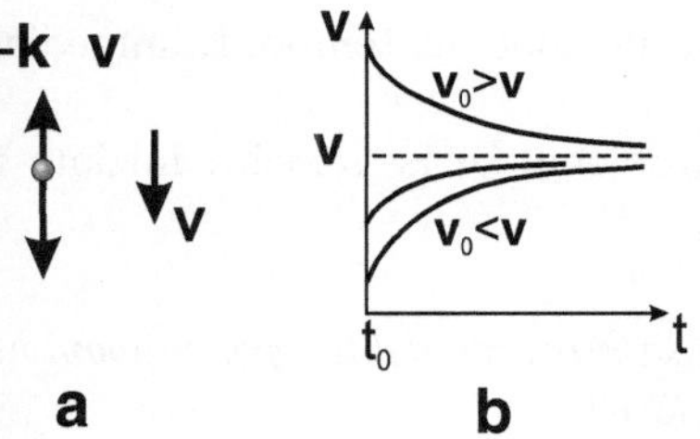

Fig. 5.32. Esercizio 5.9

L'integrale a primo membro viene calcolato agevolmente introducendo la variabile ausiliaria w

$$w \;=\; g \;-\; \gamma v\;, \tag{5.90}$$

per cui

$$\mathrm{d}v \;=\; -\frac{1}{\gamma}\,\mathrm{d}w\;.$$

Introducendo il valore iniziale $w_0 = g - \gamma v_0$, la (5.89) diviene

$$-\frac{1}{\gamma}\int_{w_0}^{w} \frac{\mathrm{d}w'}{w'} \;=\; \int_{t_0}^{t}\mathrm{d}t'\;. \tag{5.91}$$

I due integrali definiti a primo e secondo membro della (5.91) sono agevolmente calcolati

$$-\frac{1}{\gamma}\,[\ln w - \ln w_0] \;=\; t - t_0\;,$$

da cui

$$w \;=\; w_0\,\mathrm{e}^{-\gamma(t-t_0)}\;.$$

Ritorniamo ora, tramite la (5.90), alla variabile originale v, e sostituiamo $\gamma = k\eta/m$. Dopo facili calcoli si ottiene

$$v(t) \; = \; \frac{mg}{k\eta} \; - \; \left(\frac{mg}{k\eta} - v_0\right) \exp\left[-\frac{k\eta}{m}(t - t_0)\right] \; . \qquad (5.92)$$

Studiamo ora l'andamento di $v(t)$.

Per $t = t_0$ la (5.92) ci dà $v(t_0) = v_0$, come è ovvio.

Per $t \to \infty$ la (5.92) mostra che $v \to v_\infty = mg/k\eta$. v_∞ (*velocità limite*).

La (5.92) dice pertanto che al crescere del tempo t la velocità tende esponenzialmente al valore limite v_∞ (Fig. 5.32 b). L'avvicinamento al valore limite è tanto più rapido quanto più grande è il fattore $k\eta/m$ (cioè quanto maggiore è la viscosità η del fluido o quanto minore è la massa m della pallina). Si noti che la velocità iniziale v_0 può essere maggiore o minore di v_∞. La (5.92) si può riscrivere

$$v(t) \; = \; v_\infty \; - \; (v_\infty - v_0) \, \exp\left[-\frac{g(t - t_0)}{v_\infty}\right] \; . \qquad (5.93)$$

(?) Si disegni il grafico dell'accelerazione in funzione del tempo. È immediata in tal caso la determinazione di v_∞.

(?) Come cambierebbe la soluzione del problema se la velocità iniziale $\boldsymbol{v_0}$ della pallina fosse diretta verso l'alto ?

B) Si determini la posizione y della pallina in funzione del tempo, supponendo che, all'istante iniziale t_0, $y = y_0$ (Fig. 5.33 a).

Conosciamo già $v(t)$. Dobbiamo ora integrare l'equazione differenziale

$$\frac{\mathrm{d}y}{\mathrm{d}t} \; = \; v(t)$$

per ricavare la funzione $y(t)$. Separiamo le variabili y e t:

$$\mathrm{d}y \; = \; v(t)\,\mathrm{d}t \qquad (5.94)$$

e integriamo la (5.94) tra l'istante iniziale t_0 in cui $y = y_0$ e il generico istante t, sostituendo a $v(t)$ l'espressione data dalla (5.93):

$$\int_{y_0}^{y} \mathrm{d}y \; = \; v_\infty \int_{t_0}^{t} \mathrm{d}t' \; - \; (v_\infty - v_0) \int_{t_0}^{t} \exp\left[-\frac{g(t' - t_0)}{v_\infty}\right] \mathrm{d}t' \; . \qquad (5.95)$$

Gli integrali presenti nella (5.95) possono essere agevolmente calcolati, ottenendo:

$$y \; = \; y_0 \; + \; v_\infty\,(t - t_0) \; - \; \frac{v_\infty}{g}\,(v_\infty - v_0)\left\{1 - \exp\left[-\frac{g(t - t_0)}{v_\infty}\right]\right\} \; . \qquad (5.96)$$

L'andamento di $y(t)$ è diverso a seconda che $v_0 > v_\infty$ (Fig. 5.33 b) oppure $v_0 < v_\infty$ (Fig. 5.33 c) Nella (5.96) si verifica che:

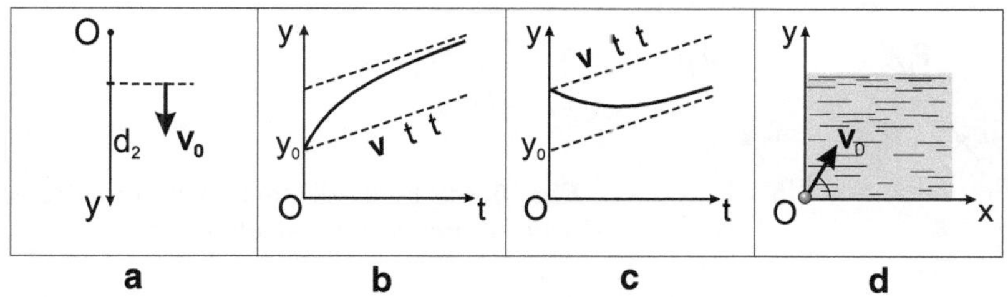

Fig. 5.33. Esercizio 5.9

per $t = t_0$: $y = y_0$;

per $t \to \infty$: $y \to y_0 - (v_\infty/g)\,(v_\infty - v_0) + v_\infty(t - t_0)$.

Per $t \to \infty$ il moto tende a divenire uniforme e y cresce linearmente con il tempo (Fig. 5.33 b,c).

(?) Si consideri il caso in cui la velocità iniziale $v(0) = v_0$ è diretta come in Fig. 5.33 d, formando un angolo θ con l'orizzontale (è il caso, ad esempio, del moto reale di un proiettile). Si verifichi che le equazioni scalari del moto sono:

$$m\,\frac{\mathrm{d}^2x}{\mathrm{d}t^2} = -k\eta\,\frac{\mathrm{d}x}{\mathrm{d}t}\,, \qquad m\,\frac{\mathrm{d}^2y}{\mathrm{d}t^2} = -mg - k\eta\,\frac{\mathrm{d}y}{\mathrm{d}t}\,.$$

Si determinino le leggi orarie $x(t), y(t)$ in funzione di v_0 e θ, supponendo che $x(0) = 0$ e $y(0) = 0$.

5.6 Gravitazione

Legge della gravitazione universale

Un corpo di massa m_1 esercita su un corpo di massa m_2 posto a distanza r_{12} la forza (Fig. 5.34 a)

$$\boldsymbol{F} = -\,\gamma\,\frac{m_1 m_2}{r_{12}^2}\,\hat{\boldsymbol{u}}_r\,, \qquad\qquad F = \gamma\,\frac{m_1 m_2}{r_{12}^2}\,, \qquad (5.97)$$

dove $\hat{\boldsymbol{u}}_r$ è il versore diretto da m_1 a m_2, γ è la costante gravitazionale:

$$\gamma = 6.67 \times 10^{-11}\,\mathrm{N\,m^2\,kg^{-2}}\,. \qquad (5.98)$$

Si chiama *campo gravitazionale* della massa m_1 alla distanza r il vettore $\boldsymbol{G}(r)$ (Fig. 5.34 b):

$$\boldsymbol{G}(r) = -\,\gamma\,\frac{m_1}{r^2}\,\hat{\boldsymbol{u}}_r\,. \qquad (5.99)$$

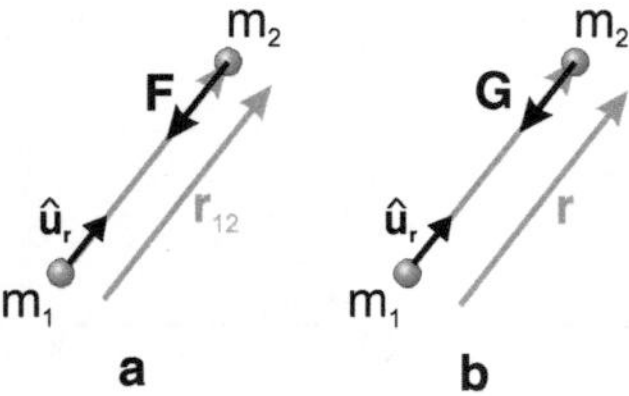

Fig. 5.34. Forza di interazione gravitazionale $\boldsymbol{F}$ (a) e campo gravitazionale $\boldsymbol{G}$ (b)

Energia potenziale gravitazionale

La forza gravitazionale (5.97) è una forza centrale dipendente solo dalla distanza; pertanto è una forza conservativa. Ad ogni coppia di corpi m_1, m_2 è associata un'energia potenziale gravitazionale:

$$E_g = -\gamma \frac{m_1 m_2}{r_{12}} \, . \tag{5.100}$$

L'energia potenziale è sempre definita a meno di una costante additiva. Nel caso gravitazionale (5.100), la costante additiva è scelta per convenzione in modo che $E_g \to 0$ per $r_{12} \to \infty$ (Fig. 5.35).
Si chiama *potenziale gravitazionale* della massa m_1 alla distanza r la grandezza scalare

$$V(r) = -\gamma \frac{m_1}{r} \, . \tag{5.101}$$

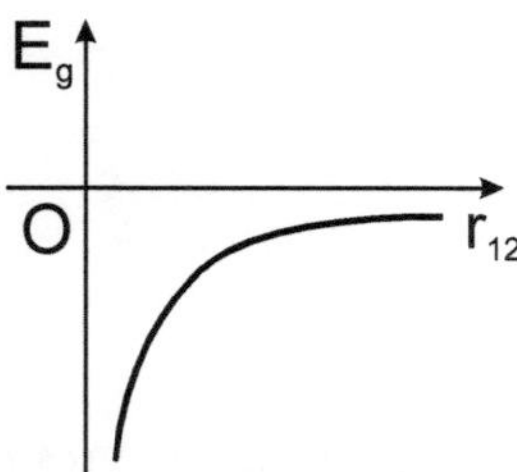

Fig. 5.35. Energia potenziale grvitazionale E_g in funzione della distanza r_{12}

Orbite gravitazionali

L'energia cinetica di un sistema di due corpi relativa al CM è

$$E_k = \frac{1}{2} \mu v_{12}^2 \, , \tag{5.102}$$

dove $v_{12} = \mathrm{d}r_{12}/\mathrm{d}t$ è la velocità relativa di un corpo rispetto all'altro e

$$\mu = \frac{m_1 m_2}{m_1 + m_2} \tag{5.103}$$

è la massa ridotta. Se $m_1 \gg m_2$ allora $\mu \simeq m_2$.
Separando le componenti radiale e trasversa della velocità relativa (Fig. 5.36 a), l'energia cinetica si esprime come:

$$E_k \; = \; \frac{1}{2}\,\mu\,v_{12}^2 \; = \; \frac{1}{2}\,\mu\,v_r^2 \; + \; \frac{1}{2}\,\mu\,v_\theta^2 \; . \tag{5.104}$$

La forza gravitazionale è centrale, quindi il momento angolare rispetto al CM si conserva:

$$L \; = \; r_{12}\,\mu\,v_\theta \; = \; \text{costante} \; . \tag{5.105}$$

Pertanto, il contributo all'energia cinetica (5.102) dovuto alla velocità trasversa

$$\frac{1}{2}\,\mu\,v_\theta^2 \; = \; \frac{L^2}{2\mu r_{12}^2} \tag{5.106}$$

dipende solo dalla posizione r_{12}. Esso viene talora chiamato *energia potenziale centrifuga* E_{cent}.

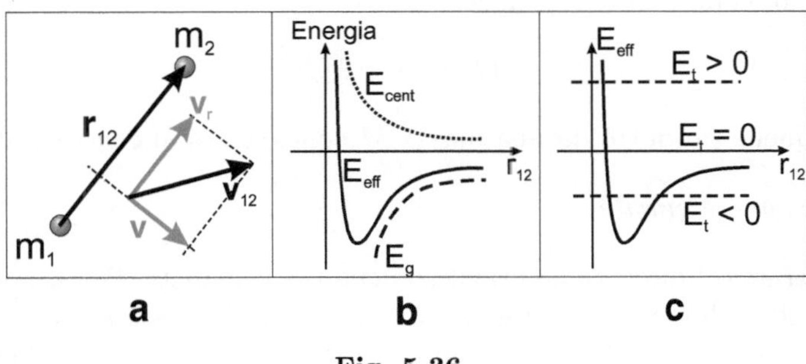

Fig. 5.36.

L'energia totale del sistema si può esprimere come:

$$E_{\text{tot}} \; = \; \underbrace{\frac{1}{2}\,\mu\,v_r^2}_{\text{En. cin. radiale}} \; + \; \underbrace{\frac{L^2}{2\mu r_{12}^2} - \gamma\,\frac{m_1 m_2}{r_{12}}}_{\text{En. pot. efficace}} \; . \tag{5.107}$$

Il concetto di *energia potenziale efficace* $E_{\text{eff}} = E_{\text{cent}} + E_g$ (Fig. 5.36 b) è utile quando si vuole studiare l'andamento radiale del moto.
Si dimostra che, a seconda del valore di E_{tot} nell'eq. (5.107), il raggio vettore $\boldsymbol{r}_{12}$ descrive orbite diverse (Fig. 5.36 c):

$E_{\text{tot}} < 0$: orbita chiusa ellittica;
$E_{\text{tot}} = 0$: orbita aperta parabolica ($v_\infty = 0$);
$E_{\text{tot}} > 0$: orbita aperta iperbolica ($v_\infty > 0$).

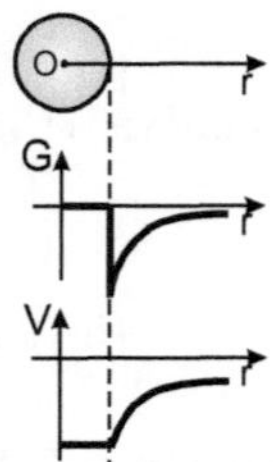

Fig. 5.37. Guscio sferico di raggio R: modulo del campo gravitazionale G e potenziale V in funzione della distanza r dal centro

Corpi a simmetria sferica

Si dimostra che il modulo del campo gravitazionale $G(r)$ e il potenziale $V(r)$ di un guscio sferico di raggio R e massa M sono dati da (Fig. 5.37):

$$\begin{aligned} G &= 0, & V &= -\gamma M/R = \text{cost.}, & &\text{per } r \leq R; \\ G &= -\gamma M/r^2; & V &= -\gamma M/r, & &\text{per } r > R. \end{aligned} \tag{5.108}$$

Una sfera omogenea di raggio R e massa M produce al suo esterno (cioè per $r > R$) un campo gravitazionale

$$G = -\gamma M/r^2, \tag{5.109}$$

pari a quello prodotto da una massa M concentrata al centro della sfera.

Gravitazione e gravità

Consideriamo l'interazione gravitazionale tra il pianeta Terra, approssimato da una sfera di massa M e raggio R, e un corpo di massa m posto a distanza h dalla superficie della Terra, con $h \ll R$ (Fig. 5.38). Il modulo della forza d'interazione è

$$F = \gamma \frac{mM}{(R+h)^2} = \gamma mM \left[R\left(1 + h/R\right)\right]^{-2}. \tag{5.110}$$

Utilizzando lo sviluppo in serie di Taylor, poiché $h/R \ll 1$,

$$\left(1 + \frac{h}{R}\right)^{-2} \simeq 1 - \frac{2h}{R} \tag{5.111}$$

si ottiene

$$F \simeq mg - \frac{2mgh}{R} \simeq mg, \tag{5.112}$$

cioè la nota espressione della forza di gravità, con

$$g = \frac{\gamma M}{R^2} = 9.8 \text{ m s}^{-2}. \tag{5.113}$$

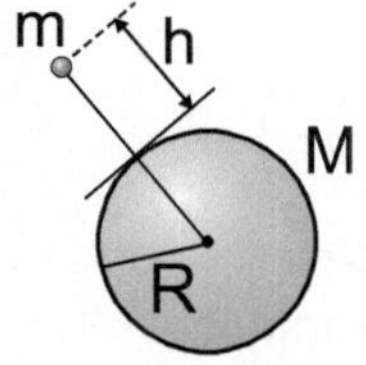

M = 5.98 x10²⁴ Kg
R = 6.37 x 10⁶ m

Fig. 5.38. Interazione tra un corpo di massa m e il pianeta Terra

Esercizio 5.10

Il sistema mostrato in Fig. 5.39 è costituito da due gusci sferici concentrici, sottili ed omogenei. Il guscio più piccolo ha raggio R e massa M; il più grande ha raggio $2R$ e massa $4M$. Un corpo puntiforme di massa m è situato a distanza r dal centro O dei due gusci sferici.

A) Si determini la forza gravitazionale $F(r)$ che i gusci esercitano sulla massa m nei tre casi:

a) $0 < r < R$
b) $R < r < 2R$
c) $r > 2R$.

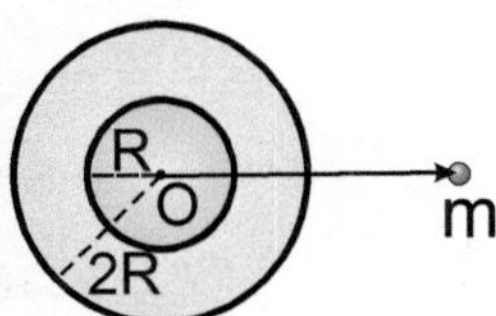

Fig. 5.39. Esercizio 5.10

All'interno del guscio sferico più piccolo ($r < R$) il campo gravitazionale è nullo. Per $r > R$ il campo gravitazionale è diretto radialmente verso il centro O ed è in modulo uguale a quello che si avrebbe se tutta la massa che si trova a distanza minore di r da O fosse concentrata in O. Il campo non è invece inflenzato dalla massa distribuita su un guscio a distanza maggiore di r da O. Pertanto il modulo della forza gravitazionale è, nei tre casi (Fig. 5.40):

$$
\begin{array}{llll}
a) & \text{per } 0 < r < R & F(r) = 0 & \\
b) & \text{per } R < r < 2R & F(r) = \gamma mM/r^2 & (5.114) \\
c) & \text{per } r > 2R & F(r) = 5\gamma mM/r^2 &
\end{array}
$$

(?) Perché all'interno del guscio sferico più piccolo il campo gravitazionale è nullo? Sarebbe nullo anche se il guscio *non* avesse simmetria sferica ?

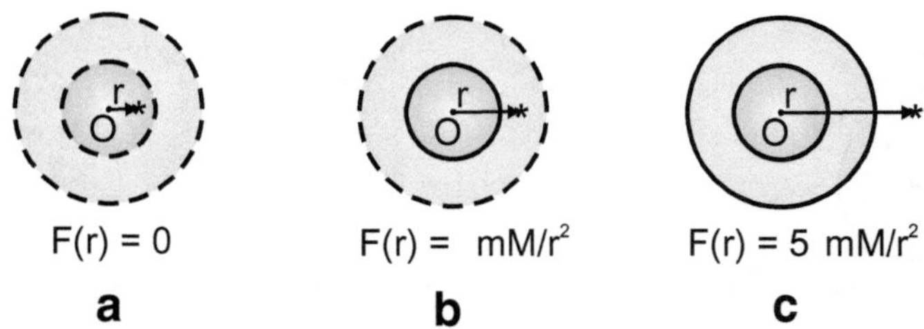

Fig. 5.40. Esercizio 5.10

B) Si determini la dipendenza dalla distanza r dell'energia potenziale gravitazionale U della massa m. Si disegni il grafico di U(r).

L'energia potenziale gravitazionale è definita a meno di una costante additiva. Assumiamo, secondo la convenzione comune, che $U(r) \to 0$ per $r \to \infty$. L'energia potenziale $U(r)$ della massa m è allora uguale in valore assoluto e di segno opposto al lavoro che la forza gravitazionale fa quando la massa m viene portata da distanza infinita alla distanza finita r dal centro O (Fig. 5.41 a):

$$U(r) = - \int_{\infty}^{r} \boldsymbol{F}(r) \cdot \mathrm{d}\boldsymbol{r} \ . \tag{5.115}$$

Utilizzando il modulo di $\boldsymbol{F}(r)$ dato dalle (5.114) e ricordando che $\boldsymbol{F}(r)$ è opposto a $\mathrm{d}\boldsymbol{r}$, dalla (5.115) si ha (Fig. 5.41 b):

a) per $r > 2R$:

$$U(r) = 5\gamma mM \int_{\infty}^{r} \frac{\mathrm{d}r}{r^2} = - \frac{5\gamma mM}{r} \ ; \tag{5.116}$$

b) per $R < r < 2R$:

$$U(r) = \gamma mM \left[5 \int_{\infty}^{2R} \frac{\mathrm{d}r}{r^2} + \int_{2R}^{r} \frac{\mathrm{d}r}{r^2} \right] = -\gamma mM \left(\frac{2}{R} + \frac{1}{r} \right) \ ; \tag{5.117}$$

c) per $0 < r < R$:

$$U(r) = -\gamma mM \left(\frac{2}{R} + \frac{1}{R} \right) = - \frac{3\gamma mM}{R} = \text{costante.} \tag{5.118}$$

L'energia potenziale $U(r)$ è negativa, decrescente con la distanza per $r \geq R$; è costante all'interno del guscio più piccolo, dove la forza è nulla. Si noti che la curva $U(r)$ è continua nei punti $r = R$ e $r = 2R$, cioè in corrispondenza dei gusci sferici.

(?) Si disegni il grafico del modulo della forza $\boldsymbol{F}(r)$ in funzione di r. Cosa succede in corrispondenza di $r = R$ e $r = 2R$?

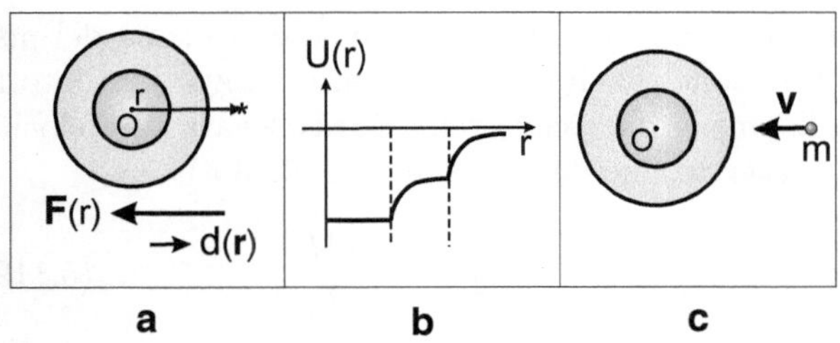

Fig. 5.41. Esercizio 5.10

C) La massa m, inizialmente in quiete ad una distanza r_1 molto grande dal centro O (per cui l'energia potenziale $U \simeq 0$) viene lasciata libera di muoversi. Con quale velocità raggiungerà il centro O dei gusci, supponendo che possa attraversarli liberamente (Fig. 5.41 c) ?

Applichiamo la legge di conservazione dell'energia meccanica

$$\Delta E_k = -\Delta U .$$

Nello stato iniziale (a distanza molto grande) sia l'energia cinetica che l'energia potenziale U sono nulle per ipotesi. Nello stato finale (al centro O) $E_k = mv_0^2/2$, mentre l'energia potenziale è data dalla (5.118). Pertanto

$$\frac{1}{2}\,m\,v_0^2 = \frac{3\gamma mM}{R} \qquad \Rightarrow \qquad v_0 = \sqrt{\frac{6\gamma M}{R}} .$$

(?) Si disegni un grafico qualitativo della velocità in funzione della distanza.

Esercizio 5.11

Un missile di massa m viene lanciato dalla superficie terrestre, con velocità iniziale v_0 inclinata di un angolo θ rispetto all'orizzontale (Fig. 5.42). La velocità v_0 è misurata rispetto ad un sistema di riferimento inerziale solidale con le stelle fisse. Trascurando la resistenza dell'aria:
A) si determini la velocità di fuga del missile, ossia il valore minimo di v_0 che consente al missile di sfuggire al campo gravitazionale terrestre.

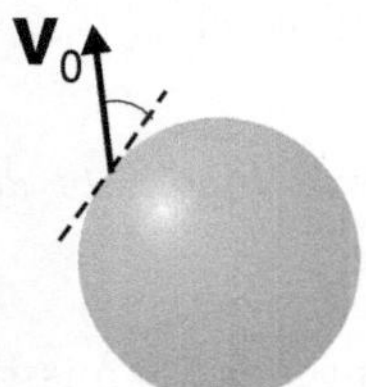

Fig. 5.42. Esercizio 5.11

Indichiamo con R e M, rispettivamente, il raggio medio e la massa del pianeta Terra. La forza d'interazione gravitazionale è conservativa. Pertanto la velocità v del missile alla distanza r dal centro della Terra è legata alla velocità iniziale v_0 dalla legge di conservazione dell'energia (Fig. 5.43 a):

$$\frac{1}{2}\,m\,v^2 - \gamma\,\frac{mM}{R} \;=\; \frac{1}{2}\,m\,v_0^2 - \gamma\,\frac{mM}{R}\;. \tag{5.119}$$

Il missile potrà sfuggire all'attrazione gravitazionale terrestre se nella (5.119) $v^2 \geq 0$ anche per $r \to \infty$, cioè se

$$\frac{1}{2}\,m\,v_0^2 - \gamma\,\frac{mM}{R} \;\geq\; 0, \qquad \text{ossia} \qquad v_0 \;\geq\; \sqrt{\gamma\,\frac{2M}{R}}\,,$$

quindi la velocità di fuga è

$$v_f \;=\; \sqrt{\gamma\,\frac{2M}{R}}\,, \tag{5.120}$$

indipendente dalla massa del missile. Sostituendo nella (5.120) i valori numerici (Fig. 5.43 b), si trova $v_f = 1.12{\times}10^4\ \mathrm{m\,s^{-1}} = 40287\ \mathrm{km\,h^{-1}}$.

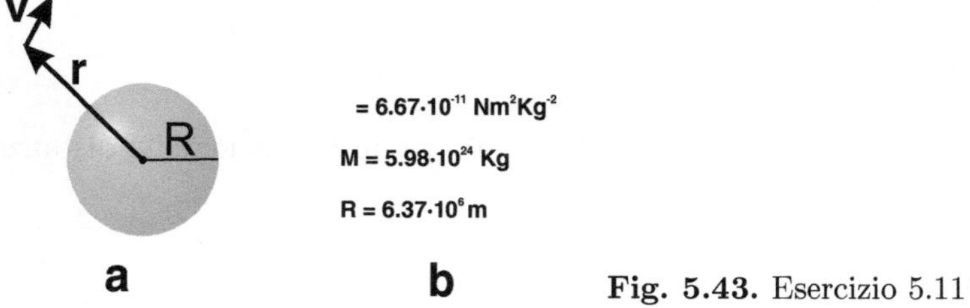

Fig. 5.43. Esercizio 5.11

(?) Nella (5.119) il termine cinetico contiene la massa m del missile anziché la massa ridotta del sistema Terra–missile. È un'approssimazione ragionevole ?

(?) Come ci si aspetta che cambi la velocità di fuga v_f rispetto all'espressione (5.120) per effetto della resistenza dell'aria ? Sarà ancora indipendente dalla massa del missile ?

(?) Il valore della velocità di fuga v_f dipende dall'angolo θ di lancio ?

B) Si calcoli la massima distanza r_{max} dal centro della Terra raggiunta dal missile in funzione di v_0 e θ.

Indichiamo con $\boldsymbol{r}(t)$ il vettore che individua la posizione istantanea del missile rispetto al centro della Terra (Fig. 5.44 a). Affinché r_{max} sia finito, il missile deve muoversi su un'orbita ellittica di cui il centro della Terra è uno dei fuochi. I due punti di massima e minima distanza dell'orbita ellittica dal centro della Terra si chiamano, rispettivamente, *afelio* e *perielio*. In questi due punti la velocità v è perpendicolare al raggio vettore r. Il vettore $r_{\max}$ individua l'afelio dell'orbita del missile.

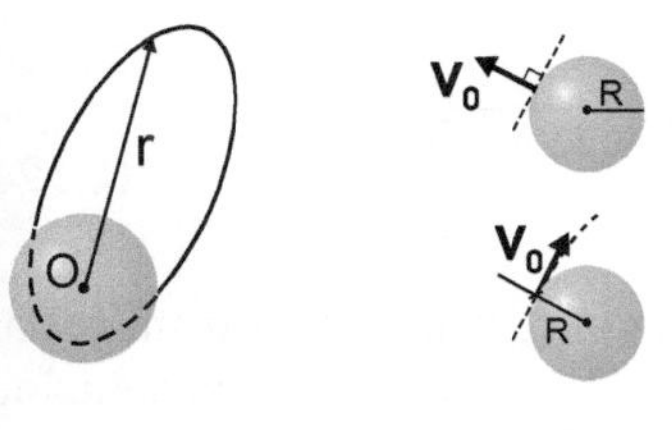

Fig. 5.44. Esercizio 5.11

Poiché la forza di interazione gravitazionale è una forza centrale, oltre alla legge di conservazione dell'energia (5.119) vale anche la legge di conservazione del momento angolare rispetto al centro della Terra. Uguagliando il momento angolare iniziale al momento angolare nelle due posizioni in cui $v \perp r$ (afelio e perielio):

$$mR v_0 \cos\theta = mrv \, . \tag{5.121}$$

Le (5.119) e (5.121) costituiscono un sistema di 2 equazioni nelle 2 incognite v e r. Eliminando v si ottiene l'equazione di secondo grado in r:

$$\left(v_0^2 - \frac{2\gamma M}{R} \right) r^2 + 2\gamma r - R^2 v_0^2 \cos^2\theta = 0 \, , \tag{5.122}$$

che ha come soluzioni

$$r_{1,2} = \frac{-M \pm \sqrt{\gamma^2 M^2 + R^2 v_0^2 \cos^2\theta \, (v_0^2 - 2\gamma M/R)}}{v_0^2 - 2\gamma M/R} \, , \tag{5.123}$$

corrispondenti alle distanze dal centro della Terra dell'afelio e del perielio. Notiamo che, affinché l'orbita sia ellittica (cioè chiusa), la velocità iniziale v_0 deve essere inferiore alla velocità di fuga v_f data dalla (5.120). Pertanto il denominatore delle soluzioni (5.123) deve essere negativo. Delle due soluzioni (5.123), la maggiore, corrispondente al valore cercato $r_{\max}$, è quella con il segno $-$ davanti al radicale.

(?) Come cambierebbe il problema se la velocità iniziale v_0 fosse misurata rispetto alla Terra anziché rispetto alle stelle fisse ? (Si confrontino i casi di due stazioni di lancio poste l'una all'equatore e l'altra al polo.)

C) Si calcoli $r_{\max}$ nei due casi particolari $\theta = \pi/2$ e $\theta = 0$ (Fig. 5.44 b).

Se $\theta = \pi/2$, la velocità iniziale è perpendicolare alla superficie terrestre. Poiché in tal caso $\cos\theta = 0$, dalla (5.123) si ha

$$r_{\max} = -\frac{2\gamma M}{v_0^2 - v_f^2} \,,$$

dove v_f è la velocità di fuga data dalla (5.120).

Se $\theta = 0$, la velocità iniziale è tangente alla superficie terrestre. In tal caso $\cos\theta = 1$ e la (5.123) diviene

$$r_{1,2} = \frac{-M \pm \sqrt{\gamma^2 M^2 + R^2 v_0^2 \left(v_0^2 - 2\gamma M/R\right)}}{v_0^2 - 2\gamma M/R} \,. \tag{5.124}$$

Un sottocaso particolare per $\theta = 0$ si ha quando la traiettoria è un'orbita circolare di raggio R: si ha allora $r_{\max} = r_{\min} = R$. Affinché le due soluzioni (5.124) siano coincidenti, il radicando deve essere nullo, perciò

$$v_0 = \sqrt{\gamma M/R} \,. \tag{5.125}$$

(?) Si verifichi il risultato (5.125) per l'orbita circolare di raggio R a partire dalla legge fondamentale $\boldsymbol{F} = m\boldsymbol{a}$.

5.7 *Problemi non risolti*

5.1. Un motore di massa $M = 50\,\mathrm{kg}$ è appoggiato su un piano orizzontale, con attrito trascurabile ($\mu = 0$). Il CM del motore è sull'asse di rotazione O. All'asse di rotazione del motore è collegato solidalmente, mediante un'asta rigida di lunghezza $L = 55\,\mathrm{cm}$ e massa trascurabile, un corpo di massa $m=5\,\mathrm{kg}$ e dimensioni trascurabili (Fig. 5.45 a). Inizialmente il motore è in quiete con l'asta pendente verticalmente verso il basso.

a) Dov'è situato il CM del sistema motore–corpo ?

All'istante $t =0$ l'asse del motore viene posto in rotazione in senso antiorario alla frequenza $\nu = 2\,\mathrm{Hz}$.

b) Determinare la legge oraria $x_{\mathrm{cm}}(t), y_{\mathrm{cm}}(t)$ del CM del sistema.
c) Determinare le leggi orarie $x(t)$ e $X(t)$ del corpo e del motore.
d) Quale dovrebbe essere il valore minimo del coefficiente d'attrito μ tra motore e pavimento affinché il motore non scivoli durante la rotazione del suo asse ?

5.2. Un corpo di massa $m = 8\,\mathrm{kg}$ e dimensioni trascurabili è appoggiato sul ripiano di un carrello di massa $M = 80\,\mathrm{kg}$. Inizialmente il corpo e il carrello si trovano in quiete rispetto al terreno. Il corpo è collegato al carrello da una molla orizzontale, mantenuta in compressione da un filo (Fig. 5.45 b). All'istante $t = 0$, il filo viene bruciato e la molla si espande, liberando un'energia $E = 10\,\mathrm{J}$.

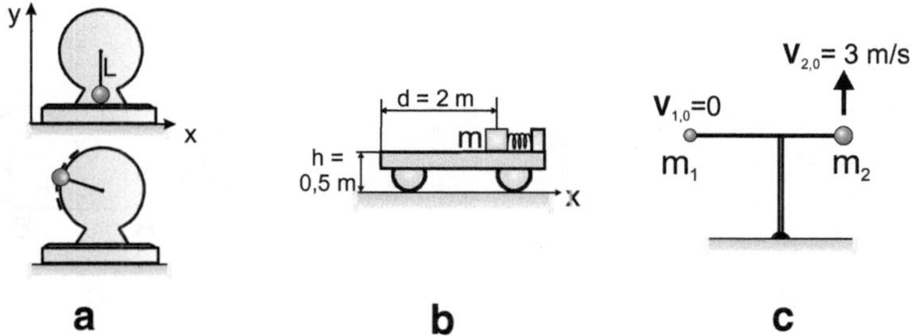

Fig. 5.45. (a) Problema 5.1, (b) Problema 5.2, (c) Problema 5.3

a) Con quali velocità si muovono il corpo e il carrello immediatamente dopo l'espansione della molla ?

Se l'attrito tra corpo e carrello e tra carrello e terreno è nullo:

b) quanto tempo impiega il corpo a raggiungere l'estremo A del carrello ?
c) a che distanza orizzontale dall'estremo A del carrello si trova il corpo quando tocca il terreno ?

(Si supponga molto elevata la costante elastica della molla e quindi trascurabile il suo allungamento.)

5.3. Due corpi di dimensioni trascurabili e masse $m_1 = 1\,\mathrm{kg}$, $m_2 = 2\,\mathrm{kg}$ sono collegati da un'asta rigida di lunghezza $d = 3\,\mathrm{m}$ e massa trascurabile. All'istante $t = 0$ l'asta è in posizione orizzontale, appoggiata ad un supporto nel punto corrispondente al CM del sistema: la massa m_1 è in quiete, la massa m_2 ha una velocità istantanea di modulo $v_{2,0} = 3\,\mathrm{m\,s^{-1}}$ diretta verso l'alto (Fig. 5.45 c). Si determinino (ponendo $g = 10\,\mathrm{m\,s^{-2}}$):

a) la legge oraria del CM del sistema per $t > 0$.
b) il moto dei due corpi rispetto al CM.
c) il modulo T della tensione dell'asta rigida.

5.4. Due sfere di masse $m_1 = 1\,\mathrm{g}$ e $m_2 = 10\,\mathrm{g}$ e di ugual volume sono appese, mediante due fili inestensibili di massa trascurabile, ad un perno 0. Inizialmente la massa m_1 si trova nella posizione di equilibrio stabile. La massa m_2, sollevata di un angolo θ e poi lasciata andare, urta elasticamente la massa m_1 (Fig. 5.46 a).

a) Per quale valore minimo dell'angolo θ la massa m_1, ruotando circolarmente intorno al perno O dopo l'urto, riesce a superare il punto B ?
b) Calcolare la differenza tra la tensione della fune nel punto A e la tensione nel punto B quando la massa m_1 ruota intorno ad O.

5.5. Un pendolo di massa m, appeso all'estremità di un filo di lunghezza d e massa trascurabile, viene rilasciato con velocità iniziale nulla dalla posizione

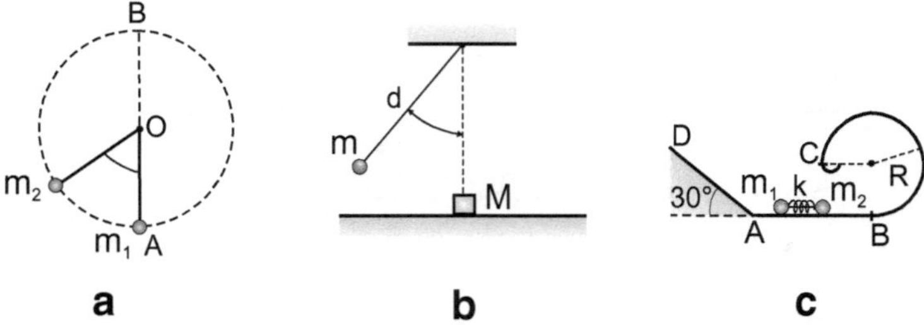

Fig. 5.46. (a) Problema 5.4, (b) Problema 5.5, (c) Problema 5.6

indicata in figura. Nella posizione più bassa della sua traiettoria il pendolo colpisce un blocco di massa $M = 2m$ appoggiato in quiete su una superficie orizzontale liscia (Fig. 5.46 b). Nell'ipotesi che l'urto sia perfettamente elastico, determinare:

a) la velocità del pendolo un istante prima che avvenga l'urto;
b) la tensione della fune in tale istante;
c) la velocità acquistata dal blocco in seguito all'urto;
d) l'angolo di massima oscillazione del pendolo dopo l'urto.

5.6. Due corpi di dimensioni trascurabili e masse $m_1 = 1\,\text{kg}$, $m_2 = 2\,\text{kg}$ sono inizialmente in quiete sul piano AB. I due corpi sono a contatto con gli estremi di una molla di costante elastica $k = 10^5\,\text{N}\,\text{m}^{-1}$, mantenuta in compressione da un filo. Sul profilo ABC l'attrito è trascurabile, mentre sul piano inclinato AD il coefficiente d'attrito è $\mu = 0.3$ (Fig. 5.46 c). All'istante $t = 0$ il filo che mantiene compressa la molla viene bruciato.

a) Quale deve essere il valore minimo della compressione Δx della molla affinché il corpo 2 resti aderente al profilo circolare BC di raggio $R = 1\,\text{m}$ e cada nella tasca C ?
b) Se la compressione della molla è $\Delta x = 2\,\text{cm}$, a che altezza sul piano inclinato si fermerà il corpo 1 ?

5.7. Un prisma triangolare A è appoggiato su un secondo prisma triangolare B (Fig. 5.47 a). Le sezioni dei due prismi sono triangoli rettangoli simili, con i cateti maggiori lunghi rispettivamente a e b. La massa m_B del prisma B è tripla della massa m_A del prisma A. All'istante $t = 0$ i due prismi sono in quiete, disposti come in figura, liberi di muoversi. Supponendo prive di attrito le superfici di contatto tra i prismi e con il pavimento, si determini la distanza percorsa dal prisma B quando il vertice più basso del prisma A tocca il piano orizzontale.

5.8. Una particella di massa m_1 in moto rettilineo con velocità costante $\boldsymbol{v}_1$ urta una particella ferma di massa m_2 (Fig. 5.47 b). L'urto è perfettamente elastico. Dopo l'urto le due particelle si muovono in versi opposti con velocità di ugual modulo. Determinare:

a) il rapporto m_1/m_2;
b) la velocità del CM delle due particelle;
c) l'energia cinetica delle due particelle nel sistema di riferimento del CM;
d) l'energia cinetica della particella di massa m_1 dopo l'urto nel sistema di riferimento del laboratorio.

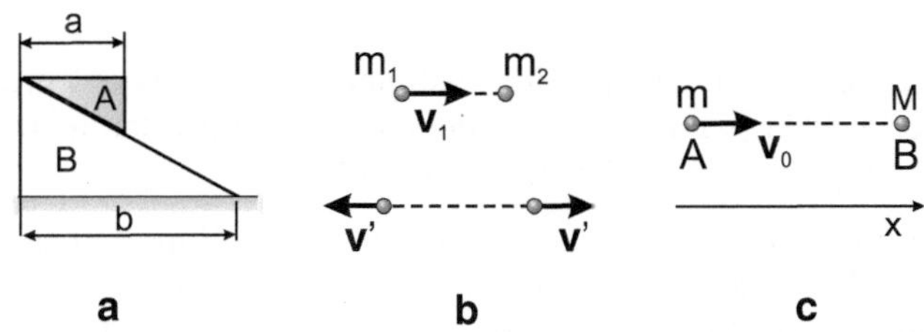

Fig. 5.47. (a) Problema 5.7, (b) Problema 5.8, (c) Problema 5.9

5.9. Un corpo A di massa m, inizialmente in moto con velocità costante v_0 su di un piano orizzontale liscio, urta un corpo B di massa M, inizialmente fermo (Fig. 5.47 c). Supponendo che l'urto sia unidimensionale e perfettamente elastico, determinare, in funzione di v_0, m, M:

a) la velocità del CM dei due corpi;
b) le velocità e le quantità di moto dei due corpi prima dell'urto nel sistema di riferimento del CM;
c) le velocità dei due corpi dopo l'urto nei sistemi di riferimento del CM e del laboratorio;
d) le energie cinetiche dei due corpi dopo l'urto nei sistemi di riferimento del CM e del laboratorio.

5.10. Un corpo A di massa m, inizialmente in moto con velocità costante v_0 su un piano orizzontale liscio, urta un corpo B di massa $M = 2m$, inizialmente fermo (Fig. 5.48 a). A seguito dell'urto il corpo A modifica di 45° la direzione della sua traiettoria e dimezza il modulo della velocità.

a) Si determini la velocità (direzione, verso e modulo) di B dopo l'urto.
b) È conservata l'energia durante l'urto ?

5.11. Una particella A di massa m e velocità iniziale v_A urta elasticamente una particella B di uguale massa. L'urto non è collineare, cioè modifica la direzione del moto della particella A (Fig. 5.48 b).

a) Si dimostri che le traiettorie delle due particelle dopo l'urto formano un angolo di 90°.

188   5 Dinamica dei sistemi

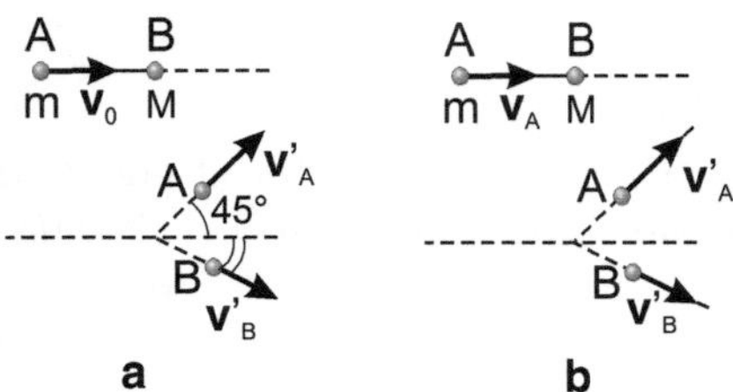

Fig. 5.48. (a) Problema 5.10, (b) Problema 5.11

Supponiamo ora che le due particelle abbiano masse diverse, $m_A \neq m_B$, e che la traiettoria della particella A sia deviata, a seguito dell'urto, di un angolo ϕ misurato nel sistema di riferimento del CM.

b) Si determini la velocità della particella B dopo l'urto nl sistema di riferimento del laboratorio, v'_B, in funzione di m_A, m_B, v_A, ϕ.

c) Si trovi la relazione tra l'angolo θ di deviazione della traiettoria della particella A nel riferimento del laboratorio e il corrispondente angolo ϕ nel riferimento del CM.

5.12. Un nucleo atomico A di massa $2m$, in moto con velocità costante v_0, interagisce con un nucleo B di massa $10m$ inizialmente in quiete (Fig. 5.49 a). A seguito dell'interazione l'energia cinetica totale del sistema varia: il nucleo A si muove con velocità v_1 a $90°$ rispetto alla direzione della velocità iniziale v_0, il nucleo B si muove con velocità v_2 ad un angolo $\theta = 36.87°$ rispetto alla direzione di v_0. Si determinino in funzione di v_0:

a) i moduli delle velocità v_1 e v_2;
b) la variazione ΔE_k dell'energia cinetica del sistema.

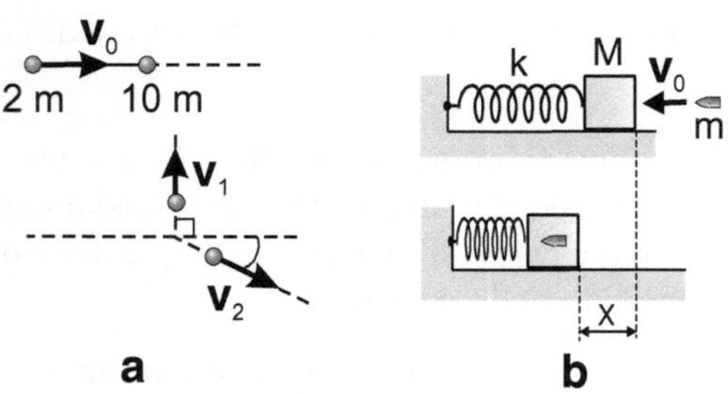

Fig. 5.49. (a) Problema 5.12, (b) Problema 5.13

5.13. Un blocco di legno di massa M è appoggiato in quiete su una superficie orizzontale con coefficiente d'attrito μ. Il blocco è collegato ad una parete verticale fissa mediante una molla di costante elastica k, inizialmente a riposo (Fig. 5.49 b). Un proiettile di massa m e velocità orizzontale v_0 colpisce il blocco e vi rimane conficcato. Si determini la velocità v_0 del proiettile in funzione della massima compressione x della molla.

6 Dinamica del corpo rigido

6.1 Densità, centro di massa, momento d'inerzia

Definizione di corpo rigido

Un corpo si dice *rigido* se le distanze tra i suoi punti non dipendono dal tempo o dalle sollecitazioni esterne (Fig. 6.1) Il concetto di corpo rigido è evidentemente un'idealizzazione: qualsiasi corpo reale è in qualche misura deformabile.

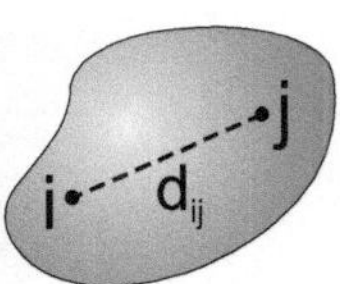

Fig. 6.1. In un corpo rigido, le distanze tra due punti qualsiasi rimangono sempre costanti

Densità (o massa volumica)

Si definisce *densità media* ρ_m di un corpo rigido il rapporto tra la sua massa M e il suo volume V:

$$\rho_m = \frac{M}{V} . \tag{6.1}$$

La *densità locale* $\rho(\boldsymbol{r})$ al punto $\boldsymbol{r}$ (Fig. 6.2) è definita come:

$$\rho(\boldsymbol{r}) = \frac{dM}{dV} , \tag{6.2}$$

dove dM è la massa infinitesima corrispondente ad un volume infinitesimo dV localizzato al punto $\boldsymbol{r}$. La densità ρ si misura in $\mathrm{kg\,m^{-3}}$.
Un corpo si dice *omogeneo* se, per ogni punto $\boldsymbol{r}$,

$$\rho(\boldsymbol{r}) = \rho_m . \tag{6.3}$$

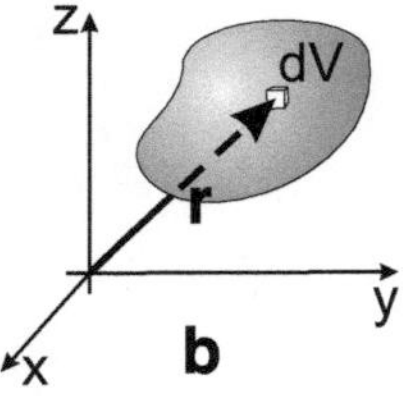

Fig. 6.2. La *densità locale* è il rapporto $\rho(\boldsymbol{r}) = \mathrm{d}M/\mathrm{d}V$

Centro di massa

Il *centro di massa* (CM) di un corpo rigido è individuato dal raggio vettore

$$\boldsymbol{r}_{\mathrm{cm}} = \frac{\int_V \rho\boldsymbol{r}\,\mathrm{d}V}{\int_V \rho\,\mathrm{d}V} = \frac{1}{M}\int_V \rho\boldsymbol{r}\,\mathrm{d}V \, , \tag{6.4}$$

dove l'integrale è esteso a tutto il volume del corpo rigido. Si noti che il CM può anche non appartenere al volume del corpo rigido (Fig. 6.3). Se il corpo è *omogeneo*,

$$\boldsymbol{r}_{\mathrm{cm}} = \frac{1}{V}\int_V \boldsymbol{r}\,\mathrm{d}V \, . \tag{6.5}$$

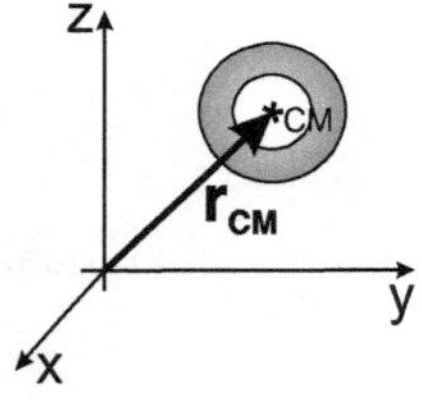

Fig. 6.3. Il centro di massa può non appartenere al volume del corpo

Momento d'inerzia

Il momento d'inerzia di un corpo rigido rispetto ad un asse aa' (Fig. 6.4) è definito come

$$I = \int_V R^2 \rho\,\mathrm{d}V \, , \tag{6.6}$$

dove R rappresenta la distanza dell'elemento di volume $\mathrm{d}V$ dall'asse aa'. Per un corpo *omogeneo*,

$$I = \rho \int_V R^2\,\mathrm{d}V \, . \tag{6.7}$$

Il momento d'inerzia è una grandezza scalare e si misura in $\mathrm{kg\,m^2}$.

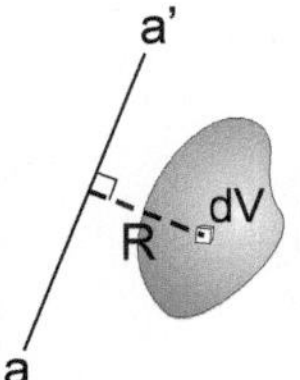

Fig. 6.4. Momento d'inerzia

Momento d'inerzia di una lamina sottile

Si dimostra che il momento d'inerzia I_z di una lamina sottile rispetto ad un asse z perpendicolare al piano della lamina può essere espresso come

$$I_z = I_x + I_y \,, \tag{6.8}$$

dove I_x e I_y sono i momenti d'inerzia rispetto a due assi ortogonali x, y giacenti nel piano della lamina e intersecanti l'asse z (Fig. 6.5).

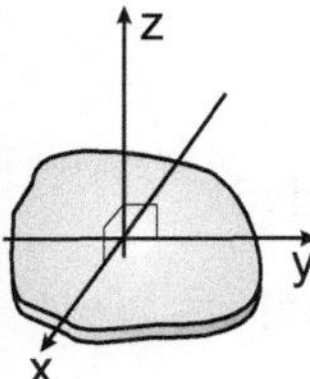

Fig. 6.5. Momento d'inerzia di una lamina sottile

Teorema di Steiner

Si dimostra che, per un corpo rigido di massa M, il momento d'inerzia I rispetto ad un asse bb' generico e il momento d'inerzia $I_{(cm)}$ rispetto all'asse aa', parallelo a bb' e passante per il CM, sono legati dalla relazione

$$I = I_{(cm)} + Md^2 \,, \tag{6.9}$$

dove d è la distanza tra i due assi aa' e bb' (Fig. 6.6).

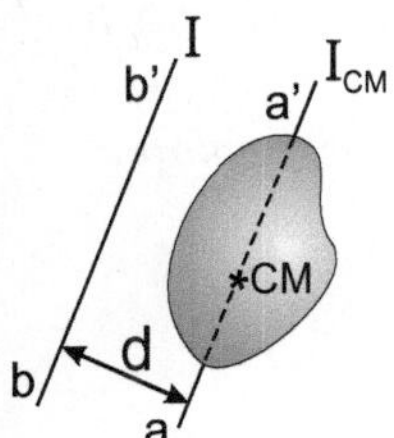

Fig. 6.6. Teorema di Steiner

I monenti d'inerzia di alcuni semplici corpi rigidi rispetto ad assi particolarmente notevoli sono riportati in Fig. 6.7.

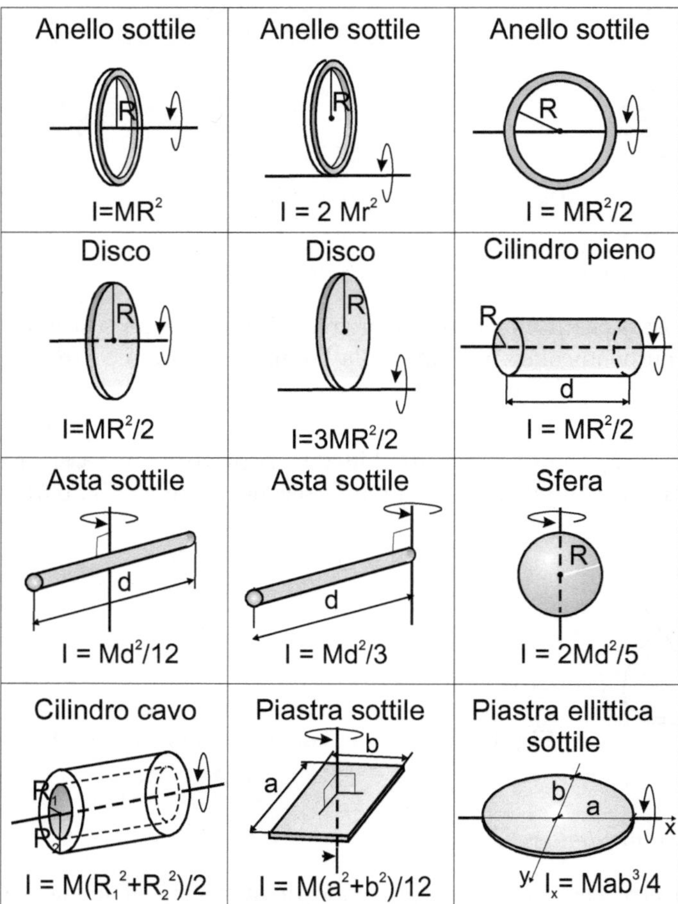

Fig. 6.7. Momenti d'inerzia di alcuni corpi rigidi rispetto ad assi notevoli

Esercizio 6.1

Si considerino una lamina sottile omogenea a forma di triangolo isoscele di base 2R e altezza h e un cono omogeneo di raggio base R e altezza h (Fig. 6.8).
A) Si determini la posizione del CM della lamina sottile triangolare.

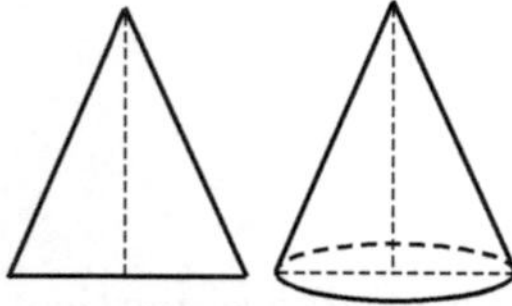

Fig. 6.8. Esercizio 6.1

Il problema è in due sole dimensioni. La posizione del CM della lamina è individuata dal vettore (Fig. 6.9 a)

$$\boldsymbol{r}_{\mathrm{cm}} \;=\; \frac{1}{S}\,\int_S \boldsymbol{r}\,\mathrm{d}S \;, \tag{6.10}$$

dove $S = Rh$ è la superficie totale della lamina, $\mathrm{d}S$ è il generico elemento di superficie. L'equazione vettoriale (6.10) corrisponde alle due equazioni scalari

$$x_{\mathrm{cm}} \;=\; \frac{1}{S}\,\int_S x\,\mathrm{d}S \;, \qquad y_{\mathrm{cm}} \;=\; \frac{1}{S}\,\int_S y\,\mathrm{d}S \;.$$

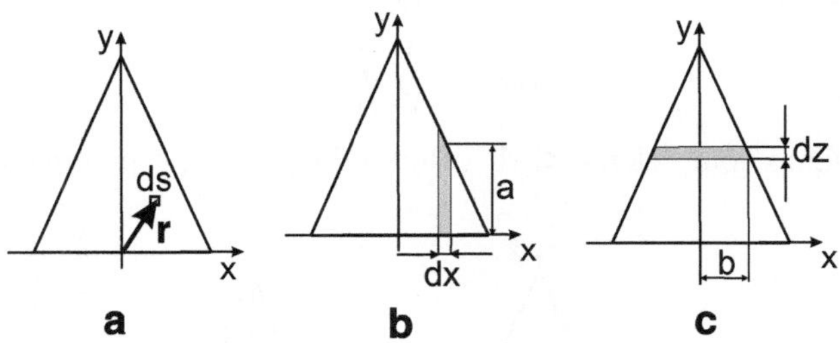

Fig. 6.9. Esercizio 6.1

Calcoliamo prima x_{cm}, considerando elementi di superficie $\mathrm{d}S$ di base $\mathrm{d}x$ e altezza $a(x)$ (Fig. 6.9 b):

$$\mathrm{d}S \;=\; a\,\mathrm{d}x = \left(h - |x|\,\frac{h}{R}\right)\,\mathrm{d}x \;,$$

per cui

$$\begin{aligned}
x_{\mathrm{cm}} &= \frac{1}{Rh}\int_{-R}^{R} x\left(h - |x|\,\frac{h}{R}\right)\,\mathrm{d}x \\
&= \frac{1}{Rh}\int_{-R}^{R} hx\,\mathrm{d}x + \frac{1}{Rh}\int_{-R}^{0}\frac{h}{R}x^2\,\mathrm{d}x + \frac{1}{Rh}\int_{0}^{R}\frac{h}{R}x^2\,\mathrm{d}x = 0 \;.
\end{aligned}$$

Al medesimo risultato si poteva giungere in modo più intuitivo in base a semplici considerazioni di simmetria.

Calcoliamo ora y_{cm}, considerando degli elementi di superficie di base $2b(y)$ e altezza $\mathrm{d}y$ (Fig. 6.9 c):

$$\mathrm{d}S \;=\; 2b\,\mathrm{d}y \;=\; 2\left(R - y\,\frac{R}{h}\right)\,\mathrm{d}y \;,$$

per cui

$$y_{\mathrm{cm}} \;=\; \frac{2}{Rh} \int_0^h y\left(R - y\frac{R}{h}\right) \mathrm{d}y \;=\; \frac{2}{h}\int_0^h y\,\mathrm{d}y - \frac{2}{h^2}\int_0^h y^2\,\mathrm{d}y \;=\; \frac{h}{3}\ .$$

Il CM si trova pertanto sul segmento altezza del triangolo isoscele, a distanza $h/3$ dalla base (*baricentro* geometrico del triangolo).

B) Si determini la posizione del CM del cono.

La posizione del CM del cono è individuata dal raggio vettore

$$\boldsymbol{r}_{\mathrm{cm}} \;=\; \frac{1}{V}\int_V \boldsymbol{r}\,\mathrm{d}V; \qquad \mathrm{con}\ \ V \;=\; \frac{\pi R^2 h}{3}\ .$$

Per motivi di simmetria il CM si trova sull'asse del cono, con $x_{\mathrm{cm}} = y_{\mathrm{cm}} = 0$. Il problema si riduce al calcolo di z_{cm}:

$$z_{\mathrm{cm}} \;=\; \frac{1}{V}\int_V z\,\mathrm{d}V\ .$$

Consideriamo come elementi di volume dei dischi perpendicolari all'asse z,

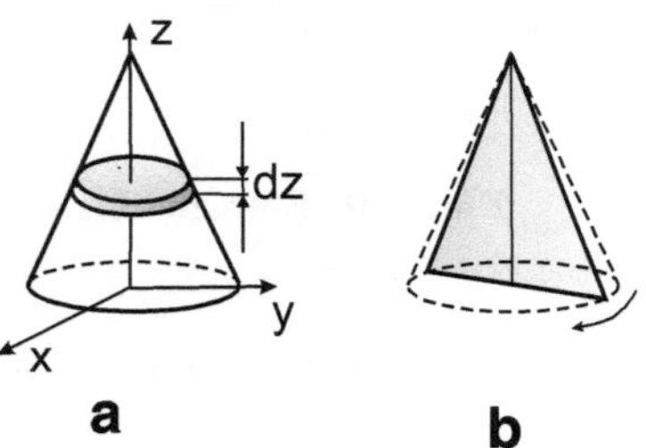

Fig. 6.10. Esercizio 6.1

di spessore $\mathrm{d}z$ e raggio funzione di z (Fig. 6.10 a):

$$r(z) \;=\; R - \frac{Rz}{h}\ ,$$

per cui

$$\mathrm{d}V \;=\; \pi r^2 \mathrm{d}z \;=\; \pi R^2\left(1 - \frac{2z}{h} + \frac{z^2}{h^2}\right)\mathrm{d}z\ .$$

È facile vedere che

$$z_{\mathrm{cm}} \;=\; \frac{1}{V}\int_0^h z\pi r^2 \mathrm{d}z \;=\; \frac{3}{h}\int_0^h z\,\mathrm{d}z - \frac{2}{h}\int_0^h z^2\,\mathrm{d}z + \frac{1}{h^2}\int_0^h z^3\,\mathrm{d}z \;=\; \frac{h}{4}\ .$$

Il CM del cono si trova sull'asse, a distanza $h/4$ dalla base.

(?) Il cono si può pensare generato dalla rotazione del triangolo isoscele rispetto all'asse (Fig. 6.10 b). Perché i CM dei due corpi, triangolo e cono, si trovano ad altezza diversa rispetto alla base ?

Esercizio 6.2

Si consideri una sfera omogenea di raggio R e massa M.
A) Si calcoli il momento d'inerzia della sfera rispetto ad un asse passante per il suo centro (Fig. 6.11).

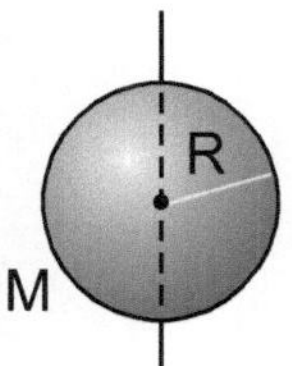

Fig. 6.11. Esercizio 6.2

Per motivi di simmetria, il momento d'inerzia della sfera è uguale rispetto a qualsiasi asse passante per il centro. Per fissare le idee, introduciamo un sistema di assi cartesiani ortogonali $Oxyz$ con origine al centro della sfera e calcoliamo il momento d'inerzia rispetto all'asse z:

$$I_0 = I_z = \rho \int_V r^2 \, \mathrm{d}V \, , \tag{6.11}$$

dove con r indichiamo la distanza dall'asse z dell'elemento generico di volume $\mathrm{d}V$, con ρ indichiamo la densità. Per calcolare l'integrale di volume (6.11), valutiamo prima il contributo $\mathrm{d}I_z$ al momento d'inerzia di un disco perpendicolare all'asse z, di raggio r_z e spessore infinitesimo $\mathrm{d}z$ (Fig. 6.12 a). A sua volta, il momento d'inerzia $\mathrm{d}I_z$ del disco di spessore infinitesimo si calcola considerando prima il contributo $\mathrm{d}I_a$ di un anello di raggio r' e larghezza $\mathrm{d}r'$:

$$\mathrm{d}I_a = \rho r'^2 \mathrm{d}V = \rho r'^2 \, 2\pi r' \, \mathrm{d}r' \, \mathrm{d}z \, .$$

Integrando $\mathrm{d}I_a$ tra $r' = 0$ e $r' = r_z$ si trova $\mathrm{d}I_z$:

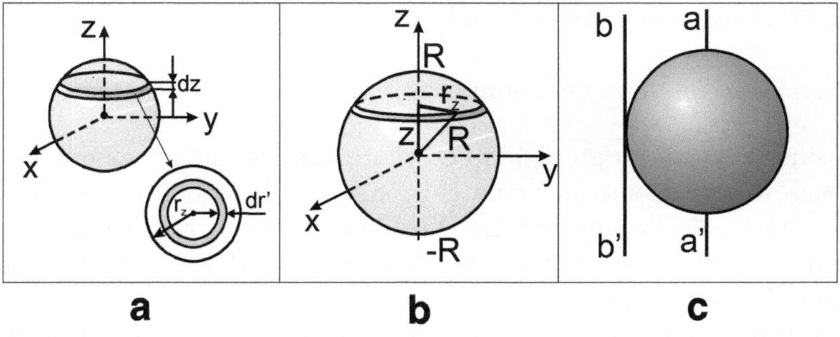

Fig. 6.12. Esercizio 6.2

$$\mathrm{d}I_z \;=\; 2\pi\rho\,\mathrm{d}z \int_0^{r_z} r'^3 \mathrm{d}r' \;=\; \frac{1}{2}\pi\rho r_z^4 \mathrm{d}z \;.$$

Possiamo ora calcolare il momento d'inerzia dell'intera sfera, integrando $\mathrm{d}I_z$ per z compreso tra $-R$ e $+R$ (Fig. 6.12 b). Poiché

$$r_z^2 \;=\; R^2 - z^2 \;,$$

si ha

$$I_0 \;=\; \int_{-R}^{+R} \mathrm{d}I_z \;=\; \frac{\pi\rho}{2}\int_{-R}^{+R} r_z^4 \mathrm{d}z \;=\; \frac{\pi\rho}{2}\int_{-R}^{+R}(R^2-z^2)^2 \mathrm{d}z \;=\; \frac{8\pi\rho R^5}{15}\;.$$

Ricordando che il volume della sfera è

$$V_0 \;=\; 4\pi R^3/3$$

e che $M = \rho V_0$, si ottiene infine

$$I_0 \;=\; 2MR^2/5 \;. \tag{6.12}$$

(?) Si calcoli il valore numerico del momento d'inerzia I_0 per una sfera di ferro di raggio $R = 0.1$ m, ricordando che la densità del ferro è $\rho = 7.86\times10^3\,\mathrm{kg\,m^{-3}}$.

B) Si calcoli il momento d'inezia I_1 rispetto ad un asse bb' tangente alla sfera (Fig. 6.12 c).

Consideriamo un asse aa' passante per il centro della sfera e parallelo all'asse bb'. Rispetto all'asse aa' il momento d'inerzia della sfera è espresso dalla (6.12). Il momento d'inerzia rispetto all'asse bb' si ottiene applicando il teorema di Steiner:

$$I_1 \;=\; I_0 + MR^2 \;=\; 7MR^2/5 \;.$$

6.2 Rotazione intorno ad un asse fisso

Velocità angolare e momento angolare

Consideriamo un corpo rigido che ruota attorno ad un asse z fisso in un sistema di riferimento inerziale (Fig. 6.13 a). Il moto rotatorio è descritto dal *vettore velocità angolare* $\boldsymbol{\omega}$. Direzione, punto di applicazione e verso di $\boldsymbol{\omega}$ individuano l'asse e il verso di rotazione. Il modulo ω è la velocità scalare angolare di rotazione.

Il vettore *momento angolare* di un corpo rigido rispetto ad un prefissato punto O (detto *polo*) è definito dall'integrale

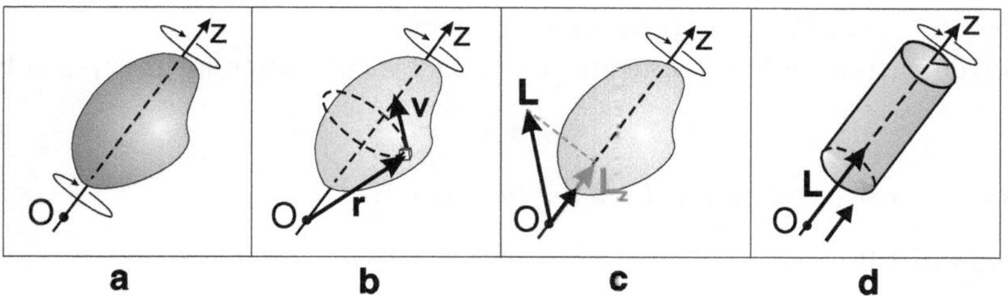

Fig. 6.13. Rotazione di un corpo rigido intorno ad un asse fisso

$$L = \int_V r \times v \, \rho \, dV \,, \tag{6.13}$$

dove ρ, r e v indicano, rispettivamente, la densità locale, la posizione relativa
al punto O e la velocità dell'elemento di volume dV (Fig. 6.13 b).
In generale, anche se il polo O sta sull'asse di rotazione z, il vettore momento
angolare L *non* è diretto lungo l'asse di rotazione (Fig. 6.13 c). Si dimostra
comunque che è sempre valida la relazione

$$L_z = I\omega \,, \tag{6.14}$$

dove I è il momento d'inerzia del corpo rigido rispetto all'asse z e L_z è la
componente del vettore L nella direzione dell'asse z.
Se l'asse di rotazione è un *asse principale d'inerzia*, allora il vettore L ha la
direzione dell'asse di rotazione (Fig. 6.13 d), ed è legato al vettore velocità
angolare ω dalla relazione

$$L = I\omega \,. \tag{6.15}$$

Gli assi di simmetria geometrica dei corpi rigidi omogenei sono assi principali
d'inerzia. Si dimostra comunque che qualsiasi corpo rigido ha almeno 3 assi
principali d'inerzia passanti per il CM.

Equazione del moto

Come conseguenza della legge fondamentale della dinamica, si dimostra che
l'equazione del moto per un corpo che ruota intorno ad un asse fisso è

$$\frac{dL}{dt} = \tau \,, \tag{6.16}$$

dove τ è il momento risultante delle forze applicate al corpo, calcolato rispetto
allo stesso polo del momento angolare L.
Se la rotazione del corpo avviene intorno ad un asse principale d'inerzia,
inserendo la (6.15) nella (6.16) si ottiene

$$\frac{dI}{dt}\omega + I\alpha = \tau \,, \tag{6.17}$$

dove $\boldsymbol{\alpha} = \mathrm{d}\boldsymbol{\omega}/\mathrm{d}t$ è il vettore velocità angolare.

Per un corpo rigido il momento d'inerzia I è costante e la (6.17) si riduce a

$$I\,\boldsymbol{\alpha} \;=\; \boldsymbol{\tau}\,. \tag{6.18}$$

Legge di conservazione del momento angolare

Dalla (6.16) si ricava che

$$\boldsymbol{\tau} \;=\; 0 \qquad \Rightarrow \qquad \boldsymbol{L} \;=\; \text{costante.} \tag{6.19}$$

Per un corpo rigido girevole attorno ad un asse fisso, il momento angolare $\boldsymbol{L}$ è costante solo se la sua direzione coincide con quella di $\boldsymbol{\omega}$, cioè solo se l'asse di rotazione è un asse principale d'inerzia. Se l'asse di rotazione non è un asse principale d'inerzia, la rotazione richiede sempre l'applicazione di forze esterne con $\boldsymbol{\tau} \neq 0$.

Energia

L'energia cinetica di un corpo in rotazione attorno ad un asse fisso con velocità angolare ω è sempre

$$E_k \;=\; I\,\omega^2/2\,.$$

L'energia (cinetica + potenziale) del corpo rigido si conserva se le forze agenti sono tutte conservative.

Urti

Nei processi di urto tra un corpo libero ed un corpo girevole intorno ad un asse (Fig. 6.14), la *quantità di moto* totale del sistema, $\boldsymbol{P}_{\text{tot}}$, *non* si conserva, in quanto la reazione vincolare dell'asse di rotazione rappresenta una forza esterna al sistema:

$$\frac{\mathrm{d}\boldsymbol{P}_{\text{tot}}}{\mathrm{d}t} \;=\; \sum \boldsymbol{F}_{\text{ext}} \;\neq\; 0\,.$$

In questo caso l'approssimazione d'impulso, che considera trascurabili le forze esterne rispetto a quelle sviluppate durante l'urto tra i corpi, non è applicabile!

Se l'unica forza esterna non trascurabile durante l'urto è la reazione vincolare

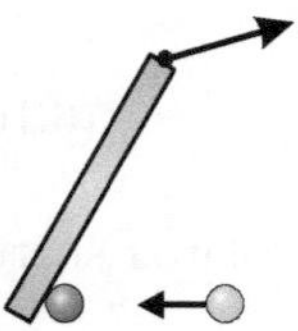

Fig. 6.14. Urto tra un corpo libero ed un corpo girevole intorno ad un asse

dell'asse, si conserva il *momento angolare* calcolato rispetto all'asse:

$$\frac{\mathrm{d}\boldsymbol{L}}{\mathrm{d}t} \;=\; \boldsymbol{\tau} \;=\; 0\,.$$

Esercizio 6.3

Si vuole determinare il momento d'inerzia I di una carrucola di raggio R rispetto al suo asse di rotazione. Allo scopo si appendono due corpi di masse note m_1 e m_2 ($m_1 > m_2$) alle estremità di una fune leggera ed inestensibile avvolta attorno alla carrucola (Fig. 6.15).
A) Si determini il valore del momento d'inerzia I sapendo che il corpo più pesante m_1, dal momento in cui viene lasciato libero di muoversi, cade per un'altezza y_0 nel tempo t_0. (Si considerino trascurabili tutti gli attriti).

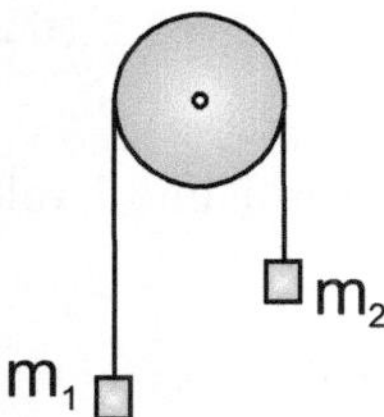

Fig. 6.15. Esercizio 6.3

Scriviamo innanzitutto le equazioni del moto dei due corpi e della carrucola. I due corpi sono soggetti ai rispettivi pesi ed alle reazioni vincolari esercitate dalla fune (Fig. 6.16 a):

$$m_1 a_1 = m_1 g + T_1, \qquad m_2 a_2 = m_2 g + T_2. \qquad (6.20)$$

La carrucola è un corpo rigido girevole intorno al suo asse di simmetria, cioè ad un asse principale d'inerzia. Essa è soggetta ai momenti delle forze $-T_1$ e $-T_2$ esercitate dalla fune nei due punti in cui la fune si stacca dalla carrucola. Perciò:

$$I\alpha = \sum \tau = T_1 R - T_2 R. \qquad (6.21)$$

Poiché la fune è inestensibile, i due corpi si muovono con accelerazioni uguali

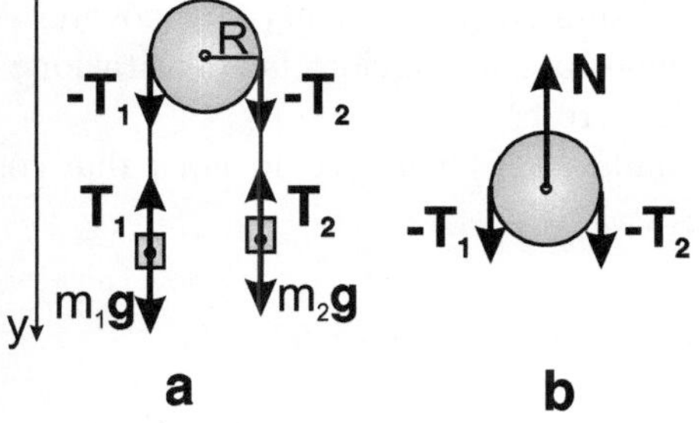

Fig. 6.16. Esercizio 6.3

e contrarie:

$$\boldsymbol{a}_1 = -\boldsymbol{a}_2 , \qquad |\boldsymbol{a}_1| = |\boldsymbol{a}_2| = a . \qquad (6.22)$$

Inoltre, poiché la fune non slitta sulla carrucola, l'accelerazione lineare dei corpi è legata a quella angolare della carrucola da:

$$a = \alpha R . \qquad (6.23)$$

Proiettiamo ora le equazioni vettoriali (6.20) su un asse verticale y orientato verso il basso; insieme con la (6.21), e tenendo conto delle condizioni (6.22) e (6.23), otteniamo il sistema di 3 equazioni

$$\begin{cases} m_1 a = m_1 g - T_1 \\ -m_2 a = m_2 g - T_2 \\ Ia/R = (T_1 - T_2)R \end{cases} \qquad (6.24)$$

nelle 4 incognite a, I, T_1 e T_2. Dalle prime due equazioni isoliamo i valori delle tensioni:

$$T_1 = m_1 g - m_1 a , \qquad T_2 = m_2 g + m_2 a ,$$

che sostituiti nella terza consentono di esprimere il momento d'inerzia I in funzione dell'accelerazione a:

$$I = \left[(m_1 - m_2) \frac{g}{a} - (m_1 + m_2) \right] R^2 . \qquad (6.25)$$

Sapendo che il corpo m_1, partendo da fermo, percorre la distanza y_0 nel tempo t_0, possiamo esprimere l'accelerazione come

$$a = 2y_0/t_0^2 ,$$

per cui la (6.25) diviene

$$I = \left[(m_1 - m_2) \frac{g t_0^2}{2 y_0} - (m_1 + m_2) \right] R^2 . \qquad (6.26)$$

(?) Si giri la (6.25), esprimendo l'accelerazione a in funzione delle masse m_1 e m_2 e del momento d'inerzia I. Si confronti il risultato con quello trovato nell'esercizio 3.3 , in cui si era considerata una carrucola con massa trascurabile. In quale dei due casi i due corpi m_1 e m_2 si muovono con accelerazione maggiore ? E in quale caso è maggiore la sollecitazione N al supporto della carrucola ? (Fig. 6.16 b)

(?) Si discuta il risultato espresso dalla (6.26) nel caso in cui i due corpi abbiano masse uguali, $m_1 = m_2$.

B) Si determini la velocità raggiunta dal corpo m_1 all'istante t_0.

Verifichiamo se è possibile applicare la legge di conservazione dell'energia al sistema costituito dai due corpi m_1, m_2 e dalla carrucola. In generale, la variazione di energia cinetica di un sistema è data da:

$$\Delta E_k \;=\; W_{\text{int}} \;+\; W_{\text{ext}}\,.$$

In questo caso, il lavoro complessivo delle forze interne è nullo, $W_{\text{int}} = 0$; l'unica forza esterna (la gravità) è una forza conservativa, per cui $W_{\text{ext}} = -\Delta E_p$. La variazione di energia potenziale di gravità per lo spostamento y_0 delle due masse (Fig. 6.17 a) è

$$\Delta E_p \;=\; -(m_1 - m_2)\, g\, y_0\,.$$

Poiché il sistema è inizialmente fermo, la variazione di energia cinetica è

$$\Delta E_k \;=\; m_1 v_1^2/2 \;+\; m_2 v_2^2/2 \;+\; I\omega^2/2\,,$$

e siccome $v_1 = v_2 = \omega R = v$, possiamo anche scrivere

$$\Delta E_k \;=\; \frac{1}{2}\left[m_1 + m_2 + \frac{I}{R^2}\right] v^2\,.$$

Ugualiando $\Delta E_k = -\Delta E_p$ si ottiene infine

$$v \;=\; \sqrt{\frac{2gy_0\,(m_1 - m_2)}{m_1 + m_2 + (I/R)^2}}\,.$$

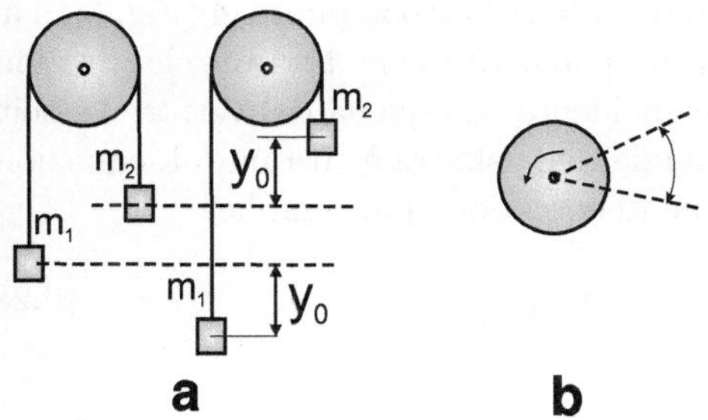

Fig. 6.17. Esercizio 6.3

(?) Si calcoli il lavoro delle singole forze, esterne ed interne, su ciascuno dei tre corpi che compongono il sistema. Si verifichi che il lavoro fatto sulla carrucola può essere calcolato a partire dall'espressione $\mathrm{d}W = \tau\,\mathrm{d}\theta$, dove τ è il momento delle forze applicate e θ l'angolo di rotazione (Fig. 6.17 b). Si mostri che il lavoro delle forze interne è globalmente nullo.

Esercizio 6.4

Una sbarra omogenea AB, di lunghezza $d = 1\,\mathrm{m}$ e massa $m = 1\,\mathrm{kg}$, è incernierata per l'estremo A ad un perno fisso. La sbarra, inizialmente in quiete in posizione orizzontale, viene lasciata libera di muoversi (Fig. 6.18).

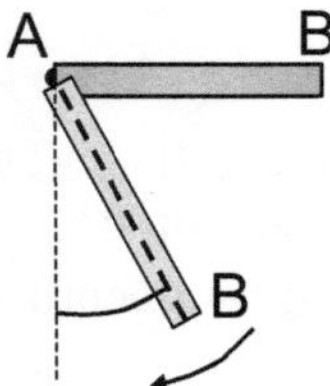

Fig. 6.18. Esercizio 6.4

A) Si determini l'accelerazione angolare in funzione dell'angolo θ di rotazione della sbarra rispetto alla verticale.

Individuiamo innanzitutto le forze agenti sulla sbarra:

a) la forza di gravità, applicata con continuità ai singoli elementi di massa della sbarra;
b) la reazione vincolare $\boldsymbol{T}$ del perno A, di direzione, verso e modulo a priori incogniti.

Poiché la forza $\boldsymbol{T}$ applicata in A è incognita, è conveniente considerare l'equazione del moto di rotazione

$$\frac{\mathrm{d}\boldsymbol{L}_A}{\mathrm{d}t} = \boldsymbol{\tau}_A \tag{6.27}$$

calcolando i momenti angolare $\boldsymbol{L}$ e motore $\boldsymbol{\tau}$ rispetto al punto A (Fig. 6.19 a). La rotazione della sbarra avviene in un piano verticale; pertanto la direzione del momento angolare $\boldsymbol{L}$ è fissa e coincidente con quella del vettore velocità angolare $\boldsymbol{\omega}$; inoltre il momento d'inerzia della sbarra è costante. L'equazione del moto (6.27) può pertanto ridursi all'epressione più semplice

$$I_A\,\alpha = \tau_A\,, \tag{6.28}$$

dove α è l'accelerazione angolare.
E' facile verificare che il momento d'inerzia rispetto all'asse di rotazione passante per A è

$$I_A = md^2/3 \tag{6.29}$$

e che il momento della forza peso, applicata ai singoli elementi di massa dm della sbarra, è equivalente al momento della forza peso totale $m\boldsymbol{g}$ applicata al CM (Fig. 6.19 a):

$$\tau_a = mg\,(d/2)\sin\theta\,. \tag{6.30}$$

Sostituendo le (6.29) e (6.30) nella (6.28) si ottiene infine l'accelerazione angolare in funzione dell'angolo:

$$\alpha(\theta) = \frac{3g\sin\theta}{2d}\,. \tag{6.31}$$

L'accelerazione angolare è massima quando l'asta è orizzontale:

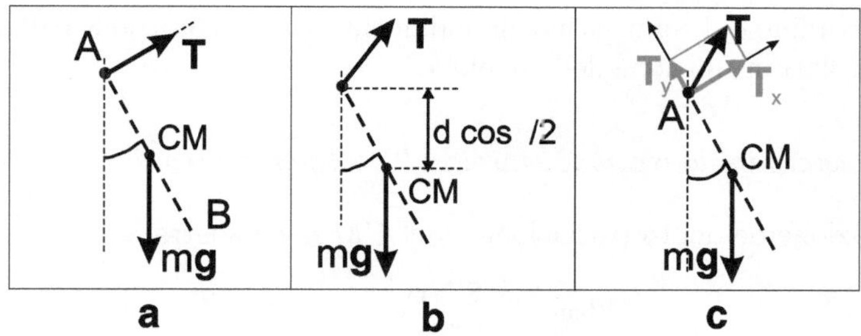

Fig. 6.19. Esercizio 6.4

$$\alpha_{\max} = \alpha(\pi/2) = 14.7\,\mathrm{rad\,s^{-2}}$$

e si riduce a zero quando l'asta è verticale.

(?) Si giustifichi analiticamente l'espressione (6.30) del momento della forza
peso utilizzando la definizione di CM.

(?) Quali delle tre grandezze - quantità di moto, momento angolare, energia
meccanica - si conservano ? E perché ?

*B) Si determini la velocità angolare della sbarra in funzione dell'angolo θ di
rotazione.*

La forza di gravità è conservativa; la reazione vincolare T del perno A non fa
lavoro in quanto applicata ad un punto in quiete. Possiamo pertanto applicare
la legge di conservazione dell'energia meccanica

$$-\Delta E_p = \Delta E_k \,. \tag{6.32}$$

La variazione di energia potenziale è legata alla variazione di altezza del CM
(Fig. 6.19 b):

$$\Delta E_p = -mg\,(d/2)\cos\theta \,, \tag{6.33}$$

mentre per l'energia cinetica, utilizzando la (6.29),

$$\Delta E_k = E_k = I_A\omega^2/2 = md^2\omega^2/6 \,. \tag{6.34}$$

Inserendo le (6.33) e (6.34) nella (6.32) si ottiene infine la velocità angolare
in funzione dell'angolo:

$$\omega(\theta) = \sqrt{\frac{3g}{d}\cos\theta} \,. \tag{6.35}$$

La velocità angolare è nulla quando l'asta è orizzontale ed è massima quando
l'asta è verticale:

$$\omega_{\max} = \omega(0) = 42\ \mathrm{rad\ s^{-1}} \,.$$

(?) Si giustifichi analiticamente l'espressione (6.33) dell'energia potenziale di
gravità utilizzando la definizione di CM.

(?) Si studino e si confrontino gli andamenti dell'accelerazione e della velocità angolari in funzione dell'angolo θ.

C) Si determini la reazione vincolare T nel punto fisso A.

L'equazione del moto traslazionale del CM della sbarra è

$$m\boldsymbol{a}_{\mathrm{cm}} = \sum \boldsymbol{F}_{\mathrm{ext}} = m\boldsymbol{g} + \boldsymbol{T} \,, \tag{6.36}$$

dove, in base alle considerazioni esposte sopra, abbiamo considerato la forza di gravità concentrata nel CM. Proiettiamo l'equazione vettoriale (6.36) su due assi fissi ortogonali x, y. Scegliamo gli assi in modo tale che, per un determinato valore dell'angolo θ di rotazione, x sia normale e y parallelo alla sbarra (Fig. 6.19 c). Questa scelta consente di separare le componenti tangenziale e normale dell'accelerazione $\boldsymbol{a}_{\mathrm{cm}}$:

$$a_x = a_t = \alpha d/2 \,, \qquad\qquad a_y = a_n = \omega^2 d/2 \,, \tag{6.37}$$

direttamente correlate ai valori α e ω già ricavati ed espressi nelle (6.31) e (6.35). Utilizzando le componenti dell'accelerazione date dalle (6.37), trasformiamo l'equazione vettoriale (6.36) nelle due equazioni scalari:

$$-(3mg/4)\sin\theta = -mg\sin\theta + T_x \,,$$
$$(3mg/2)\cos\theta = -mg\cos\theta + T_y \,,$$

da cui è immediato ricavare le due componenti della reazione vincolare (Fig. 6.20)

$$T_x = (mg/4)\sin\theta \,, \qquad\qquad T_y = (2mg/5)\cos\theta \,,$$

ed il modulo

$$T = mg \sqrt{\frac{1}{16}\sin^2\theta + \frac{25}{4}\cos^2\theta} \,.$$

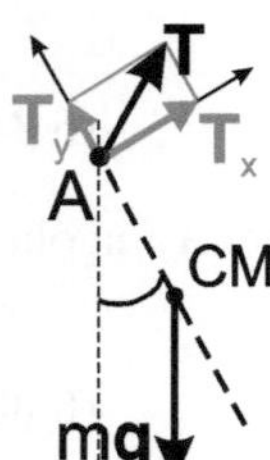

Fig. 6.20. Esercizio 6.4

(?) Si studi l'andamento delle componenti e del modulo della reazione T al variare dell'angolo θ. Si considerino in particolare le due condizioni estreme $\theta = \pi/2$ e $\theta = 0$. Per quale valore di θ è massimo il modulo T ?

Esercizio 6.5

Una giostra è costituita da un'asta rigida ed omogenea di massa $m = 60\,$kg e lunghezza $2d = 2\,$m, disposta orizzontalmente e girevole con attrito trascurabile intorno ad un asse verticale passante per il suo CM (Fig. 6.21). Inizialmente due ragazzi di ugual massa $M = 30\,$kg sono seduti ai due estremi della giostra, che ruota con frequenza $\nu_0 = 0.5\,$Hz (un giro ogni 2 secondi). A) Si determinino il momento d'inerzia e il modulo del momento angolare del sistema rispetto all'asse di rotazione.

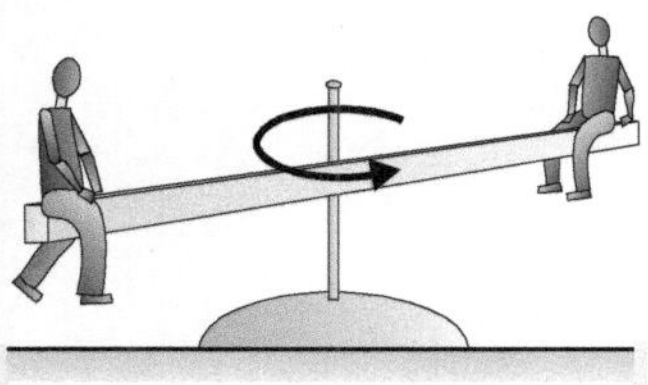

Fig. 6.21. Esercizio 6.5

Il momento d'inerzia dell'asta rispetto all'asse è

$$I_a = \frac{1}{12}\, m\,(2d)^2 = \frac{1}{3}\, m\, d^2 = 20\,\mathrm{kg\,m^2}\,.$$

Il momento d'inerzia totale del sistema (giostra + ragazzi) è

$$I_0 = I_a + 2Md^2 = 20 + 60 = 80\,\mathrm{kg\,m^2}\,.$$

La velocità angolare di rotazione è

$$\omega_0 = 2\pi\nu_0 = 3.14\,\mathrm{rad\,s^{-1}}\,.$$

Poiché la rotazione avviene in un piano orizzontale fisso, il vettore momento angolare $\boldsymbol{L}$ è verticale e parallelo al vettore velocità angolare $\boldsymbol{\omega}_0$. Pertanto il modulo di $\boldsymbol{L}$ è

$$L = I_0\,\omega_0 = 251.2\,\mathrm{kg\,m^2\,s^{-1}}\,.$$

(?) Si noti che la massa complessiva dei due ragazzi è uguale a quella della giostra; ciononostante, il suo contributo al momento d'inerzia totale I_0 è molto diverso. Perché ?

B) I due ragazzi, senza toccare terra con i piedi, si avvicinano entrambi all'asse della giostra, fino ad una distanza $d_1 = 0.8\,$m (Fig. 6.22). Si determini la velocità angolare della giostra nella nuova configurazione.

Durante il movimento di avvicinamento dei due ragazzi all'asse di rotazione il sistema non è soggetto a momenti di forze esterne. Pertanto il momento

Fig. 6.22. Esercizio 6.5

angolare totale si conserva. Varia invece il momento d'inerzia totale, che si riduce dal valore $I_0 = 80\,\mathrm{kg\,m^2}$ al valore

$$I_1 \ = \ I_a + 2Md_1^2 \ = \ 20 + 38.4 \ = \ 58.4\,\mathrm{kg\,m^2} \ .$$

Poiché il momento angolare si conserva,

$$L \ = \ I_0\omega_0 \ = \ I_1\omega_1 \ ,$$

alla riduzione del momento d'inerzia si accompagna un aumento della velocità angolare dal valore $\omega_0 = 3.14$ rad s^{-1} al valore

$$\omega_1 \ = \ (I_0/I_1)\,\omega_0 \ = \ 4.3\,\mathrm{rad\,s^{-1}} \ .$$

(?) Il sistema aumenta la velocità angolare, e quindi subisce un'accelerazione angolare, pur in assenza di momenti di forza. Come è possibile questo fatto ? Si ricordi che, per rotazione intorno ad un asse principale d'inerzia, $\boldsymbol{\tau} = \mathrm{d}\boldsymbol{L}/\mathrm{d}t = (\mathrm{d}I/\mathrm{d}t)\boldsymbol{\omega} + I\boldsymbol{\alpha}$.

C) Si calcoli la variazione di energia meccanica del sistema.

L'unica forma di energia meccanica che può subire variazioni è quella cinetica. Per l'intero sistema la variazione è:

$$\Delta E_k \ = \ I_1\omega_1^2/2 - I_0\omega_0^2/2 \ = \ 539.9 - 394.4 \ = \ 145\,\mathrm{J} \ .$$

Il sistema aumenta quindi considerevolmente la sua energia meccanica.

(?) La variazione di energia cinetica è legata al lavoro meccanico: $\Delta E_k = W$. Quale forza, in questo caso, è responsabile del lavoro fatto per aumentare E_k ? (Si rifletta sul fatto che, per mantenere i ragazzi su una traiettoria circolare, è necessaria una forza centripeta).

(?) L'energia meccanica non si è conservata; anzi, è addirittura aumentata, pur in assenza di forze esterne. Da dove proviene in questo caso la nuova quantità di energia ? (Si rifletta sullo sforzo muscolare esercitato dai due ragazzi per avvicinarsi all'asse di rotazione).

Esercizio 6.6

Una sbarra sottile ed omogenea AB, di massa M e lunghezza d, è libera di ruotare con attrito trascurabile intorno ad un asse fisso orizzontale passante per il suo estremo A. Inizialmente la sbarra si trova in quiete nella posizione di equilibrio stabile. Un proiettile di massa m, in moto orizzontale con velocità costante v_0, urta anelasticamente l'estremo inferiore B della sbarra, rimanendovi conficcato (Fig. 6.23).
A) Per quali valori della velocità v_0 del proiettile il sistema sbarra + proiettile riesce a ruotare completamente intorno al perno A ?

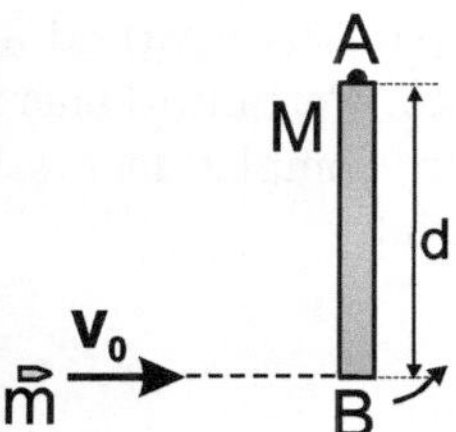

Fig. 6.23. Esercizio 6.6

Studiamo separatamente prima l'urto proiettile–sbarra e poi il moto del sistema proiettile-sbarra dopo l'urto.

Durante l'urto si conserva il momento angolare totale del sistema calcolato rispetto al punto di sospensione A (Fig. 6.24 a). Infatti durante l'urto le forze esterne al sistema (pesi e reazione vincolare in A) hanno momento nullo rispetto al punto A. Uguagliando il momento angolare del sistema immediatamente dopo l'urto a quello immediatamente prima dell'urto otteniamo

$$mv_0 d = I\omega_0 , \tag{6.38}$$

dove ω_0 è la velocità angolare del sistema immediatamente dopo l'urto, I è il momento d'inerzia del sistema rispetto all'asse orizzontale di rotazione passante per A:

$$I = (M/3 + m)\,d^2 .$$

Dalla (6.38) si ricava

$$\omega_0 = mv_0 d/I . \tag{6.39}$$

(?) Durante l'urto il momento angolare del sistema si conserva anche se calcolato rispetto ad un generico punto diverso da A ?

(?) Perché durante l'urto non si conservano né l'energia meccanica né la quantità di moto del sistema ?

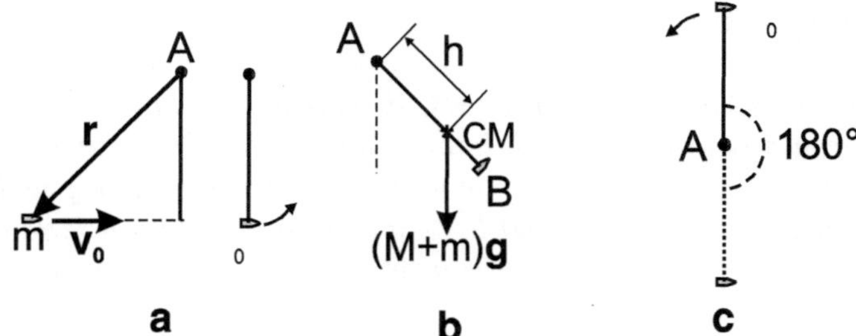

Fig. 6.24. Esercizio 6.6

Dopo l'urto il sistema è soggetto alla forza di gravità (conservativa) ed alla reazione vincolare in A, che non fa lavoro (Fig. 6.24 b). Pertanto l'energia meccanica si conserva. Affinché il sistema possa ruotare completamente intorno al punto A è necessario che l'energia cinetica iniziale

$$E_k = I\omega_0^2/2$$

sia maggiore o uguale alla variazione di energia potenziale di gravità ΔE_p corrispondente alla rotazione di 180° della sbarra.

Per calcolare ΔE_p consideriamo la forza di gravità applicata al CM del sistema. La distanza del CM dall'estremo A della sbarra è

$$h = \frac{m + M/2}{m + M}d. \tag{6.40}$$

La variazione di energia potenziale corrispondente alla rotazione di 180° della sbarra rispetto alla posizione iniziale (Fig. 6.24 c) è

$$\Delta E_p = (m + M)g2h = 2gd(m + M/2).$$

La rotazione completa della sbarra si ha perciò se

$$I\omega_0^2/2 \geq 2gd(m + M/2)$$

ovvero, sostituendo ω_0 dalla (6.39), se

$$v_0 \geq \sqrt{\frac{(2m + M)gI}{m^2 d}}. \tag{6.41}$$

Se nella (6.41) vale il segno $=$ la sbarra si arresta in posizione di equilibrio instabile dopo una rotazione di 180°. Se vale il segno $>$ la sbarra ruota periodicamente intorno al perno A.

(?) Durante il moto successivo all'urto non si conservano né la quantità di moto né il momento angolare del sistema. Perché ?

(?) Perché possiamo considerare la forza di gravità come se fosse applicata solo al CM del sistema ?

B) Si determini la reazione vincolare del perno A quando la sbarra ripassa per la posizione iniziale.

Dopo l'urto, il sistema sbarra-proiettile è soggetto alla reazione vincolare N del perno A, a priori incognita, ed alla forza di gravità, che considereremo applicata al CM del sistema. L'equazione del moto del CM è

$$(m + M)\,a_{\mathrm{cm}} = (m + M)\,g + N \ . \tag{6.42}$$

Quando il sistema ripassa per la posizione iniziale, la velocità v_{cm} del CM ha modulo massimo (Fig. 6.25 a). L'accelerazione è puramente centripeta, cioè ha direzione verticale come la forza di gravità: la (6.42) può pertanto essere soddisfatta solo se anche la reazione N ha direzione verticale.
Proiettiamo la (6.42) su un asse verticale y:

$$(m + M)\,a_t = -(m + M)\,g + N \ , \tag{6.43}$$

dove $a_t = h\omega_0^2$. Dalla (6.43) otteniamo pertanto che la reazione N è orientata verso l'alto (Fig. 6.25 b) ed ha modulo

$$N = (m + M)(g + h\omega_0^2) \ .$$

I valori h ed ω_0 possono essere ulteriormente esplicitati mediante le (6.39) e (6.40).

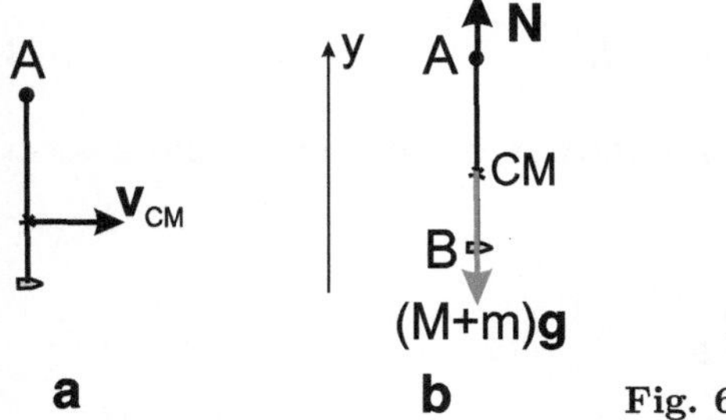

Fig. 6.25. Esercizio 6.6

(?) La posizione verticale iniziale era di *equilibrio* per la sbarra in quiete. Lo è ancora per la sbarra in moto ? (Si rifletta sul diverso significato di *equilibrio* e *quiete* e sul ruolo dell'accelerazione centripeta).

Esercizio 6.7

Un montacarichi è costituito da una cabina A di massa m_A e da un contrappeso B di massa m_B collegati da una fune inestensibile di massa trascurabile (Fig. 6.26). Le carrucole C e D sono costituite da due dischi omogenei

di uguali raggi R e masse M. Alla carrucola inferiore viene applicato un momento motore τ in verso orario.
Si determini l'accelerazione della cabina A nell'ipotesi che siano trascurabili gli attriti sugli assi delle carrucole.

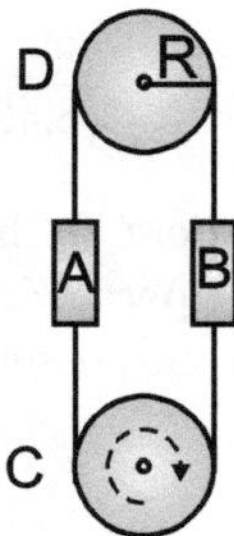

Fig. 6.26. Esercizio 6.7

Risolveremo il problema in due modi alternativi: *a)* studiando separatamente il moto di ciascuno dei 4 corpi che costituiscono il sistema (A, B, C e D), oppure *b)* studiando il moto del sistema nel suo complesso.

a) Prima soluzione

Per effetto del momento motore τ, la cabina, il contrappeso e la fune si muovono con accelerazione lineare di modulo a, le carrucole con accelerazione angolare α (Fig. 6.27 a). Poiché la fune non slitta sulle carrucole,

$$a = \alpha R. \tag{6.44}$$

Indichiamo con $\boldsymbol{T}_A$, $\boldsymbol{T}'_A$, $\boldsymbol{T}_B$ e $\boldsymbol{T}'_B$ le forze esercitate verso l'alto e verso il

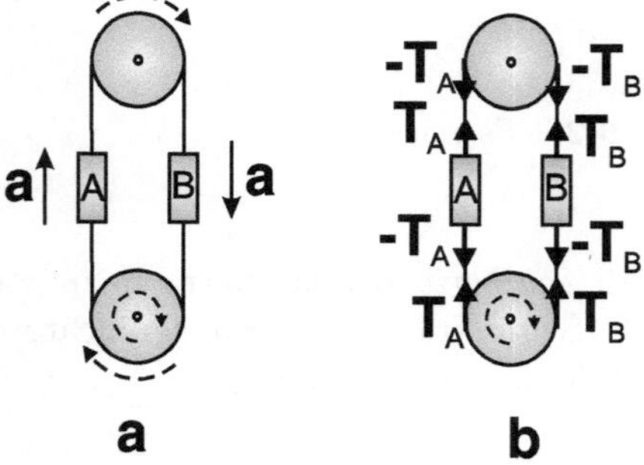

Fig. 6.27. Esercizio 6.7

basso dalla fune sulla cabina A e sul contrappeso B (Fig. 6.27 b). L'equazione scalare del moto della cabina A è

$$m_A a = T'_A - T_A - m_A g, \tag{6.45}$$

l'equazione del moto del contrappeso B è

$$m_B\, a \;=\; T_B - T'_B + m_B g\,. \tag{6.46}$$

Le due carrucole hanno entrambe momento d'inerzia $I = MR^2/2$. L'accelerazione angolare della carrucola superiore D è determinata dai momenti delle forze esercitate dalla fune:

$$I\alpha \;=\; (T'_B - T'_A)\,R\,. \tag{6.47}$$

Per la carrucola inferiore C, oltre ai momenti di forza esercitati dalla fune, è necessario considerare anche il momento motore τ:

$$I\alpha \;=\; (T_A - T_B)\,R + \tau\,. \tag{6.48}$$

La (6.44) e le equazioni del moto (6.45–6.48) costituiscono un sistema di 5 equazioni nelle 5 incognite a, T_A, T'_A, T_B, T'_B. Ricordando che $I = MR^2/2$, il sistema può essere risolto rispetto ad a:

$$a \;=\; \frac{\tau + (m_B - m_A)\,gR}{(M + m_A + m_B)\,R}\,. \tag{6.49}$$

(?) Si discuta il risultato (6.49) nei 3 casi: $m_A < m_B$, $m_A = m_B$, $m_A > m_B$.

b) *Seconda soluzione*

Applichiamo al sistema nel suo complesso l'equazione del moto riferita ai momenti:

$$\frac{d\boldsymbol{L}}{dt} \;=\; \sum \tau_{\text{ext}}\,, \tag{6.50}$$

dove $\sum \tau_{\text{ext}}$ è il momento motore risultante delle forze esterne, $\boldsymbol{L}$ è il momento angolare totale del sistema.

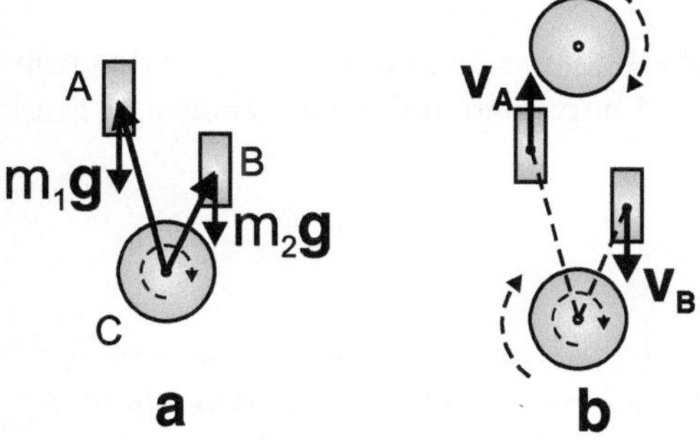

Fig. 6.28. Esercizio 6.7

Calcoliamo i momenti τ e $\boldsymbol{L}$ rispetto al centro della carrucola inferiore C. È facile verificare che i momenti hanno tutti la stessa direzione; possiamo pertanto trattare il problema in termini puramente scalari. Considereremo positivo il verso orario. I momenti di forze esterne che contribuiscono alla sommatoria nella (6.50) sono (Fig. 6.28 a):

- il momento motore τ applicato alla carrucola C;
- i momenti delle forze peso applicate alla cabina e al contrappeso, rispettivamente $-m_A gR$ e $m_B gR$.

Pertanto:

$$\sum \tau_{\text{ext}} = \tau + (m_B - m_A)gR .\tag{6.51}$$

Calcoliamo ora il momento angolare totale del sistema. Indichiamo con v la velocità istantanea della cabina e del contrappeso e con ω la velocità angolare istantanea delle due carrucole ($v = \omega R$). I momenti angolari della cabina A e del contrappeso B, calcolati rispetto al centro della carrucola C, sono (Fig. 6.28 b)

$$L_A = m_A vR; \qquad L_B = m_B vR .$$

I momenti angolari delle carrucole, calcolati rispetto ai loro assi, sono entrambi $L_{\text{cm}} = I\omega$. Per la carrucola inferiore il CM coincide con il polo dei momenti, per cui $L_C = I\omega$. Per calcolare il momento angolare della carrucola superiore D rispetto al centro della carrucola inferiore, usiamo la relazione

$$\boldsymbol{L}_D = \boldsymbol{L}_{\text{cm}} + M\boldsymbol{R}_{\text{cm}} \times \boldsymbol{v}_{\text{cm}} ,$$

dove $\boldsymbol{r}_{\text{cm}}$ congiunge i centri delle due carrucole e $\boldsymbol{v}_{\text{cm}}$ è la velocità del CM della carrucola D. Poiché $\boldsymbol{v}_{\text{cm}} = 0$, anche per la carrucola superiore $L_D = I\omega$. Il momento angolare totale è perciò

$$L = L_A + L_B + L_C + L_D = (m_A + m_B)vR + 2Iv/R.$$

Derivando rispetto al tempo, si ha

$$\frac{\mathrm{d}L}{\mathrm{d}t} = [m_A R + m_B R + (2I/R)]\, a .\tag{6.52}$$

Sostituendo le (6.51) e (6.52) nella (6.50) si riottiene il risultato (6.49).

(?) Nell'ipotesi che $m_A = m_B = 300\,\text{kg}$, $M = 50\,\text{kg}$ e $R = 0.4\,\text{m}$, si determini il momento motore τ necessario ad imprimere un'accelerazione $a = 1\,\text{m\,s}^{-2}$.

Esercizio 6.8

Una sbarra sottile ed omogenea di lunghezza d e massa M è appesa verticalmente per un estremo A ad un perno fisso. La sbarra è inizialmente in quiete. Un impulso orizzontale $\boldsymbol{J}_B$ è impresso, in modo pressoché istantaneo, alla sbarra in un punto B a distanza y dal punto di sospensione A (Fig. 6.29).
Per quale valore della distanza y l'impulso $\boldsymbol{J}_B$ non provoca sollecitazioni al perno A ?

L'impulso $\boldsymbol{J}_B$ applicato alla sbarra comporta, in generale, una sollecitazione impulsiva $-\boldsymbol{J}_A$ al perno di supporto. A tale sollecitazione $-\boldsymbol{J}_A$ corrisponde,

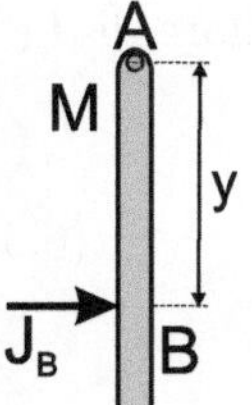

Fig. 6.29. Esercizio 6.8

per la legge di azione e reazione, un impulso $\boldsymbol{J}_A$ uguale e contrario esercitato sulla sbarra nel punto A (Fig. 6.30 a). L'impulso $\boldsymbol{J}_A$ ha direzione e verso a priori incogniti.

Il moto della sbarra *immediatamente dopo* l'azione dell'impulso $\boldsymbol{J}_B$ può essere considerato come dovuto all'effetto dei due impulsi $\boldsymbol{J}_A$ e $\boldsymbol{J}_B$, che causano la variazione della quantità di moto dell'intera sbarra (Fig. 6.30 b):

$$M\,\boldsymbol{v}_{\mathrm{cm}} = \boldsymbol{J}_A + \boldsymbol{J}_B\;. \tag{6.53}$$

Poiché la velocità $\boldsymbol{v}_{\mathrm{cm}}$ del CM è inizialmente orizzontale come $\boldsymbol{J}_B$, la (6.53) è soddisfatta solo se anche $\boldsymbol{J}_A$ è orizzontale. Possiamo pertanto esprimere la (6.53) in termini scalari:

$$M\,v_{\mathrm{cm}} = J_A + J_B\;. \tag{6.54}$$

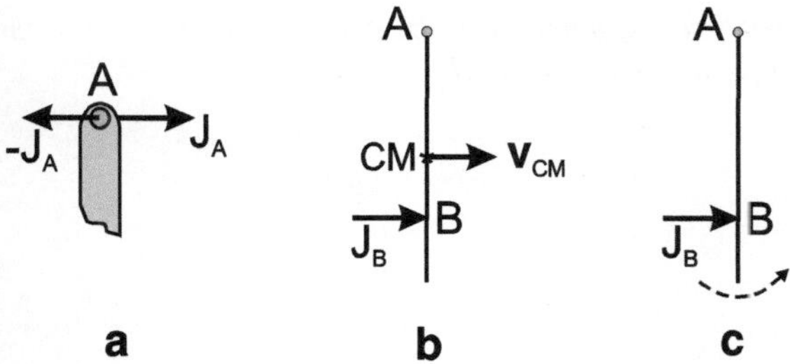

a   **b**   **c**   **Fig. 6.30.** Esercizio 6.8

Alternativamente, il moto della sbarra immediatamente dopo l'impulso $\boldsymbol{J}_B$ può essere considerato come effetto del momento rispetto al punto A dell'impulso $\boldsymbol{J}_B$, che causa la variazione del momento angolare della sbarra rispetto ad A (Fig. 6.30 c). Il momento angolare rispetto ad A è quindi:

$$L_A = I_A\,\omega = J_B\,y\;. \tag{6.55}$$

Dalla (6.55), poiché il momento d'inerzia è $I_A = Md^3/3$ e $\omega = 2v_{\mathrm{cm}}/d$, otteniamo

$$v_{\mathrm{cm}} = \frac{3y}{2dM}\,J_B\;. \tag{6.56}$$

Sostituendo il valore v_{cm} della (6.56) nella (6.54) si ottiene il valore di J_A in funzione di J_B e della distanza y:

$$J_A = J_B \left(\frac{3y}{2d} - 1 \right) . \tag{6.57}$$

Dalla (6.57) si ricava che:

a) se $y = 2d/3$, allora $\boldsymbol{J}_A = 0$, cioè il perno A *non* è sollecitato; il punto $y_0 = 2d/3$ è chiamato *centro di percussione*;
b) se $y < 2d/3$, allora $\boldsymbol{J}_A$ ha verso opposto a $\boldsymbol{J}_B$ (quindi il perno A è sollecitato nello stesso verso di $\boldsymbol{J}_B$);
c) se $y > 2d/3$, allora $\boldsymbol{J}_A$ ha verso uguale a $\boldsymbol{J}_B$.

(?) Si dimostri l'esattezza della (6.53), tenendo conto delle proprietà del CM e della definizione di impulso.

(?) Come sarebbe il moto della sbarra immediatamente dopo l'impulso $\boldsymbol{J}_B$ se il perno A non esercitasse alcuna resistenza in direzione orizzontale ?

Esercizio 6.9

Una ruota di massa M e raggio R è fissata all'estremità C di un asse rigido orizzontale di massa trascurabile, sostenuto da due cuscinetti A e B ad attrito trascurabile. Il punto B è equidistante da A e da C. Il sistema asse+ruota gira con velocità angolare costante ω (Fig. 6.31). Vogliamo studiare le sollecitazioni cui sono sottoposti i supporti A e B e l'influenza, su tali sollecitazioni, della distribuzione della massa della ruota.

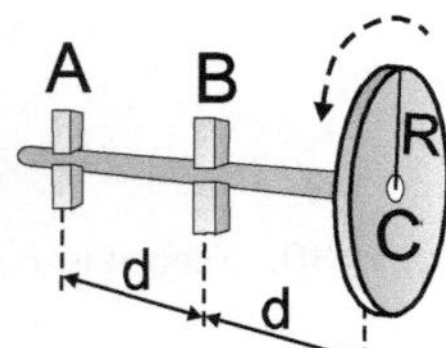

Fig. 6.31. Esercizio 6.9

A) Consideriamo prima il caso in cui la massa della ruota è distribuita uniformemente, per cui l'asse di rotazione è un asse principale d'inerzia. Calcoliamo le forze agenti sui supporti A e B.

In condizioni statiche ($\omega = 0$) è facile verificare che il peso $M\boldsymbol{g}$ della ruota è equilibrato dalle reazioni dei supporti (Fig. 6.32 a):

$$\boldsymbol{F}_A = M\boldsymbol{g}; \qquad \boldsymbol{F}_B = -2M\boldsymbol{g} . \tag{6.58}$$

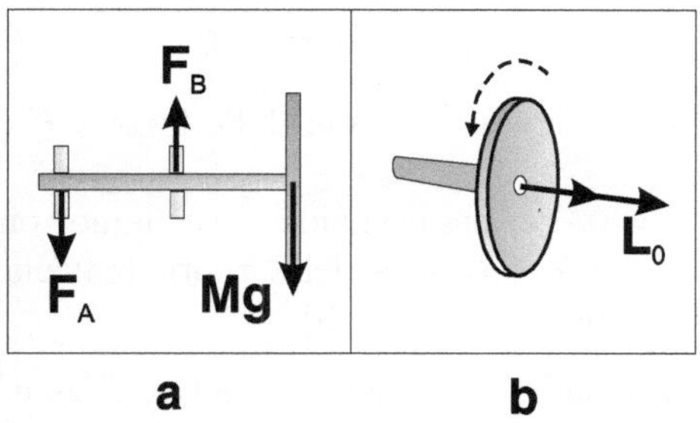

Fig. 6.32. Esercizio 6.9

I due supporti sono pertanto sollecitati, rispettivamente, dalle forze $-\boldsymbol{F}_A$ e $-\boldsymbol{F}_B$.

Poniamo ora in rotazione la ruota con velocità angolare ω. Poiché l'asse di rotazione è un asse principale d'inerzia, il momento angolare calcolato rispetto a qualsiasi punto dell'asse è (Fig. 6.32 b)

$$\boldsymbol{L}_0 \,=\, I_0\,\boldsymbol{\omega} \,=\, \text{costante}\,, \tag{6.59}$$

dove I_0 rappresenta il momento d'inerzia della ruota. Derivando il momento angolare (2) si ricava il momento di forza:

$$\boldsymbol{\tau}_0 \,=\, \frac{\mathrm{d}\boldsymbol{L}_0}{\mathrm{d}t} \,=\, 0\,.$$

La rotazione a velocità angolare ω costante non richiede pertanto ulteriori forze: le sollecitazioni ai supporti sono le stesse del caso statico. Il sistema si dice *staticamente e dinamicamente equilibrato*.

B) Consideriamo ora una distribuzione non simmetrica della massa della ruota. Per semplicità supponiamo che sulla circonferenza della ruota sia aggiunta una massa puntiforme m. Calcoliamo anche in questo caso le forze agenti sui supporti.

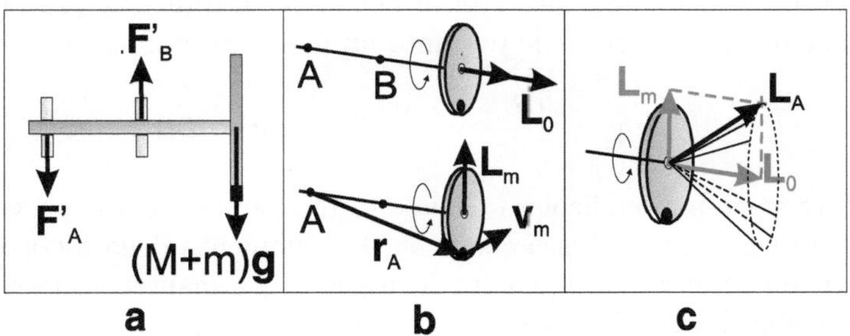

Fig. 6.33. Esercizio 6.9

In condizioni statiche ($\omega = 0$) il peso complessivo della ruota $(M + m)\boldsymbol{g}$ è equilibrato dalle reazioni dei supporti (Fig. 6.33 a):

$$F'_A = (M + m)\,g; \qquad F'_B = -2\,(M + m)\,g\ .$$

I due supporti sono pertanto sollecitati, rispettivamente, dalle forze $-F'_A$ e $-F'_B$.

Consideriamo ora il caso dinamico, $\omega \neq 0$. Per fissare le idee, scegliamo come polo dei momenti il punto A. Il momento angolare della ruota (calcolato rispetto ad A) è la somma di due contributi (Fig. 6.33 b):

a) quello L_0 della massa M distribuita simmetricamente rispetto all'asse di rotazione:

$$L_0 = I_0\,\omega = \text{costante}\ ;$$

b) quello L_m della massa aggiuntiva m:

$$L_m = m\,r_A \times v_m\ .$$

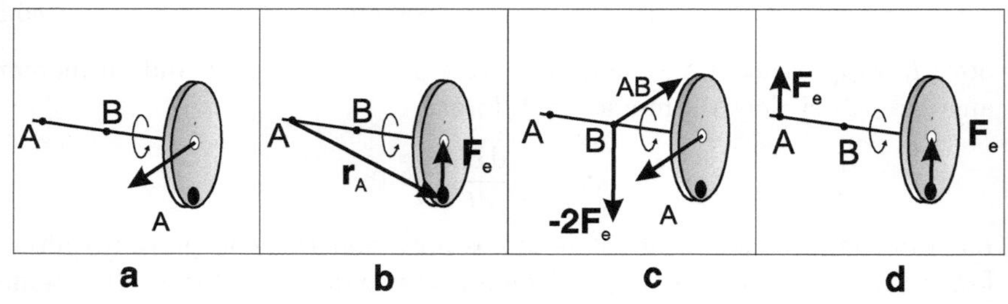

Fig. 6.34. Esercizio 6.9

Il momento angolare totale della ruota (rispetto al polo A),

$$L_A = L_0 + L_m$$

precede con velocità angolare ω intorno all'asse di rotazione (Fig. 6.33 c). La rotazione della ruota richiede pertanto un momento di forza

$$\tau_A = \frac{dL_A}{dt} = \frac{dL_m}{dt} = \omega \times L_m\ . \tag{6.60}$$

Il vettore τ_A è perpendicolare all'asse di rotazione e ruota con velocità angolare ω (Fig. 6.34 a). Fisicamente τ_A è il momento della forza $F_c = m a_c$ (dove a_c è l'accelerazione centripeta) necessaria a mantenere in rotazione la massa aggiuntiva m (Fig. 6.34 b):

$$\tau_A = r_A \times F_c\ . \tag{6.61}$$

Per la legge di azione e reazione, al momento τ_A della forza F_c applicata alla massa m corrisponde un momento di forza $\tau_{AB} = -\tau_A$ applicato al supporto B. Alla forza F_c corrisponde la sollecitazione $-2F_c$ al supporto

B (Fig. 6.34 c). Ripetendo l'analisi precedente utilizzando come polo dei momenti il punto B anziché il punto A, è facile verificare che il supporto A è sollecitato dalla forza $\boldsymbol{F}_c$ (Fig. 6.34 d).

La sollecitazione sui supporti dovuta alla rotazione della ruota con distribuzione non uniforme di massa ha pertanto direzione radiale variabile con frequenza angolare ω. Il modulo della sollecitazione è proporzionale a F_c e quindi a ω^2.

NB: I momenti (angolare e di forza) sono vettori *non* applicati: il loro punto di applicazione nei disegni è stato scelto arbitrariamente in base a considerazioni di chiarezza grafica.

(?) Si dimostri che il momento $\boldsymbol{\tau}_A$ dato dalla (6.60) è il momento della forza $\boldsymbol{F}_c = m\boldsymbol{a}_c$ (equazione 6.61).

(?) Cosa avviene dell'analisi precedente se si sceglie come polo dei momenti il centro C della ruota anziché uno dei due supporti A, B ?

6.3 Moto generico del corpo rigido

Moto roto-traslatorio

Il moto generico di un corpo rigido può essere descritto come la sovrapposizione di due moti semplici:

a) il *moto traslatorio* del CM del corpo rigido, con velocità istantanea $\boldsymbol{v}_{\mathrm{cm}}(t)$ (Fig. 6.35 a);

b) un *moto rotatorio* rispetto ad un asse istantaneo di rotazione passante per il CM, con velocità angolare $\boldsymbol{\omega}(t)$ (Fig. 6.35 b).

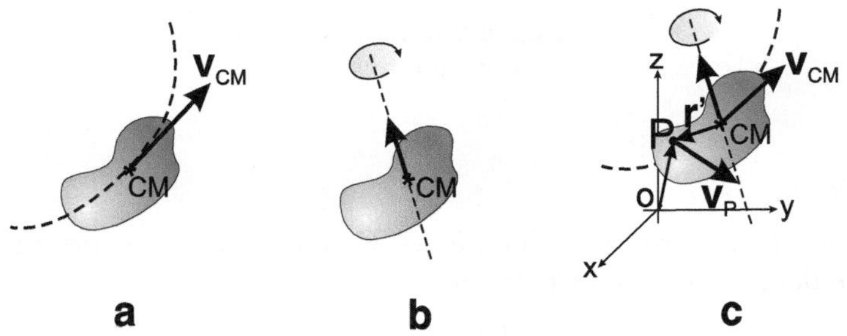

Fig. 6.35. Moto roto-traslatorio di un corpo rigido

Rispetto ad un riferimento inerziale, la velocità di un generico punto P di un corpo rigido è, ad ogni istante, data da (Fig. 6.35 c):

$$v_p = v_{\mathrm{cm}} + \boldsymbol{\omega} \times \boldsymbol{r}' , \tag{6.62}$$

dove $\boldsymbol{r}'$ è il raggio vettore del punto P rispetto al CM.

Legge del moto

La legge del moto di un corpo rigido è espressa dalle due equazioni:

$$M\, \boldsymbol{a}_{\mathrm{cm}} = \sum_i \boldsymbol{F}_i; \qquad \frac{\mathrm{d}\boldsymbol{L}_{(\mathrm{cm})}}{\mathrm{d}t} = \sum_i \boldsymbol{\tau}_{i(\mathrm{cm})}\,. \tag{6.63}$$

La prima equazione descrive il moto traslatorio del CM rispetto ad un riferimento inerziale: $\boldsymbol{a}_{\mathrm{cm}}$ è l'accelerazione del CM, le $\boldsymbol{F}_i$ sono le forze applicate al corpo rigido. Se $\sum F_i = 0$, allora $\boldsymbol{v}_{\mathrm{cm}} = costante$ e si conserva la quantità di moto totale del corpo rigido: $\boldsymbol{P} = M\,\boldsymbol{v}_{\mathrm{cm}} = costante$.

La seconda delle (6.63) descrive il moto rotatorio rispetto all'asse istantaneo di rotazione passante per il CM. Il momento angolare $\boldsymbol{L}_{(\mathrm{cm})}$ del corpo rigido ed i momenti $\boldsymbol{\tau}_{i(\mathrm{cm})}$ delle forze applicate al corpo rigido sono calcolati rispetto al CM. L'equazione è valida anche se il CM si muove di moto accelerato (riferimento non inerziale). Se $\sum \boldsymbol{\tau}_{i(\mathrm{cm})} = 0$, allora il momento angolare $\boldsymbol{L}_{(\mathrm{cm})}$ del corpo rigido rispetto al CM si conserva.

La seconda delle (6.63) può essere sostituita da

$$\frac{\mathrm{d}\boldsymbol{L}}{\mathrm{d}t} = \sum_i \boldsymbol{\tau}_i\,, \tag{6.64}$$

dove il momento angolare $\boldsymbol{L}$ del corpo rigido ed i momenti di forza $\boldsymbol{\tau}_i$ sono calcolati rispetto ad un punto in quiete in un riferimento inerziale.

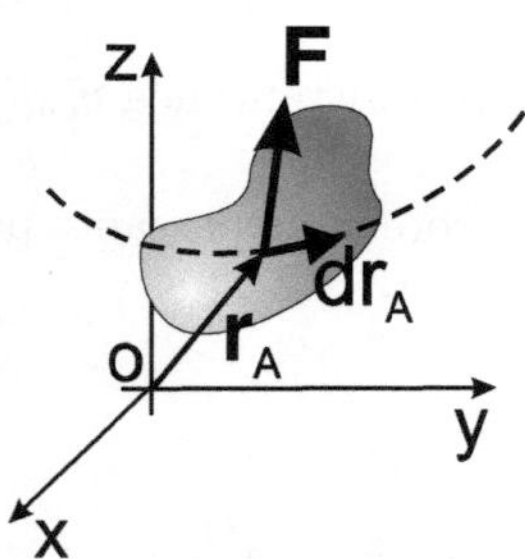

Fig. 6.36. Lavoro elementare di una forza $\boldsymbol{F}$ per lo spostamento $\mathrm{d}\boldsymbol{r}_a$

Lavoro

Il lavoro elementare $\mathrm{d}W$ di una forza $\boldsymbol{F}$ applicata ad un corpo rigido (Fig. 6.36) è definito dal prodotto scalare

$$\mathrm{d}W = \boldsymbol{F} \cdot \mathrm{d}\boldsymbol{r}_a\,, \tag{6.65}$$

dove $\mathrm{d}\boldsymbol{r}_a$ è lo spostamento elementare del punto di applicazione della forza. Per il lavoro della forza di gravità (applicata ad ogni elemento di massa del corpo rigido) si dimostra che

$$\mathrm{d}W = M\,\boldsymbol{g} \cdot \mathrm{d}\boldsymbol{r}_{\mathrm{cm}}\,, \tag{6.66}$$

dove M è la massa totale del corpo, $\mathrm{d}\boldsymbol{r}_{\mathrm{cm}}$ è lo spostamento elementare del CM.

Energia

Si dimostra che l'*energia cinetica* di un corpo rigido può essere espressa come somma di due termini:

$$E_k = \frac{1}{2} M v_{cm}^2 + \frac{1}{2} I_0 \omega^2 . \tag{6.67}$$

Il primo termine è l'energia cinetica del moto di traslazione. Il secondo termine è l'energia cinetica del moto di rotazione; I_0 è il momento d'inerzia del corpo rigido rispetto all'asse istantaneo di rotazione passante per il CM.
Se le forze applicate al corpo rigido sono conservative, l'energia meccanica totale (cinetica + potenziale) si conserva:

$$\Delta E_k = -\Delta E_p . \tag{6.68}$$

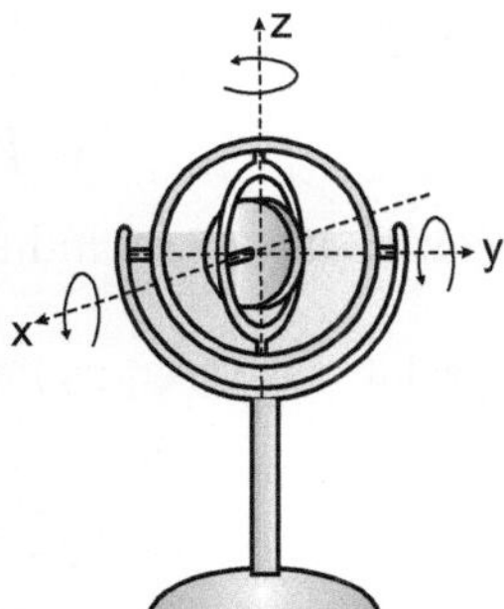

Fig. 6.37. Giroscopio

Giroscopio

Si chiama *giroscopio* un corpo rigido girevole intorno ad un suo asse principale d'inerzia e montato in modo tale che l'asse di rotazione possa essere orientato arbitrariamente rispetto al supporto (Fig. 6.37). In assenza di momenti di forze esterne:

$$\boldsymbol{\tau}_{(cm)} = 0 \quad \Rightarrow \quad \boldsymbol{L}_{(cm)} = I_0 \boldsymbol{\omega} = \text{cost.} \quad \Rightarrow \quad \boldsymbol{\omega} = \text{cost.} \tag{6.69}$$

Ciò significa che l'asse di rotazione mantiene inalterata la sua direzione rispetto ad un riferimento inerziale, indipendentemente dal moto del supporto del giroscopio.

Esercizio 6.10

Due rocchetti omogenei uguali di massa M e raggio R sono inizialmente appoggiati su due supporti disposti come in Fig. 6.38. Una fune inestensibile

e di massa trascurabile è arrotolata sui due rocchetti. Ad un certo istante il supporto del rocchetto inferiore viene rimosso e il rocchetto cade.
A) Determinare l'accelerazione del rocchetto che cade e la tensione della fune.

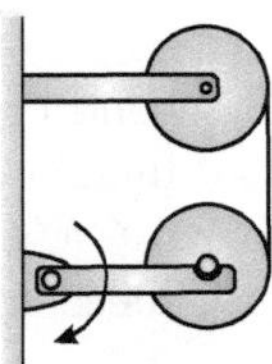

Fig. 6.38. Esercizio 6.10

Il *rocchetto superiore* 1 ha l'asse fisso. Il suo moto è puramente rotatorio e l'unica forza che ha momento non nullo rispetto all'asse è la forza $-\boldsymbol{T}$ esercitata dalla fune (Fig. 6.39 a). L'equazione del moto è

$$I\,\alpha_1 = -T R\,, \tag{6.70}$$

dove I è il momento d'inerzia rispetto all'asse; α_1 è negativa in quanto induce rotazione in verso orario.
Il *rocchetto inferiore* 2 è animato da moto roto-traslatorio. L'equazione scalare del moto traslatorio del CM è

$$M\,a_2 = Mg - T\,. \tag{6.71}$$

L'equazione del moto rotazionale relativo al CM è

$$I\,\alpha_2 = T R\,. \tag{6.72}$$

Confrontando la (6.72) con la (6.70) si vede che $\alpha_2 = -\alpha_1$. Poniamo $\alpha = |\alpha_1| = |\alpha_2|$.

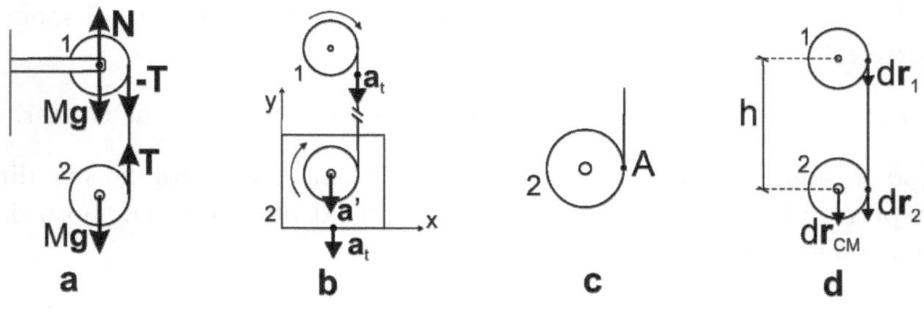

Fig. 6.39. Esercizio 6.10

Per risolvere il problema, ricavando dalle (6.71) e (6.72) i valori dell'accelerazione a_2 e della tensione T, dobbiamo prima determinare la relazione tra a_2 e α

(Fig. 6.39 b). Osserviamo che la fune si muove verso il basso con accelerazione di modulo $a_t = \alpha R$. A sua volta, il CM del rocchetto 2 si muove con accelerazione $a' = \alpha R$ rispetto alla fune. Rispetto al riferimento inerziale, l'accelerazione del CM del rocchetto 2 è perciò, in modulo,

$$a_2 = a' + a_t = 2\alpha R .\tag{6.73}$$

Utilizzando la (6.73), dalle (6.71) e (6.72) si ricava infine

$$a_2 = g \left[\frac{I}{2MR^2} + 1 \right]^{-1} ; \qquad T = Mg \left[\frac{1}{1 + 2MR^2/I} \right]^{-1} .\tag{6.74}$$

Se i due rocchetti possono essere approssimati come dischi omogenei, il momento d'inerzia è $I = MR^2/2$ e le (6.74) si riducono a:

$$a_2 = 4g/5 , \qquad T = Mg/5 .\tag{6.75}$$

(?) Si determini lo sforzo esercitato sul supporto del rocchetto superiore.

(?) L'equazione del moto rotazionale del rocchetto inferiore, espressa in forma scalare dalla (6.72), è riferita all'asse passante per il CM del rocchetto. Sarebbe errato riferirla all'asse normale al rocchetto passante per il punto A da cui si stacca la fune (Fig. 6.39 c). Perché ?

B) Si dimostri che l'energia meccanica si conserva e si determini la velocità del CM del rocchetto inferiore 2 dopo una caduta h.

Verifichiamo innanzitutto che è possibile applicare la legge di conservazione dell'energia meccanica. Consideriamo separatamente i due rocchetti (Fig. 6.39 d): il lavoro elementare fatto sul rocchetto 1 è:

$$\mathrm{d}W_1 = T\,\mathrm{d}r_1 = \mathrm{d}E_{k,1}\tag{6.76}$$

(forza e spostamento sono concordi in segno); per il rocchetto 2:

$$\mathrm{d}W_2 = -T\,\mathrm{d}r_2 + Mg\,\mathrm{d}r_\mathrm{cm} = \mathrm{d}E_{k,2} .\tag{6.77}$$

Poiché la fune è inestensibile, gli spostamenti infinitesimi $\mathrm{d}r_1$ e $\mathrm{d}r_2$ nel riferimento inerziale sono uguali: $\mathrm{d}r_1 = \mathrm{d}r_2$. Pertanto, sommando le (6.76) e (6.77), si ottiene che la variazione di energia cinetica del sistema

$$\Delta E_k = \mathrm{d}W_1 + \mathrm{d}W_2 = Mg\,\mathrm{d}r_\mathrm{cm}$$

dipende solo dalla forza di gravità. Si può quindi applicare la legge di conservazione $\Delta E_k = -\Delta E_p$:

$$I\omega_1^2/2 + I\omega_2^2/2 + Mv_2^2/2 = Mgh .\tag{6.78}$$

Poiché $|\alpha_1| = |\alpha_2|$ e $a_2 = 2\alpha R$, è facile vedere che $|\omega_1| = |\omega_2| = \omega$ e che $v_2 = 2\omega R$. Ponendo $I = MR^2/2$, dalla (6.78) si ottiene

$$v_2^2 = 8gh/5 .$$

(?) Che rapporto c'è tra lo spostamento elementare del CM del rocchetto 2, $\mathrm{d}r_\mathrm{cm}$, e $\mathrm{d}r_2$ nella (6.77) ?

Esercizio 6.11

Una sbarra omogenea AB, di massa M e lunghezza d, è appoggiata come in Fig. 6.40 ad una parete verticale liscia. L'attrito tra l'estremità B della sbarra ed il pavimento è trascurabile. All'istante iniziale la sbarra è in quiete, inclinata di un angolo ϕ_0 rispetto all'orizzontale, libera di muoversi.
A) Si determinino la velocità e l'accelerazione angolari della sbarra in funzione dell'angolo di inclinazione ϕ.

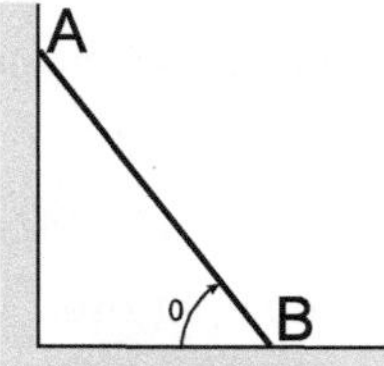

Fig. 6.40. Esercizio 6.11

Le forze agenti sulla sbarra sono (Fig. 6.41 a):

- la forza di gravità $\boldsymbol{P} = M\boldsymbol{g}$, applicata al CM;
- la reazione vincolare in A, $\boldsymbol{F}_A$, normale alla parete;
- la reazione vincolare in B, $\boldsymbol{F}_B$, normale al pavimento.

Le reazioni vincolari $\boldsymbol{F}_A$ e $\boldsymbol{F}_B$ non compiono lavoro in quanto normali agli spostamenti dei loro punti di applicazione; la forza di gravità è conservativa; pertanto l'energia meccanica si conserva. L'energia meccanica totale della sbarra può essere espressa come somma di tre contributi:

$$E_{\text{tot}} = Mg\,(d/2)\sin\phi + Mv_{\text{cm}}^2/2 + I_c\omega^2/2\,.$$

Il primo termine è l'energia potenziale di gravità calcolata rispetto al pavi-

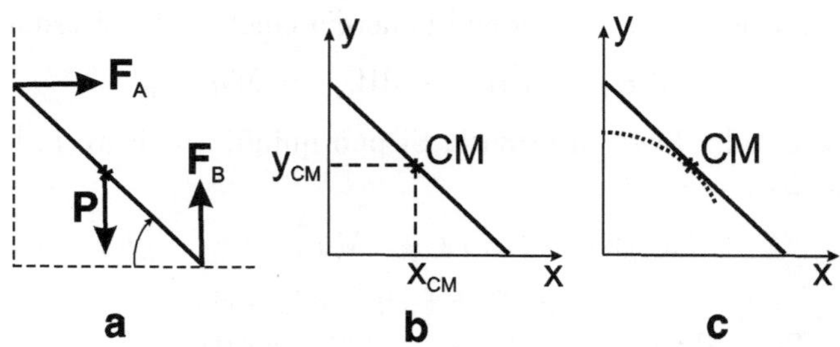

Fig. 6.41. Esercizio 6.11

mento. Il secondo termine è l'energia cinetica del moto traslazionale del CM.

Il terzo termine è l'energia cinetica del moto rotazionale rispetto ad un asse orizzontale passante per il CM.

All'istante iniziale, l'energia cinetica è nulla e l'energia potenziale di gravità è $E_p = (Mgd/2)\sin\phi_0$. La legge di conservazione dell'energia meccanica dà pertanto:

$$Mg\,(d/2)\sin\phi_0 = Mg\,(d/2)\sin\phi + Mv_{\mathrm{cm}}^2/2 + I_c\,\omega^2/2 \,. \qquad (6.79)$$

Cerchiamo di esplicitare la relazione tra v_{cm} e ω. Allo scopo calcoliamo v_{cm} a partire dalle coordinate del CM (Fig. 6.41 b):

$$x_{\mathrm{cm}} = (d/2)\cos\phi \,, \qquad\qquad y_{\mathrm{cm}} = (d/2)\sin\phi \,. \qquad (6.80)$$

Derivando rispetto al tempo le (6.80):

$$\frac{\mathrm{d}x_{\mathrm{cm}}}{\mathrm{d}t} = -(d/2)\frac{\mathrm{d}\phi}{\mathrm{d}t}\sin\phi \,, \qquad\qquad \frac{\mathrm{d}y_{\mathrm{cm}}}{\mathrm{d}t} = (d/2)\frac{\mathrm{d}\phi}{\mathrm{d}t}\cos\phi \,,$$

da cui:

$$v_{\mathrm{cm}}^2 = \left(\frac{\mathrm{d}x_{\mathrm{cm}}}{\mathrm{d}t}\right)^2 + \left(\frac{\mathrm{d}y_{\mathrm{cm}}}{\mathrm{d}t}\right)^2 = (d/2)\left(\frac{\mathrm{d}\phi}{\mathrm{d}t}\right)^2 \,.$$

Sostituendo il valore v_{cm}^2 così calcolato nella (6.79) e ricordando che $I_c = Md^2/12$, si ottiene il quadrato della velocità angolare in funzione di ϕ:

$$\omega^2 = (3g/d)\,(\sin\phi_0 - \sin\phi) \,.$$

Si noti che l'angolo ϕ diminuisce al crescere del tempo; pertanto $\omega < 0$, per cui

$$\omega = \frac{\mathrm{d}\phi}{\mathrm{d}t} = -\sqrt{\omega^2} = -\sqrt{\frac{3g}{d}\,(\sin\phi_0 - \sin\phi)} \,. \qquad (6.81)$$

Derivando ω rispetto al tempo si ottiene l'accelerazione angolare:

$$\alpha = \frac{\mathrm{d}\omega}{\mathrm{d}t} = -\frac{3g}{2d}\cos\phi \,. \qquad (6.82)$$

(?) Si disegnino i grafici di ω e α in funzione di ϕ e li si discuta.

(?) A partire dalle (6.80), si determini la forma della traiettoria del CM della sbarra (Fig. 6.41 c).

B) Si determini per quale valore ϕ_1 dell'angolo ϕ l'estremo A della sbarra si stacca dalla parete.

Le equazioni (scalari) del moto della sbarra sono:

$$Ma_x = F_A \,, \qquad Ma_y = Mg - F_B \,, \qquad \frac{\mathrm{d}L_{(\mathrm{cm})}}{\mathrm{d}t} = \tau_{(\mathrm{cm})} \,.$$

Quando l'estremo A si stacca dalla parete, si ha che

$$F_A = 0 \qquad \text{cioe}' \qquad a_x = 0 \,.$$

Calcoliamo a_x derivando due volte rispetto al tempo la coordinata x del CM data dalla (6.80):

$$a_x = \frac{\mathrm{d}^2 x_{\mathrm{cm}}}{\mathrm{d}t^2} = -(d/2)\left(\frac{\mathrm{d}\phi}{\mathrm{d}t}\right)^2 \cos\phi - (d/2)\frac{\mathrm{d}^2\phi}{\mathrm{d}t^2}\sin\phi$$
$$= -(d/2)\,\omega^2 \cos\phi - (d/2)\,\alpha\sin\phi \,.$$

Sostituendo i valori di ω e di α dati dalle (6.81) e (6.82), è facile verificare che la componente a_x si annulla, e quindi l'estremo A della sbarra si stacca dalla parete, quando $\phi = \phi_1$, con

$$\sin\phi_1 = (2/3)\sin\phi_0 \,.$$

Esercizio 6.12

Un'asta AB, di lunghezza $L = 1\,\mathrm{m}$ e massa $M = 10\,\mathrm{kg}$, è inizialmente in quiete, appoggiata su un piano orizzontale privo di attrito. Il momento d'inerzia dell'asta rispetto all'asse verticale passante per il CM è $I_{(\mathrm{cm})} = 1\,\mathrm{kg\,m^2}$. Sull'asta viene esercitato un impulo $\boldsymbol{J}$ di brevissima durata e di modulo $J = 1\,\mathrm{kg\,m\,s^{-1}}$ in direzione normale all'asta (Fig. 6.42).

A) Si determini il moto dell'asta se l'impulso è esercitato in corrispondenza del CM. Si calcoli l'energia cinetica dell'asta.

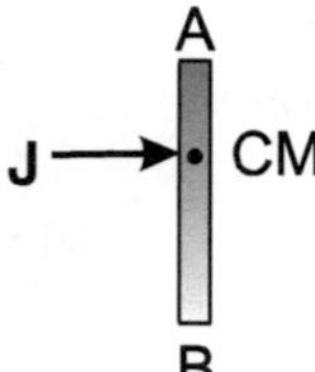

Fig. 6.42. Esercizio 6.12

Le equazioni del moto dell'asta sono:

$$\boldsymbol{F} = \frac{\mathrm{d}\boldsymbol{P}}{\mathrm{d}t} \,, \qquad \boldsymbol{\tau}_{(\mathrm{cm})} = \frac{\mathrm{d}\boldsymbol{L}_{(\mathrm{cm})}}{\mathrm{d}t} \,. \qquad (6.83)$$

Dalla prima delle (6.83) si ha la variazione di quantità di moto dell'asta

$$\Delta\boldsymbol{P} = \int_1^2 \boldsymbol{F}\,\mathrm{d}t = \boldsymbol{J} \,.$$

Pertanto il CM si muoverà nella stessa direzione dell'impulso J (Fig. 6.43), e il modulo della sua velocità sarà

$$v_{cm} = \frac{\Delta P}{M} = \frac{J}{M} = 0.1\,\mathrm{m\,s}^{-1} . \tag{6.84}$$

Dalla seconda delle (6.83), poiché $\tau_{(cm)} = 0$, si ricava che l'asta non ruota

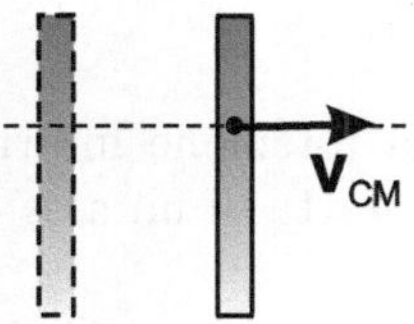

Fig. 6.43. Esercizio 6.12

intorno al CM; il moto è perciò puramente traslatorio. L'energia cinetica dell'asta è pertanto

$$E_{k,A} = M v_{cm}^2/2 = 0.05\,\mathrm{J} .$$

B) Si determini il moto dell'asta se l'impulso è esercitato in corrispondenza di un punto C a distanza $d_1 = 0.3\,\mathrm{m}$ dal CM (Fig. 6.44 a). Si calcoli l'energia cinetica dell'asta.

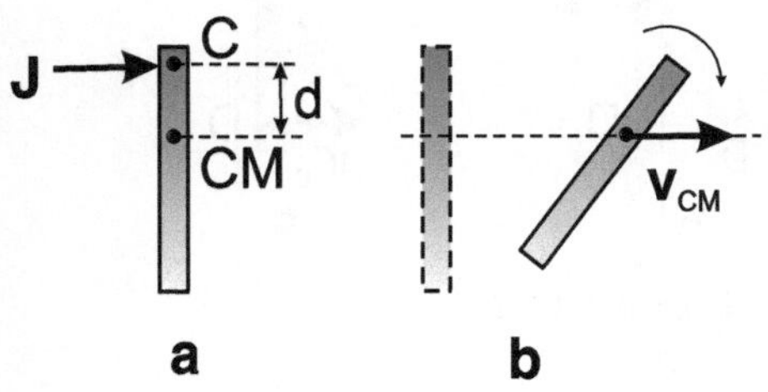

Fig. 6.44. Esercizio 6.12

Le equazioni del moto (6.83) sono ovviamente valide anche in questo caso. Dalla prima delle (6.83) si ha ancora

$$\Delta P = J , \qquad v_{cm} = 0.1\ \mathrm{m\ s}^{-1} .$$

Dalla seconda delle (6.84) si ha invece in questo caso

$$\Delta L_{(cm)} = \int_1^2 \tau_{(cm)}\,\mathrm{d}t = d_1 \times J .$$

Pertanto l'asta acquista un momento angolare $L_{(cm)}$ rispetto al CM, di direzione verticale (normale al piano di appoggio) e modulo

$$L_{(cm)} = d_1\, J = 0.3\,\mathrm{kg\,m^2\,s^{-1}}\,, \tag{6.85}$$

cui corrisponde una velocità angolare relativa al CM (Fig. 6.44 b)

$$\omega = L_{(cm)}/I_{(cm)} = 0.3\,\mathrm{rad\,s^{-1}}\,. \tag{6.86}$$

Il moto è pertanto roto-traslatorio e l'energia cinetica è

$$E_{k,B} = M\,v_{cm}^2/2 + I_{(cm)}\,\omega^2/2 = 0.095\,\mathrm{J}\,.$$

(?) Si dimostri che è lecito porre $L_{(cm)} = I_{(cm)}\,\omega$ per la rotazione intorno all'asse verticale passante per il CM, anche se non si tratta di un asse di simmetria dell'asta.

(?) Lo stesso impulso $\boldsymbol{J}$ (integrale di una forza per un tempo) provoca diverse variazioni di energia cinetica a seconda del punto in cui è esercitato; nel nostro caso, $E_{k,B} > E_{k,A}$. Perché ?

C) Se l'impulso è esercitato nel punto C, come nel caso precedente (Fig. 6.45 a), si determini la posizione del punto D dell'asta che resta istantaneamente in quiete (Fig. 6.45 b).

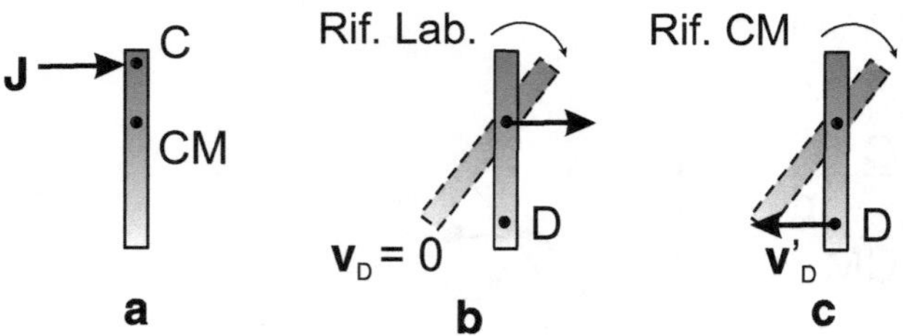

Fig. 6.45. Esercizio 6.12

La velocità di un punto generico D dell'asta può essere espressa come

$$\boldsymbol{v}_D = \boldsymbol{v}_{cm} + \boldsymbol{v}'_D\,,$$

dove $\boldsymbol{v}'_D$ è la velocità relativa al CM. Nel riferimento del CM (Fig. 6.45 c) il moto è puramente rotatorio, e $\boldsymbol{v}'_D$ è perpendicolare all'asta, con modulo

$$v'_D = \omega\, d_2\,, \tag{6.87}$$

dove d_2 è la distanza del punto D dal CM. Affinché il punto D sia istantaneamente in quiete, cioè $\boldsymbol{v}_D = 0$, deve essere

$$\boldsymbol{v}'_D = -\boldsymbol{v}_{cm}\,;$$

questa condizione può verificarsi solo quando l'asta è disposta perpendicolarmente alla direzione di moto del CM (ad es. all'istante iniziale). La posizione del punto D sull'asta è individuata dalla sua distanza d_2 dal CM. Utilizzando la (6.87) e le (6.84), (6.85) e (6.86), si vede che

$$d_2 = \frac{v_D}{\omega} = \frac{v_{\rm cm}}{\omega} = \frac{I_{\rm (cm)}}{Md_1} = 0.33\,{\rm m}\,.$$

Esercizio 6.13

Un disco omogeneo A, di raggio R e massa m, scivola con velocità costante su un piano orizzontale privo di attrito, finché urta un disco uguale B, in quiete e con il centro a distanza R dalla traiettoria del centro del disco A. Dopo l'urto i dischi rimangono uniti nel punto di contatto iniziale (Fig. 6.46).
A) Si caratterizzi il moto dei due dischi dopo l'urto e si calcoli l'energia dissipata nell'urto nel caso in cui il disco A prima dell'urto abbia moto puramente traslazionale, con velocità v_A.

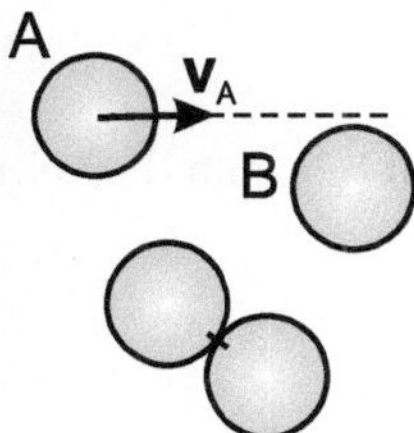

Fig. 6.46. Esercizio 6.13

Durante l'urto non agiscono forze esterne al sistema costituito dai due dischi. Pertanto si conservano sia la quantità di moto totale del sistema, P, sia il momento angolare totale rispetto al CM, $L_{\rm (cm)}$.
La *conservazione della quantità di moto* P implica che il CM mantiene costante la sua velocità $v_{\rm cm}$ (Fig. 6.47 a). Poiché le masse dei due dischi sono uguali,

$$v_{\rm cm} = v_A/2\,.$$

Dopo l'urto il CM coincide con il punto di contatto tra i due dischi e si muove di moto rettilineo ed uniforme.
Consideriamo ora le conseguenze della *conservazione del momento angolare* $L_{\rm (cm)}$. Prima dell'urto i due dischi si muovono rispetto al CM con velocità uguali e contrarie (Fig. 6.47 b), rispettivamente

$$v'_A = v_A/2; \qquad v'_B = -v_A/2\,.$$

Il momento angolare del sistema costituito dai due dischi è

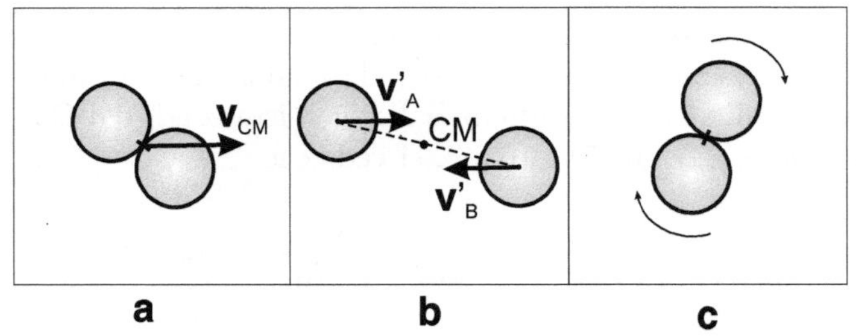

Fig. 6.47. Esercizio 6.13

$$\boldsymbol{L}_{(cm)} \;=\; m\,\boldsymbol{r}_A \times \boldsymbol{v}'_A \;+\; m\,\boldsymbol{r}_B \times \boldsymbol{v}'_B\,, \tag{6.88}$$

ha direzione normale al piano, verso entrante e modulo

$$L_{(cm)} \;=\; mRv_A/2\,.$$

Dopo l'urto, il sistema ruota in senso orario attorno all'asse verticale passante per il CM con velocità angolare $\boldsymbol{\omega}$ (Fig. 6.47 c). Poiché, per motivi di simmetria, l'asse di rotazione è asse principale d'inerzia del sistema,

$$\boldsymbol{L}_{(cm)} \;=\; I_{(cm)}\,\boldsymbol{\omega}\,.$$

Il momento d'inerzia I_{cm} può essere calcolato utilizzando il teorema di Steiner e ricordando che per un disco omogeneo $I_0 = mR^2/2$:

$$I_{(cm)} \;=\; 2\,(I_0 + mR^2) \;=\; 3\,mR^2\,.$$

Pertanto la velocità angolare di rotazione è, in modulo,

$$\omega \;=\; \frac{L_{(cm)}}{I_{(cm)}} \;=\; \frac{mRv_A}{2}\,\frac{1}{3mR^2} \;=\; \frac{v_A}{6R}\,.$$

Calcoliamo ora *l'energia dissipata* durante l'urto anelastico. Prima dell'urto l'energia cinetica è

$$E_{k,i} \;=\; \frac{1}{2}\,m\,v_A^2\,.$$

Dopo l'urto l'energia cinetica è

$$E_{k,f} \;=\; \frac{1}{2}\,(2m)\,v_{cm}^2 \;+\; \frac{1}{2}\,I_{cm}\,\omega^2 \;=\; \frac{mv_A^2}{4} + \frac{mv_A^2}{24} \;=\; \frac{7}{24}\,m\,v_A^2\,.$$

Pertanto

$$\Delta E_k \;=\; E_{k,f} \;-\; E_{k,i} \;=\; -\frac{5}{24}\,m\,v_A^2\,.$$

B) Si caratterizzi il moto dei dischi dopo l'urto e si calcoli l'energia dissipata nell'urto nel caso in cui il disco A prima dell'urto trasli con velocità $\boldsymbol{v}_A$ e ruoti in senso antiorario con velocità angolare $\omega_A = v_A/R$ (Fig. 6.48 a).

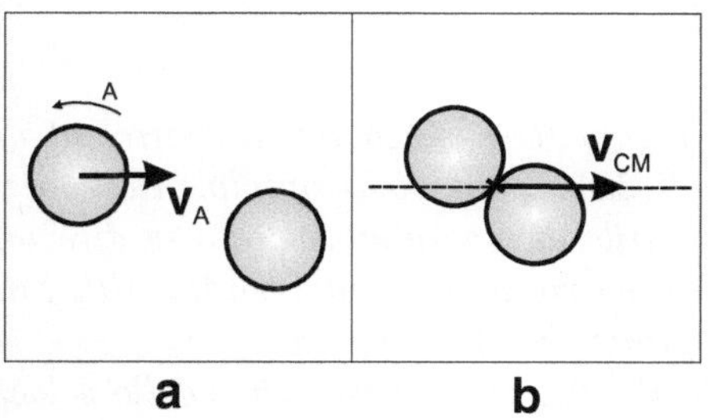

Fig. 6.48. Esercizio 6.13

Anche in questo caso si conservano sia la quantità di moto totale $\boldsymbol{P}$ sia il momento angolare $\boldsymbol{L}_{(cm)}$ relativo al CM. Come nel caso precedente, anche ora

$$v_{cm} = v_A/2 \,.$$

Più complicato è invece il calcolo del momento angolare $\boldsymbol{L}_{cm}$ prima dell'urto. Al posto della (6.88) dovremo scrivere

$$\boldsymbol{L}_{(cm)} = m\,\boldsymbol{r}_A \times \boldsymbol{v}'_A + m\,\boldsymbol{r}_B \times \boldsymbol{v}'_B + \boldsymbol{L}_A \,, \qquad (6.89)$$

dove $\boldsymbol{L}_A = I_0\,\boldsymbol{\omega}_A$ è il momento angolare del disco A calcolato rispetto al suo centro. Il modulo di $\boldsymbol{L}_{(cm)}$ vale in questo caso

$$L_{(cm)} = \frac{mRv_A}{2} - I_0\,\omega_A = 0 \,.$$

Il momento angolare totale del sistema rispetto al CM è nullo. Pertanto dopo l'urto il moto del sistema sarà puramente traslatorio, con $v_{cm} = v_A/2$ (Fig. 6.48 b). Calcoliamo ora l'*energia dissipata* durante l'urto. Prima dell'urto l'energia cinetica è

$$E_{k,i} = \frac{1}{2}\,m\,v_A^2 + \frac{1}{2}\,I_0\,\omega_A^2 = \frac{3}{4}\,m\,v_A^2 \,.$$

Dopo l'urto l'energia cinetica è

$$E_{k,f} = \frac{1}{2}\,(2m)\,v_{cm}^2 = \frac{1}{4}\,m\,v_A^2 \,.$$

Pertanto

$$\Delta E_k = E_{k,f} - E_{k,i} = -\frac{1}{2}\,m\,v_A^2 \,.$$

(?) Si giustifichi, per il caso B, l'espressione del momento angolare $\boldsymbol{L}_{(cm)}$ data dalla (6.89), mostrando che il momento angolare del disco A rispetto al CM del sistema è $m\,\boldsymbol{r}_A \times \boldsymbol{v}'_A + \boldsymbol{L}_A$.

(?) Si risolva il problema nel caso in cui il disco A prima dell'urto ruoti con velocità angolare ω_A in verso orario.

Esercizio 6.14

Un disco omogeneo, di massa M e raggio R, è vincolato al centro ad uno snodo tridimensionale. Inizialmente il disco ruota orizzontalmente con velocità angolare ω (Fig. 6.49). Un proiettile di massa m, sparato in direzione verticale, urta elasticamente il disco in corrispondenza del bordo. All'istante immediatamente precedente l'urto il proiettile ha velocità v.

Si determinino le variazioni della velocità lineare del proiettile e della velocità angolare del disco a seguito dell'urto, nell'ipotesi che m ≪ M e ωR ≫ v.

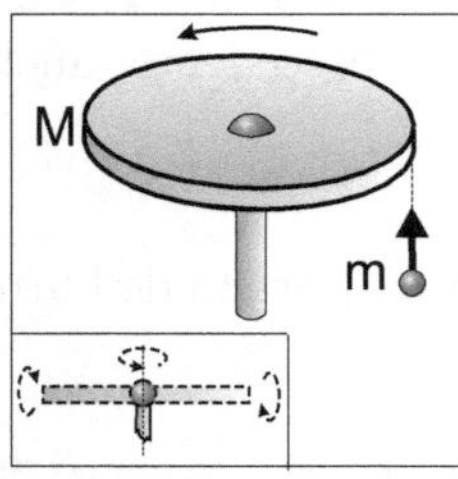

Fig. 6.49. Esercizio 6.14

Durante l'urto il proiettile cambia verso ma non direzione: indichiamo con v e v' le componenti della sua velocità lungo l'asse verticale immediatamente prima e dopo l'urto, rispettivamente. Indichiamo con ω e ω' i moduli della velocità angolare del disco prima e dopo l'urto. Sia $I = mR^2/2$ il momento d'inerzia del disco rispetto all'asse di rotazione.
Durante l'urto:

a) si conserva l'energia meccanica del sistema, perché l'urto è elastico:

$$I\omega^2/2 + mv^2/2 = I\omega'^2/2 + mv'^2/2 ; \qquad (6.90)$$

b) si conserva il momento angolare totale $\boldsymbol{L}_{\text{tot}}$ nell'approssimazione d'impulso, cioè trascurando l'effetto del momento della forza peso durante la durata dell'urto.

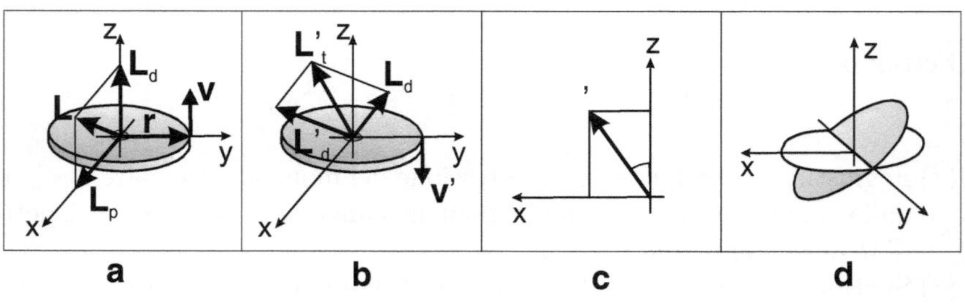

Fig. 6.50. Esercizio 6.14

Consideriamo la conservazione del momento angolare totale $\boldsymbol{L}_{\text{tot}}$. Immediatamente prima dell'urto (Fig. 6.50 a) i momenti angolari del disco e del proiettile rispetto al centro O del disco sono:

$$\boldsymbol{L}_d \; = \; I\,\boldsymbol{\omega} \; = \; I\,\omega\,\hat{\boldsymbol{u}}_z\,, \qquad\qquad \boldsymbol{L}_p \; = \; m\,\boldsymbol{r}\,\times\,\boldsymbol{v} \; = \; mRv\,\hat{\boldsymbol{u}}_x\,.$$

Durante l'urto, $\boldsymbol{L}_{\text{tot}} = \boldsymbol{L}_d + \boldsymbol{L}_p$ resta invariato; il proiettile subisce una variazione di momento angolare (Fig. 6.50 b)

$$\Delta\boldsymbol{L}_p \; = \; m\,\boldsymbol{r}\,\times\,(\boldsymbol{v}\,' - \boldsymbol{v})\,,$$

che corrisponde all'impulso angolare scambiato con il disco. Di conseguenza anche il disco subisce la variazione di momento angolare

$$\Delta\boldsymbol{L}_d \; = \; -\,\Delta\boldsymbol{L}_p \; = \; I\,\Delta\boldsymbol{\omega}\,.$$

Ci aspettiamo perciò che, per mantenere invariato il momento angolare totale $\boldsymbol{L}_{\text{tot}}$, debba variare la direzione dell'asse di rotazione del disco. Indichiamo con θ la deviazione angolare del nuovo asse di rotazione $\boldsymbol{\omega}'$ rispetto all'asse verticale z (Fig. 6.50 c). Possiamo ora esprimere la legge di conservazione del momento angolare mediante due equazioni scalari:

$$\text{asse x :} \quad mRv \; = \; mRv' \,+\, I\omega'\sin\theta \tag{6.91}$$

$$\text{asse z :} \quad I\omega \; = \; I\omega'\cos\theta \tag{6.92}$$

Le (6.90), (6.91) e (6.92) sono un sistema di 3 equazioni nelle 3 incognite v', ω', θ. Quadrando e sommando le (6.91) e (6.92) e sottraendo la (6.90) si ottiene un'equazione di secondo grado in v', la cui soluzione fisicamente significativa è

$$v' \; = \; -\,v\,\frac{I - mR^2}{I + mR^2}\,, \tag{6.93}$$

ovvero, sostituendo $I = MR^2/2$,

$$v' \; = \; -\,v\,\frac{1 - 2m/M}{1 + 2m/M}\,. \tag{6.94}$$

Sostituendo la (6.94) nella (6.90) si ottiene

$$\omega'^2 \; = \; \omega^2 \,+\, \frac{v^2}{R^2}\,\frac{8(m/M)^2}{(2m/M + 1)^2}\,. \tag{6.95}$$

Infine, dalla (6.92),

$$\cos\theta \; = \; \omega/\omega'\,. \tag{6.96}$$

Le (6.94) e (6.95) mostrano che a seguito dell'urto il proiettile riduce in modulo la sua velocità, mentre la velocità di rotazione del disco aumenta.

(?) L'impulso esercitato dal proiettile sul bordo del disco in corrispondenza dell'asse orizzontale y provoca una rotazione del piano del disco intorno all'asse y stesso (Fig. 6.50 d). È possibile darne una giustificazione fisicamente intuitiva ?

6.4 Rotolamento

Studiamo le equazioni del moto di un disco rigido di raggio R, massa m e momento d'inerzia I_0 rispetto all'asse, appoggiato verticalmente su una superficie, che per semplicità considereremo orizzontale (Fig. 6.51).

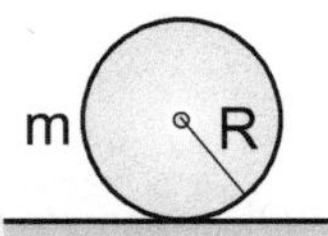

Fig. 6.51. Disco rigido appoggiato verticalmente su un piano

Moto su superficie perfettamente liscia

Applichiamo una forza orizzontale F ad un punto qualsiasi del disco. Le equazioni del moto sono:

$$F = ma_0 , \qquad \tau_0 = I_0\alpha , \qquad (6.97)$$

dove a_0 è l'accelerazione del CM, τ_0 è il momento della forza F rispetto all'asse per il CM. Il moto risultante è roto-traslatorio. La relazione tra accelerazione lineare a_0 e accelerazione angolare α nelle (6.97) dipende dal punto di applicazione della forza F (Fig. 6.52). Nel caso particolare in cui F è applicata al CM, $\tau_0 = 0$: il disco è soggetto solo ad accelerazione lineare.

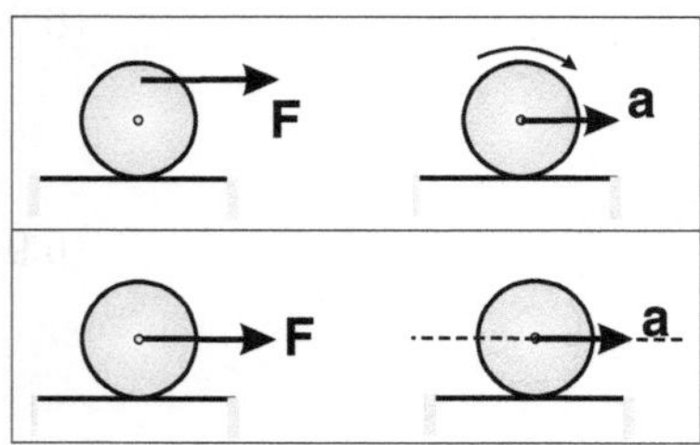

Fig. 6.52. Moto su superficie perfettamente liscia

Moto su superficie ruvida

Se la superficie d'appoggio non è perfettamente liscia, sul disco, oltre alla forza F, agisce anche la forza d'attrito F_a, di direzione orizzontale, applicata al punto Q del disco che si trova istantaneamente a contatto con la superficie d'appoggio (Fig. 6.53 a). Le equazioni del moto sono:

$$F + F_a = ma_0 , \qquad \tau_0 + \tau_a = I_0\alpha , \qquad (6.98)$$

dove τ_a è il momento della forza d'attrito rispetto all'asse per il CM.

Se la forza d'attrito $\boldsymbol{F}_a$ è sufficiente a mantenere istantaneamente in quiete il punto Q del disco a contatto con la superficie d'appoggio, il disco *rotola senza strisciare*: il moto è detto di *puro rotolamento* (Fig. 6.53 b). In tal caso (e solo allora) le accelerazioni e velocità lineari e angolari sono legate dalle relazioni:

$$a_0 = \alpha R; \qquad v_0 = \omega R .\qquad\qquad (6.99)$$

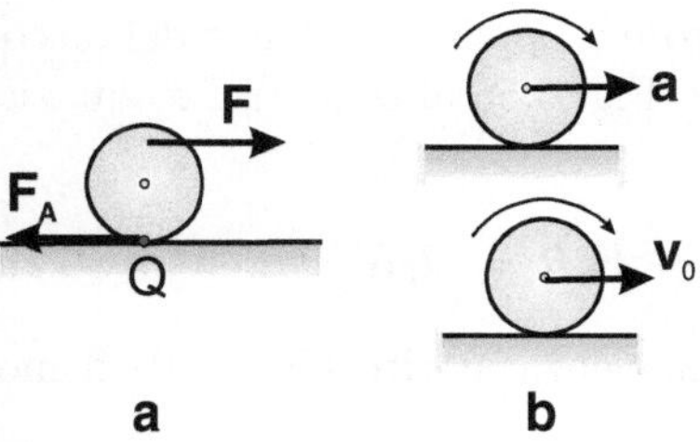

Fig. 6.53. Rotolamento su superficie ruvida

Puro rotolamento: centro istantaneo di rotazione

Il moto di puro rotolamento è roto-traslatorio, con velocità lineare istantanea v_0 del CM e velocità angolare istantanea ω rispetto all'asse per il CM: $v_0 = \omega R$ (Fig. 6.54). Alternativamente, poiché il punto Q di contatto con il piano è istantaneamente in quiete, il moto di puro rotolamento equivale in ogni istante ad un moto puramente rotatorio intorno ad un asse passante per Q, con velocità angolare istantanea ω. Si può quindi, in luogo delle (6.98), utilizzare l'equazione del moto

$$\tau_Q = I_Q \alpha ,\qquad\qquad (6.100)$$

dove τ_Q e I_Q sono rispettivamente il momento motore e il momento d'inerzia calcolati rispetto all'asse di rotazione istantanea passante per Q.

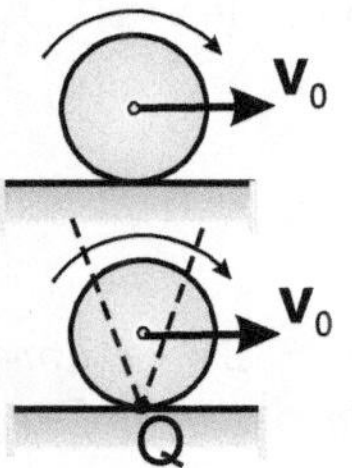

Fig. 6.54. Moto di puro rotolamento: velocità lineare e velocità angolare

Puro rotolamento: 1° caso notevole

Consideriamo l'effetto di una forza orizzontale $\boldsymbol{F}$ applicata all'asse del disco (Fig. 6.55 a sinistra). Le equazioni del moto (6.98) diventano in questo caso

$$\boldsymbol{F} + \boldsymbol{F}_a = m\boldsymbol{a}_0 , \qquad\qquad F_a R = I_0 \alpha . \qquad\qquad (6.101)$$

La forza d'attrito $\boldsymbol{F}_a$ ha verso opposto a $\boldsymbol{F}$ (e quindi ad $\boldsymbol{a}_0$).

Puro rotolamento: 2° caso notevole

Consideriamo l'effetto di un momento motore τ applicato all'asse del disco: è il caso, ad esempio, di un veicolo a motore (Fig. 6.55 al centro). Le equazioni del moto (6.98) diventano in questo caso:

$$\boldsymbol{F}_a = m\boldsymbol{a}_0 , \qquad\qquad \tau - F_a R = I_0 \alpha . \qquad\qquad (6.102)$$

La forza d'attrito ha lo stesso verso di $\boldsymbol{a}_0$. Senza attrito $(\boldsymbol{F}_a = 0)$ il moto sarebbe puramente rotatorio.

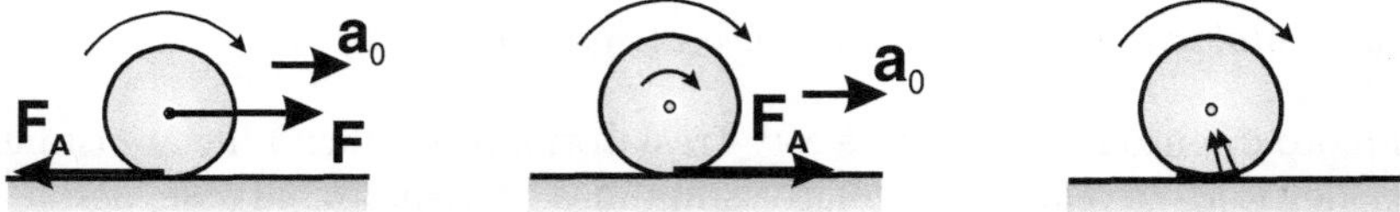

Fig. 6.55. Moto di puro rotolamento: casi notevoli

Attrito volvente e dissipazione di energia

Nel caso considerato sopra di un disco e un piano d'appoggio perfettamente rigidi, la forza d'attrito $\boldsymbol{F}_a$ è applicata ad un punto istantaneamente in quiete e non fa lavoro: non c'è quindi dissipazione di energia. Nei casi reali, il disco e il piano si deformano lievemente in prossimità del punto di contatto. Il fenomeno comporta dissipazione di energia sotto forma di calore, e viene chiamano *attrito volvente* o *attrito di rotolamento* (Fig. 6.55 a destra).

Esercizio 6.15

Nel dispositivo mostrato in Fig. 6.56, un corpo di massa $m = 2\,\text{kg}$ è appeso all'estremità di una fune inestensibile. La fune scorre sulla puleggia C ed è avvolta su un rocchetto di raggio $r = 0.1\,\text{m}$ fissato coassialmente ad un disco omogeneo di raggio $R = 0.2\,\text{m}$ e massa $M = 5\,\text{kg}$. La fune, la puleggia e il rocchetto hanno masse trascurabili.

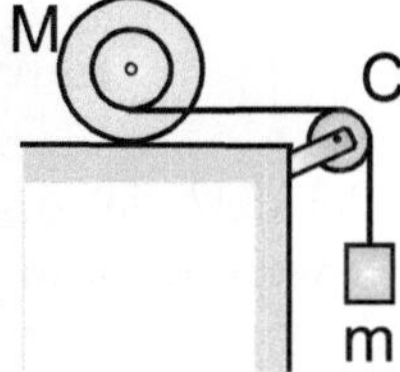

Fig. 6.56. Esercizio 6.15

A) Si determini l'accelerazione con cui cade il corpo nell'ipotesi che il disco rotoli senza strisciare sul piano orizzontale d'appoggio.

Indichiamo con $\boldsymbol{T}$ e $\boldsymbol{T'}$ le forze esercitate dalla fune rispettivamente sul corpo e sul disco (in modulo $T = T'$) e con $\boldsymbol{F}_a$ la forza d'attrito statico tra disco e piano d'appoggio (Fig. 6.57 a). Il moto del *corpo m* è puramente traslazionale; la corrispondente equazione del moto è, in termini scalari,

$$ma = mg - T . \tag{6.103}$$

Il *disco* rotola senza strisciare; il suo moto può essere descritto da una sola equazione, considerando i momenti rispetto al centro istantaneo di rotazione Q:

$$I_Q\,\alpha = T(R - r) . \tag{6.104}$$

La relazione tra l'accelerazione lineare a del corpo e l'accelerazione angolare

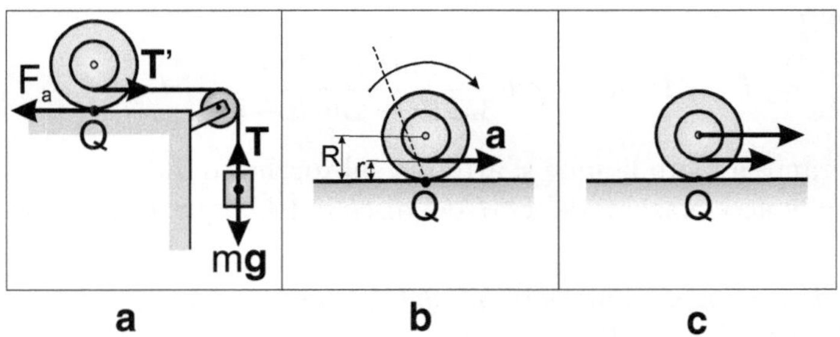

Fig. 6.57. Esercizio 6.15

α del disco (Fig. 6.57 b) è

$$a = \alpha\,(R - r) . \tag{6.105}$$

Utilizzando il teorema di Steiner possiamo calcolare il momento d'inerzia del disco rispetto al centro istantaneo di rotazione:

$$I_Q = I_0 + MR^2 = 3MR^2/2 .$$

Risolvendo il sistema delle tre equazioni (6.103), (6.104) e (6.105) si ottiene l'accelerazione

$$a = g \left[\frac{3MR^2}{2m(R-r)^2} + 1 \right]^{-1} = \frac{g}{16} = 0.613 \, \mathrm{m\,s^{-2}} . \qquad (6.106)$$

(?) Si risolva l'esercizio separando il moto traslazionale del CM del disco dal moto rotazionale rispetto al CM. Si verifichi che il verso della forza d'attrito $\boldsymbol{F}_a$ è opposto al verso dell'accelerazione.

(?) Per quale valore del raggio r del rocchetto si otterrebbe la massima accelerazione del corpo ?

B) Si determinino la tensione T della fune e la forza d'attrito F_a.

La tensione della fune può essere ricavata immediatamente dalle (6.103) e (6.106):

$$T = mg \left[1 + \frac{2m\,(R-r)^2}{3MR^2} \right]^{-1} = \frac{15}{16} \, mg = 18.4 \, \mathrm{N} . \qquad (6.107)$$

La forza d'attrito compare esplicitamente nell'equazione del moto del CM del disco:

$$M a_{\mathrm{cm}} = T - F_a , \qquad (6.108)$$

dove a_{cm} è legata all'accelerazione a del corpo dalla relazione (Fig. 6.57 c)

$$a_{\mathrm{cm}} = \frac{R}{R-r} \, a . \qquad (6.109)$$

Pertanto

$$F_a = T - M a_{\mathrm{cm}} = mg \frac{MR(R+2r)}{3MR^2 + 2m(R-r)^2} = 12.25 \, \mathrm{N} . \qquad (6.110)$$

(?) Durante il moto la fune si arrotola sul rocchetto o si srotola ? Si confrontino le accelerazioni del CM del disco e del corpo utilizzando la (6.109).

C) Si determini il valore minimo del coefficiente d'attrito statico μ affinché il moto del disco sia di puro rotolamento.

Il valore massimo dell'attrito statico è μMg. Pertanto, affinché il moto sia di puro rotolamento, è necessario che

$$\mu Mg \geq F_a , \qquad (6.111)$$

dove F_a è data dalla (6.110). Cioè

$$\mu \geq \frac{mR(R+2r)}{3MR^2 + 2m(R-r)^2} = 0.25 .$$

(?) Si descriva qualitativamente il moto del disco nel caso in cui la (6.111) non sia soddisfatta, al limite nel caso in cui $\mu = 0$. Che verso ha l'accelerazione angolare del disco ?

Esercizio 6.16

Un veicolo a motore è schematicamente costituito da un telaio di massa M e da quattro ruote di raggio R, massa m e momento d'inerzia I rispetto all'asse (Fig. 6.58). Ad una coppia di ruote (ruote motrici anteriori) è applicato il momento motore τ.

A) Nell'ipotesi che il moto delle ruote sia di puro rotolamento, si determini l'accelerazione del veicolo in funzione del momento motore τ.

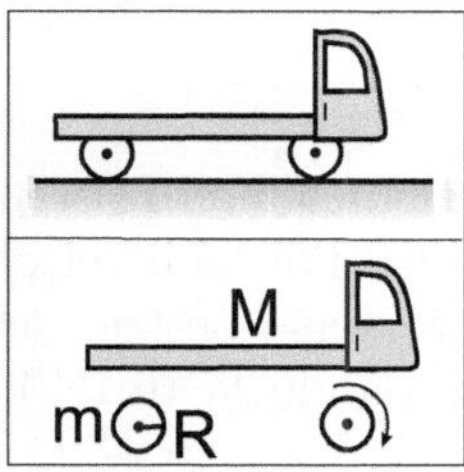

Fig. 6.58. Esercizio 6.16

Scriviamo separatamente le equazioni del moto del telaio e delle ruote. Indichiamo con F_i i moduli delle forze d'attrito, con T_i i moduli delle forze di interazione tra ruote e telaio. L'indice i si riferisce alle coppie di ruote, motrici ($i{=}1$) e non motrici ($i{=}2$). I versi delle forze sono mostrati in Fig. 6.59 a. L'equazione del moto del *telaio* è

$$Ma = T_1 - T_2 . \tag{6.112}$$

Le equazioni del moto delle due *ruote non motrici* sono:

$$2ma = T_2 - F_2 , \tag{6.113}$$

$$2I\alpha = 2RF_2 . \tag{6.114}$$

Le equazioni del moto delle due *ruote motrici* sono:

$$2ma = F_1 - T_1 , \tag{6.115}$$

$$2I\alpha = \tau - 2RF_1 . \tag{6.116}$$

Inoltre, poiché le ruote non strisciano,

$$a = \alpha R . \tag{6.117}$$

Sommando le (6.112), (6.113) e (6.115) è possibile eliminare le forze T_i interne al sistema. L'equazione risultante è

$$(M + 4m)\, a = F_1 - F_2 . \tag{6.118}$$

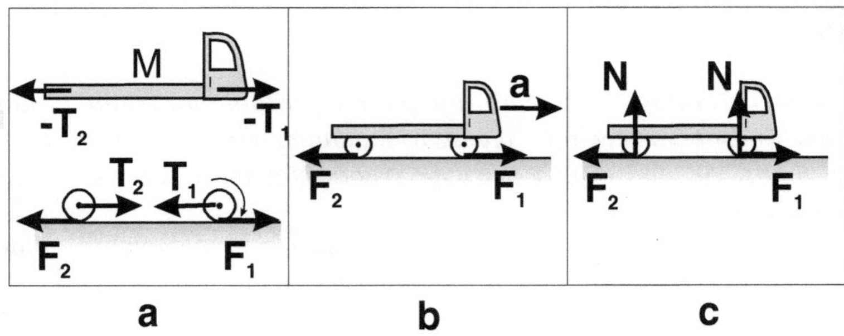

Fig. 6.59. Esercizio 6.16

La (6.118) rappresenta l'equazione del moto traslazionale dell'intero sistema soggetto alle forze esterne d'attrito $\boldsymbol{F}_1$ e $\boldsymbol{F}_2$ (Fig. 6.59 b). Poiché il veicolo, soggetto a un momento motore in verso orario, accelera verso destra, deve essere $F_1 > F_2$. Sommando la (6.114) alla (6.116) e usando la (6.117) si ottiene

$$\frac{\tau}{2R} - \frac{2Ia}{R^2} = F_1 - F_2 \, . \qquad (6.119)$$

Uguagliando i primi membri delle (6.118) e (6.119) si ha infine l'accelerazione del veicolo

$$a = \frac{\tau}{2R} \frac{1}{M + 4m + 2I/R^2} \, . \qquad (6.120)$$

B) Si calcolino i moduli F_1 e F_2 delle forze d'attrito tra ruote e piano stradale in funzione del momento motore τ. Nell'ipotesi che il peso del veicolo si ripartisca uniformemente sulle 4 ruote, si determini quali ruote inizieranno per prime a slittare se il coefficiente d'attrito μ viene progressivamente ridotto.

I moduli F_1 e F_2 si possono ottenere facilmente dalle (6.114) e (6.116) usando le (6.117) e il valore dell'accelerazione a dato dalla (6.120). Si ottiene:

$$F_1 = \frac{\tau}{2R} \frac{M + 4m + I/R^2}{M + 4m + 2I/R^2} \, , \qquad (6.121)$$

$$F_2 = \frac{\tau}{2R} \frac{I/R^2}{M + 4m + 2I/R^2} \, . \qquad (6.122)$$

Le ruote non slittano fintantoché (Fig. 6.59 c)

$$F_i \leq \mu N = \mu g \, (m + M/4) \, . \qquad (6.123)$$

Poiché $F_1 > F_2$, al diminuire del coefficiente d'attrito μ le ruote motrici saranno le prime a non soddisfare la condizione (6.123) e quindi a slittare.

C) Si calcoli la velocità raggiunta dal veicolo, inizialmente in quiete, dopo aver percorso la distanza s sotto l'azione del momento motore τ costante.

Ci serviremo della relazione che lega la variazione di energia cinetica al lavoro delle forze agenti:

$$\Delta E_k \;=\; W \,.\tag{6.124}$$

Calcoliamo prima separatamente il lavoro elementare dW dei singoli elementi che compongono il veicolo per uno spostamento dx:

$$
\begin{aligned}
\text{telaio:} && dW_0 &= (T_1 - T_2)\,dx \\
\text{ruote motrici:} && dW_1 &= -T_1 dx + \tau d\phi \\
\text{ruote non motrici:} && dW_2 &= T_2 dx
\end{aligned}
\tag{6.125}
$$

dove $d\phi = dx/R$. Se le ruote sono perfettamente rigide, le forze d'attrito $\boldsymbol{F}_1$ e $\boldsymbol{F}_2$ non fanno lavoro, in quanto applicate a punti istantaneamente in quiete. Sommando le tre equazioni (6.125) si ottiene

$$dW_{\mathrm{tot}} \;=\; \tau \, d\phi \,.$$

Il lavoro netto è quindi solo quello del momento motore τ.
Per lo spostamento finito s, la (6.124) dà

$$(M + 4m)v^2/2 \;=\; \tau s/R \,,$$

da cui

$$v \;=\; \sqrt{\dfrac{2\tau s}{R(M + 4m)}} \,.$$

Esercizio 6.17

Un cilindro rigido omogeneo di massa $m = 2\,$kg e raggio $R = 0.1\,$m scivola senza ruotare con velocità $v_0 = 6\,\mathrm{m\,s}^{-1}$ su un piano orizzontale perfettamente liscio. All'istante $t = 0$ il cilindro raggiunge il punto A, in cui il piano diviene improvvisamente ruvido, e tra cilindro e piano si sviluppa una forza d'attrito indipendente dalla velocità, con coefficiente d'attrito dinamico $\mu = 0.4$ (Fig. 6.60).
A) Si determini lo spazio percorso dal cilindro a partire dal punto A prima che il suo moto diventi di puro rotolamento.

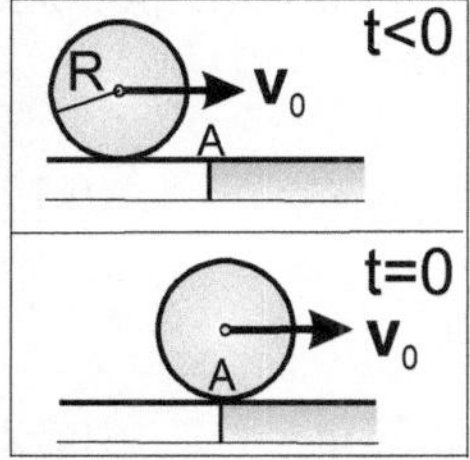

Fig. 6.60. Esercizio 6.17

Prima di raggiungere il punto A (cioè per $t < 0$) il moto del cilindro è puramente traslazionale, rettilineo ed uniforme. Una volta raggiunto e superato il punto A (cioè per $t \geq 0$) il cilindro è soggetto alla forza d'attrito (Fig. 6.61 a), applicata al punto di contatto con il piano, di verso opposto alla velocità e di modulo

$$F_a = \mu\, m\, g\,.$$

Le equazioni differenziali del moto traslazionale e rotazionale del cilindro sono

$$ma = m\,\frac{\mathrm{d}v_{\mathrm{cm}}}{\mathrm{d}t} = -\mu m g\,, \qquad I\alpha = I\,\frac{\mathrm{d}\omega}{\mathrm{d}t} = \mu m g R\,,$$

dove $I = mR^2/2$ è il momento d'inerzia del cilindro. Integrando le due equazioni differenziali, è facile vedere che la velocità v_{cm} del CM diminuisce, mentre la velocità angolare ω, inizialmente nulla, aumenta con il tempo:

$$v_{\mathrm{cm}}(t) = v_0 - \mu g t\,, \qquad \omega(t) = \frac{\mu m g R}{I}\, t\,, \tag{6.126}$$

finché si arriva a soddisfare la condizione di rotolamento puro:

$$v_{\mathrm{cm}} = \omega R\,. \tag{6.127}$$

Ora il punto del cilindro istantaneamente a contatto con il piano è in quiete (Fig. 6.61 b). Poiché non esistono altre forze esterne che tendano a modificare tale situazione (cioè velocità relativa nulla al punto di contatto), la forza di attrito F_a si annulla. Il cilindro prosegue ora a velocità costante rotolando senza strisciare. Indichiamo con T l'istante in cui inizia ad essere soddisfatta

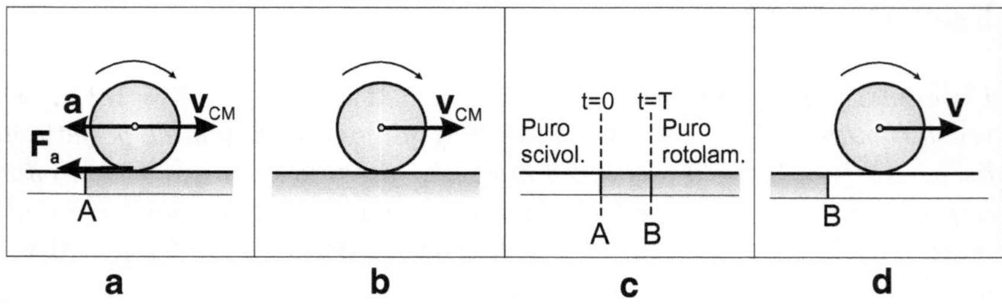

Fig. 6.61. Esercizio 6.17

la condizione (6.127) di puro rotolamento e con B il punto corrispondente (Fig. 6.61 c). Sostituendo le (6.126) nella (6.127) si trova

$$T = \frac{v_0}{\mu g}\,\frac{I}{mR^2 + I} = \frac{v_0}{\mu g}\,\frac{1}{3} = 0.51\,\mathrm{s}\,. \tag{6.128}$$

Lo spazio percorso tra il punto A e il punto B è quindi

$$s = v_0 T + a_{\mathrm{cm}} T^2/2 = v_0 T - \mu g T^2/2 = 2.55\,\mathrm{m}\,. \tag{6.129}$$

(?) Come cambia il moto del cilindro se il piano, dopo il punto B, torna perfettamente liscio ?

B) Si calcoli l'energia dissipata tra il punto A e il punto B durante la trasformazione del moto del cilindro da puro scivolamento a puro rotolamento.

Utilizzando le (6.126), (6.127) e (6.128) si trova che le velocità lineare ed angolare del cilindro dopo l'istante T, cioè una volta iniziato il puro rotolamento, sono:

$$v_{\text{cm}}(T) \;=\; v_0\,\frac{mR^2}{mR^2+I} \;=\; \frac{2}{3}\,v_0 \;=\; 4\,\text{m s}^{-1}\,,$$

$$\omega(T) \;=\; v_{\text{cm}}(T)/R \;=\; 40\,\text{rad s}^{-1}\,.$$

L'energia dissipata è uguale alla differenza tra l'energia cinetica iniziale e l'energia cinetica finale:

$$\begin{aligned}
E_{\text{diss}} \;&=\; -\Delta E_k \;=\; E_{k,i} - E_{k,f} \\
&=\; mv_0^2/2 \;-\; mv_{\text{cm}}^2(T)/2 \;-\; I\omega^2(T)/2 \;=\; mv_0^2/6 \;=\; 12\,\text{J}.
\end{aligned} \qquad (6.130)$$

(?) Quale frazione dell'energia cinetica iniziale è stata dissipata per attrito ?
(?) La variazione di energia cinetica tra il punto A e il punto B è uguale al lavoro (negativo) della forza d'attrito: $\Delta E_k = W_a$ (Fig. 6.61 d). Si calcoli il lavoro $W_a = -F_a s' = -\mu mg s'$ e si verifichi che si riottiene il risultato della (6.130). Si osservi che lo spazio s' percorso dal punto su cui agisce la forza d'attrito *non* è lo spazio s dato dalla (6.129), bensì

$$s' \;=\; s \;-\; \int_0^T \omega(t)R\,\mathrm{d}t\,.$$

Perché ?

Esercizio 6.18

Due ruote A e B, rispettivamente di raggi $R_A = 0.5$ m e $R_B = 1$ m e momenti d'inerzia $I_A = 0.5$ kg m^2 e $I_B = 8$ kg m^2, sono montate su assi orizzontali paralleli. Inizialmente le due ruote non sono a contatto; la ruota A gira con velocità angolare $\omega_0 = 50$ rad s^{-1} mentre la ruota B è in quiete. Ad un certo istante i due assi vengono avvicinati fino a porre in contatto le due ruote (Fig. 6.62).
A) Si determinino le velocità angolari ω_{Af} e ω_{Bf} delle due ruote quando il loro moto relativo è divenuto un moto di puro rotolamento.

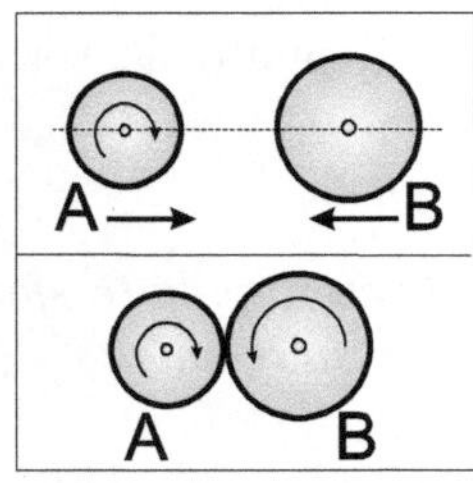

Fig. 6.62. Esercizio 6.18

Quando le due ruote vengono a contatto, su di esse si originano le forze d'attrito $\boldsymbol{F}_{AB}$ e $\boldsymbol{F}_{BA}$ (Fig. 6.63 a). Queste forze perdurano durante tutto il tempo in cui le due ruote strisciano, e causano la variazione delle velocità angolari delle due ruote: la ruota A decelera, la ruota B accelera. Le forze $\boldsymbol{F}_{AB}$ e $\boldsymbol{F}_{BA}$ sono variabili nel tempo e di intensità incognita. Il loro effetto globale può comunque essere calcolato come segue. Innanzitutto, per la legge di azione e reazione

$$\boldsymbol{F}_{AB}(t) = -\boldsymbol{F}_{BA}(t); \qquad |\boldsymbol{F}_{AB}(t)| = |\boldsymbol{F}_{BA}(t)| = F(t)\,.$$

L'effetto delle forze d'attrito è una variazione dei momenti angolari delle due

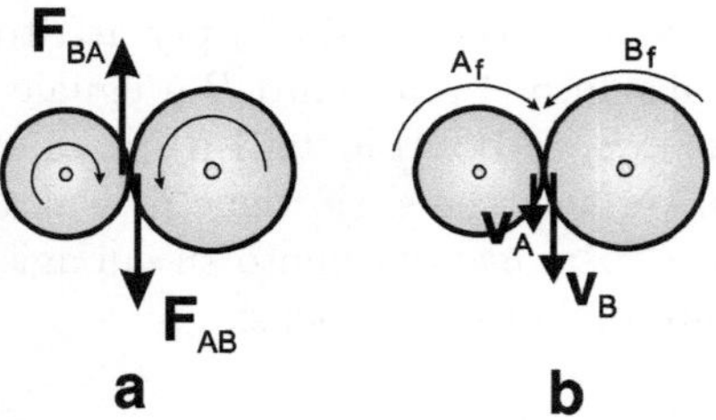

a   **b**   **Fig. 6.63.** Esercizio 6.18

ruote; in termini differenziali

$$dL_A = F(t)\,R_A\,dt\,, \tag{6.131}$$
$$dL_B = -F(t)\,R_B\,dt\,. \tag{6.132}$$

Dividendo la (6.131) per R_A e la (6.132) per R_B, è facile vedere che

$$F(t)\,dt = \frac{dL_A}{R_A} = -\frac{dL_B}{R_B}\,. \tag{6.133}$$

Il 2° e 3° membro della (6.133) pongono in relazione diretta i momenti angolari delle due ruote; sostituendo in entrambi dL con $I d\omega$, dove ω è la velocità angolare istantanea, si ottiene

$$\frac{I_A}{R_A}\,d\omega_A = -\frac{I_B}{R_B}\,d\omega_B\,. \tag{6.134}$$

Integrando ora entrambi i membri della (6.134) dalle velocità angolari iniziali alle finali

$$\int_{\omega_0}^{\omega_{Af}} \frac{I_A}{R_A}\, d\omega_A = -\int_0^{\omega_{Bf}} \frac{I_B}{R_B}\, d\omega_B$$

possiamo ricavare la relazione tra ω_{Af} e ω_{Bf} (Fig. 6.63 b):

$$\omega_{Af} = \omega_0 - \frac{I_B R_A}{I_A R_B}\, \omega_{Bf}\ . \tag{6.135}$$

L'ulteriore condizione che il moto relativo finale delle due ruote sia di puro rotolamento impone che le velocità tangenziali finali siano uguali:

$$\omega_{Af}\, R_A = \omega_{Bf}\, R_B\ . \tag{6.136}$$

Risolvendo il sistema costituito dalle (6.135) e (6.136) otteniamo infine:

$$\omega_{Af} = \frac{\omega_0}{1 + (I_B R_A^2 / I_A R_B^2)} = 10\,\mathrm{rad\,s^{-1}}\ ;$$

$$\omega_{Bf} = \frac{R_A}{R_B}\, \omega_{Af} = 5\,\mathrm{rad\,s^{-1}}\ .$$

(?) Perché non è possibile risolvere il problema applicando la legge di conservazione del momento angolare totale al sistema costituito dalle due ruote ? (Le forze di attrito sono *interne* al sistema; sono le uniche forze agenti sulle ruote durante lo strisciamento ?)

B) Si determini l'energia dissipata per attrito durante lo strisciamento delle due ruote.

L'energia cinetica iniziale del sistema è

$$E_{k,i} = I_A \omega_0^2/2 = 625\,\mathrm{J}\ .$$

L'energia cinetica finale è

$$E_{k,f} = I_A \omega_{Af}^2/2 + I_B \omega_{Bf}^2/2 = 125\ \mathrm{J}\ .$$

L'energia dissipata per attrito è pertanto

$$E_{\mathrm{diss}} = E_{k,i} - E_{k,f} = 625 - 125 = 500\ \mathrm{J}\ .$$

6.5 *Problemi non risolti*

6.1. Per determinare il momento d'inerzia I di un argano cilindrico di raggio R si può utilizzare il metodo illustrato in Fig. 6.64 a. Una fune inestensibile di massa trascurabile viene avvolta attorno al cilindro e alla sua estremità libera viene appesa una massa m_A: si lascia cadere la massa m_A con velocità iniziale nulla per un'altezza h e si misura il tempo di caduta t_A; si ripete l'esperimento con una massa diversa m_B e si misura il corrispondente tempo t_B. Si suppone che l'attrito sull'asse dell'argano sia esprimibile mediante un momento di forze τ costante.

Si determinino, in funzione di m_A, m_B, t_A, t_B e h:

a) il momento d'inerzia I dell'argano;
b) il momento τ delle forze d'attrito agenti sull'asse.

6.2. Due rotori A e B, aventi assi paralleli, sono muniti di pignoni dentati con raggi, rispettivamente, r_A e r_B. I due pignoni sono collegati mediante una ruota dentata C di raggio r_C (Fig. 6.64 b). Indichiamo con I_A, I_B, I_C i momenti d'inerzia dei due rotori (pignoni inclusi) e della ruota dentata. Al rotore B viene applicato un momento motore τ.

Si determini l'accelerazione angolare del rotore A (trascurando gli attriti e gli eventuali giochi tra le ruote dentate).

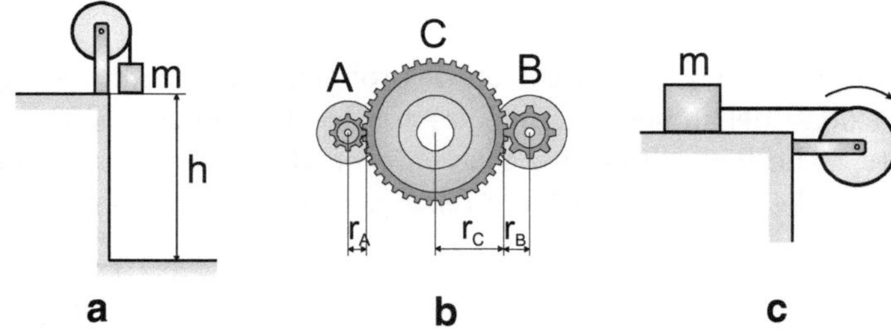

Fig. 6.64. (a) Problema 6.1, (b) Problema 6.2, (c) Problema 6.3

6.3. Un corpo di massa M, appoggiato su un piano orizzontale con coefficiente d'attrito μ, è legato a un capo di una fune di massa trascurabile. La fune è avvolta all'altro capo ad un cilindro di raggio R e momento d'inerzia I, girevole intorno ad un asse orizzontale (Fig. 6.64 c). Inizialmente il corpo e il cilindro sono in quiete. Ad un certo istante al cilindro viene applicato un momento motore costante τ. Si determinino:

a) l'acelerazione del corpo;
b) il lavoro svolto per l'avvolgimento dei primi 10 giri di fune;
c) la potenza assorbita dal sistema in funzione del tempo t.

6.4. Un cilindro omogeneo di raggio R e massa M, inizialmente in rotazione con velocità angolare ω_0 intorno ad un asse orizontale, viene frenato applicando una forza verticale costante $\boldsymbol{F}$ all'estremità B della sbarra AB, di lunghezza d, appoggiata sul cilindro. L'altro estremo della sbarra è incernierato al punto A, a distanza h dall'asse di rotazione (Fig. 6.65 a).

Si determini il tempo necessario ad arrestare il cilindro nell'ipotesi che il coefficiente d'attrito μ tra sbarra e cilindro sia costante e che il peso della sbarra sia trascurabile rispetto alla forza F.

6.5. Un pendolo di massa $M = 50\,$kg è libero di ruotare intorno ad un perno O. Il CM del pendolo si trova a distanza $d = 1\,$m dal perno, ed il momento d'inerzia rispetto al perno è $I = 40\,$kg m^2. Inizialmente il pendolo è in quiete in posizione orizzontale. Lasciato libero di ruotare, il pendolo trancia un provino posto sulla verticale del perno O e si arresta dopo un'ulteriore rotazione di $60°$ (Fig. 6.65 b).

a) Calcolare il lavoro fatto dal pendolo per tranciare il provino.
b) Calcolare l'impulso subito dal CM del pendolo durante il taglio del provino.
c) Nell'ipotesi che il taglio del provino avvenga in un intervallo di tempo di 10^{-3} s, si determini il valor medio della forza agente sul CM del pendolo durante il taglio.
d) Determinare la componente verticale della reazione vincolare del perno O immediatamente prima e dopo il taglio del provino.

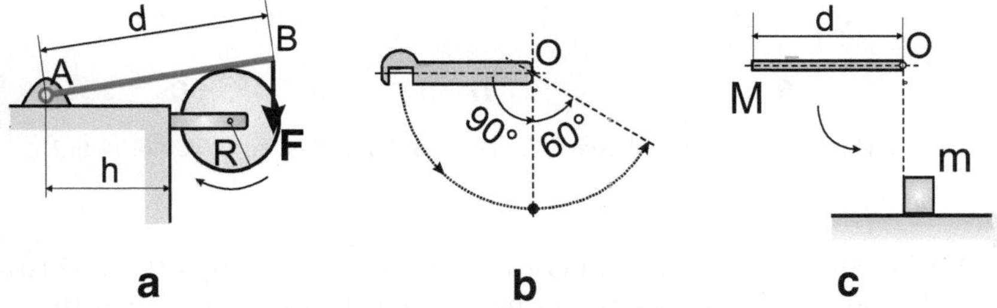

Fig. 6.65. (a) Problema 6.4, (b) Problema 6.5, (c) Problema 6.6

6.6. Un'asta rigida omogenea di massa M e lunghezza d, sospesa per un estremo ad un perno O di attrito trascurabile, viene lasciata cadere dalla posizione orizzontale con velocità iniziale nulla (Fig. 6.65 c).

a) Con che velocità angolare l'asta raggiunge la posizione verticale ?
b) Raggiunta la posizione verticale, l'asta urta elasticamente con l'estremo libero un corpo di massa m appoggiato su un piano orizzontale liscio. Con che velocità si muove il corpo dopo l'urto ?
c) Quale rapporto deve esistere tra i valori delle due masse M e m affinché l'asta resti in quiete dopo l'urto ?

6.7. Un proiettile di massa m, in moto con velocità orizzontale v, colpisce perpendicolarmente il centro di un'anta di legno di massa M e larghezza d

(Fig. 6.66 a). L'anta, inizialmente ferma, è libera di ruotare senza attrito sui cardini. Nell'urto il proiettile resta conficcato nell'anta. Supponendo che la distribuzione di massa dell'anta sia omogenea, si determinino:

a) la velocità angolare del sistema *anta + proiettile* dopo l'urto;
b) l'energia meccanica dissipata nell'urto.

6.8. Un corpo di massa M e un cilindro omogeneo di massa m sono collegati come in Fig. 6.66 b mediante una fune inestensibile e una carrucola, entrambe di massa trascurabile. La fune è avvolta intorno al cilindro e si srotola mentre il cilindro si sposta verticalmente. Determinare:

a) l'accelerazione del corpo;
b) l'accelerazione angolare del cilindro;
c) la tensione della fune.

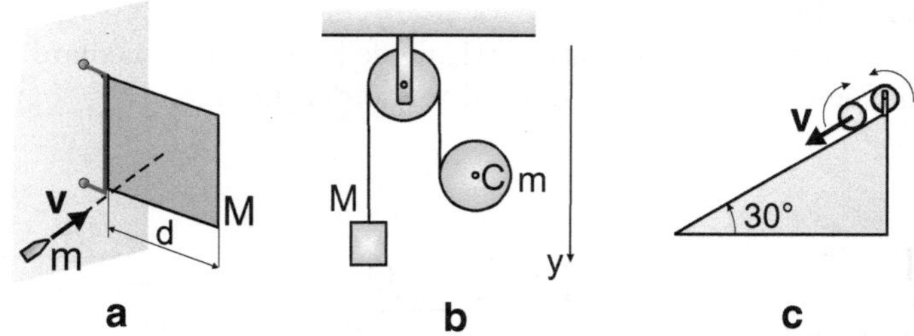

Fig. 6.66. (a) Problema 6.7, (b) Problema 6.8, (c) Problema 6.9

6.9. Due cilindri omogenei di massa $M = 1\,\text{kg}$ e raggio $R = 0.2\,\text{m}$ si trovano inizialmente in quiete al vertice di un piano inclinato di 30° lungo 10 m (Fig. 6.66 c). Uno dei cilindri è imperniato su un asse fisso, l'altro è libero di scorrere senza attrito lungo il piano. Una fune leggera e inestensibile lunga 20 m è avvolta per metà su ciascuno dei due cilindri. I cilindri vengono lasciati liberi di muoversi.

a) Determinare l'accelerazione lineare del secondo cilindro mentre la fune si srotola.
b) Determinare l'energia cinetica dei due cilindri nell'istante in cui la fune si è completamente srotolata.
c) Il secondo cilindro prosegue il suo moto sganciato dalla fune. Determinare le velocità lineare e angolare con cui raggiunge la base del piano inclinato.

6.10. Una sbarra omogenea di lunghezza d è appoggiata in quiete su un piano orizzontale liscio (Fig. 6.67 a). All'istante $t = 0$ ad un'estremità della sbarra viene applicata una forza $\boldsymbol{F}$ orizzontale, perpendicolare alla sbarra. A quale distanza dal CM si trova il punto della sbarra che ha accelerazione nulla all'istante iniziale $t = 0$?

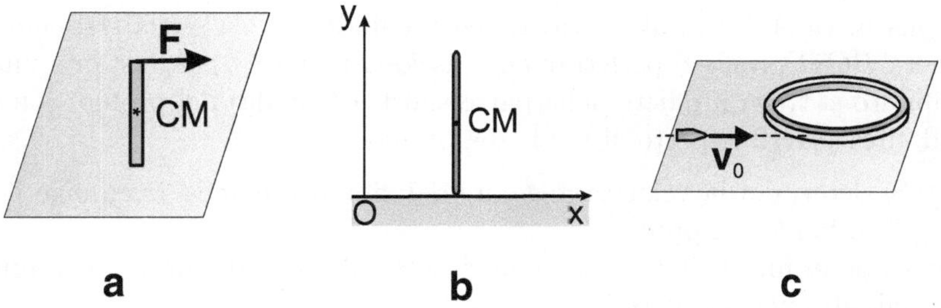

Fig. 6.67. (a) Problema 6.10, (b) Problema 6.11, (c) Problema 6.12

6.11. Una sbarra sottile ed omogenea di lunghezza $2L$ è appoggiata verticalmente su un piano orizzontale liscio, in posizione di equilibrio instabile (Fig. 6.67 b). Una lieve perturbazione fa cadere la sbarra con velocità iniziale trascurabile. Determinare la velocità del CM della sbarra in funzione della sua altezza y rispetto al piano.

6.12. Un anello di massa $M = 2\,\mathrm{kg}$ e raggio $R = 0.3\,\mathrm{m}$ è appoggiato in quiete su un piano orizontale liscio. Un proiettile di massa $m = 1\,\mathrm{kg}$ in moto orizzontale con velocità $v_0 = 30\,\mathrm{m\,s^{-1}}$ colpisce l'anello tangenzialmente e vi resta conficcato (Fig. 6.67 c). Si determinino:

a) le velocità lineare ed angolare dell'anello dopo l'urto;
b) l'energia dissipata nell'urto.

6.13. Un'asta sottile omogenea di lunghezza $2L$ è appesa per un'estremità, mediante una fune di lunghezza d, ad un perno O. L'asta oscilla, ma a un certo istante, mentre l'asta si trova in posizione verticale con velocità baricentrica v_0, la fune si rompe. L'asta cade e raggiunge il pavimento in posizione orizzontale (Fig. 6.68 a). Qual è l'altezza del perno O rispetto al pavimento ?

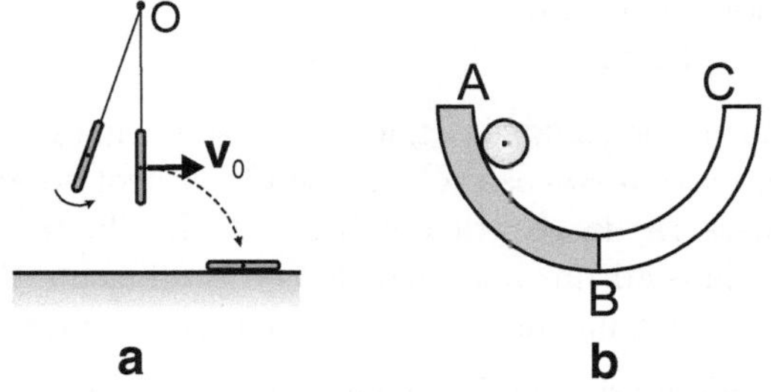

Fig. 6.68. (a) Problema 6.13, (b) Problema 6.14

6.14. Un cilindro omogeneo di raggio $r = 0.25$ m e massa $M = 1$ kg è libero di muoversi appoggiato ad un profilo semicircolare ABC di raggio $R = 4r$.

Nella metà AB il profilo è ruvido ed il cilindro rotola senza strisciare, nella metà BC il profilo è perfettamente liscio (Fig. 6.68 b). All'istante iniziale il cilindro si trova il quiete nella parte sinistra (ruvida) del profilo, con il CM ad altezza $R/2$ rispetto al fondo del profilo.

a) Si determini la velocità angolare del cilindro quando raggiunge il punto B al fondo del profilo.
b) Si determini l'altezza massima rispetto al fondo del profilo raggiunta dal cilindro nel tratto BC.

6.15. Un cilindro omogeneo di massa M e raggio R rotola senza strisciare su un piano orizzontale. Sul cilindro viene esercitata, mediante un pistone, una forza orizzontale F costante (Fig. 6.69 a). Sia μ il coefficiente d'attrito tra pistone e cilindro. Si determini l'accelerazione angolare del cilindro.

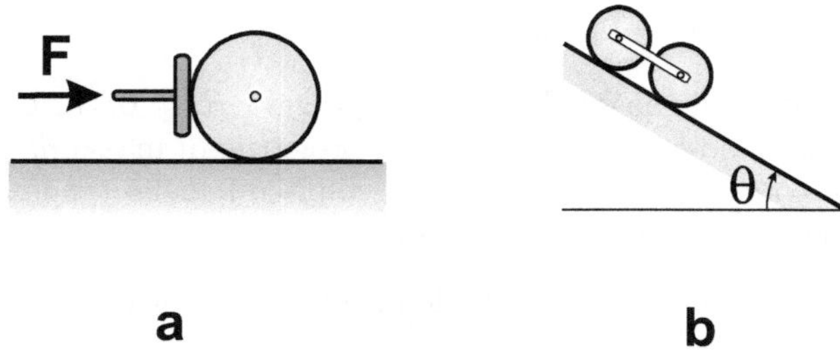

a   **b**

Fig. 6.69. (a) Problema 6.15, (b) Problema 6.16

6.16. Due cilindri aventi ugual massa M e ugual raggio R sono collegati da un'asta rigida leggera AB e rotolano senza strisciare lungo un piano inclinato di un angolo θ (Fig. 6.69 b). Uno dei due cilindri è pieno ed omogeneo, l'altro è cavo a parete sottile. Si determinino:

a) l'accelerazione dell'asta;
b) la tensione dell'asta.

6.17. Un cilindro omogeneo di raggio r e massa m ruota con velocità angolare costante ω_0 intorno al suo asse C. L'asse C è vincolato ad un punto fisso A mediante un'asta rigida AC di lunghezza L. Il cilindro viene, ad un dato istante, appoggiato ad un piano ruvido con coefficiente d'attrito μ. Quanto tempo trascorrerà prima che il cilindro si fermi, nelle tre ipotesi (Fig. 6.70):

a) il piano ruvido è orizzontale e contiene il punto fisso A;
b) il piano ruvido è verticale, normale al piano orizzontale contenente il punto fisso A;
c) il piano ruvido è verticale e contiene il punto fisso A.

Si esprimano i risultati in funzione dell'angolo θ mostrato in figura Fig. 6.70.

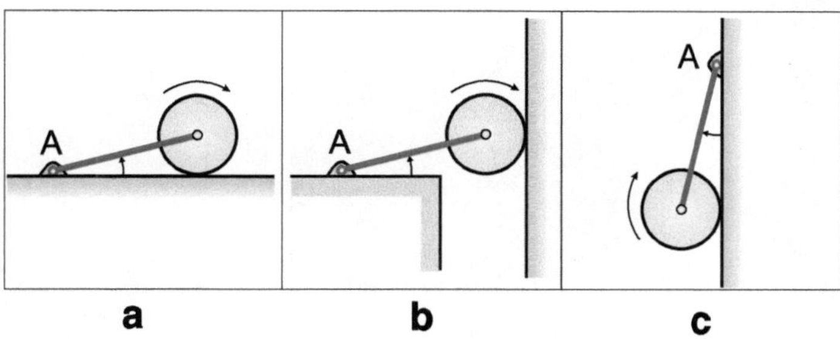

Fig. 6.70. Problema 6.17

7 Oscillazioni

7.1 Oscillatore armonico

Equazione del moto

Si chiama oscillatore armonico unidimensionale qualsiasi sistema la cui equazione del moto possa essere espressa nella forma

$$\frac{\mathrm{d}^2 x}{\mathrm{d}t^2} + \omega_0^2 x = 0 \,, \tag{7.1}$$

dove x è una coordinata di posizione, ω_0^2 una costante positiva. La (7.1) descrive l'effetto di una forza di richiamo proporzionale alla deviazione del sistema dalla posizione di equilibrio $x = 0$.

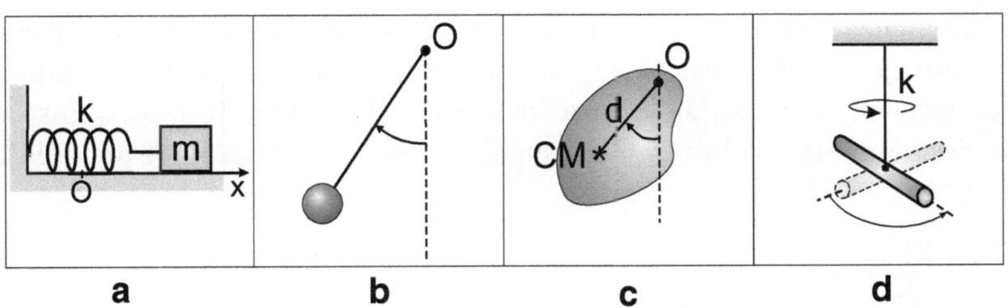

Fig. 7.1. Esempi di oscillatori

Esempi

a) Corpo di massa m collegato ad una molla perfettamente elastica di costante k (Fig. 7.1 a):

$$F = -kx \,, \qquad \frac{\mathrm{d}^2 x}{\mathrm{d}t^2} + \frac{k}{m}\,x = 0 \,, \qquad \omega_0^2 = \frac{k}{m} \,.$$

b) Pendolo semplice, di massa m e lunghezza d (Fig. 7.1 b), nell'approssimazione delle piccole oscillazioni ($\sin\theta \approx \theta$):

$$F = -mg\sin\theta \,, \qquad \frac{\mathrm{d}^2\theta}{\mathrm{d}t^2} + \frac{g}{d}\,\theta = 0 \,, \qquad \omega_0^2 = \frac{g}{d} \,.$$

c) Pendolo fisico, di massa M e momento d'inerzia I rispetto all'asse di rotazione (Fig. 7.1 c), nell'approssimazione delle piccole oscillazioni ($\sin\theta \approx \theta$):

$$\tau = -Mgd\sin\theta \,, \qquad \frac{\mathrm{d}^2\theta}{\mathrm{d}t^2} + \frac{Mgd}{I}\,\theta = 0 \,, \qquad \omega_0^2 = \frac{Mgd}{I} \,.$$

d) Bilancia (o pendolo) di torsione (Fig. 7.1 d), con costante elastica del filo k e momento d'inerzia I:

$$\tau = -k\theta \,, \qquad \frac{\mathrm{d}^2\theta}{\mathrm{d}t^2} + \frac{k}{I}\,\theta = 0 \,, \qquad \omega_0^2 = \frac{k}{I} \,.$$

Legge oraria

La soluzione generale dell'equazione del moto (7.1) è la legge oraria del *moto armonico semplice* :

$$x(t) = A\sin(\omega_0 t + \phi) \,, \tag{7.2}$$

dove : $\begin{cases} A & \text{è l'ampiezza;} \\ \omega_0 t + \phi & \text{è la fase:} \end{cases}$ $\begin{cases} \omega_0 & \text{è la frequenza angolare propria;} \\ \phi & \text{è la fase iniziale} \end{cases}$

Si chiama *periodo* del moto armonico semplice il rapporto

$$T = 2\pi/\omega_0 \,. \tag{7.3}$$

La frequenza propria ω_0 e il periodo T sono univocamente determinati dall'equazione del moto (7.1). La fase iniziale ϕ si misura in radianti, la frequenza angolare ω_0 si misura in $\mathrm{rad\,s^{-1}}$. Esse non vanno confuse con la posizione angolare o la velocità amgolare (ad es. nel caso del pendolo).

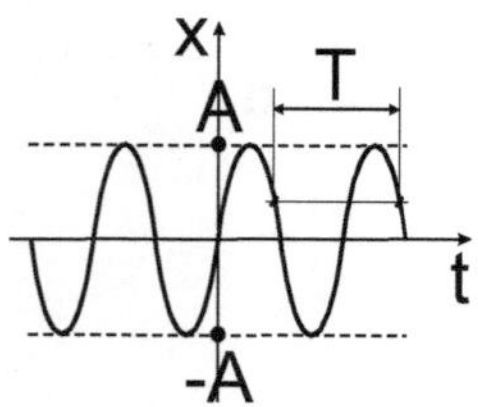

Fig. **7.2.** Rappresentazione grafica della legge oraria del moto armonico semplice

Condizioni iniziali

Ampiezza A e fase iniziale ϕ nella legge oraria (7.2) *non* sono determinate dall'equazione del moto (7.1). Per determinarle (Fig. 7.3 a,b) è necessario conoscere posizione x e velocità $v = \mathrm{d}x/\mathrm{d}t$ ad un istante qualsiasi t_0:

$$x(t_0) = A\sin(\omega_0 t_0 + \phi)\,, \qquad v(t_0) = A\omega_0 \cos(\omega_0 t_0 + \phi)\,. \qquad (7.4)$$

In particolare, se si conoscono posizione x_0 e velocità v_0 all'istante $t_0 = 0$, è facile vedere dalle (7.4) che:

$$A = \sqrt{x_0^2 + \frac{v_0^2}{\omega_0^2}}\,, \qquad \phi = \arctan \frac{\omega_0 x_0}{v_0}\,. \qquad (7.5)$$

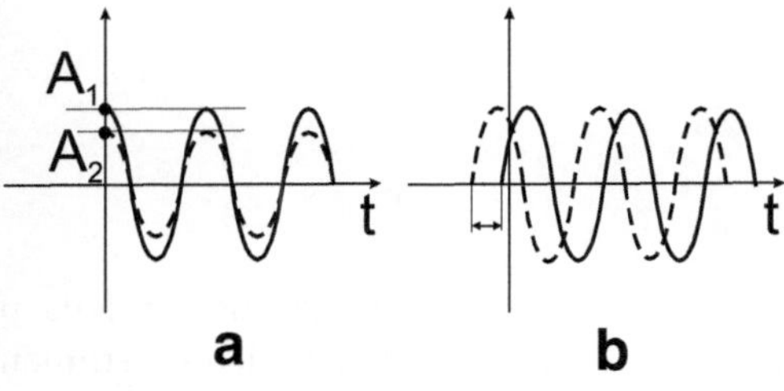

Fig. 7.3. Condizioni iniziali del moto armonico semplice

Energia

La forza che agisce sull'oscillatore armonico, $F = -m\omega_0^2 x$, è unidimensionale e dipende solo dalla posizione. Pertanto è una forza *conservativa*. L'energia potenziale (Fig. 7.4 a) è:

$$E_p = -\int_0^x F(x')\,\mathrm{d}x' = \frac{1}{2}m\omega_0^2 x^2\,. \qquad (7.6)$$

L'energia totale dell'oscillatore armonico (Fig. 7.4 b), usando le (7.5), è

$$E_t = E_p + E_k = \frac{1}{2}m\omega_0^2 x^2 + \frac{1}{2}mv^2 = \frac{1}{2}m\omega_0^2\left(x^2 + \frac{v^2}{\omega_0^2}\right) = \frac{1}{2}m\omega_0^2 A^2\,, \qquad (7.7)$$

cioè dipende dalla frequenza e dall'ampiezza dell'oscillazione.

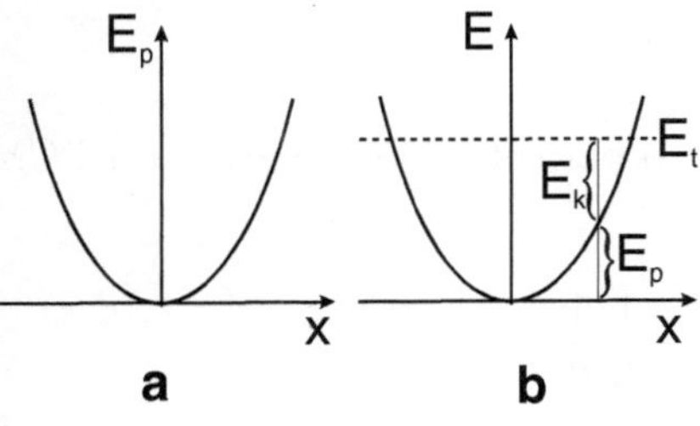

Fig. 7.4. Energia di un oscillatore armonico

Esercizio 7.1

*Un cilindro di massa M e raggio R è appoggiato su un piano orizzontale.
L'asse del cilindro è collegato ad un punto fisso per mezzo di una molla di
massa trascurabile e costante elastica k, inizialmente a riposo (Fig. 7.5). Il
cilindro viene spostato dalla posizione di equilibrio e quindi lasciato andare.
Si determini l'equazione del moto nell'ipotesi che il moto del cilindro sia di
puro rotolamento.*

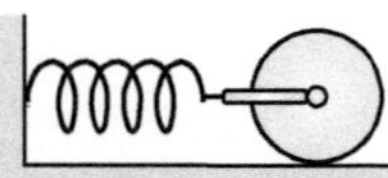

Fig. 7.5. Esercizio 7.1

Introduciamo un asse x orizzontale con lo zero in corrispondenza della posizione di equilibrio (molla a riposo) (Fig. 7.6 a). Per un generico spostamento
x dalla posizione di equilibrio le forze agenti sul cilindro sono:

$$F_{el} = -kx \quad \text{forza elastica applicata all'asse O;}$$
$$F_a \qquad \text{forza d'attrito applicata}$$
$$\text{al punto di contatto con il terreno, Q.}$$

La determinazione del verso di F_a richiede un'accurata discussione. Possiamo
per ora evitarla studiando il moto del cilindro rispetto al centro istantaneo
di rotazione Q:

$$\tau_Q = I_Q \alpha \, . \tag{7.8}$$

Consideriamo convenzionalmente positiva la rotazione anti-oraria, negativa
la rotazione oraria (Fig. 7.6 b). Rispetto al punto Q, solo la forza elastica
$F_{el} = -kx$ ha momento non nullo:

$$\tau_q = \tau_{el} = kxR$$

($\tau_q > 0$ per $x > 0$, $\tau_Q < 0$ per $x < 0$). Il momento d'inerzia del cilindro
rispetto al punto Q può essere calcolato usando il teorema di Steiner:

$$I_Q = 3 \, M R^2 / 2 \, .$$

 La relazione tra accelerazione angolare α e accelerazione lineare a del CM è
(attenzione al segno, Fig. 7.6 c,d):

$$\alpha = -\frac{a}{R} = -\frac{1}{R}\frac{\mathrm{d}^2 x}{\mathrm{d}t^2} \, .$$

Sostituendo τ_Q, I_Q e α, l'equazione del moto (7.8) diviene perciò

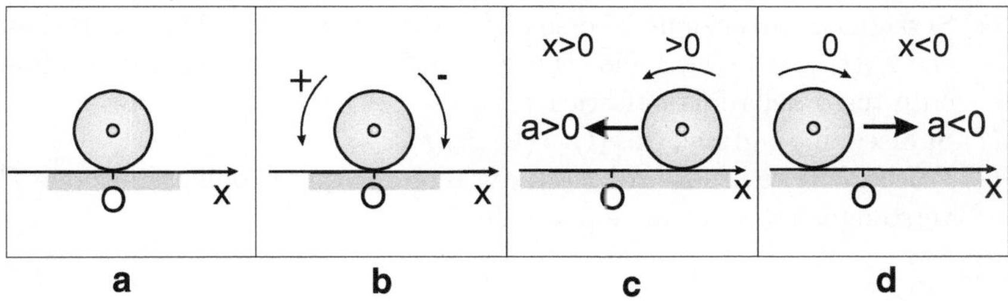

Fig. 7.6. Esercizio 7.1

$$\frac{\mathrm{d}^2 x}{\mathrm{d}t^2} + \frac{2k}{3M}x = 0 \ . \tag{7.9}$$

Il moto è armonico semplice con periodo

$$T = 2\pi\sqrt{3M/2k} \ .$$

L'esercizio può essere risolto anche separando il moto traslazionale dell'asse del cilindro dal moto rotazionale rispetto all'asse, considerando esplicitamente la forza d'attrito F_a. Le rispettive equazioni del moto sono:

$$M\frac{\mathrm{d}^2 x}{\mathrm{d}t^2} = -kx + F_a \qquad \text{(moto traslazionale)} \tag{7.10}$$

$$I_{\mathrm{cm}}\alpha = RF_a \qquad \text{(moto rotazionale)} \tag{7.11}$$

Il verso di F_a (quindi il suo segno) cambia durante il moto (Fig. 7.7). Per la (7.11) F_a è però sempre concorde con α. Inoltre è sempre $a = -\alpha R$. Eliminando F_a dalle (7.10) e (7.11) si ottiene

$$M\frac{\mathrm{d}^2 x}{\mathrm{d}t^2} = -kx + I_{\mathrm{cm}}\alpha = -kx - I_{\mathrm{cm}}\frac{1}{R}\frac{\mathrm{d}^2 x}{\mathrm{d}t^2} \ ,$$

da cui si risale immediatamente alla (7.9).

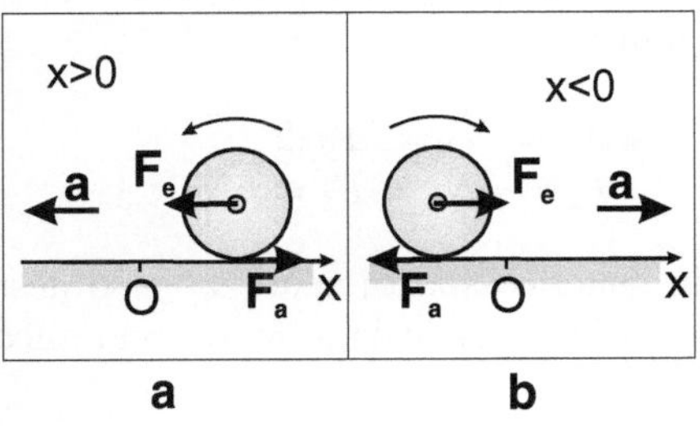

Fig. 7.7. Esercizio 7.1

(?) Si risolva la (7.9) e si determinino $x(t)$, $v(t)$, $a(t)$ e $\alpha(t)$.

(?) Si studi con attenzione il verso di F_a. Utilizzando le (7.11) e (7.9) si mostri che $F_a(t) = +kx(t)/3$, cioè che F_a è in fase con $x(t)$ e che, in modulo, F_a è un terzo della forza elastica.

(?) Si disegnino i grafici di $x(t)$, $v(t)$, $F_a(t)$.

(?) Poiché $F_a(t)$ è in fase con $x(t)$, durante due quarti dell'oscillazione F_a ha verso uguale a v. Come è possibile ?

Esercizio 7.2

Una sbarra omogenea di massa M è appoggiata su due cilindri di uguale raggio R; gli assi dei due cilindri, orizzontali e paralleli, sono allo stesso livello, separati da una distanza $2d$. I due cilindri sono mantenuti in rotazione attorno ai loro assi alla medesima velocità angolare Ω, con versi opposti come mostrato in Fig. 7.8. Il coefficiente d'attrito tra sbarra e cilindri è μ.
A) Si determini l'equazione del moto della sbarra.

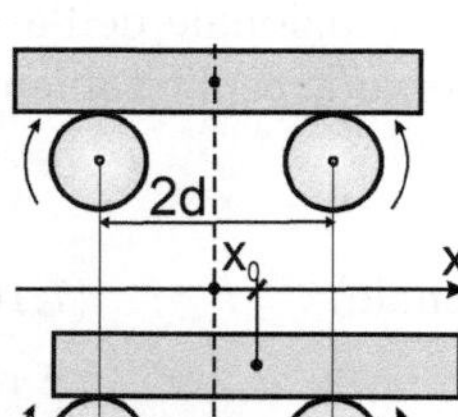

Fig. 7.8. Esercizio 7.2

Le forze che agiscono sulla sbarra sono:

- il peso $M\boldsymbol{g}$;
- le reazioni vincolari normali $\boldsymbol{N}_1$, $\boldsymbol{N}_2$;
- le reazioni vincolari tangenziali (d'attrito) $\boldsymbol{F}_1$, $\boldsymbol{F}_2$.

La sbarra è in equilibrio quando è in posizione simmetrica rispetto ai due cilindri (Fig. 7.9 a); in tale posizione infatti:

$$\begin{cases} \boldsymbol{N}_1 + \boldsymbol{N}_2 + M\boldsymbol{g} = 0 \,, \\ \boldsymbol{F}_1 + \boldsymbol{F}_2 = 0 \,, \end{cases} \qquad \begin{cases} N_1 = N_2 = Mg/2 \,, \\ F_1 = \mu N_1 = F_2 = \mu N_2 \,. \end{cases}$$

Consideriamo ora la situazione per un generico spostamento x verso destra del CM della sbarra (Fig. 7.9 b). In direzione verticale le forze sono ancora equilibrate

$$N_1 + N_2 = Mg \,.$$

Non è però più vero che $N_1 = N_2$. Applicando la condizione di equilibrio dei momenti rispetto ai punti di contatto sbarra–cilindro, è facile verificare che

$$N_1 = \frac{Mg}{2}\left(1 - \frac{x}{d}\right), \qquad N_2 = \frac{Mg}{2}\left(1 + \frac{x}{d}\right). \qquad (7.12)$$

Se $N_1 \neq N_2$, anche $F_1 = \mu N_1 \neq F_2 = \mu N_2$: le forze di attrito non si equilibrano. L'equazione del moto della sbarra in direzione orizzontale è

$$M\frac{\mathrm{d}^2 x}{\mathrm{d}t^2} = F_1 - F_2 = \mu(N_1 - N_2).$$

Sostituendo i valori di N_1 ed N_2 dati dalle (7.12) si ottiene l'equazione del

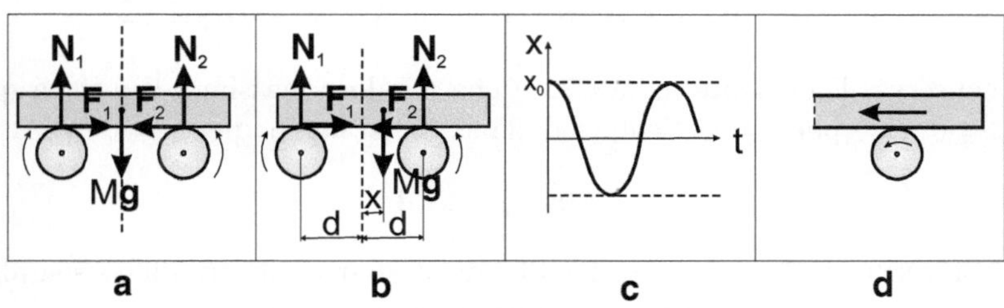

Fig. 7.9. Esercizio 7.2

moto per la coordinata x del CM della sbarra:

$$\frac{\mathrm{d}^2 x}{\mathrm{d}t^2} + \frac{\mu g}{d}x = 0. \qquad (7.13)$$

La (7.13) è la legge del moto di un oscillatore armonico, con frequenza angolare e periodo rispettivamente

$$\omega_0 = \sqrt{\mu g/d}, \qquad T = 2\pi \sqrt{d/\mu g}.$$

La frequenza delle oscillazioni cresce al crescere della distanza tra i cilindri; perché ?

B) Si determini la legge oraria $x(t)$ nel caso in cui, per $t = 0$, il CM della sbarra si trovi alla posizione $x = x_0$ con velocità $v_0 = 0$.

La soluzione generale della legge del moto (7.13) è la legge oraria

$$x(t) = A \sin(\omega_0 t + \phi). \qquad (7.14)$$

La velocità della sbarra è

$$v(t) = \frac{\mathrm{d}x}{\mathrm{d}t} = A\omega_0 \cos(\omega_0 t + \phi). \qquad (7.15)$$

Le condizioni iniziali (Fig. 7.9 c),

$$x(0) = A \sin \phi = x_0 \,, \qquad v(0) = A\omega_0 \cos \phi = 0 \,,$$

sono soddisfatte per $A = x_0$ e $\phi = \pi/2$. La legge oraria (7.14) diviene perciò

$$x(t) = x_0 \sin (\omega_0 t + \pi/2) \,.$$

C) Si determini la velocità massima della sbarra.

L'energia totale dell'oscillatore armonico

$$E_t = E_k + E_p = mv^2/2 + m\omega_0^2 x^2/2 = m\omega_0^2 A^2/2 \qquad (7.16)$$

si conserva. È evidente dalla (7.16) che il valore massimo di v si ha quando $E_p = 0$, cioè per $x = 0$. Sempre dalla (7.16) si ha che per $x = 0$

$$v_{\max} = \omega_0 A \,.$$

(?) Si verifichi che, affinchè il moto della sbarra sia armonico semplice, lo spostamento x non deve superare il valore massimo

$$x_{\max} = A \le \Omega R/\omega_0 = \Omega R \sqrt{d/\mu g} \,. \qquad (7.17)$$

Se la (7.17) non fosse verificata, sarebbe $v_{\max} = \omega_0 A > \Omega R$, dove ΩR è la velocità tangenziale del cilindro (Fig. 7.9 d). Si ricordi che la forza d'attrito ha verso opposto alla velocità relativa dei due corpi a contatto. Se la velocità della sbarra supera la velocità tangenziale del cilindro, la corrispondente forza d'attrito cambia segno e l'equazione del moto non è più del tipo armonico (7.13).

(?) Si descrive qualitativamente il moto della sbarra nell'ipotesi che la (7.17) non sia verificata.

Esercizio 7.3

Un punto materiale di massa m, appoggiato su un piano orizzontale privo di attrito, viene collegato a due punti fissi A, B mediante due molle orizzontali di costante elastica k e lunghezza a riposo d_0 (Fig. 7.10). La distanza tra i due punti A e B è 2L, con $L > d_0$.
A) Determinare l'equazione del moto longitudinale del punto materiale, cioè del moto lungo la direzione AB.

Introduciamo un asse x nella direzione del moto, con lo zero in corrispondenza della posizione di equilibrio. Poiché le due molle hanno uguali lunghezze a riposo e uguali costanti elastiche, la posizione di equilibrio è equidistante da A e da B. Per un generico spostamento x dalla posizione di equilibrio, sul punto materiale agiscono le due forze elastiche (Fig. 7.11 a)

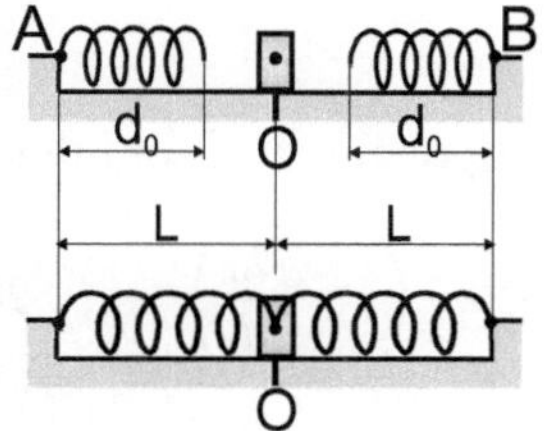

Fig. 7.10. Esercizio 7.3

$$F_1 = -k(L + x - d_0), \qquad F_2 = -k(-L + x + d_0).$$

Sommando le due forze,

$$F = F_1 + F_2 = -2kx, \tag{7.18}$$

per cui l'equazione del moto longitudinale è

$$\frac{\mathrm{d}^2 x}{\mathrm{d}t^2} + \frac{2k}{m}\, x = 0. \tag{7.19}$$

Il moto è armonico semplice, con periodo

$$T = 2\pi\sqrt{m/2k}.$$

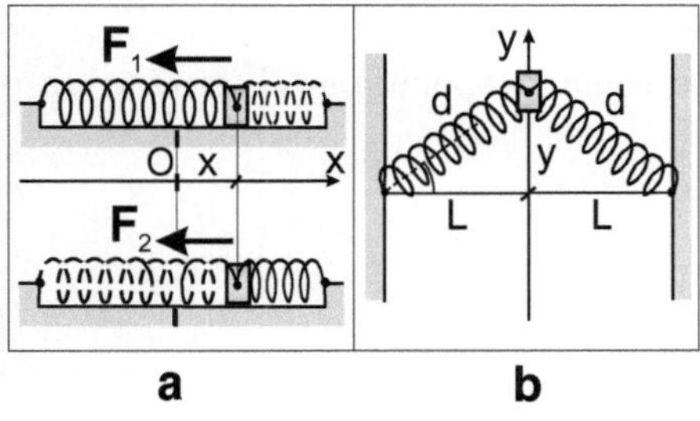

Fig. 7.11. Esercizio 7.3

B) Determinare l'equazione del moto trasversale, *cioè del moto in direzione perpendicolare ad AB.*

Introduciamo un asse y nella direzione del moto, perpendicolare al segmento AB, con lo zero in corrispondenza della posizione di equilibrio (Fig. 7.11 b). Per un generico spostamento y dalla posizione di equilibrio le due molle sono stirate alla lunghezza d, con

$$y = d\sin\alpha, \qquad d^2 = x^2 + L^2.$$

Ognuna delle due molle esercita sul punto materiale una forza di modulo

$$F = -k(d - d_0) \, .$$

Le componenti x delle due forze si equilibrano, le componenti y si sommano:

$$F_y \; = \; -2k(d - d_0) \, \sin\alpha \; = \; -2k(d - d_0)\frac{y}{d} \; = \; -2ky\left(1 - \frac{d_0}{d}\right) \, . \quad (7.20)$$

L'equazione del moto trasversale è perciò

$$\frac{\mathrm{d}^2 y}{\mathrm{d}t^2} + \frac{2k}{m}\left(1 - \frac{d_0}{d}\right)y \; = \; 0 \, . \qquad (7.21)$$

La (7.21) *non* individua un moto armonico semplice: il coefficiente del termine di primo grado non è costante, in quanto d dipende dalla variabile y. La (7.21) può essere risolta agevolmente solo nei casi in cui sia possibile fare delle approssimazioni.

a) Approssimazione per grandi allungamenti L.

Se durante tutto il moto $d \gg d_0$ (quindi se $L \gg d_0$) la (7.21) può venire sostituita dall'equazione approssimata

$$\frac{\mathrm{d}^2 y}{\mathrm{d}t^2} + \frac{2k}{m}y \; = \; 0 \, . \qquad (7.22)$$

La (7.22) è identica alla (7.19). Pertanto, se le molle sono molto stirate, il moto è armonico semplice, con la stessa frequenza del moto longitudinale.

b) Approssimazione per piccoli spostamenti y.

Se non è valida l'approssimazione precedente, esplicitiamo il termine tra parentesi nella (7.21) in funzione di y:

$$\left(1 - \frac{d_0}{d}\right) \; = \; 1 - \frac{d_0}{\sqrt{L^2 - y^2}} \; = \; 1 - \frac{d_0}{L}\left(1 - \frac{y^2}{L^2}\right)^{-1/2} \, .$$

Utilizzando lo sviluppo in serie

$$(1 + \alpha)^n \; = \; 1 + n\alpha + \frac{n(n - 1)}{2!}\alpha^2 + \frac{n(n - 1)(n - 2)}{3!}\alpha^3 + \dots$$

con $\alpha = -y^2/L^2$, $n = -1/2$, si ottiene

$$\left(1 - \frac{d_0}{d}\right) \; = \; 1 - \frac{d_0}{L} + \frac{y^2}{2L^2} - \frac{3y^4}{8L^4} + \dots \qquad (7.23)$$

Se gli spostamenti y sono molto piccoli rispetto ad L ($y \ll L$), lo sviluppo in serie si può arrestare al secondo termine e la (7.21) può essere sostituita dall'equazione approssimata

$$\frac{\mathrm{d}^2 y}{\mathrm{d}t^2} + \frac{2k}{m}\left(1 - \frac{d_0}{L}\right)y = 0 \, . \qquad (7.24)$$

Il moto rappresentato dalla (7.24) è armonico semplice. La frequenza angolare

$$\omega_0 = \sqrt{\frac{2k}{m}\left(1 - \frac{d_0}{L}\right)}$$

è minore di quella del moto longitudinale.

C) Determinare l'espressione dell'energia potenziale elastica per ciascuno dei due moti, longitudinale e trasversale.

La relazione differenziale tra forza F ed energia potenziale E_p è

$$dE_p = -dW = -F\,dx\;.$$

Per il moto longitudinale la (7.18) dà $F = -2kx$ per cui

$$dE_p = 2kx\,dx\;.$$

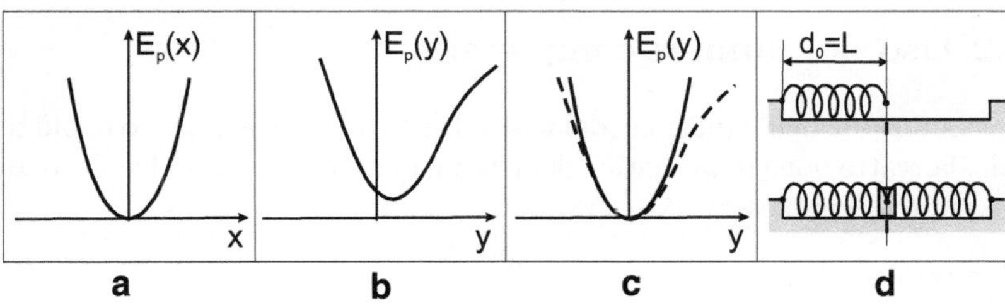

Fig. 7.12. Esercizio 7.3

Integrando per uno spostamento finito x, si ottiene il noto andamento quadratico (Fig. 7.12 a)

$$E_p(x) = \int_0^x 2kx'\,dx' = kx^2\;.$$

Per il moto trasversale esprimiamo la forza (7.20) mediante lo sviluppo in serie (7.23):

$$F = -2ky\left(1 - \frac{d_0}{L} + \frac{y^2}{2L^2} - \frac{3y^4}{8L^4} + \dots\right)\;.$$

Integrando per uno spostamento finito y,

$$E_p(y) = \int_0^y 2ky\left(1 - \frac{d_0}{L} + \frac{y^2}{2L^2} - \frac{3y^4}{8L^4} + \dots\right)dy\;,$$

si ottiene per $E_p(y)$ un'espressione che contiene termini di grado superiore al secondo (Fig. 7.12 b):

$$E_p(y) = k\left(1 - \frac{d_0}{L}\right)y^2 - \frac{kd_0}{4L^2}y^4 + \dots \qquad (7.25)$$

Il termine di secondo grado dell'energia potenziale,

$$E'_p = k\left(1 - d_0/L\right)y^2 \qquad (7.26)$$

è detto *termine armonico* (Fig. 7.12 c). I termini di grado superiore al secondo sono detti *termini anarmonici*. Essi sono responsabili della deviazione del grafico di E_p dall'andamento parabolico. La possibilità di usare, per piccoli spostamenti y, l'approssimazione armonica (7.24) si può spiegare con il fatto che per piccoli valori di y la curva dell'energia potenziale E_p (7.25) può essere approssimata dalla parabola (7.26). Osservando il termine armonico (7.26) si può notare che esso si annulla se $d_0 = L$ (Fig. 7.12 d), cioè se le molle non devono venire stirate per essere collegate al punto materiale. In tale caso all'equilibrio le molle sono *scariche*. Le oscillazioni trasversali sono anarmoniche anche nell'approssimazione di piccoli spostamenti y.

7.2 Uso dei numeri complessi

La risoluzione dell'equazione del moto dell'oscillatore armonico e, più in generale, la trattazione matematica dei fenomeni oscillatori sono facilitate dall'uso dei numeri complessi.

Numeri complessi

Un numero complesso z è rappresentato dall'espressione (Fig. 7.13 a)

$$z = a + \mathrm{i}b,$$

dove i è l'unità immaginaria ($\mathrm{i}^2 = -1$), a la parte reale, b la parte immaginaria:

$$a = \mathrm{Re}\{z\}; \qquad b = \mathrm{Im}\{z\}.$$

Alternativamente, usando la notazione di Eulero

$$\mathrm{e}^{\mathrm{i}\phi} = \cos\phi + \mathrm{i}\sin\phi, \qquad (7.27)$$

il numero complesso z può essere rappresentato come (Fig. 7.13 b)

$$z = M\,\mathrm{e}^{\mathrm{i}\theta},$$

dove M è il modulo, θ è la fase:

$$M = \sqrt{a^2 + b^2}, \qquad \theta = \arctan(b/a).$$

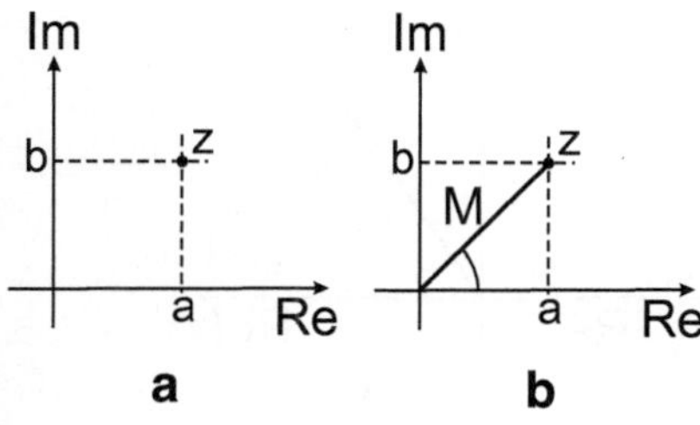

Fig. 7.13. Rappresentazione geometrica dei numeri complessi

Oscillatore armonico

L'equazione del moto dell'oscillatore armonico

$$\frac{\mathrm{d}^2 x}{\mathrm{d}t^2} + \omega_0^2 x = 0 \tag{7.28}$$

stabilisce una relazione di proporzionalità tra la funzione incognita $x(t)$ e la sua derivata seconda. La soluzione della (7.28) è più agevole nel campo complesso che in quello reale. Cerchiamo una soluzione del tipo

$$x(t) = e^{\lambda t}, \qquad \text{con } x \text{ e } \lambda \text{ complessi} \tag{7.29}$$

(la forma esponenziale garantisce la proporzionalità tra la funzione e la sua derivata seconda). Sostituendo $x(t)$ dato dalla (7.29) nella (7.28) e semplificando, si ottiene l'equazione algebrica di secondo grado

$$\lambda^2 + \omega_0^2 = 0 \, . \tag{7.30}$$

La (7.30) ammette le due soluzioni (immaginarie)

$$\lambda_1 = i\omega_0 \, , \qquad \lambda_2 = -i\omega_0 \, .$$

Corrispondentemente si hanno due soluzioni complesse linearmente indipendenti per l'equazione differenziale (7.28):

$$x_+(t) = e^{+i\omega_0 t} \, , \qquad x_-(t) = e^{-i\omega_0 t} \, .$$

La soluzione generale della (7.28) in campo complesso è

$$x(t) = A_1 \, x_+ + A_2 \, x_- = A_1 \, e^{i\omega_0 t} + A_2 \, e^{-i\omega_0 t} \, , \tag{7.31}$$

dove A_1 e A_2 sono costanti arbitrarie. Ponendo $A_1 = 1/2i$ e $A_2 = -1/2i$ oppure $A_1 = A_2 = 1/2$, si ottengono dalla (7.31) due soluzioni linearmente indipendenti in campo reale:

$$x_1(t) = \sin \omega_0 t \, , \qquad x_2(t) = \cos \omega_0 t \, .$$

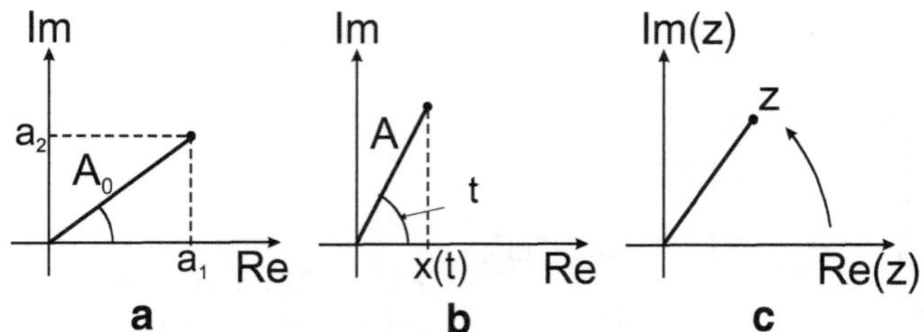

Fig. 7.14. Numeri complessi e oscillatore armonico

La soluzione generale della (7.28) in campo reale è perciò:

$$x(t) \;=\; a_1 \sin \omega_0 t \;+\; a_2 \cos \omega_0 t \,, \qquad (7.32)$$

dove a_1 e a_2 sono costanti arbitrarie. Per qualunque valore di a_1 e a_2 è possibile determinare due numeri A e ϕ tali che (Fig. 7.14 a)

$$a_1 \;=\; A_0 \cos\phi \,, \qquad a_2 \;=\; A_0 \sin\phi \,.$$

Sostituendo nella (7.32), si ottiene l'espressione più compatta (Fig. 7.14 b)

$$x(t) \;=\; A_0 \sin(\omega_0 t + \phi) \,.$$

Rappresentazione complessa dei fenomeni oscillatori

E' talvolta utile rappresentare una grandezza reale $x(t)$, che varia nel tempo secondo una legge sinusoidale, come la parte reale di un numero complesso z (Fig. 7.14 c):

$$x(t) \;=\; A \cos(\omega t + \phi) \;=\; \mathrm{Re}\{A\,\mathrm{e}^{\mathrm{i}\phi}\,\mathrm{e}^{\mathrm{i}\omega t}\} = \mathrm{Re}\{z(t)\} \,.$$

L'*ampiezza complessa* $A\,\mathrm{e}^{\mathrm{i}\phi}$ contiene le informazioni sulle condizioni iniziali (ampiezza A e fase ψ).

7.3 Oscillazioni smorzate

Equazione del moto

Consideriamo un oscillatore armonico unidimensionale, di frequenza angolare propria ω_0, soggetto ad una forza d'attrito viscoso

$$F \;=\; -bv$$

proporzionale al modulo v della velocità (Fig. 7.15). Se si pone $2\gamma = b/m$, l'equazione del moto diventa

$$\frac{\mathrm{d}^2 x}{\mathrm{d}t^2} \;+\; 2\gamma\,\frac{\mathrm{d}x}{\mathrm{d}t} \;+\; \omega_0^2 x \;=\; 0 \,. \qquad (7.33)$$

I parametri ω_0 e γ hanno entrambi dimensione T^{-1}.

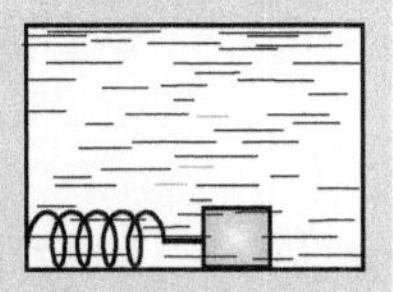

Fig. 7.15. Un oscillatore immerso in un fluido è soggetto ad una forza di attrito viscoso

Soluzione dell'equazione del moto

Per la soluzione dell'equazione del moto (7.33) ci si aspetta un andamento misto sinusoidale (tipico dell'oscillatore libero, come se $\gamma = 0$) ed esponenziale (tipico dell'attrito viscoso, come se $\omega_0 = 0$). Cerchiamo una soluzione complessa del tipo

$$x(t) = e^{\lambda t}, \quad \text{con} \quad \lambda = a + ib. \tag{7.34}$$

Nella funzione $e^{a+ib} = e^a\, e^{ib}$

$$\begin{cases} e^a & \text{dà l'andamento esponenziale;} \\ e^{ib} & \text{dà l'andamento sinusoidale.} \end{cases}$$

Sostituendo la $x(t)$ data dalla (7.34) nella (7.33) e semplificando, si ottiene l'*equazione caratteristica*

$$\lambda^2 + 2\gamma\lambda + \omega_0^2 = 0, \tag{7.35}$$

che è un'equazione algebrica di secondo grado in λ. La (7.35) ammette due soluzioni complesse:

$$\lambda_+ = -\gamma + \sqrt{\gamma^2 - \omega_0^2}, \qquad \lambda_- = -\gamma - \sqrt{\gamma^2 - \omega_0^2}. \tag{7.36}$$

Si distinguono tre casi, a seconda che

$$\gamma < \omega_0, \qquad \gamma = \omega_0, \qquad \gamma > \omega_0.$$

1^0 caso: $\gamma < \omega_0$

Il radicando delle (7.36) è negativo. Ponendo

$$\omega_s^2 = \omega_0^2 - \gamma^2, \tag{7.37}$$

due soluzioni complesse linearmente indipendenti della (7.33) possono essere espresse come

$$x_+(t) = e^{-\gamma t} e^{i\omega_s t}, \qquad x_-(t) = e^{-\gamma t} e^{-i\omega_s t}. \tag{7.38}$$

Combinando linearmente le (7.38) e sfruttando le relazioni di Eulero, si possono ottenere due soluzioni reali linearmente indipendenti della (7.33):

$$x_1(t) \; = \; \mathrm{e}^{-\gamma t} \cos \omega_s t \, , \qquad x_2(t) \; = \; \mathrm{e}^{-\gamma t} \sin \omega_s t \, . \tag{7.39}$$

La soluzione generale della (7.33) in campo reale per $\gamma < \omega_0$ è

$$x(t) \; = \; a_1 x_1(t) + a_2 x_2(t) \; = \; A \, \mathrm{e}^{-\gamma t} \sin(\omega_s t + \phi) \, . \tag{7.40}$$

I parametri A e ϕ dipendono dalle condizioni iniziali:

$$x(0) \; = \; A \sin \phi \, ; \qquad v(0) \; = \; A \left(\omega_s \cos \phi - \gamma \sin \phi \right) \, .$$

La (7.40) descrive un moto oscillatorio (Fig. 7.16 a sinistra); gli effetti dell'attrito viscoso sono:

a) una riduzione esponenziale nel tempo dell'ampiezza dell'oscillazione;
b) una riduzione della frequenza angolare dell'oscillatore dal valore ω_0 (frequenza propria) al valore $\omega_s = \sqrt{\omega_0^2 - \gamma^2}$.

Per $\gamma = 0$ la (7.40) si riduce alla legge oraria del moto armonico semplice.

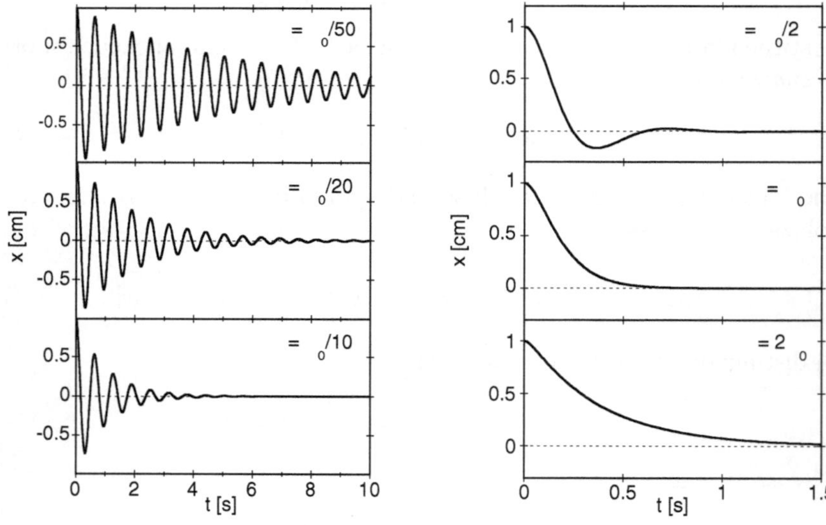

Fig. 7.16. Leggi orarie di un oscillatore con frequenza angolare propria $\omega_0 = 10$ rad s^{-1} per diversi valori del coefficiente di smorzamento γ. In tutti i casi si sono imposte le condizioni iniziali $x(0) = 1$ cm, $v(0) = 0$.

2° caso: $\gamma = \omega_0$ *("smorzamento critico")*

Il radicando della (7.36) è nullo; si hanno perciò due soluzioni reali coincidenti per la (7.35): $\lambda = -\gamma$. Due soluzioni reali linearmente indipendenti della (7.33) sono

$$x_1(t) \; = \; e^{-\gamma t} \, , \qquad x_2(t) \; = \; t\,e^{-\gamma t} \, .$$

La soluzione generale della (7.33) è

$$x(t) \; = \; (a_1 + a_2 t)\, e^{-\gamma t} \, . \tag{7.41}$$

I parametri a_1 e a_2 dipendono dalle condizioni iniziali:

$$x(0) \; = \; a_1 \, , \qquad v(0) \; = \; -\gamma a_1 + a_2 \, .$$

Il moto non è oscillatorio (Fig. 7.16 a destra).

3^0 *caso:* $\gamma > \omega_0$

Il radicando della (7.36) è positivo. Poniamo $\psi = \sqrt{\gamma^2 - \omega_0^2}$ (per cui $\psi < \gamma$).
Due soluzioni reali linearmente indipendenti della (7.33) sono

$$x_1(t) \; = \; e^{-(\gamma-\psi)t} \, , \qquad x_2(t) \; = \; e^{-(\gamma+\psi)t} \, .$$

La soluzione generale della (7.33) è

$$x(t) \; = \; a_1\, e^{-(\gamma-\psi)t} + a_2\, e^{-(\gamma+\psi)t} \, . \tag{7.42}$$

I parametri a_1 e a_2 dipendono dalle condizioni iniziali:

$$x(0) \; = \; a_1 + a_2 \; ; \qquad v(0) \; = \; -(\gamma - \psi)a_1 - (\gamma + \psi)a_2 \, .$$

Il moto non è oscillatorio (Fig. 7.16 a destra).

Esercizio 7.4

Il dispositivo mostrato in Fig. 7.17 fu messo a punto da Coulomb per misurare l'attrito viscoso nei liquidi. Esso è composto da una molla di costante elastica k e massa trascurabile alla cui estremità inferiore è appesa una piastra sottile di area A completamente immersa nel liquido. Si fa l'ipotesi che la forza di attrito sia proporzionale alla velocità della piastra ed alla superficie di contatto tra piastra e liquido, cioè a 2A.

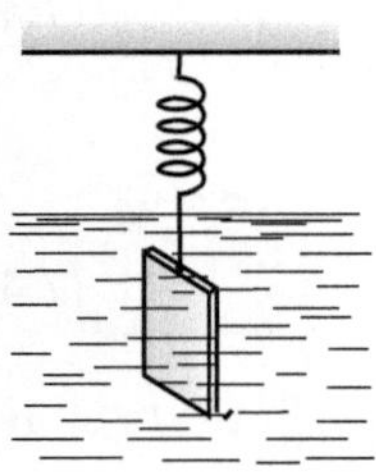

Fig. 7.17. Esercizio 7.4

A) Si scriva l'equazione del moto della piastra.

Le forze che agiscono sulla piastra hanno tutte direzione verticale; considiamo pertanto le loro componenti rispetto ad un asse orientato verso il basso (Fig. 7.18 a). Esse sono:

- il peso $P = mg$, costante;
- la spinta di Archimede $S = -\rho_l V_l g$;
- la forza elastica $F_e = -kx'$;
- la forza d'attrito $F_a = -2\mu A(\mathrm{d}x'/\mathrm{d}t)$.

μ è il coefficiente di attrito viscoso. La coordinata x' rappresenta lo spostamento verticale rispetto alla posizione a riposo dell'estremo inferiore della molla. L'equazione del moto è pertanto:

$$\frac{\mathrm{d}^2 x'}{\mathrm{d}t^2} + \frac{2\mu A}{m}\,\frac{\mathrm{d}x'}{\mathrm{d}t} + \frac{k}{m}\,x' = g - \frac{\rho_l V_l}{m}\,g\,. \tag{7.43}$$

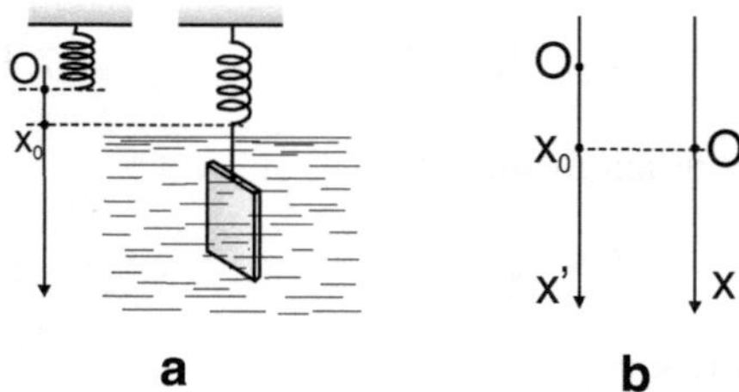

Fig. 7.18. Esercizio 7.4

B) Si risolva l'equazione del moto della piastra.

L'equazione del moto (7.43) è un'equazione differenziale non omogenea nella variabile x'. La si può trasformare in un'equazione omogenea (cioè priva di termine noto) introducendo la nuova variabile di posizione $x = x' - x_0$, dove x_0 è la posizione di equilibrio del sistema, costante rispetto al tempo (Fig. 7.18 b). Sostituendo nella (7.43) $x' = x + x_0$ e ricordando che all'equilibrio

$$\frac{k}{m}\,x_0 = g - \frac{\rho_l V_l}{m}\,g\,, \tag{7.44}$$

si ottiene l'equazione omogenea

$$\frac{\mathrm{d}^2 x}{\mathrm{d}t^2} + \frac{2\mu A}{m}\,\frac{\mathrm{d}x}{\mathrm{d}t} + \frac{k}{m}\,x = 0\,. \tag{7.45}$$

Introducendo la frequenza angolare propria del sistema $\omega_0^2 = k/m$ e il parametro $\gamma = \mu A/m$, la (7.45) assume la forma standard

$$\frac{\mathrm{d}^2 x}{\mathrm{d}t^2} + 2\gamma\,\frac{\mathrm{d}x}{\mathrm{d}t} + \omega_0^2 x = 0 \,. \tag{7.46}$$

Nel dispositivo in esame, la molla è scelta in modo tale che $\omega_0 \gg \gamma$. In tal caso la soluzione della (7.46) è la legge oraria (Fig. 7.19)

$$x(t) = x_0\, \mathrm{e}^{-\gamma t}\, \sin(\omega_s t + \phi)\,, \qquad \omega_s = \sqrt{\omega_0^2 - \gamma^2}\,. \tag{7.47}$$

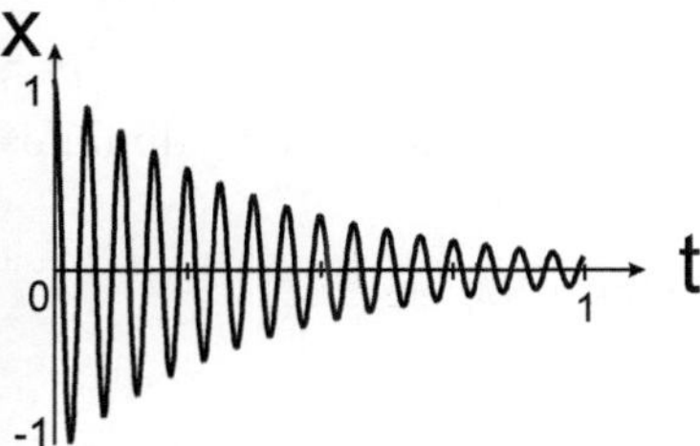

Fig. 7.19. Esercizio 7.4

C) Si esprima il coefficiente di attrito viscoso μ in funzione del periodo di oscillazione del sistema.

In assenza di attrito viscoso, il sistema oscillerebbe con periodo

$$T_0 = \frac{2\pi}{\omega_0} = \frac{2\pi}{\sqrt{k/m}}\,. \tag{7.48}$$

La presenza del fluido riduce la frequenza angolare dal valore proprio ω_0 al valore

$$\omega_s = \sqrt{\omega_0^2 - \gamma^2} = \sqrt{\frac{k}{m} - \frac{\mu^2 A^2}{m^2}}$$

e pertanto aumenta il periodo al valore

$$T = \frac{2\pi}{\omega_s} = \frac{2\pi}{\sqrt{k/m - \mu^2 A^2/m^2}}\,. \tag{7.49}$$

Dalle (7.48) e (7.49) è facile ricavare μ in funzione di T:

$$\mu = \frac{2\pi m}{A}\,\frac{\sqrt{T^2 - T_0^2}}{T T_0}\,.$$

Noti m ed A, la misura di T_0 e T consente di ricavare μ.

D) Si studi la variazione nel tempo dell'energia meccanica del sistema.

L'energia totale meccanica del sistema è la somma di energia cinetica, energia potenziale elastica ed energia potenziale di gravità:

$$E_t \; = \; mv^2/2 \; + \; kx'^2/2 \; - \; (m - \rho_l V_l)gx \tag{7.50}$$

Sostituendo $x' = x + x_0$ e tenendo conto della (7.44), la (7.50) diviene

$$E_t \; = \; mv^2/2 \; + \; kx^2/2 \; + \; kx_0^2/2 \; . \tag{7.51}$$

Derivando rispetto al tempo la (7.51) e ponendo $k = m\omega_0^2$, si ha:

$$\frac{\mathrm{d}E_t}{\mathrm{d}t} = mv\frac{\mathrm{d}v}{\mathrm{d}t} + m\omega_0^2 xv = mv\left(\frac{\mathrm{d}^2 x}{\mathrm{d}t^2} + \omega_0^2 x\right) = mv(-2\gamma v) = -2\gamma mv^2 \; . \tag{7.52}$$

L'ultimo termine della (7.52) è sicuramente negativo, per cui E_t diminuisce nel tempo.

(?) Si disegnino i grafici qualitativi di $x(t)$, $v(t)$, $v^2(t)$ ed $E_t(t)$.

7.4 Oscillazioni forzate

Equazione del moto

Consideriamo un oscillatore armonico di frequenza propria ω_0, soggetto ad uno smorzamento viscoso $-bv$ e ad una forza $F(t)$ dipendente dal tempo. Sostituendo $2\gamma = b/m$ si può scrivere l'equazione del moto nella forma:

$$\frac{\mathrm{d}^2 x}{\mathrm{d}t^2} \; + \; 2\gamma\frac{\mathrm{d}x}{\mathrm{d}t} \; + \; \omega_0^2 x \; = \; \frac{F(t)}{m} \; . \tag{7.53}$$

Ci occuperemo del caso particolare in cui la forza $F(t)$ dipenda dal tempo in modo sinusoidale:

$$F(t) \; = \; F_0 \, \sin(\omega_f t) \; .$$

Soluzione dell'equazione del moto

La (7.53) è un'equazione differenziale lineare non omogenea. L'equazione omogenea associata si ottiene ponendo $F(t) = 0$. Si dimostra che la legge oraria soluzione generale della (7.53) è:

$$x(t) = \begin{bmatrix} \text{Soluzione generale} \\ \text{dell'equazione} \\ \text{omogenea associata.} \end{bmatrix} + \begin{bmatrix} \text{Una soluzione particolare} \\ \text{dell'equazione} \\ \text{non omogenea.} \end{bmatrix} \tag{7.54}$$

$$= \underbrace{A\,\mathrm{e}^{-\gamma t}\sin(\omega_s t + \phi)}_{\text{andamento transitorio}} + \underbrace{B\sin(\omega_f t - \psi).}_{\text{andamento a regime}}$$

$$\text{dove}: \begin{cases} \omega_s = \sqrt{\omega_0^2 - \gamma^2} \\ A, \phi \quad \text{dipendono dalle condizioni iniziali} \\ B, \psi \quad \text{sono determinati dai parametri della (7.53).} \end{cases}$$

Soluzione a regime

Studiamo la legge oraria (7.54) per $t \to \infty$; il primo termine, smorzato esponenzialmente, diviene trascurabile, e la legge oraria è dominata dal secondo termine:

$$x(t) \ = \ B \, \sin(\omega_f t - \psi) \, . \tag{7.55}$$

Per determinare i parametri B e ψ, sostituiamo $x(t)$ dato dalla (7.55) nell'equazione del moto (7.53). Si ottiene così l'equazione

$$-\omega_f^2 B \sin(\omega_f t - \psi) + 2\gamma B \omega_f \cos(\omega_f t - \psi) + \omega_0^2 B \sin(\omega_f t - \psi) = \frac{F_0}{m} \sin(\omega_f t) \tag{7.56}$$

che deve essere soddisfatta *per ogni valore di t*. Scegliamo pertanto due valori di t che consentano di ottenere separatamente B e ψ.

a) Se poniamo $t = 2\pi/\omega_f$, per cui $\sin(\omega_f t - \psi) = \sin(-\psi)$, la (7.56) diviene:

$$\omega_f^2 B \sin\psi + 2\gamma\omega_f B \cos\psi - \omega_0^2 B \sin\psi \ = \ 0 \, ,$$

da cui si ricava lo sfasamento ψ (Fig. 7.20 a):

$$\tan\psi = \frac{2\gamma\omega_f}{\omega_0^2 - \omega_f^2} \, . \tag{7.57}$$

b) Se poniamo $t = \psi/\omega_f$, per cui $\sin(\omega_f t - \psi) = \sin 0 = 0$, la (7.56) diviene:

$$0 + 2\gamma B \omega_f + 0 \ = \ (F_0/m) \sin\psi \, ,$$

da cui si ricava l'ampiezza B:

$$B \ = \ \frac{F_0}{m} \, \frac{\sin\psi}{2\gamma\omega_f} \, .$$

Sostituendo $\sin\psi$ si ottiene infine:

$$B = \frac{F_0/m}{\sqrt{(\omega_0^2 - \omega_f^2)^2 + (2\gamma\omega_f)^2}} \, . \tag{7.58}$$

Risonanza in ampiezza

L'ampiezza (7.58) del moto oscillatorio forzato è massima quando il radicando a denominatore nella (7.58) è minimo, cioè quando la forza $F(t)$ ha una frequenza (Fig. 7.20 b)

$$\omega_f = \sqrt{\omega_0^2 - 2\gamma^2} \, .$$

In tale situazione, lo sfasamento ψ tra forza $F(t)$ e spostamento $x(t)$ è dato, per la (7.57), da:

$$\tan\psi \ = \ \frac{2\omega_f\gamma}{\omega_0^2 - \omega_f^2} \ = \ \frac{1}{\gamma} \sqrt{\omega_0^2 - 2\gamma^2} \, .$$

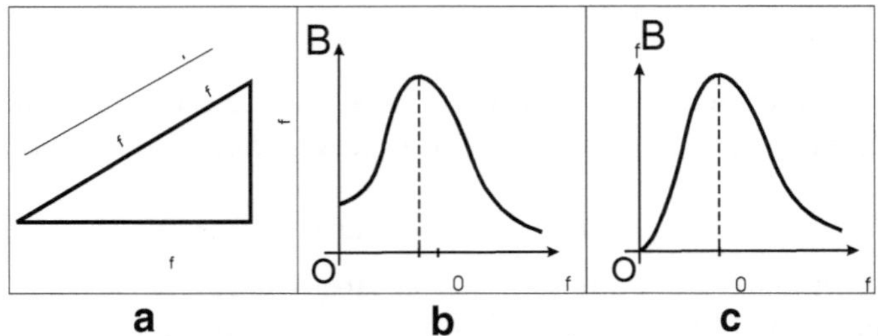

Fig. 7.20. Oscillazioni forzate e risonanza

Risonanza in energia

Derivando la (7.55) otteniamo la velocità $v(t) = \omega_f B \cos(\omega_f t - \psi)$. Utilizzando la (7.58), possiamo esprimere l'ampiezza di $v(t)$ come

$$\omega_f B = \frac{F_0/m}{\sqrt{(\omega_0^2 - \omega_f^2)^2/\omega_f^2 + 4\gamma^2}} \ . \tag{7.59}$$

La (7.59) è massima quando è minimo il radicando, cioè quando (Fig. 7.20 c)

$$\omega_f = \omega_0 \ .$$

In tale situazione, lo sfasamento tra forza $F(t)$ e spostamento $x(t)$, dato dalla (7.57), è $\psi = 90^0$. Sono invece in fase forza $F(t)$ e velocità $v(t)$.
Nella condizione $\omega_f = \omega_0$ sono massime:

a) l'energia dell'oscillatore, $E = m(\omega_f B)^2/2$;
b) la potenza trasferita istantaneamente all'oscillatore, $P(t) = F(t)\, v(t)$.

Esercizio 7.5

*Un corpo di massa $m = 0.5\,\text{kg}$, collegato ad una molla di costante elastica $k = 50\,\text{N}\,\text{m}^{-1}$, oscilla lungo l'asse x secondo la legge oraria $x = A\sin(\omega t)$, con $A = 0.2\,\text{m}$ (Fig. 7.21). Al corpo viene applicato un impulso istantaneo di intensità $J = 3\,\text{N}\,\text{s}$. Si determinino le conseguenze dell'impulso sull'ampiezza e la fase del moto nonché sull'energia dell'oscillatore in funzione dell'istante in cui esso viene applicato, considerando due casi particolarmente interessanti.
A) L'impulso è applicato all'istante $t = \pi/2\omega$, in cui $x = A$.*

L'impulso può essere applicato in due versi, positivo o negativo, e potrà quindi avere valore $J = \pm\,3\,\text{N}\,\text{s}$ (Fig. 7.22 a). A seguito dell'impulso, la frequenza angolare dell'oscillatore rimarrà invariata al valore

$$\omega = \sqrt{k/m} \ = \ 10\,\text{rad}\,\text{s}^{-1}.$$

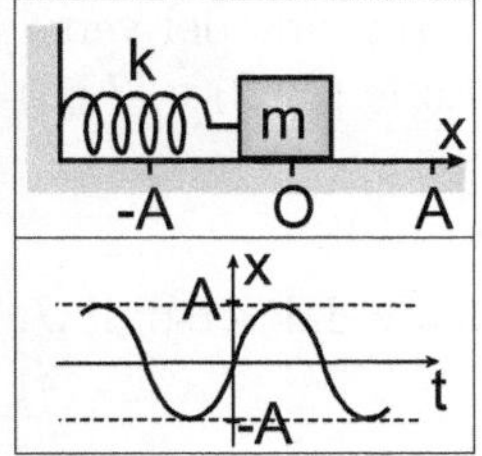

Fig. 7.21. Esercizio 7.5

Verranno invece modificate la fase e l'ampiezza dell'oscillazione, per cui posizione e velocità verranno espresse dalle leggi

$$x' = B \sin(\omega t + \phi) , \tag{7.60}$$
$$v' = B\omega \cos(\omega t + \phi) . \tag{7.61}$$

Immediatamente prima dell'impulso, il corpo si trova in $x = A$ con velocità

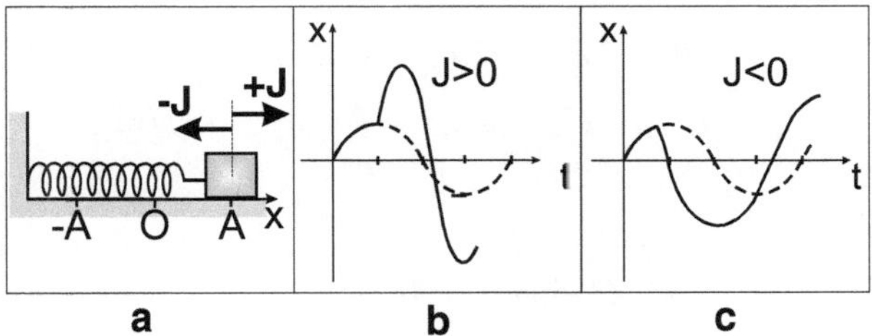

Fig. 7.22. Esercizio 7.5

$v = 0$. Immediatamente dopo l'impulso la posizione non è cambiata, $x' = x = A$, mentre la velocità assume il valore $v' = J/m$. Dalle (7.60) e (7.61) si ha quindi

$$x' = B \sin(\omega t + \phi) = A ,$$
$$v' = B\omega \cos(\omega t + \phi) = J/m ,$$

da cui

$$\sin(\omega t + \phi) = A/B , \tag{7.62}$$
$$\cos(\omega t + \phi) = J/m\omega B . \tag{7.63}$$

Dal rapporto tra (7.62) e (7.63) si ha

$$\tan(\omega t + \phi) = A\omega m/J = \pm 1/3 ,$$

da cui, ricordando che $\omega t = \pi/2$ e che $\sin(\omega t + \phi) > 0$,

$$\phi = \pm 1.25 \text{ rad} \qquad \text{a seconda che } J > 0 \text{ o } J < 0 .$$

L'impulso J produce un anticipo o un ritardo di fase a seconda del verso in cui è esercitato (Fig. 7.22 b, c). Quadrando e sommando le (7.62) e (7.63) si ottiene

$$B = \sqrt{A^2 + (J/m\omega)^2} = 0.63 \text{ m}.$$

L'incremento nell'ampiezza dell'oscillazione è indipendente dal verso di J. Il corrispondente incremento di energia è

$$\Delta E' = kB^2/2 - kA^2/2 = 8.92 \text{ J}.$$

B) L'impulso è applicato all'istante $t = 0$ in cui $x = 0$.

Immediatamente prima dell'impulso, il corpo si trova in $x = 0$ (Fig. 7.23 a) con velocità $v = A\omega = 2\,\text{m s}^{-1}$. Immediatamente dopo l'impulso, la posizione non è cambiata, $x'' = x = 0$, mentre la velocità ha il nuovo valore $v'' = v + J/m$. In analogia con la procedura usata nel caso precedente, ricordando che $\omega t = 0$, potremo scrivere

$$x'' = C \sin(\omega t + \psi) = 0,$$
$$v'' = C\omega \cos(\omega t + \psi) = v + J/m,$$

da cui

$$C \sin\psi = 0, \qquad\qquad (7.64)$$
$$C \cos\psi = (v + J/m)/\omega. \qquad\qquad (7.65)$$

Se $J = -mv$, il sistema delle due equazioni (7.64) e (7.65) ha soluzione solo

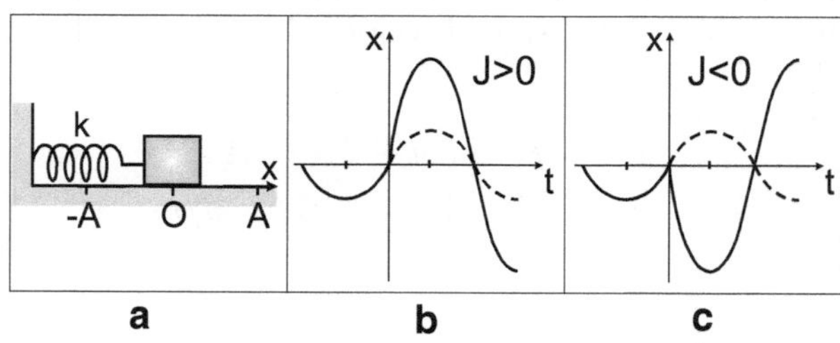

Fig. 7.23. Esercizio 7.5

per $C = 0$ (cioè il corpo si ferma a seguito dell'impulso).
Se $J \neq -mv$, la (7.64) dà $\psi = n\pi$. Pertanto $\cos\psi = \pm 1$. La (7.65) mostra che $\cos\psi = +1$ se $v + J/m > 0$, $\cos\psi = -1$ se $v + J/m < 0$. Nel nostro caso, $v = 2\,\text{m s}^{-1}$, $J/m = 6\,\text{m s}^{-1}$ per cui $\cos\psi = -1$. Quadrando e sommando le (7.64) e (7.65) si ha (Fig. 7.23 b, c):

$$C = \sqrt{\left(\frac{v + J/m}{\omega}\right)^2} = \frac{|v + J/m|}{\omega} = \begin{cases} 0.8\,\text{m} & \text{se } J > 0 \\ 0.4\,\text{m} & \text{se } J < 0 \end{cases}$$

Il corrispondente incremento di energia è:

$$\Delta E'' = kC^2/2 - kA^2/2 = \begin{cases} 15\,\text{J} & \text{se } J > 0 \\ 3\,\text{J} & \text{se } J < 0 \end{cases}$$

I due esempi fatti mostrano che, a parità di impulso applicato, l'energia trasferita all'oscillatore è massima se l'impulso ha lo stesso verso della velocità ed è applicato quando la velocità è massima; in altri termini, quando la forza è in fase con la velocità (condizione di *risonanza in energia*).

Esercizio 7.6

Una molla AB, di costante elastica k e massa trascurabile, è collegata all'estremo B ad un corpo di massa m, scorrevole su un piano orizzontale con attrito trascurabile (Fig. 7.24). L'estremo A della molla è vincolato a muoversi in direzione orizzontale secondo la legge oraria $X_A = X_0 \sin(\omega t)$.
A) Si determini la forza applicata al corpo di massa m.

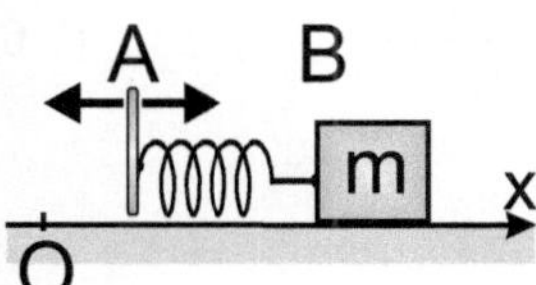

Fig. 7.24. Esercizio 7.6

L'estremo A della molla è mantenuto in moto secondo la legge oraria $X_A = X_0 \sin \omega t$ da una forza esterna incognita. Sul corpo all'estremo B agisce solo la forza trasmessa dalla molla e dovuta alla deformazione della molla stessa:

$$F_B = k\,(X_A - X_B)\,. \tag{7.66}$$

La forza F_B dipende dalla posizione dei due estremi della molla e varia quindi con il tempo.

(?) Si determini la forza applicata alla massa m nel caso che la molla sia sostituita da un'asta rigida (Fig. 7.25 a).

B) Si determini la legge oraria del corpo di massa m.

L'equazione del moto per la massa m è

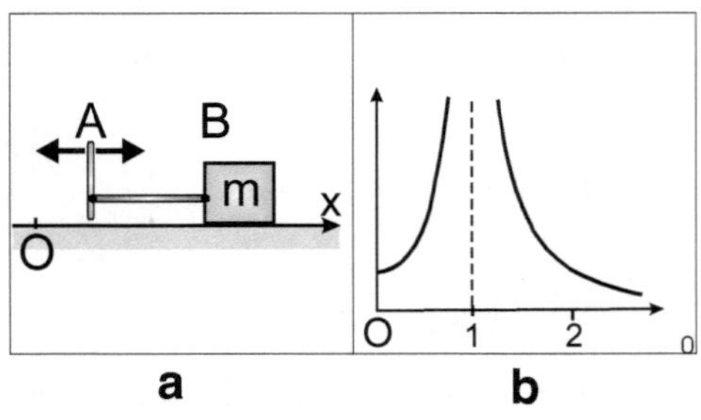

Fig. 7.25. Esercizio 7.6

$$m \, \frac{\mathrm{d}^2 X_B}{\mathrm{d}t^2} \;=\; F_B \;=\; k\,(X_A - X_B)\,.$$

Ponendo $X_A = X_0 \sin(\omega t)$, $\omega_0^2 = k/m$ e $\rho_0 = kX_0/m$, si ottiene

$$\frac{\mathrm{d}^2 X_B}{\mathrm{d}t^2} \;+\; \omega_0^2 X_b \;=\; \rho_0 \sin(\omega t)\,. \qquad (7.67)$$

La (7.67) è l'equazione differenziale di un moto armonico forzato in assenza di attrito. La sua soluzione generale è la somma di una soluzione qualsiasi della (7.67) e della soluzione generale dell'equazione omogenea associata alla (7.67). E' facile verificare che

$$X_B \;=\; C \sin(\omega t)\,, \qquad \mathrm{con} \quad C \;=\; \frac{\rho_0}{\omega_0^2 - \omega^2}\,, \qquad (7.68)$$

è una soluzione particolare della (7.67).
L'equazione omogenea associata alla (7.67) è

$$\frac{\mathrm{d}^2 X_B}{\mathrm{d}t^2} \;+\; \omega_0^2 X_B \;=\; 0\,,$$

e la sua soluzione generale è

$$X_B \;=\; D \sin(\omega_0 t + \phi)\,, \qquad (7.69)$$

dove D e ϕ dipendono, come sempre, dalle condizioni iniziali.
La soluzione generale della (7.67) è pertanto

$$X_B \;=\; D \sin(\omega_0 t + \phi) \;+\; \frac{\rho_0}{\omega_0^2 - \omega^2} \sin(\omega t)\,. \qquad (7.70)$$

(?) Quali sono le differenze tra la (7.70) e la legge oraria di un oscillatore forzato in presenza di attrito viscoso ?

C) Si studi l'andamento dell'ampiezza del moto oscillatorio (7.70) in funzione del rapporto ω/ω_0 tra la frequenza angolare ω della forza (7.66) e la frequenza propria $\omega_0 = \sqrt{k/m}$ del sistema.

Dei due termini che contribuiscono alla legge oraria (7.70), il primo ha ampiezza D indipendente da ω (scegliendo opportune condizioni iniziali si può avere anche $D = 0$). Ci occupiamo pertanto solo del secondo termine, la cui ampiezza invece dipende da ω. Ricordando che $\rho_0 = kX_0/m$, tale termine può essere riscritto come

$$\frac{\rho_0}{\omega_0^2 - \omega^2}\,\sin(\omega t) \;=\; \frac{X_0}{1 - \omega^2/\omega_0^2}\,\sin(\omega t)\,. \tag{7.71}$$

Nella (7.71) il fattore $X_0 \sin(\omega t)$ rappresenta la legge oraria dell'estremo A della molla. La legge oraria dell'estremo B contiene pertanto quella dell'estremo A moltiplicata per

$$\frac{1}{1 - \omega^2/\omega_0^2}\,. \tag{7.72}$$

Il modulo della (7.72) viene chiamato *fattore di amplificazione*. Il suo andamento è mostrato in Fig. 7.25 b.

(?) Si analizzi l'effetto della forza F nel caso in cui $\omega \to \infty$ e nel caso in cui $\omega \to 0$.

(?) Cosa avviene quando $\omega \to \omega_0$? E' realistico pensare che per $\omega = \omega_0$ l'ampiezza di oscillazione diventi infinitamente grande come previsto dalla (7.72) ?

(?) Si studi lo sfasamento tra la forza F e la posizione del corpo m analizzando il segno della (7.72) per $\omega < \omega_0$ e per $\omega > \omega_0$.

D) Si determini la forza che deve essere applicata all'estremo A della molla per mantenere il movimento.

Poiché la molla è supposta di massa trascurabile, la forza da applicare all'estremo A per mantenerlo in moto oscillatorio $X_A = X_0 \sin(\omega t)$ è uguale alla forza che agisce sul corpo all'estremo B:

$$F_A \;=\; k\,(X_A - X_B)\,. \tag{7.73}$$

Sostituendo nella (7.73) $X_A = X_0 \sin(\omega t)$ e X_B dato dalla (7.70), semplificando e facendo uso della (7.71) si ottiene

$$F_A \;=\; -\frac{kX_0\omega^2}{\omega_0^2 - \omega^2}\,\sin(\omega t)\;-\;D\,\sin(\omega t + \phi)\,.$$

(?) Come si comporta la F_A quando $\omega \to \omega_0$?

Esercizio 7.7

Un motore elettrico di massa M è sorretto da supporti antivibrazionali che gli consentono di muoversi solo verticalmente; i supporti possono essere schematizzati mediante molle, la cui azione complessiva è descritta dalla costante elastica k (Fig. 7.26). All'asse del motore è collegato, mediante un'asta rigida di lunghezza r e massa trascurabile, un corpo di massa m (m ≪ M). L'asse del motore viene fatto ruotare con velocità angolare costante ω.

A) Si determini l'equazione del moto del CM del motore (nell'ipotesi che siano trascurabili tutti gli attriti).

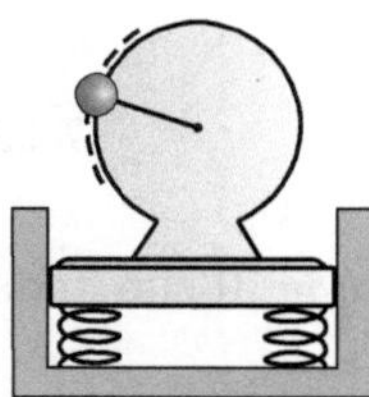

Fig. 7.26. Esercizio 7.7

A motore fermo, la posizione del CM è determinata dall'equilibrio tra la forza peso $(M+m)\,g$ e la forza elastica esercitata dai supporti. Il motore può muoversi solo in direzione verticale; introduciamo un asse y orientato verso il basso e con lo zero in corrispondenza della posizione di equilibrio statico (Fig. 7.27). Durante la rotazione, alle forze citate sopra (tra loro in equilibrio) si aggiungono:

- la variazione della forza elastica dovuta alla variazione della posizione y rispetto allo zero: $F_e = -ky$;
- la forza radiale (centrifuga) esercitata dalla massa m sull'asse del motore, di modulo $F_c = m\omega^2 r$, la cui componente lungo l'asse verticale è:

$$F_y = m\omega^2 r \cos\theta \, .$$

θ è l'angolo istantaneo tra l'asta e la verticale; scegliendo opportunamente

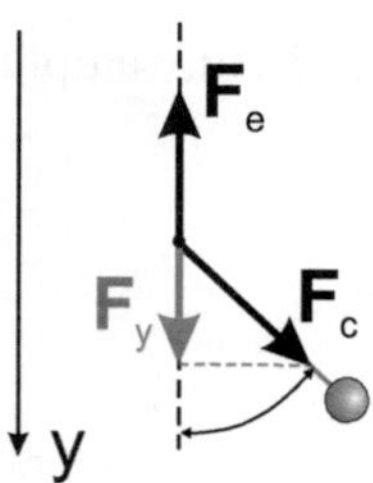

Fig. 7.27. Esercizio 7.7

l'origine dell'asse dei tempi è possibile porre $\theta = \omega t$ (cioè porre uguale a zero la fase iniziale del moto rotatorio). L'equazione del moto del CM del motore diviene perciò

$$M \, \frac{\mathrm{d}^2 y}{\mathrm{d}t^2} \;=\; -ky \,+\, m\omega^2 r \,\cos\omega t \,. \tag{7.74}$$

Ponendo $\omega_0^2 = k/M$ e $F_0 = m\omega^2 r/M$, la (7.74) assume la forma:

$$\frac{\mathrm{d}^2 y}{\mathrm{d}t^2} \,+\, \omega_0^2 y \;=\; F_0 \,\cos\omega t \,. \tag{7.75}$$

B) Si determini la legge oraria del CM del motore, nell'ipotesi che posizione e velocità all'istante iniziale siano rispettivamente $y(0) = y_0$ *e* $v(0) = 0$.

La (7.75) è l'equazione del moto armonico forzato, privata del termine di smorzamento. La soluzione generale è somma di due funzioni:

a) la soluzione generale $y_a(t)$ dell'equazione omogenea associata alla (7.75);
b) una soluzione particolare $y_b(t)$ dell'equazione (7.75).

Nel nostro caso, per $y_a(t)$ si ha:

$$y_a(t) \;=\; A \,\cos(\omega_0 t + \phi) \,, \tag{7.76}$$

dove A e ϕ dipendono dalle condizioni iniziali. Si noti che, in assenza del termine di smorzamento nella (7.75), la funzione $y_a(t)$ non si attenua nel tempo e pertanto descrive un comportamento non transitorio.
Cerchiamo una soluzione particolare della (7.75) del tipo

$$y_b(t) \;=\; B \,\cos(\omega t + \psi) \,. \tag{7.77}$$

Sostituendo la (7.77) nella (7.78) si ottiene l'equazione

$$-\omega^2 B \,\cos(\omega t + \psi) \,+\, \omega_0^2 B \,\cos(\omega t + \psi) \;=\; F_0 \,\cos(\omega t) \,, \tag{7.78}$$

che deve essere soddisfatta per ogni valore di t. Ponendo $t = 2n\pi/\omega$ si trova che $\psi = 2n\pi$, per cui $\cos(\omega t + \psi) = \cos(\omega t)$. Eliminando lo sfasamento ψ dalla (7.78) e ponendo $t = 0$, si trova

$$B \;=\; \frac{F_0}{\omega_0^2 - \omega^2} \;=\; \frac{mr}{M} \,\frac{\omega^2}{\omega_0^2 - \omega^2} \,. \tag{7.79}$$

Riassumendo, la soluzione generale della (7.75), $y(t) = y_a(t) + y_b(t)$, è la legge oraria

$$y(t) \;=\; A \,\cos(\omega_0 t + \phi) \,+\, \frac{mr}{M} \,\frac{\omega^2}{\omega_0^2 - \omega^2} \,\cos(\omega t) \,. \tag{7.80}$$

La legge oraria (7.80) è quindi la sovrapposizione di due moti armonici (Fig. 7.28). Il primo termine a destra nella (7.80) rappresenta l'oscillazione propria del sistema, con frequenza angolare $\omega_0 = \sqrt{k/M}$ determinata dalle

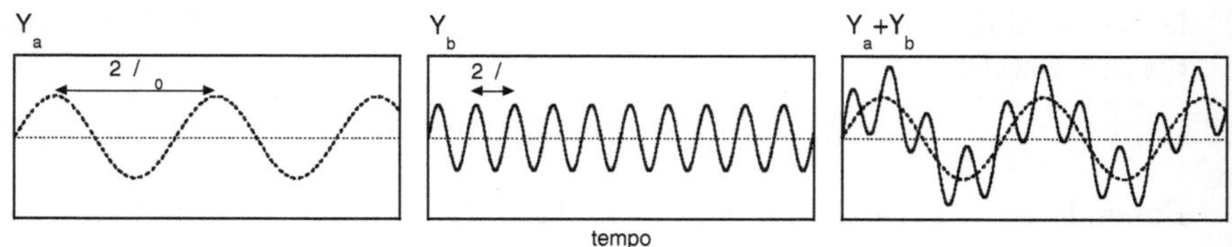

Fig. 7.28. Esercizio 7.7

caratteristiche fisiche del sistema motore–molla. Il secondo termine rappresenta l'oscillazione forzata indotta dalla rotazione dell'asse del motore con frequenza angolare ω. L'ampiezza dell'oscillazione cresce al diminuire della differenza $\omega_0^2 - \omega^2$.

Determiniamo le costanti A e ϕ nella (7.80) in base alle condizioni iniziali proposte. Le condizioni $y(0) = y_0$ e $v(0) = v_0$ applicate alla (7.80) danno

$$A \cos\phi + \frac{mr}{M} \frac{\omega^2}{\omega_0^2 - \omega^2} = y_0 \,, \qquad A\omega_0 \sin\phi = 0 \,, \tag{7.81}$$

da cui si ricava

$$\phi = 0 \,, \qquad A = y_0 - \frac{mr\omega^2}{M(\omega_0^2 - \omega^2)} \,. \tag{7.82}$$

La (7.80) diviene pertanto

$$y(t) = y_0 \cos(\omega_0 t) + \frac{mr\omega^2}{M(\omega_0^2 - \omega^2)} [\cos(\omega_0 t) + \cos(\omega t)] \,. \tag{7.83}$$

(?) Si discuta il movimento del motore previsto dalla legge del moto (7.80) quando ω si avvicina ad ω_0.

(?) Si ponga $M = 50\,\mathrm{kg}$, $k = 10000\,\mathrm{N\,m^{-1}}$; qual è la frequenza propria del sistema ? Si disegni un grafico qualitativo della legge del moto (7.80) nell'ipotesi che $\omega = 500\,\mathrm{rad\,s^{-1}}$.

(?) Come viene modificato il moto dalla presenza di attrito ? Quale dei due termini a destra nella (7.80) viene modificato ?

Esercizio 7.8

Due corpi di ugual massa m sono agganciati come in Fig. 7.29 su un piano orizzontale di attrito trascurabile, collegati da una molla di costante elastica k. Inizialmente i due corpi sono in quiete e la molla è a riposo. Ad un certo istante il corpo 1 viene spinto verso sinistra per una distanza d, quindi lasciato libero di muoversi.

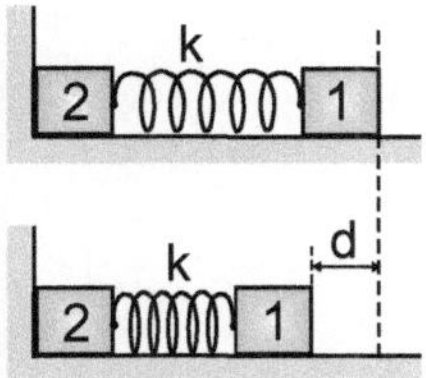

Fig. 7.29. Esercizio 7.8

A) In che posizione si trova il corpo 1 quando anche il corpo 2 inizia a muoversi, staccandosi dal muro ?

All'istante iniziale la molla è compressa. Il corpo 1 subisce una forza verso destra che induce un moto accelerato. Il corpo 2 subisce invece una forza verso sinistra, equilibrata dalla reazione vincolare del muro. Il corpo 2 inizierà a muoversi quando la forza esercitata su di esso dalla molla sarà diretta verso destra, cioè quando la molla inizierà ad estendersi oltre la sua lunghezza a riposo.

B) Si determini la velocità del corpo 1 nell'istante in cui il corpo 2 si stacca dal muro.

Consideriamo l'intero sistema costituito dai due corpi 1 e 2. Il sistema è soggetto a due forze in direzione orizzontale:

– la forza elastica, interna al sistema, conservativa;
– la reazione vincolare del muro, applicata al corpo 2.

Poiché il corpo 2, nell'intervallo di tempo qui considerato, non si stacca dal muro, la reazione vincolare non fa lavoro (Fig. 7.30 a). Quindi si conserva l'energia meccanica totale. L'energia potenziale elastica accumulata inizialmente nella molla si trasforma integralmente in energia cinetica del corpo 1:

$$E_p = k\mathrm{d}^2/2 = E_k = mv^2/2 , \tag{7.84}$$

da cui

$$v_1 = \sqrt{k/m}\, d . \tag{7.85}$$

(?) La quantità di moto dell'intero sistema, inizialmente nulla, è variata. Per effetto di quale forza esterna al sistema ?

C) Si studi il moto del CM del sistema dopo che il corpo 2 si è staccato dal muro.

Nell'istante in cui il corpo 2 si stacca dal muro le velocità dei due corpi e del loro CM sono rispettivamente (Fig. 7.30 b):

$$v_1 = \sqrt{k/m}\,d , \qquad v_2 = 0 , \qquad v_{cm} = \frac{1}{2}\sqrt{k/m}\,d .$$

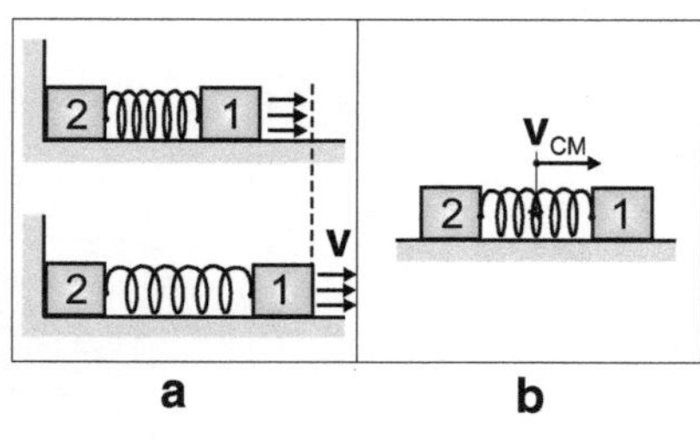

Fig. 7.30. Esercizio 7.8

Negli istanti successivi il sistema non è soggetto a forze esterne non equilibrate. In tali condizioni, la quantità di moto totale del sistema si conserva e la velocità del CM rimane costante. Alla velocità del CM è associata l'*energia cinetica traslazionale* del sistema:

$$E_{\mathrm{tr}} \;=\; \frac{1}{2}\,(2m)\,v_{\mathrm{cm}}^2 \;=\; \frac{1}{4}\,k\mathrm{d}^2 \;.\tag{7.86}$$

D) Si studi il moto dei due corpi rispetto al loro CM

Nel sistema di riferimento del CM, i due corpi non sono fermi. Infatti l'energia totale del sistema, data dalla (7.84),

$$E_t \;=\; k\mathrm{d}^2/2 \;,\tag{7.87}$$

rimane costante, in quanto l'unica forza non equilibrata è quella della molla, conservativa. Solo metà dell'energia totale (7.87) è assorbita dal moto traslazionale del CM, vedi (7.86). La rimanente metà è da collegare al moto relativo dei due corpi. Poichè l'unica forza che agisce sui due corpi è dovuta alla molla, tale moto sarà di tipo oscillatorio.

Studiamo il moto nel riferimento del CM. Indichiamo con x_1 e x_2 gli spostamenti dei due corpi rispetto alle posizioni che essi occupano quando la molla è a riposo (Fig. 7.31 a). Le equazioni del moto dei due corpi sono:

$$F_1 = -k(x_1 - x_2)\,, \qquad \frac{\mathrm{d}^2 x_1}{\mathrm{d}t^2} = (-kx_1 + kx_2)/m\,,\tag{7.88}$$

$$F_2 = -k(x_2 - x_1)\,, \qquad \frac{\mathrm{d}^2 x_2}{\mathrm{d}t^2} = (-kx_2 + kx_1)/m\,.\tag{7.89}$$

Le (7.88) e (7.89) sono le equazioni del moto di due oscillatori accoppiati. La loro soluzione diviene semplice se sottraiamo la (7.88) dalla (7.89), ottenendo

$$\frac{\mathrm{d}^2(x_2 - x_1)}{\mathrm{d}t^2} \;=\; -\frac{k}{\mu}\,(x_2 - x_1)\,,\tag{7.90}$$

dove μ è la massa ridotta del sistema

$$\mu \;=\; \frac{mm}{m+m} \;=\; \frac{m}{2}\,,$$

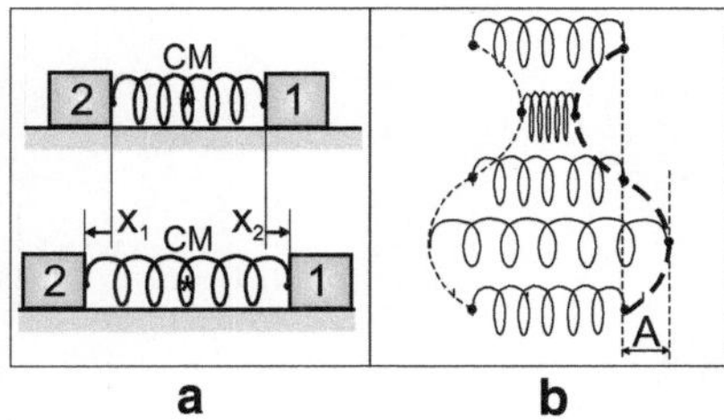

Fig. 7.31. Esercizio 7.8

e $(x_2 - x_1)$ rappresenta la deformazione della molla. La (7.90) è l'equazione del moto di un oscillatore armonico di frequenza

$$\omega = \sqrt{k/\mu} \, .$$

Calcoliamo ora l'ampiezza del moto oscillatorio della molla: l'energia associata a tale moto si ottiene sottraendo l'energia traslazionale (7.86) del CM dall'energia totale (7.84):

$$E_{\text{vib}} = kd^2/2 - kd^2/4 = kd^2/4 \, .$$

Indicando con A l'ampiezza dell'oscillazione (Fig. 7.31 b), da

$$E_{\text{vib}} = kA^2/2 = kd^2/4$$

si ricava

$$A = d/\sqrt{2} \, .$$

In conclusione, il moto del sistema è la somma di due moti:

- moto traslazionale del CM, con $v_{\text{cm}} = d\sqrt{k/m}/2$;
- moto oscillatorio rispetto al CM, con $\omega = \sqrt{k/\mu}$.

Alternativamente, possiamo considerare i due corpi come oscillatori accoppiati ed il loro moto determinato dalla sovrapposizione di due modi normali, di frequenze:

$\omega_0 = 0$ (moto traslazionale del CM);
$\omega_1 = \sqrt{k/\mu}$.

Esercizio 7.9

Il sistema mostrato in Fig. 7.32 è costituito da due pendoli semplici di lunghezza ℓ interconnessi da una molla di massa trascurabile e costante elastica k, posta a distanza h dal piano di sospensione. Ciascun pendolo è costituito da un'asta rigida di massa trascurabile, che può oscillare senza attrito attorno al perno di sospensione, e da una massa puntiforme m attaccata

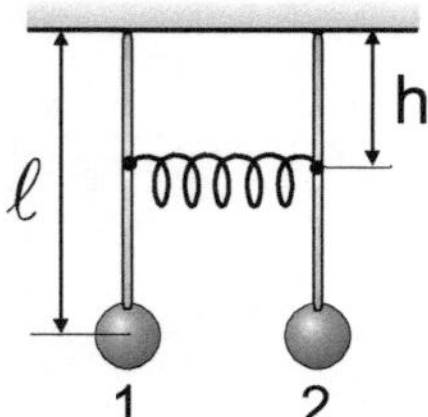

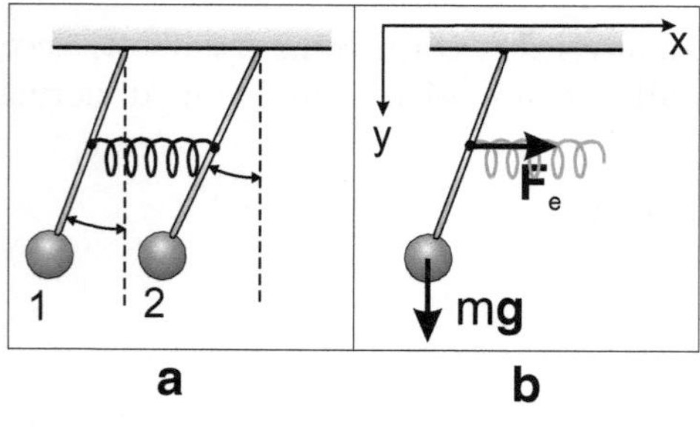

a   b   **Fig. 7.33.** Esercizio 7.9

Fig. 7.32. Esercizio 7.9

all'estremità libera dell'asta. Quando i pendoli sono in posizione verticale la molla è scarica.
A) Si determinino le equazioni del moto dei due pendoli nel piano verticale, nell'approssimazione di piccole oscillazioni.

L'equazione del moto per ognuno dei due pendoli è del tipo

$$I\,\alpha_i = \tau_i\,, \qquad (i = 1, 2) \tag{7.91}$$

dove $I = m\ell^2$ è il momento d'inerzia, α l'accelerazione angolare, τ è il momento risultante delle forze agenti sul pendolo, calcolato rispetto al punto di sospensione. Le forze agenti sono il peso mg e la forza elastica esercitata dalla molla. Consideriamo la configurazione in un istante generico del moto (Fig. 7.33 a). Nell'ipotesi di piccole oscillazioni, supponiamo che la molla resti sempre perfettamente orizzontale. La forza elastica, proporzionale alla deformazione della molla, ha direzione orizzontale:

$$F_e = \pm\,k\,h\,\sin(\theta_1 - \theta_2)\,; \tag{7.92}$$

(il segno $+$ vale per il pendolo 1, il segno $-$ vale per il pendolo 2). Calcoliamo

i momenti della forza peso e della forza elastica. Per il pendolo 1 (Fig. 7.33 b)

$$\tau_1 = -mg\ell\,\sin\theta_1 - kh^2\,\cos\theta_1\,\sin(\theta_1 - \theta_2)\,. \tag{7.93}$$

Nell'approssimazione delle piccole oscillazioni, $\sin\theta \approx \theta$, $\cos\theta \approx 1$ e la (7.91) diviene

$$ m\ell^2 \, \frac{\mathrm{d}^2\theta_1}{\mathrm{d}t^2} \;=\; -mg\ell\theta_1 - kh^2(\theta_1 - \theta_2) \,. \tag{7.94}$$

In modo analogo si vede che per il pendolo 2 l'equazione del moto è

$$ m\ell^2 \, \frac{\mathrm{d}^2\theta_2}{\mathrm{d}t^2} \;=\; -mg\ell\theta_2 + kh^2(\theta_1 - \theta_2) \,. \tag{7.95}$$

Le equazioni del moto (7.94) e (7.95) possono essere riscritte nella forma standard:

$$ \frac{\mathrm{d}^2\theta_1}{\mathrm{d}t^2} \;=\; -\frac{g}{\ell}\theta_1 - \frac{kh^2}{\ell^2}(\theta_1 - \theta_2) \,, \tag{7.96}$$

$$ \frac{\mathrm{d}^2\theta_2}{\mathrm{d}t^2} \;=\; -\frac{g}{\ell}\theta_2 + \frac{kh^2}{\ell^2}(\theta_1 - \theta_2) \,. \tag{7.97}$$

B) Si risolvano le equazioni del moto dei due pendoli e si determinino le corrispondenti leggi orarie.

Le (7.96) e (7.97) sono equazioni differenziali accoppiate: le variabili θ_1 e θ_2 compaiono in entrambe le equazioni. Le due equazioni possono essere disaccoppiate sommandole e sottraendole membro a membro:

$$ \frac{\mathrm{d}^2(\theta_1 + \theta_2)}{\mathrm{d}t^2} \;=\; -\frac{g}{\ell}\,(\theta_1 + \theta_2) \,, \tag{7.98}$$

$$ \frac{\mathrm{d}^2(\theta_1 - \theta_2)}{\mathrm{d}t^2} \;=\; -\frac{g}{\ell}\,(\theta_1 - \theta_2) - \frac{kh^2}{m\ell^2}\,(\theta_1 - \theta_2) \,. \tag{7.99}$$

Introduciamo le due nuove variabili

$$ \phi_1 \;=\; (\theta_1 + \theta_2)/2, \qquad \phi_2 \;=\; \theta_1 - \theta_2 \,, $$

e sostituiamole nelle (7.98) e (7.99). Otteniamo in tal modo le due equazioni disaccoppiate:

$$ \frac{\mathrm{d}^2\phi_1}{\mathrm{d}t^2} \;=\; -\frac{g}{\ell}\phi_1 \,, \tag{7.100}$$

$$ \frac{\mathrm{d}^2\phi_2}{\mathrm{d}t^2} \;=\; -\left(\frac{g}{\ell} + \frac{kh^2}{m\ell^2}\right)\phi_2 \,. \tag{7.101}$$

Le (7.100) e (7.101) sono le equazioni del moto di due moti armonici semplici, di frequenze rispettivamente

$$ \omega_1 \;=\; \frac{g}{\ell} \,, \qquad \omega_2 \;=\; \frac{g}{\ell} + \frac{kh^2}{m\ell^2} \,, $$

e leggi orarie

$$\phi_1(t) \;=\; A_1 \, \cos(\omega_1 t + \alpha_1)\,, \qquad (7.102)$$
$$\phi_2(t) \;=\; A_2 \, \cos(\omega_2 t + \alpha_2)\,, \qquad (7.103)$$

dove A_1, A_2, α_1, e α_2 sono determinate dalle condizioni iniziali.

Le due variabili ϕ_1 e ϕ_2 rappresentano i due *gradi di libertà indipendenti* del sistema; le corrispondenti oscillazioni sono chiamate *modi normali*. Cerchiamo di capire il significato fisico dei modi normali di questo sistema.

La variabile $\phi_1 = (\theta_1 + \theta_2)/2$ (Fig. 7.34 a) individua la posizione del CM del sistema dei due pendoli e il corrispondente modo normale descrive l'oscillazione del CM; si noti che la frequenza ω_1 dipende solo dalla lunghezza dei pendoli e non dalle caratteristiche della molla.

La variabile $\phi_2 = \theta_1 - \theta_2$ (Fig. 7.34 b) è l'angolo tra i due pendoli e il corrispondente modo normale descrive l'oscillazione relativa di un pendolo rispetto all'altro (ovvero l'oscillazione vista da un osservatore solidale con il CM).

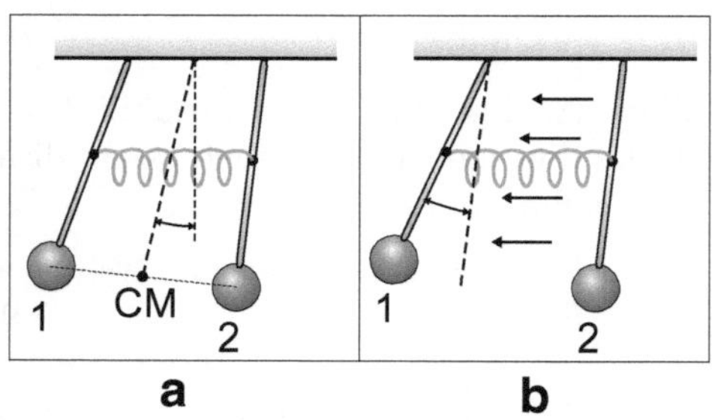

Fig. 7.34. Esercizio 7.9

(?) Quale dei due modi normali ha frequenza più elevata ? Si calcolino e si confrontino ω_1 e ω_2 nel caso in cui $\ell= 1\,\mathrm{m}$, $h= 0.5\,\mathrm{m}$, $m= 1\,\mathrm{kg}$, $k = 100\,\mathrm{N\,m^{-1}}$. Si descriva qualitativamente il moto complessivo del sistema.

C) Si determinino le ampiezze di oscillazione dei due pendoli nell'ipotesi che, all'istante iniziale, uno di essi formi un angolo θ_0 con la verticale, l'altro sia invece verticale, e che entrambi abbiano velocità nulla (Fig. 7.35).

Risalendo dalle variabili disaccoppiate ϕ_i alle θ_i e utilizzando le (7.102) e (7.103), si possono scrivere le leggi orarie dei due pendoli:

$$\theta_1(t) = \phi_1(t) + \frac{\phi_2(t)}{2} = A_1 \cos(\omega_1 t + \alpha_1) + \frac{A_2}{2} \cos(\omega_2 t + \alpha_2)\,, \quad (7.104)$$
$$\theta_2(t) = \phi_1(t) - \frac{\phi_2(t)}{2} = A_1 \cos(\omega_1 t + \alpha_1) - \frac{A_2}{2} \cos(\omega_2 t + \alpha_2)\,. \quad (7.105)$$

Introduciamo le condizioni iniziali, ad esempio imponiamo nelle (7.104) e (7.105) che, per $t = 0$,

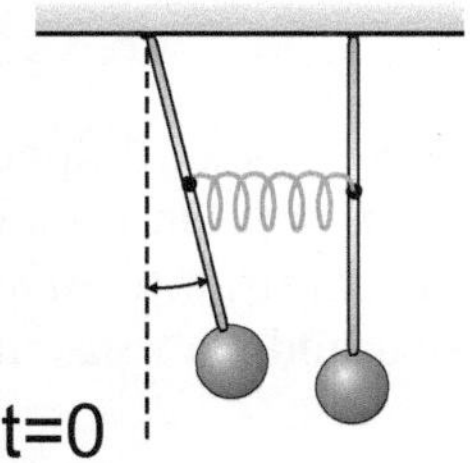

Fig. 7.35. Esercizio 7.9

$$\theta_1 = \theta_0; \qquad \theta_2 = 0 \,, \qquad \frac{d\theta_1}{dt} = 0; \qquad \frac{d\theta_2}{dt} = 0 \,.$$

Si ottiene così un sistema di 4 equazioni nelle 4 variabili A_1, A_2, α_1, α_2, che risolto dà

$$A_1 = \theta_0/2 \,, \qquad A_2 = \theta_0 \,, \qquad \alpha_1 = \alpha_2 = 0 \,.$$

Le leggi orarie dei due pendoli divengono pertanto

$$\theta_1(t) = \frac{\theta_0}{2} \, \cos(\omega_1 t) + \frac{\theta_0}{2} \, \cos(\omega_2 t) \,, \tag{7.106}$$

$$\theta_2(t) = \frac{\theta_0}{2} \, \cos(\omega_1 t) - \frac{\theta_0}{2} \, \cos(\omega_2 t) \,. \tag{7.107}$$

Utilizzando le formule trigonometriche di prostaferesi, le (7.106) e (7.107) possono essere trasformate nelle:

$$\theta_1 = \left[\theta_0 \, \cos\left(\frac{\omega_2 - \omega_1}{2} t\right)\right] \cos\left(\frac{\omega_1 + \omega_2}{2} t\right) \,, \tag{7.108}$$

$$\theta_2 = \left[\theta_0 \, \sin\left(\frac{\omega_2 - \omega_1}{2} t\right)\right] \sin\left(\frac{\omega_1 + \omega_2}{2} t\right) \,. \tag{7.109}$$

Il moto di ciascuno dei due pendoli può essere descritto come un moto di

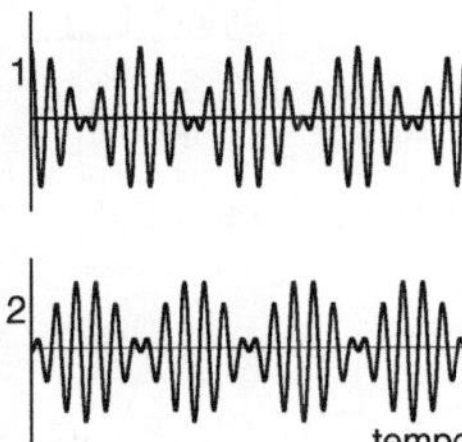

Fig. 7.36. Esercizio 7.9

frequenza $(\omega_1 + \omega_2)/2$ e di ampiezza modulata con frequenza $(\omega_2 - \omega_1)/2$ (si ha cioè il fenomeno dei *battimenti*); le oscillazioni dei due pendoli sono sfasate di $\pi/2$ (Fig. 7.36).

(?) Come si distribuisce nel tempo l'energia tra i due pendoli ?

7.5 *Problemi non risolti*

7.1. Un disco omogeneo di raggio $R = 0.2\,\mathrm{m}$ e massa $m = 1\,\mathrm{kg}$ è appeso al soffitto mediante una fune inestensibile di lunghezza $d = 0.4\,\mathrm{m}$ e massa trascurabile (Fig. 7.37 a). Si determinino il momento d'inerzia rispetto all'asse di sospensione e il periodo delle piccole oscillazioni, trascurando la resistenza dell'aria, nei due casi:

a) l'oscillazione avviene nel piano del disco;
b) l'oscillazione avviene in un piano normale all'asse del disco.

7.2. Per piccole oscillazioni, l'equazione del moto di un pendolo semplice è quella dell'oscillatore armonico e il periodo è indipendente dall'ampiezza. Studiamo il comportanemto per oscillazioni grandi, considerando l'energia potenziale e cinetica (Fig. 7.37 b).

a) Si esprima l'energia potenziale del pendolo semplice in funzione dell'angolo θ e si mostri che, per piccole oscillazioni, essa coincide con quella dell'oscillatore armonico.
b) Si analizzino qualitativamente i diagrammi dell'energia potenziale per un pendolo e per un oscillatore armonico, e si determini se il periodo del pendolo aumenta o diminuisce al crescere dell'ampiezza delle oscillazioni.
c) Si esprima l'energia cinetica di un pendolo in funzione dell'angolo θ e dell'ampiezza di oscillazione θ_0.
d) Si determini un'espressione analitica del periodo del pendolo in funzione dell'ampiezza θ_0.

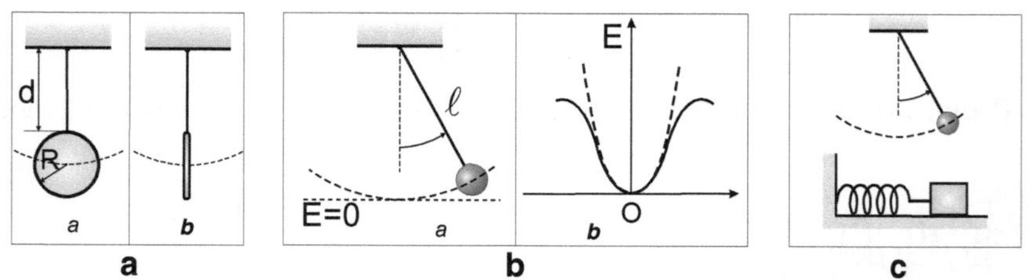

Fig. 7.37. (a) Problema 7.1, (b) Problema 7.2, (c) Problema 7.3

7.3. Un pendolo semplice ed un oscillatore a molla (Fig. 7.37 c) hanno, sulla superficie terrestre, periodi di oscillazione uguali, $T_p = T_m$. Come variano i periodi di oscillazione dei due sistemi se essi vengono trasportati sulla superficie lunare, dove l'accelerazione di gravità vale $g' = 1.62\,\mathrm{m\,s^{-2}}$?

7.4. Un corpo di massa m viene appeso al soffitto per mezzo di due molle perfettamente uguali, di costante elastica k, disposte in serie (A) oppure in parallelo (B) (Fig. 7.38 a).

a) Si determinino le elongazioni subite dal sistema costituito dalle due molle per consentire l'equilibrio statico nelle due configurazioni.

b) Si determini il rapporto tra le frequenze di oscillazione delle due configurazioni rispetto alla posizione di equilibrio statico.

c) Si determini il rapporto tra le energie di oscillazione delle due configurazioni, a parità di ampiezza di oscillazione.

7.5. Un cilindro di altezza h, raggio R e massa M è appeso al soffitto mediante una molla di costante elastica k ed è parzialmente immerso in un liquido di densità ρ (Fig. 7.38 b). In condizioni di equilibrio il cilindro è immerso per metà nel liquido.

a) Si determini la frequenza delle oscillazioni verticali del cilindro rispetto alla posizione di equilibrio, trascurando l'attrito viscoso del liquido.

b) Si scriva la legge oraria $x(t)$ nell'ipotesi che all'istante iniziale $t = 0$ il cilindro sia immerso nel liquido per $2/3$ della sua lunghezza ed abbia velocità nulla.

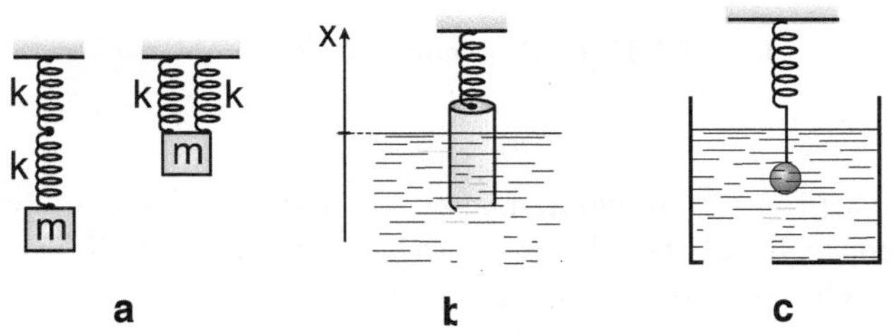

Fig. 7.38. (a) Problema 7.4, (b) Problema 7.5, (c) Problema 7.6

7.6. Un corpo di massa $m = 1\,\text{kg}$ è appeso ad una molla di costante elastica $k = 100\,\text{N}\,\text{m}^{-1}$ ed immerso in un fluido (Fig. 7.38 c).

a) Si determini la frequenza angolare propria ω_0 dell'oscillatore.

b) Dopo $n=30$ periodi l'ampiezza delle oscillazioni si è ridotta ad un mezzo del valore iniziale; si determinino il coefficiente che lega la forza d'attrito alla velocità $b = -F/v$ e la frequenza angolare reale ω_s.

7.7. Una molla di costante elastica k, con un'estremità vincolata, viene sollecitata all'estremità libera A da una forza $F_1(t)$ che provoca lo spostamento orizzontale di A secondo la legge oraria $x(t) = x_0 \cos \omega t$ (Fig. 7.39 a).

a) Si determini il valore di F_1 in funzione del tempo.

Un corpo di massa m appoggiato su un piano liscio viene sollecitato da una forza $F_2(t)$ a muoversi secondo la stessa legge oraria $x(t) = x_0 \cos \omega t$.

b) Si determini il valore di F_2 in funzione del tempo.

Il corpo di massa m viene ora agganciato all'estremità libera A della molla.

c) Quale forza $F_3(t)$ deve essere applicata al corpo affinché si abbia ancora la legge oraria $x(t) = x_0 \cos \omega t$?
d) Come varia F_3 al variare della frequenza ω della legge oraria ? (Si faccia riferimento alla frequenza propria ω_0 del sistema e si considerino i tre casi: $\omega \ll \omega_0$, $\omega = \omega_0$, $\omega \gg \omega_0$).

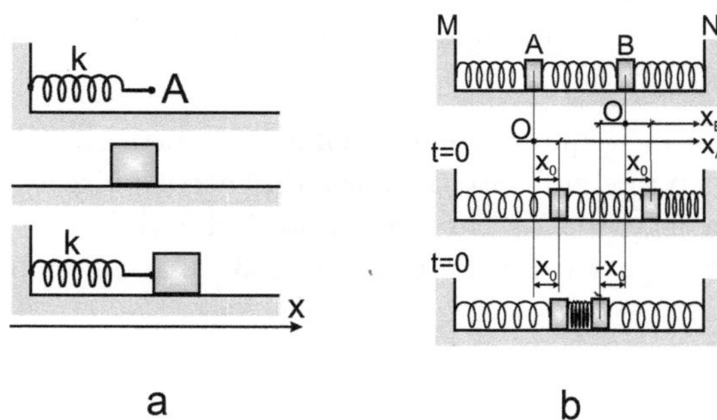

Fig. 7.39. (a) Problema 7.7, (b) Problema 7.8

7.8. Due corpi A, B di ugual massa m, appoggiati su un piano privo di attrito, sono collegati tra di loro e a due punti fissi M, N per mezzo di tre molle identiche, di costante elastica k (Fig. 7.39 b).

a) Si determinino le equazioni del moto dei due corpi.
b) Si determinino le coordinate e le frequenze angolari dei modi normali.
c) Nell'ipotesi che all'istante $t = 0$ i due corpi siano fermi e che $x_A = x_B = x_0$, si determinino le ampiezze dei modi normali e le leggi orarie del moto dei due corpi.
d) Nell'ipotesi che all'istante $t = 0$ i due corpi siano fermi e che $x_A = -x_B = x_0$, si determinino le ampiezze dei modi normali e le leggi orarie del moto dei due corpi.

8 Termodinamica: i principi

8.1 Equilibrio termodinamico e trasformazioni

Sistemi termodinamici

La termodinamica studia il comportamento di ben definite regioni dello spazio
o porzioni macroscopiche di materia, dette *sistemi termodinamici*. Un sistema
termodinamico può interagire con altri sistemi (globalmente individuati come
ambiente) scambiando materia ed energia (Fig. 8.1). Si chiama convenzionalmente *universo termodinamico* l'insieme formato da un sistema termodinamico e dal suo ambiente.

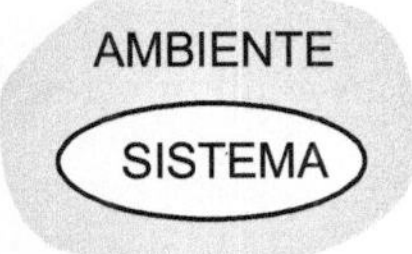

Universo termodinamico
=
Sistema + Ambiente

Fig. 8.1. Rappresentazione schematica di un sistema termodinamico e del suo ambiente

Un sistema che non scambia né materia né energia con l'ambiente è un *sistema
isolato*. (Un universo termodinamico è per definizione un sistema isolato). Un
sistema che scambia energia ma non materia col suo ambiente è un *sistema
chiuso*. Un sistema è detto *aperto* se può scambiare col suo ambiente sia
materia che energia.
Lo *stato termodinamico* di un sistema in equilibrio meccanico è individuato da
un opportuno numero di parametri macroscopici, detti *coordinate termodinamiche*. Sono coordinate termodinamiche, ad esempio, il volume, la pressione,
le quantità delle singole specie chimiche che compongono il sistema.

Equilibrio termico

Consideriamo due sistemi termodinamici A e B in equilibrio meccanico, separati da una parete M (Fig. 8.2). La parete sarà detta:

- *adiabatica* se le coordinate termodinamiche dei due sistemi A e B possono assumere e mantenere valori qualsiasi e indipendenti (una parete perfettamente adiabatica è un'idealizzazione);
- *diatermica* se le coordinate termodinamiche dei due sistemi A e B non sono indipendenti ma tendono spontaneamente a dei valori di equilibrio.

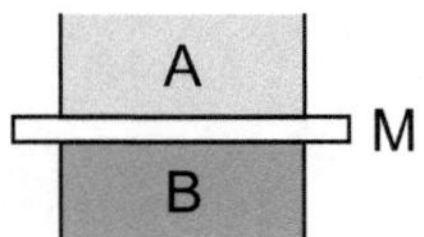

Fig. 8.2. Due sistemi termodinamici A e B separati da una parete M

Due sistemi (o due parti di uno stesso sistema) separati da una parete diatermica si dicono in *equilibrio termico* quando le rispettive coordinate termodinamiche hanno valori costanti nel tempo

Principio zero, temperatura

Il Principio Zero sancisce la proprietà transitiva della relazione "essere in equilibrio termico" (Fig. 8.3):
Se un sistema B è in equilibrio termico con i sistemi A e C, allora anche A è in equilibrio termico con C.

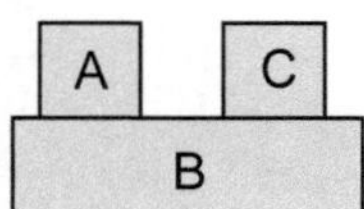

Fig. 8.3. Il sistema termodinamico B è in equilibrio termico sia con il sistema A che con il sistema C

Il Principio Zero consente di introdurre una nuova grandezza fisica, la *temperatura*. Tutti i sistemi in equilibrio termico tra loro hanno la stessa temperatura. Sistemi a temperature diverse non sono in equilibrio termico. La temperatura può essere utilizzata come coordinata termodinamica.
Operativamente, la temperatura (*temperatura empirica* θ) è definita facendo riferimento al termometro a gas a volume costante (Fig. 8.4):

$$\theta = 273.16 \lim_{P_3 \to 0} \frac{P}{P_3}, \qquad (V = \text{costante}) \qquad (8.1)$$

dove P è la pressione del gas alla temperatura incognita, P_3 è la pressione del gas al punto triplo dell'acqua (cioè quando sono in equilibrio le tre fasi solida, liquida e gassosa dell'acqua).
L'unità di misura della temperatura θ è il *kelvin* (K).
Nella pratica è spesso usato il *grado Celsius* (°C). La relazione tra *kelvin* e *gradi Celsius* è: $\theta(\text{K}) = \theta(°\text{C}) + 273.15$.
I termometri di uso pratico sono tarati sul termometro a gas. Il Secondo Principio della Termodinamica consentirà una definizione operativa più generale della temperatura (*temperatura termodinamica assoluta*).

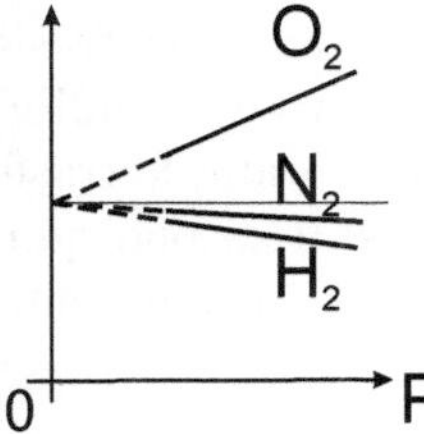

Fig. 8.4. Gas diversi mantenuti a volume e temperatura costanti: più bassa è la pressione, cioè più rarefatti sono i gas, più il rapporto P_f/P_3 tende ad assumere lo stesso valore per i diversi gas

Equilibrio termodinamico

Un sistema è in equilibrio termodinamico se è contemporaneamente in:

- equilibrio termico,
- equilibrio meccanico rispetto alle forze interne,
- equilibrio chimico (rispetto alle reazioni chimiche ed ai fenomeni di trasporto microscopico di materia).

Uno stato di equilibrio termodinamico è caratterizzato da valori ben definiti delle coordinate termodinamiche del sistema. Le coordinate termodinamiche sono collegate tra loro da relazioni empiriche, dette *equazioni di stato*.

Uno stato di equilibrio termodinamico può essere rappresentato graficamente da un punto in uno spazio scandito dalle coordinate termodinamiche del sistema (spazio termodinamico). Stati non di equilibrio non possono essere rappresentati graficamente nello spazio termodinamico.

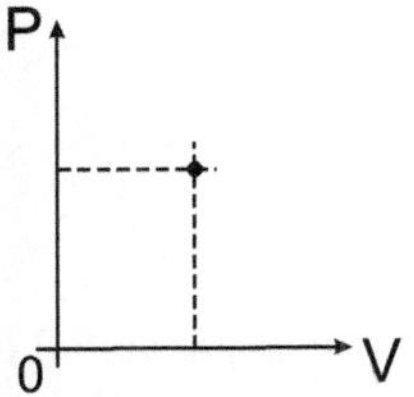

Fig. 8.5. Stato di equilibrio termodinamico rappresentato da un punto nel piano scandito dalle coordinate *volume* e *pressione*

Lo stato di equilibrio termodinamico di una sostanza omogenea (solida, liquida o gassosa) è individuato da due coordinate, ad esempio il volume V e la pressione p, e può essere rappresentato da un punto in un piano pV (Fig. 8.5). Se la sostanza è allo stato gassoso, in talune circostanze che studieremo più avanti (*gas ideale*) pressione e volume sono legati tra loro dalla semplice equazione di stato $pV = nR\theta$, dove n è il numero di moli, R è una costante, θ è la temperatura misurata in kelvin.

Trasformazioni termodinamiche

Un sistema subisce una trasformazione quando modifica il suo stato termodinamico; di conseguenza cambiano i valori delle coordinate termodinamiche.

Indichiamo con i ed f gli stati di equilibrio iniziale e finale della trasformazione. Gli stati intermedi di una trasformazione sono di non equilibrio. Se tuttavia la loro deviazione dall'equilibrio può essere trascurata, la trasformazione è detta *quasi-statica*. Una trasformazione quasi-statica può quindi essere considerata una successione di stati di equilibrio e venire rappresentata graficamente in un diagramma di stato .

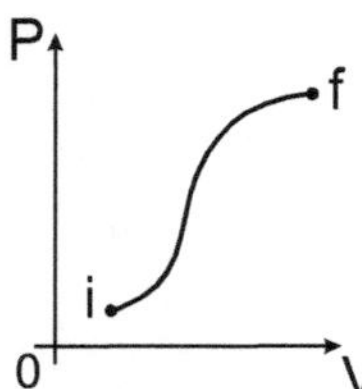

Fig. 8.6. Rappresentazione di una trasformazione quasi-statica tra uno stato i ed uno stato f

Revresibilità e irreversibilità

Quando un sistema subisce una trasformazione da uno stato iniziale i_s ad uno stato finale f_s, anche il suo ambiente subisce generalmente una trasformazione da uno stato iniziale i_a ad uno stato finale f_a (in taluni casi $f_a = i_a$). La trasformazione è detta *reversibile* se è possibile riportare il sistema allo stato iniziale i_s ripristinando contemporaneamente anche l'ambiente al suo stato iniziale i_a (Fig. 8.7).

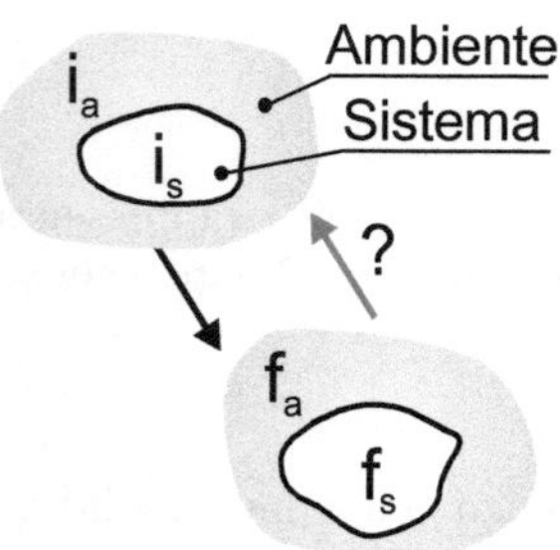

Fig. 8.7. Un sistema e il suo ambiente passano dagli stati iniziali, rispettivamente i_s e i_a, agli stati finali, rispettivamente f_s e f_a; se il sistema ritorna allo stato iniziale i_s, anche il suo ambiente tornerà allo stato iniziale i_a ?

Una trasformazione è reversibile se contemporaneamente:

- è quasi-statica,
- non è accompagnata da effetti dissipativi (attriti).

Tutte le trasformazioni reali sono in qualche misura irreversibili (questa affermazione sarà giustificata come conseguenza del Secondo Principio della Termodinamica). Talune trasformazioni reali possono comunque essere considerate con buona approssimazione reversibili.

8.2 Primo principio della termodinamica

Lavoro

Lo stato termodinamico di un sistema può essere modificato se il sistema scambia lavoro con il suo ambiente. Per convenzione, considereremo positivo il lavoro fatto dal sistema sull'ambiente (Fig. 8.8 a). In generale, il lavoro può essere espresso, rispettivamente per una trasformazione infinitesima o per una trasformazione finita, come

$$\mathrm{d}W = Y\,\mathrm{d}X\,, \qquad W = \int_i^f X\,\mathrm{d}Y\,, \qquad (8.2)$$

dove Y è una grandezza intensiva, $\mathrm{d}X$ è il differenziale di una grandezza estensiva. Si noti che in genere l'integrale dipende dal cammino di integrazione; pertanto il lavoro non è una funzione dello stato del sistema: il simbolo $\mathrm{d}W$ individua una grandezza infinitesima e non va confuso con un differenziale esatto.

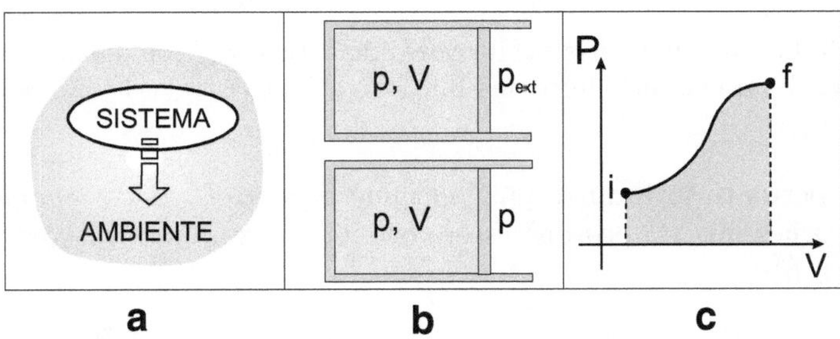

Fig. 8.8. Lavoro: (**a**) il lavoro è definito positivo se fatto dal sistema sull'ambiente; (**b**) per trasformazioni reversibili, le pressioni interna ed esterna sono uguali; (**c**) calcolo del lavoro per trasformazioni reversibili

Per sistemi idrostatici, cioè sistemi il cui stato è definito dalle coordinate termodinamiche p, V (ad es. un gas o in generale una sostanza pura omogenea) il lavoro è espresso come

$$\mathrm{d}W = p_{\mathrm{ext}}\,\mathrm{d}V\,, \qquad W = \int_i^f p_{\mathrm{ext}}\,\mathrm{d}V\,, \qquad (8.3)$$

dove p_{ext} è la pressione esercitata dall'ambiente sul sistema.
Se la trasformazione è reversibile, le pressioni interna ed esterna al sistema sono uguali, $p = p_{\mathrm{ext}}$ (Fig. 8.8 b) e la (8.3) diviene

$$\mathrm{d}W = p\,\mathrm{d}V\,, \qquad W = \int_i^f p\,\mathrm{d}V\,. \qquad (8.4)$$

Per trasformazioni reversibili il lavoro è quindi uguale all'area della superficie sottesa dalla curva $p(V)$ (Fig. 8.8 c).

Lavoro adiabatico, energia interna

Consideriamo un sistema racchiuso da pareti perfettamente adiabatiche, in grado però di scambiare lavoro con l'ambiente circostante. Il Primo Principio della termodinamica afferma:

Quando un sistema subisce una trasformazione perfettamente adiabatica, il lavoro fatto sull'ambiente dipende solo dagli stati iniziali i ed f e non dagli stati intermedi (Fig. 8.9 a)

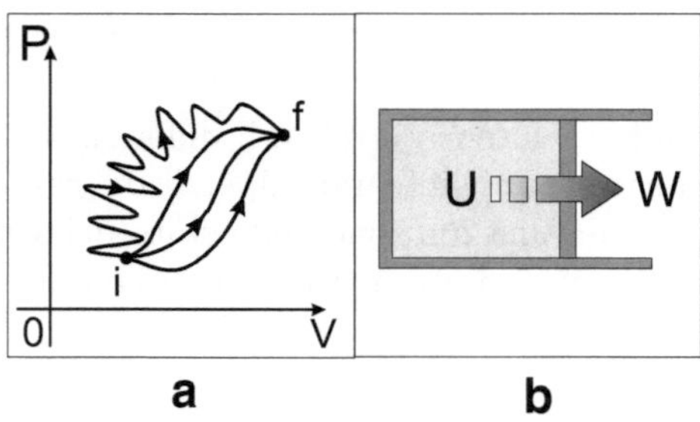

Fig. 8.9. Lavoro adiabatico: (**a**) il lavoro adiabatico W_{ad} non dipende dalla trasformazione; (**b**) si può introdurre una funzione di stato U tale che $\Delta U = -W_{ad}$

Si può pertanto introdurre una *funzione di stato* U, detta *energia interna*, le cui variazioni ΔU possono essere ottenute misurando il lavoro adiabatico (Fig. 8.9 b):

$$\mathrm{d}U = -\,\mathrm{d}W_{ad} \,, \qquad\qquad \Delta U = U_f - U_i = -\,W_{ad} \,. \qquad (8.5)$$

L'energia interna U è quindi definita a meno di una costante additiva arbitraria. Si noti che la (8.5) vale indifferentemente per trasformazioni reversibili e irreversibili: a seconda del tipo di trasformazione cambia l'espressione analitica del lavoro, non cambia la variazione di energia interna (che è una funzione di stato).

Calore

Consideriamo due stati i e f di un sistema termodinamico. Ai due stati è associata una differenza di energia interna $\Delta U = U_f - U_i$, misurabile mediante la (8.5). Facciamo avvenire la trasformazione $i \to f$ (Fig. (8.10 a) senza che il sistema scambi lavoro con l'ambiente ($W = 0$).

Si definisce calore Q assorbito dal sistema la variazione di energia interna che avviene in condizioni di lavoro nullo:

$$\mathrm{d}Q = \mathrm{d}U \quad (\mathrm{d}W = 0) \,, \qquad\qquad Q = \Delta U \quad (W = 0) \,. \qquad (8.6)$$

Si noti che il calore, come il lavoro, non è una funzione di stato: $\mathrm{d}Q$ rappresenta una grandezza infinitesima, non un differenziale esatto. La (8.6), come la

(8.5), vale per qualsiasi tipo di trasformazione, reversibile o irreversibile. Il calore assorbito è positivo quando è positiva la variazione di energia interna (in condizioni di lavoro nullo).
Per un *sistema idrostatico* il lavoro è nullo se il volume rimane costante; pertanto

$$\text{đ}Q \;=\; \text{d}U \qquad (\text{d}V = 0) \,. \tag{8.7}$$

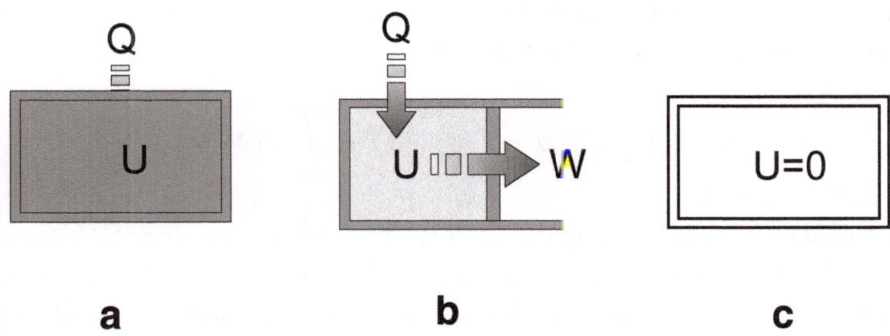

Fig. 8.10. Bilancio energetico di un sistema termodinamico: (**a**) trasformazione senza scambio di lavoro; (**b**) trasformazione generica; (**c**) trasformazione di un sistema isolato

Conservazione dell'energia

Per una trasformazione qualsiasi (reversibile o irreversibile) di un sistema qualsiasi, la variazione di energia interna è data dalla differenza tra calore assorbito e lavoro fatto (Fig. 8.10 b):

$$\text{d}U = \text{đ}Q - \text{đ}W \,, \qquad\qquad \Delta U = Q - W \,. \tag{8.8}$$

Per una trasformazione reversibile di un sistema idrostatico

$$\text{d}U \;=\; \text{đ}Q - p\,\text{d}V \,. \tag{8.9}$$

Se il sistema è *isolato*, cioè non scambia né calore né lavoro con l'ambiente che lo circonda (Fig. 8.10 c), dalle (8.8) si ha che:

$$\Delta U = 0 \,. \qquad (\text{sistema isolato}) \tag{8.10}$$

La (8.10) esprime il *Principio di conservazione dell'energia per i sistemi isolati.*

Unità di misura

Calore, lavoro ed energia interna si misurano in *joule* (J).
La pressione si misura in *pascal* (Pa): $1\,\text{Pa} = 1\,\text{N}\,\text{m}^{-2}$. Si usa spesso anche il *bar* (bar): $1\,\text{bar} = 10^5\,\text{Pa}$.

Per misurare la quantità di materia presente in un sistema si usa come unità di misura la *mole* (mol). 1 mol corrisponde a tante entità elementari (molecole, atomi, elettroni, etc., a seconda dei casi) quanti sono gli atomi in 0.012 kg di carbonio ^{12}C. Una mole contiene $N_A \simeq 6.022 \text{x} 10^{23}$ (numero di Avogadro) entità elementari.

Capacità termiche e calori specifici

Il calore Q assorbito da un sistema è legato alla variazione di temperatura del sistema (Fig. 8.11 a) dalla relazione

$$đQ = C \, d\theta; \qquad Q = \int_{\theta_i}^{\theta_f} C \, d\theta \ . \tag{8.11}$$

La grandezza C, che si misura in J K^{-1}, è chiamata *capacità termica* del sistema. La capacità termica dipende dal tipo di sostanza che compone il sistema, dalla temperatura e dal modo in cui avviene la trasformazione. In genere si considerano le capacità termiche a pressione oppure a volume costante.

Il rapporto $c = C/n$, dove n è il numero di moli del sistema, si chiama *calore specifico molare*. Si indicano generalmente

con c_v i calori specifici molari a volume costante,
con c_p i calori specifici molari a pressione costante.

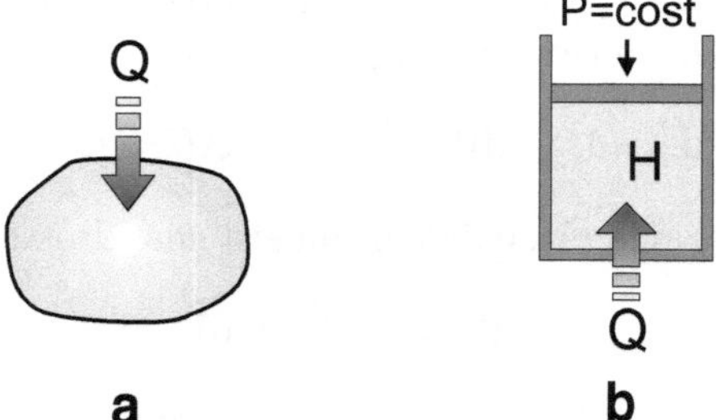

Fig. 8.11. (a) Calore assorbito e variazione di temperatura; (b) entalpia e trasformazioni a pressione costante

L'entalpia

Somme e prodotti di funzioni di stato sono ancora funzioni di stato. Molto utile per lo studio di taluni fenomeni è la funzione di stato *entalpia H*, definita come

$$H = U + pV \ . \tag{8.12}$$

Il differenziale dell'entalpia, tenendo conto della (8.9), può essere sviluppato come

$$dH \; = \; dU + d(pV) \; = \; dU + pdV + Vdp \; = \; đQ + V\,dp\,. \tag{8.13}$$

Se $dp = 0$, la (8.13) diviene

$$dH = đQ \qquad (dp = 0)\,. \tag{8.14}$$

La variazione di entalpia misura cioè il calore scambiato a pressione costante (Fig. 8.11 b), condizione tipica di molti processi che avvengono all'atmosfera.

Esercizio 8.1

Un blocchetto di rame del volume di $1\,\mathrm{dm}^3$, *inizialmente alla temperatura di* 20°C, *viene riscaldato fino alla temperatura di* 30°C *(Fig. 8.12). Durante il riscaldamento il blocchetto viene mantenuto alla pressione atmosferica.*
A) Si calcolino: la quantità di calore che è stato necessario fornire al blocchetto, la variazione di energia interna e la variazione di entalpia.

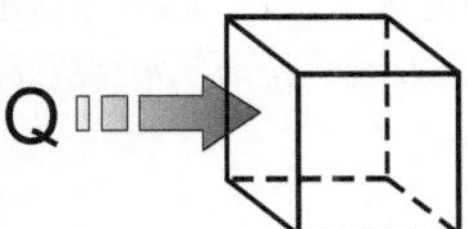

Fig. 8.12. Esercizio 8.1

Dalle tabelle delle proprietà fisiche degli elementi ricaviamo che la densità del rame (29-Cu) è $\rho = 8.94\,\mathrm{g\,cm}^{-3}$. La massa del blocchetto è perciò

$$m \; = \; \rho V \; = \; 8.94\,\mathrm{kg}\,.$$

Dalle tabelle ricaviamo anche che il calore specifico per unità di massa del rame è, a temperatura ambiente e a pressione costante, $c_p^{(m)} = 380\,\mathrm{J\,kg}^{-1}\,\mathrm{K}^{-1}$. La variazione di temperatura è $\Delta\theta = 30° - 20° = 10°\mathrm{C} = 10\,\mathrm{K}$. La *quantità di calore* assorbita è pertanto

$$Q \; = \; m\,c_p^{(m)}\,\Delta\theta \; = \; 8.94 \times 380 \times 10 \; = \; 3.4 \times 10^4\,\mathrm{J}\,.$$

Poiché lo scambio di calore è avvenuto a pressione costante, la variazione di *entalpia H* è

$$\Delta H \; = \; Q \; = \; 3.4 \times 10^4\,\mathrm{J}\,.$$

Calcoliamo ora la variazione di *energia interna U*.
Per il Primo Principio, tenendo conto che la pressione non varia,

$$\Delta U \;=\; Q \,-\, W \;=\; Q \,-\, p\,\Delta V \,.$$

La variazione di volume ΔV corrispondente alla variazione di temperatura $\Delta\theta$ è proporzionale a $\Delta\theta$ e al volume totale V:

$$\Delta V \;=\; \beta\, V\, \Delta\theta \,.$$

Il parametro β è detto *coefficiente di dilatazione temica di volume*. Per il rame, $\beta = 51\times10^{-6}\,\mathrm{K}^{-1}$. Pertanto $\Delta V = 5.1\times10^{-4}\,\mathrm{dm}^3$. Il lavoro di dilatazione, alla pressione atmosferica di $10^5\,\mathrm{Pa}$, è

$$W \;=\; p\,\Delta V \;=\; (10^5\,\mathrm{Pa}) \,\times\, (5.1 \times 10^{-7}\,\mathrm{m}^3) \;=\; 5.1 \times 10^{-2}\,\mathrm{J} \,,$$

evidentemente trascurabile rispetto alla quantità di calore $Q = 3.4\times10^4\,\mathrm{J}$. In definitiva, in questo caso

$$\Delta U \;=\; Q \,-\, W \;\simeq\; Q \;=\; \Delta H \,.$$

(?) Se il blocchetto ha forma cubica, di quanto si allunga ogni spigolo del cubo in seguito all'aumento di temperatura di 10 K ?

B) Il riscaldamento del blocchetto di rame viene effettuato per mezzo di un resistore elettrico che dissipa una potenza di 500 W *(Fig. 8.13 a). Per quanto tempo è necessario far fluire corrente elettrica nel resistore, nell'ipotesi che tutto il calore sviluppato sia ceduto al blocchetto di rame ?*

Poiché il resistore dissipa una potenza P costante nel tempo, il calore sviluppato è proporzionale all'intervallo di tempo Δt in cui fluisce corrente:

$$Q \;=\; P\,\Delta t \,.$$

Pertanto nel nostro caso

$$\Delta t \;=\; \frac{Q}{P} \;=\; \frac{3.4 \times 10^4\,\mathrm{J}}{500\mathrm{W}} \;=\; 68\,\mathrm{s} \,,$$

cioè poco più di un minuto.

(?) Si calcoli il tempo necessario per riscaldare 1 dm^3 di acqua con lo stesso resistore da 500 W. Il calore specifico per unità di massa dell'acqua è $c_p^{(m)} = 4186\,\mathrm{J\,kg}^{-1}\,\mathrm{K}^{-1}$.

C) Il riscaldamento del blocchetto di rame viene effettuato facendolo cadere da un'altezza h e dissipando in calore, nell'urto con il suolo, l'energia cinetica (Fig. 8.13 b). Nell'ipotesi che tutto il calore sviluppato nell'urto sia assorbito dal blocchetto, si calcoli l'altezza h.

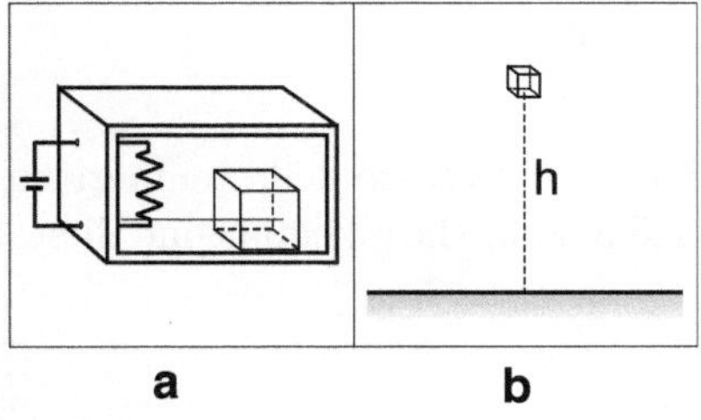

a   **b**   **Fig. 8.13.** Esercizio 8.1

Applicando la legge di conservazione dell'energia meccanica durante la caduta, si ha che

$$Q \;=\; m\,v^2/2 \;=\; mgh\,,$$

per cui

$$h \;=\; \frac{Q}{mg} \;=\; \frac{3.4 \times 10^4 \text{ J}}{8.94 \text{ kg} \;\times\; 9.8,\text{m s}^{-2}} \;=\; 388\,\text{m}\,.$$

(?) È ragionevole considerare valida la legge di conservazione dell'energia meccanica per una caduta dall'altezza di 388 m ? Si discutano qualitativamente gli effetti della resistenza dell'aria.

8.3 Gas ideali

Equazione di stato

Lo stato termodinamico di un gas è individuato dai valori di due delle coordinate termodinamiche: pressione, volume e temperatura (p, V, θ) (Fig. 8.14). Le tre coordinate p, V, θ non sono indipendenti: i loro valori sono collegati da un'equazione $f(p, V, \theta) = 0$, detta *equazione di stato*.

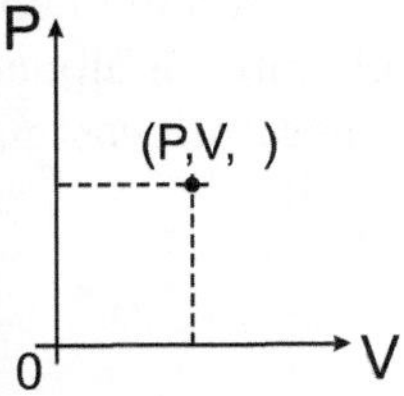

Fig. 8.14. Due coordinate termodinamiche individuano lo stato di un gas

Per un *gas ideale* l'equazione di stato assume la semplice forma

$$p\,V \;=\; n\,R\,\theta\,, \tag{8.15}$$

dove

n è il numero di moli,

R è la *costante dei gas*, $R = 8.31\,\mathrm{J\,K^{-1}\,mol^{-1}}$,
θ è la temperatura misurata in kelvin.

Tutti i gas reali, al diminuire della pressione e al crescere della temperatura, tendono a comportarsi come gas ideali, cioè a soddisfare l'equazione di stato (8.15).

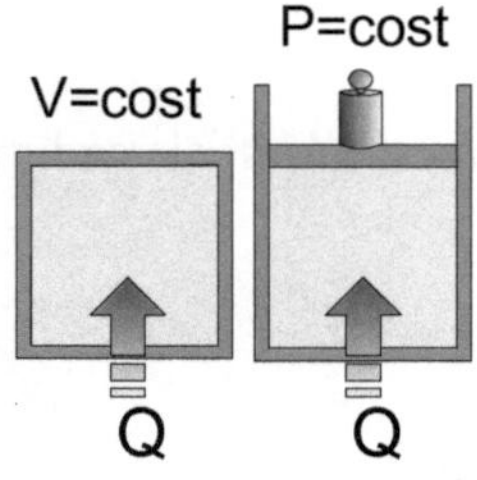

Fig. 8.15. Trasformazioni a volume costante (a sinistra) e pressione costante (a destra)

Calori specifici

Per trasformazioni a volume costante (*isocore*) e a pressione costante (*isobare*) (Fig. 8.15) i calori specifici molari dei gas ideali, rispettivamente c_v e c_p, sono largamente indipendenti dalla temperatura e dalla specie atomica, ma dipendono dal numero di atomi per molecola. In particolare:

	c_v	c_p
gas monoatomici	$3R/2$	$5R/2$
gas biatomici	$5R/2$	$7R/2$

Energia interna

Per qualsiasi sistema, l'energia interna U è funzione dello stato termodinamico del sistema, individuato dal valore di almeno due coordinate termodinamiche. Si verifica sperimentalmente che per i gas ideali l'energia interna dipende solo dalla temperatura: $U = U(\theta)$. Le trasformazioni a temperatura costante (*isoterme*) dei gas ideali sono perciò *iso-energetiche* (Fig. 8.16).

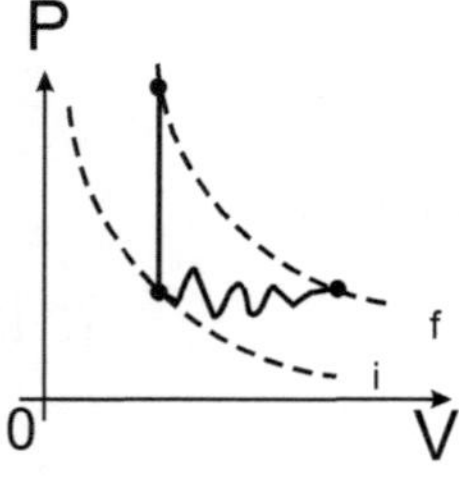

Fig. 8.16. Due trasformazioni isoterme (iperboli tratteggiate) e una trsformazione isocora (linea verticale continua)

Consideriamo una trasformazione isocora. Poiché il volume non varia, è nullo anche il lavoro fatto dal sistema; pertanto, per il Primo Principio,

$$dU \;=\; \text{đ}Q \;=\; n\,c_v\,d\theta\,, \qquad\qquad \Delta U \;=\; Q \;=\; n\,c_v\,\Delta\theta\,. \qquad (8.16)$$

Poiché sia la temperatura θ che l'energia interna U sono funzioni di stato, per qualsiasi trasformazione (anche non isocora) di un gas ideale

$$dU \;=\; n\,c_v\,d\theta\,, \qquad\qquad \Delta U \;=\; n\,c_v\,\Delta\theta\,. \qquad (8.17)$$

Si noti che la forma della funzione $U(\theta)$ non può essere dedotta da considerazioni puramente termodinamiche.

Trasformazioni isocore reversibili (V=costante)

In una trasformazione reversibile a volume costante (Fig. 8.17), il lavoro fatto dal sistema è

$$W \;=\; \int_i^f p\,dV \;=\; 0\,. \qquad (8.18)$$

Per il Primo Principio il calore assorbito dal sistema è

$$Q \;=\; \Delta U \;=\; n\,c_v\,(\theta_f - \theta_i) \;=\; (c_v/R)\,V\,(p_f - p_i)\,. \qquad (8.19)$$

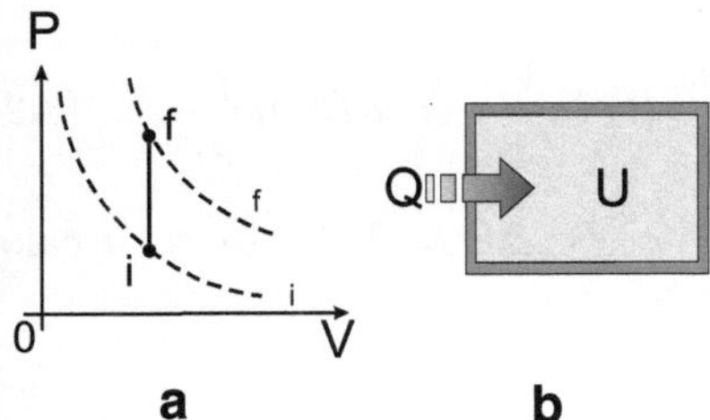

Fig. 8.17. Trasformazione isocora reversibile

Trasformazioni isobare reversibili (p=costante)

In una trasformazione reversibile a pressione costante (Fig. 8.18), il lavoro fatto dal sistema è

$$W \;=\; \int_i^f p\,dV \;=\; p\,(V_f - V_i) \;=\; nR\,(\theta_f - \theta_i)\,. \qquad (8.20)$$

Il calore assorbito dal sistema è

$$Q \;=\; n\,c_p\,(\theta_f - \theta_i)\,. \qquad (8.21)$$

La variazione di energia interna è

$$\Delta U \;=\; n\,c_v\,(\theta_f - \theta_i)\,. \tag{8.22}$$

Poiché $Q = \Delta U + W$, dalle (8.20),(8.21) e (8.22) si vede che per i gas ideali vale la relazione tra calori specifici

$$c_p \;=\; c_v \;+\; R\,. \tag{8.23}$$

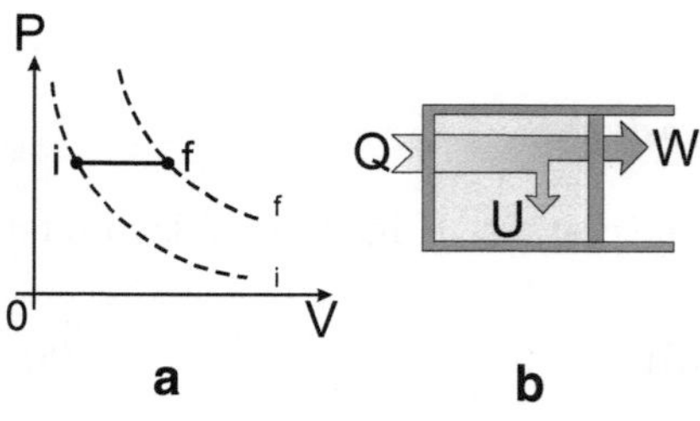

Fig. 8.18. Trasformazione isobara reversibile

Trasformazioni isoterme reversibili (θ=costante)

Il grafico di un'isoterma reversibile di un gas ideale nel piano pV è un'iperbole equilatera $pV = nR\theta = $ costante (Fig. 8.19). Il lavoro fatto dal sistema è

$$W \;=\; \int_i^f p\,\mathrm{d}V \;=\; nR\theta \int_i^f \frac{\mathrm{d}V}{V} \;=\; nR\theta \,\ln\frac{V_f}{V_i} \;=\; nR\theta\,\ln\frac{p_i}{p_f}\,. \tag{8.24}$$

L'energia interna è costante, perché $\Delta U = nc_v\Delta\theta = 0$. Pertanto il calore assorbito è $Q = W$.

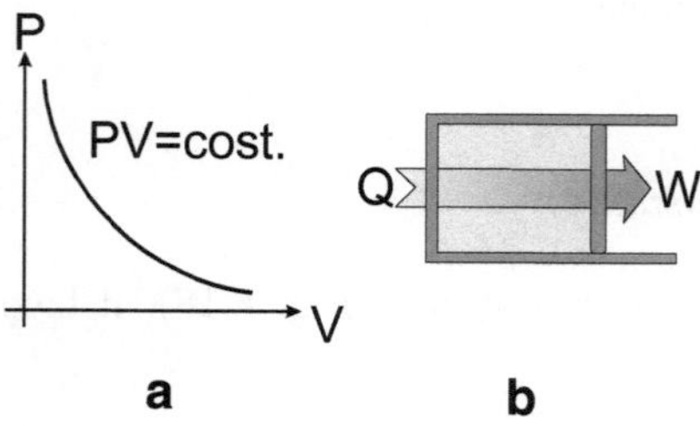

Fig. 8.19. Trasformazione isoterma reversibile

Trasformazioni adiabatiche reversibili (Q=0)

Nelle trasformazioni adiabatiche reversibili di un gas ideale (Fig. 8.20), la variazione di energia interna è

$$\Delta U \;=\; n\,c_v\,(\theta_f - \theta_i)\,. \tag{8.25}$$

Per il Primo Principio, poiché $Q = 0$, il lavoro fatto dal sistema è

$$W \;=\; -\Delta U \;=\; n\,c_v\,(\theta_i - \theta_f)\,. \tag{8.26}$$

Dall'espressione del Primo Principio,

$$\mathrm{d}U + \mathrm{d}W = 0 \qquad \Rightarrow \qquad n\,c_v\,\mathrm{d}\theta + p\,\mathrm{d}V = 0\,,$$

utilizzando l'equazione di stato $pV = nR\theta$, si può ottenere l'equazione dell'adiabatica reversibile nel piano pV:

$$p\,V^{\gamma} = \text{costante}, \qquad \text{dove} \qquad \gamma = c_p/c_v\,. \tag{8.27}$$

Per i gas monoatomici $\gamma = 1.6$; per i gas biatomici $\gamma = 1.4$.
Utilizzando ancora l'equazione di stato, si può vedere che per le trasformazioni adiabatiche reversibili

$$\theta\,V^{\gamma-1} = \text{costante}, \qquad \theta\,p^{(1-\gamma)/\gamma} = \text{costante}. \tag{8.28}$$

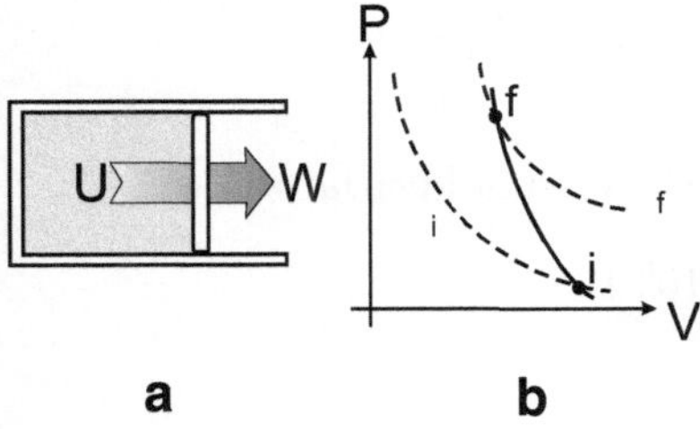

Fig. 8.20. Trasformazione adiabatica reversibile di un gas ideale

Esercizio 8.2

Un cilindro con pareti diatermiche, disposto verticalmente e chiuso da un pistone di massa trascurabile scorrevole senza attrito, contiene 8 grammi di gas elio (He) in equilibrio alla temperatura $\theta = 27°C$. Si consideri il gas come ideale.
A) Il gas viene riscaldato fino a raddoppiare il volume (Fig. 8.21). Si determinino il lavoro fatto, il calore scambiato e la variazione di energia interna del gas nell'ipotesi che la trasformazione sia reversibile.

Consideriamo come sistema termodinamico il gas. Determiniamo innanzitutto il suo *stato iniziale*. Il gas è in equilibrio, pertanto la sua pressione è uguale a quella atmosferica esterna, che per semplicità assumeremo

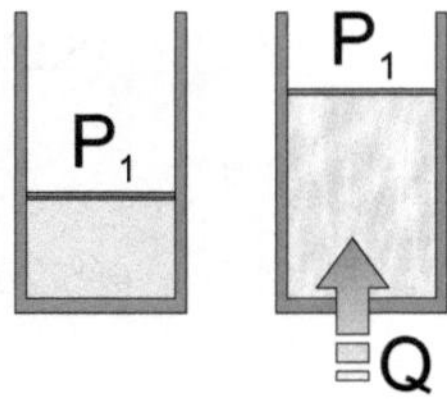

Fig. 8.21. Esercizio 8.2

$$p_1 \ = \ 1 \text{ bar} \ = \ 10^5 \text{ Pa} \ .$$

La temperatura va espressa in kelvin: $27°\text{C} = 27 + 273.15 \text{ K} = 300.15 \text{ K}$. Per semplicità assumiamo

$$\theta_1 \ = \ 300 \text{ K} \ .$$

Per calcolare il numero di moli ricordiamo che la massa molare è uguale alla massa molecolare espressa in grammi; per l'elio (monoatomico) la massa molecolare è 4, pertanto

$$n \ = \ \frac{\text{massa totale}}{\text{massa molare}} \ = \ \frac{8}{4} \ = \ 2 \ .$$

Infine, utilizzando l'equazione di stato $pV = nR\theta$,

$$V_1 \ = \ \frac{nR\theta_1}{p_1} \ = \ 4.986 \times 10^{-2} \text{m}^3 \ .$$

Determiniamo ora lo *stato finale*. La pressione resta invariata:

$$p_2 \ = \ p_1 \ = \ 10^5 \text{ Pa} \ .$$

Il volume è doppio di quello iniziale:

$$V_2 \ = \ 2V_1 \ = \ 9.972 \times 10^{-2} \text{m}^3 \ .$$

Raddoppia pertanto anche la temperatura:

$$\theta_2 \ = \ \frac{V_2}{V_1} \, \theta_1 \ = \ 600 \text{ K} \ .$$

La *trasformazione* è isobara reversibile (Fig. 8.22 a). Il lavoro

$$W \ = \ p_1 \, (V_2 - V_1) \ = \ 4986 \text{ J}$$

è positivo: il sistema (cioè il gas) fa lavoro sull'ambiente (Fig. 8.22 b).
Per calcolare il calore assorbito, teniamo conto che l'elio è monoatomico, per cui $c_p = 5R/2$:

$$Q \ = \ n \, c_p \, (\theta_2 - \theta_1) \ = \ 12465 \text{ J} \ ;$$

Q è positivo: il sistema riceve calore dall'ambiente.
Possiamo ora calcolare la variazione di energia interna in due modi:

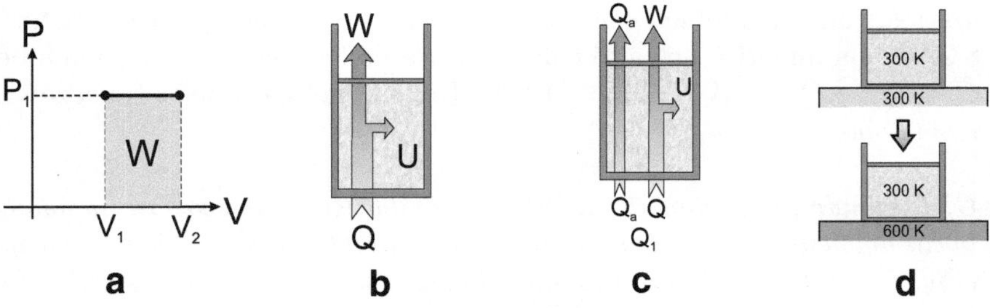

Fig. 8.22. Esercizio 8.2

$$\begin{cases} \Delta U \;=\; Q \,-\, W \;=\; 7479\,\mathrm{J}\,, \\[2mm] \Delta U \;=\; n\,c_v\,(\theta_2 - \theta_1) \;=\; 7479\,\mathrm{J}\,, \qquad\qquad (c_v = 3R/2)\,. \end{cases}$$

ΔU è positivo: il sistema aumenta la sua energia interna.

(?) Come si può approssimare nella pratica una trasformazione isobara reversibile ? (Si ricordi che l'equilibrio termodinamico richiede contemporaneamente l'equilibrio meccanico e l'equilibrio termico).

(?) Si risolva l'esercizio nell'ipotesi che il pistone abbia massa $m = 0.5$ kg (quindi non trascurabile) e sezione $S = 0.1\ \mathrm{m}^2$.

(?) Nella risoluzione dell'esercizio non si è tenuto conto del lavoro che il gas deve fare per innalzare il suo centro di massa, $W' = mg\Delta h/2$, dove $\Delta h = \Delta V/S$. Si calcoli W' nell'ipotesi che la sezione del cilindro sia $S = 0.1\ \mathrm{m}^2$. È stato ragionevole trascurare W' ?

(?) Si calcoli la variazione della funzione di stato entalpia $H = U + pV$ e si verifichi che $\Delta H = Q$.

B) Come vengono modificati i risultati precedenti nel caso in cui non sia trascurabile l'attrito tra pistone e cilindro ?

Gli stati iniziale e finale sono invariati. In presenza di attrito però la trasformazione, pur essendo ancora quasi-statica, non è più reversibile. Il gas dovrà fare lavoro, oltre che contro la pressione esterna (uguale a quella interna), anche contro le forze d'attrito. Se indichiamo con F la risultante delle forze d'attrito e con S la sezione del cilindro, il lavoro totale fatto dal sistema sarà

$$W_1 \;=\; W \,+\, W_a \;=\; \left(p + \frac{F}{S}\right)(V_2 - V_1)\,.$$

Il lavoro utile resta $W = p\,\Delta V$; il termine $W_a = F\,\Delta V/S$ viene invece dissipato in calore.

La variazione di energia interna dipende solo dagli stati iniziale e finale, ed è perciò invariata rispetto al caso senza attrito. Di conseguenza il sistema dovrà assorbire dall'ambiente una quantità complessiva di calore $Q_1 = W_1 + \Delta U$

ma restituirà all'ambiente la quantità $Q_a = W_a$ generata per attrito (Fig. 8.22 c). La quantità netta di calore ceduta dall'ambiente al sistema è perciò $Q = Q_1 - Q_a = W + \Delta U = 12465$ J, come nel caso della trasformazione reversibile.

C) Il cilindro, inizialmente all'eqilibrio a 300 K, viene spostato rapidamente in un ambiente mantenuto alla temperatura 600 K e a pressione atmosferica (Fig. 8.22 d). Si determini lo stato finale e si calcolino, se possibile, lavoro, calore, variazione di energia interna.

La trasformazione non è quasi-statica (quindi non è reversibile) in quanto esiste uno squilibrio finito di temperatura tra sistema e ambiente. Si avrà quindi un trasferimento veloce di calore dall'ambiente al sistema che genererà a sua volta uno squilibrio finito di pressione tra sistema ed ambiente. Di conseguenza il pistone subirà un'accelerazione finita verso l'esterno e passerà per la posizione di equilibrio con velocità non nulla. Il moto del pistone sarà quindi oscillatorio intorno alla posizione di equilibrio. In assenza di attrito le oscillazioni non si smorzerebbero e il pistone continuerebbe a oscillare. In un caso reale l'attrito è inevitabile e le oscillazioni si smorzeranno progressivamente finchè il pistone si arresterà in una posizione di equilibrio con $p_2 = 10^{-5}$ Pa, $\theta_2 = 600$ K.

Lo stato finale sarà quindi lo stesso che nel caso della trasformazione reversibile. Anche la variazione di energia interna sarà pertanto la stessa, $\Delta U = 7479$ J.

Il lavoro fatto globalmente dal sistema, integrando su tutte le oscillazioni, sarà

$$W = \int_1^2 p_{\mathrm{ext}} \, dV = p_{\mathrm{ext}} (V_2 - V_1) = 4986 \, \mathrm{J} \, ,$$

e quindi $Q = W + \Delta U = 12465 \, \mathrm{J}$. Lavoro fatto, calore assorbito e variazione di energia interna del sistema sono pertanto, in questo caso, uguali a quelli della corrispondente trasformazione reversibile.

Si noti che l'ambiente ha ceduto calore al sistema rimanendo sempre alla temperatura di 600 K. Nella trasformazione reversibile invece l'ambiente cedeva calore modificando progressivamente la sua temperatura da 300 a 600 K, in modo da adeguarla a quella del sistema. Il Secondo Principio della termodinamica fornirà le basi per misurare, in base a questo tipo di considerazioni, il grado di irreversibilità di una trasformazione.

(?) Quali ipotesi si devono fare sulla forza d'attrito affinché il pistone si fermi esattamente nella posizione in cui le pressioni interna ed esterna si equilibrano ?

Esercizio 8.3

Un cilindro a pareti diatermiche, disposto orizzontalmente e chiuso da un pistone scorrevole senza attrito, contiene $n = 6$ mol di gas ideale, in equilibrio alla pressione $p_1 = 6$ bar e alla temperatura θ_1 (Fig. 8.23).
A) Il gas subisce un'espansione isoterma reversibile fino a raggiungere la pressione $p_2 = 2$ bar. Sapendo che il calore scambiato con l'ambiente durante la trasformazione è $Q = 12000$ J, si determini il valore della temperatura θ_1.

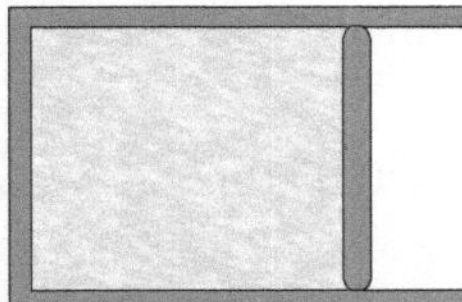

Fig. 8.23. Esercizio 8.3

In un gas ideale l'energia interna U dipende solo dalla temperatura θ. La trasformazione considerata è isoterma (Fig. 8.24 a), per cui $\Delta U = 0$. Pertanto, per il Primo Principio, il calore assorbito dal sistema è uguale al lavoro svolto:

$$Q = W = nR\theta_1 \ln\frac{V_2}{V_1} = nR\theta_1 \ln\frac{p_1}{p_2} . \qquad (8.29)$$

Il valore di Q è positivo in quanto $p_1 > p_2$. Dalla (8.29) si ricava

$$\theta_1 = \frac{Q}{nR \ln(p_1/p_2)} = 219 \text{ K} . \qquad (8.30)$$

Ricordiamo che il lavoro W corrisponde all'area della superficie sottesa dalla curva isoterma nel piano pV.

(?) Perché non è stato necessario specificare se il gas è mono-, bi- o pluri-atomico ?

(?) Come si può approssimare, nella pratica, una trasformazione isoterma reversibile ?

(?) Si determinino i volumi V_1 e V_2 degli stati iniziale e finale.

B) Il cilindro, inizialmente alla pressione $p_1 = 6$ bar, viene istantaneamente posto in un ambiente alla pressione $p_{\text{ext}} = 2$ bar (Fig. 8.24 b). Supponendo che l'ambiente sia sufficientemente grande da costituire un termostato alla temperatura θ_1, si calcolino calore e lavoro scambiati tra sistema ed ambiente.

Gli stati di equilibrio iniziale e finale, vincolati ad avere la stessa temperatura θ_1 e pressioni rispettivamente $p_1 = 6$ bar e $p_2 = 2$ bar, saranno gli stessi del caso precedente, con volumi

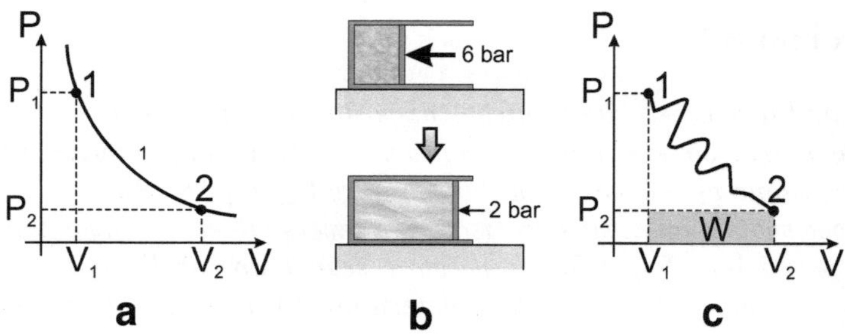

Fig. 8.24. Esercizio 8.3

$$V_1 \ = \ \frac{nR\theta_1}{p_1} \ = \ 0.018 \ \text{m}^3 \ , \qquad V_2 \ = \ \frac{nR\theta_1}{p_2} \ = \ 0.054 \ \text{m}^3 \ .$$

Anche la variazione di energia interna sarà, come prima, nulla:

$$\Delta U \ = \ U_2 - U_1 \ = \ 0 \ .$$

La trasformazione è però *irreversibile*. Il pistone subirà inizialmente un'accelerazione verso l'esterno, poi oscillerà intorno alla posizione di equilibrio, con ampiezza di oscillazione decrescente a causa degli attriti interni del gas. Il lavoro globalmente fatto sull'ambiente sarà (Fig. 8.24 c)

$$W' \ = \ p_{\text{ext}} \ (V_2 - V_1) \ = \ 7200 \ \text{J} \ .$$

Il calore assorbito sarà $Q' = W'$.

(?) Il lavoro prodotto è minore nel caso della trasformazione irreversibile rispetto alla trasformazione reversibile. Perché ?

Esercizio 8.4

Un cilindro a pareti adiabatiche, disposto orizzontalmente e chiuso da un pistone adiabatico scorrevole senza attrito, contiene 1 m³ di idrogeno molecolare, H₂, in equilibrio alla temperatura di 300 K e alla pressione di 2×10⁵ Pa (Fig. 8.25).
A) Il gas subisce un'espansione reversibile fino a dimezzare la pressione. Si calcolino volume e temperatura dello stato finale. (Si consideri il gas come ideale.)

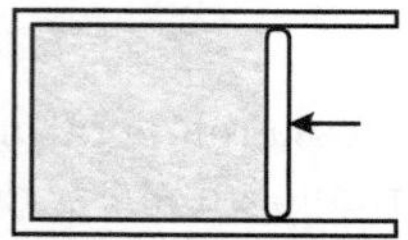

Fig. 8.25. Esercizio 8.4

Determiniamo innanzitutto completamente lo *stato iniziale*.
Sappiamo già che

$$p_1 = 2 \times 10^5 \text{ Pa}, \qquad \theta_1 = 300 \text{ K}, \qquad V_1 = 1 \text{ m}^3. \tag{8.31}$$

Calcoliamo la quantità totale di gas facendo uso dell'equazione di stato:

$$n = \frac{p_1 V_1}{R\theta_1} = 80.2 \text{ mol}. \tag{8.32}$$

La *trasformazione* è adiabatica reversibile (Fig. 8.26 a), per cui vale la relazione

$$pV^\gamma = \text{cost.}, \qquad \text{con } \gamma = \frac{c_p}{c_v} = 1.4 \tag{8.33}$$

Passiamo ora a determinare lo *stato finale*. Sappiamo che

$$p_2 = p_1/2 = 10^5 \text{ Pa}.$$

Possiamo servirci della (8.33) per calcolare il volume finale:

$$V_2 = V_1 \left(\frac{p_1}{p_2}\right)^{1/\gamma} = 1.64 \text{ m}^3.$$

Utilizziamo infine l'equazione di stato per calcolare la temperatura finale:

$$\theta_2 = \frac{p_2 V_2}{nR} = 246 \text{ K}.$$

La temperatura dello stato finale è inferiore alla temperatura dello stato iniziale.

(?) Come si può realizzare nella pratica una trasformazione adiabatica reversibile ?

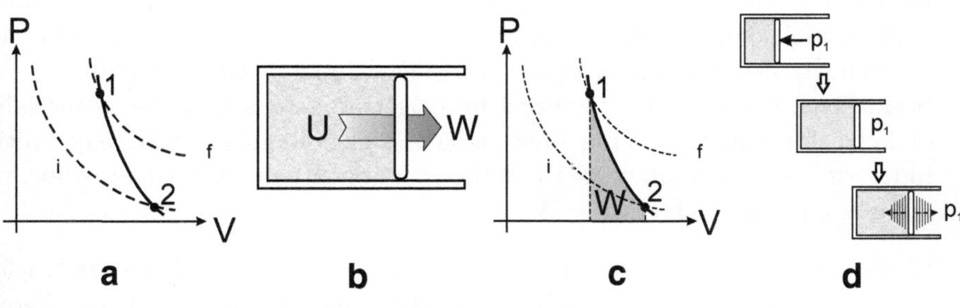

Fig. 8.26. Esercizic 8.4

B) Si calcoli il lavoro svolto dal gas durante l'espansione adiabatica reversibile.

La trasformazione è adiabatica, per cui $Q = 0$. Pertanto, per il Primo Principio, $W = -\Delta U$ (Fig. 8.26 b). Conoscendo gli stati iniziale e finale del gas ideale, e ricordando che per un gas biatomico il calore specifico molare a volume costante è $c_v = 5R/2$, è immediato calcolare la variazione di energia interna:

$$\Delta U = nc_v\Delta\theta = -9 \times 10^4 \text{ J} .$$

Il lavoro svolto (Fig. 8.26 c) è pertanto

$$W = -\Delta U = +9 \times 10^4 \text{ J} .$$

Durante la trasformazione il gas compie lavoro sull'ambiente a spese della sua energia interna.

(?) Si calcoli il lavoro fatto dal gas per integrazione diretta di $đW = pdV$ tra gli stati iniziale e finale.

C) Il cilindro, inizialmente alla pressione $p_1 = 2\times10^5$ Pa, viene istantaneamente posto in un ambiente alla pressione $p_2 = 10^5$ Pa e quindi lasciato raggiungere l'equilibrio termodinamico. È possibile calcolare il lavoro svolto dal gas durante la trasformazione ?

La trasformazione è *irreversibile*. Il pistone subirà inizialmente un'accelerazione verso l'esterno, poi oscillerà intorno alla posizione di equilibrio, con ampiezza di oscillazione decrescente a causa degli attriti interni del gas nel cilindro e dell'aria circostante il cilindro (Fig. 8.26 d). Il lavoro globalmente fatto sull'ambiente potrà essere espresso come

$$W' = p_{\text{ext}} \left(V_2' - V_1\right) .$$

Non sarà però possibile determinare il valore V_2', e più in generale lo stato finale. La temperatura dello stato finale dipende infatti in modo imprevedibile dalla ripartizione dell'energia dissipata per attrito tra l'interno e l'esterno del sistema. In altri termini, lo stato finale del sistema è *indeterminato*.
Si noti che, pur essendo il contenitore perfettamente adiabatico, le modalità della trasformazione non impediscono la cessione all'ambiente di una quantità indeterminata di calore generata dallo smorzamento del moto del pistone, per cui non è più vero che $\Delta U = W$.

(?) Si confronti questa trasformazione adiabatica irreversibile con la trasformazione isoterma irreversibile studiata nell'esercizio precedente. Perché in quel caso lo stato finale era perfettamente determinabile ?

Esercizio 8.5

400 mol *di gas Elio (He) si trovano inizialmente nello stato A di equilibrio caratterizzato da pressione e volume rispettivamente:*

$$p_A = 2 \times 10^5 \text{ Pa}, \quad V_A = 6 \text{ m}^3 .$$

Il gas viene portato allo stato finale B, con

$$p_B = 1 \times 10^5 \text{ Pa}, \quad V_B = 10 \text{ m}^3 ,$$

mediante la trasformazione reversibile rappresentata in (Fig. 8.27), caratterizzata da una variazione lineare della pressione con il volume.
Si determini la quantità di calore assorbita dal gas durante la trasformazione, considerando il gas come ideale.

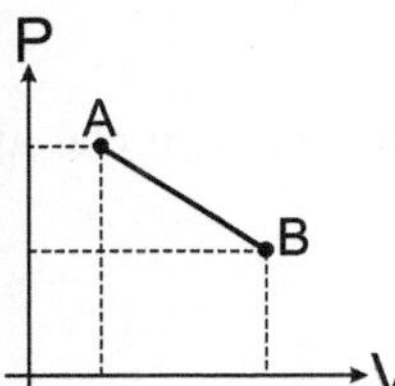

Fig. 8.27. Esercizio 8.5

Completiamo innanzitutto la caratterizzazione degli stati iniziale e finale calcolando, mediante l'equazione di stato, le rispettive temperature:

$$\theta_A = \frac{p_A V_A}{nR} = 361 \text{ K}, \qquad \theta_B = \frac{p_B V_B}{nR} = 301 \text{ K} .$$

Per determinare il calore Q assorbito utilizziamo il Primo Principio

$$Q = \Delta U + W$$

e calcoliamo separatamente ΔU e W.
L'energia interna U è funzione di stato; per un gas ideale U dipende solo dalla temperatura:

$$\Delta U = nc_v \, \Delta\theta .$$

Nel caso dell'elio, gas monoatomico, $c_v = 3R/2$, per cui

$$\Delta U = n \, (3/2)R \, (\theta_B - \theta_A) = -2.99 \times 10^5 \text{ J} .$$

Poiché la temperatura diminuisce, anche l'energia interna diminuisce.
Il lavoro fatto dal sistema durante una trasformazione reversibile è (Fig. 8.28)

$$W = \int_A^B p \, dV ;$$

nel nostro caso è sufficiente calcolare l'area del trapezio $ABCD$ nel piano pV:

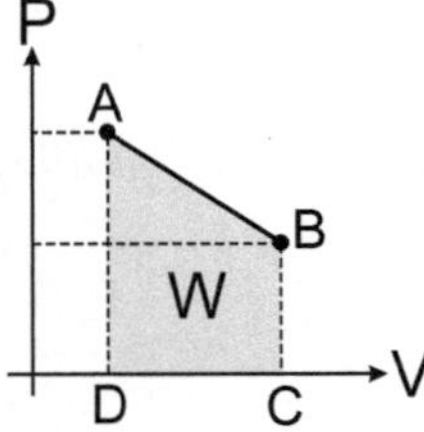

Fig. 8.28. Esercizio 8.5

$$W \;=\; 6 \times 10^5 \text{ J} .$$

Il calore assorbito dal gas è pertanto

$$Q \;=\; \Delta U \;+\; W \;=\; 3.01 \times 10^5 \text{ J} .$$

(?) In che modo si può realizzare, nella pratica, una trasformazione che approssimi quella considerata nell'esercizio ?

Esercizio 8.6

Un cilindro a pareti adiabatiche è diviso in due zone da un pistone, pure adiabatico, scorrevole a tenuta e senza attrito. Il volume libero complessivo nel cilindro è di 3 litri. La zona 1 contiene 1 mol di gas elio, la zona 2 contiene 2 mol di gas elio. Inizialmente il sistema è all'equilibrio e in entrambe le zone la temperatura è di 300 K. Mediante un resistore elettrico, al gas della zona 1 viene fornita in modo reversibile una quantità di calore pari a 1000 J (Fig. 8.29).
Si determini lo stato finale dei gas (considerati come ideali) nelle due zone.

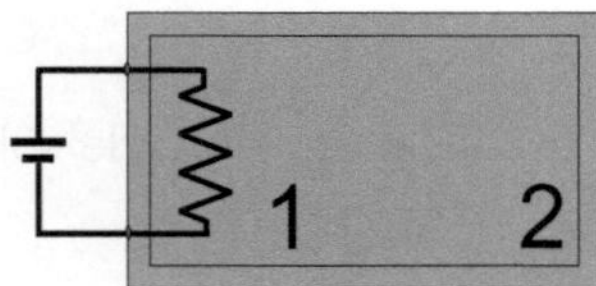

Fig. 8.29. Esercizio 8.6

Innanzitutto caratterizziamo completamente lo *stato iniziale.* Affinché sussista l'equilibrio meccanico è necessario che le pressioni dei due gas siano uguali, $p_1 = p_2 = p$. Poiché anche le temperature sono uguali, $\theta_1 = \theta_2 = \theta$, i volumi V_1 e V_2 dovranno essere proporzionali ai numeri di moli n_1 e n_2; inoltre $V_1 + V_2 = V_{\text{tot}} = 3 \text{ m}^3$.

$$\text{zona 1}: \quad n_1 = 1\,\text{mol}; \quad V_1 = 1 \times 10^{-3}\,\text{m}^3; \quad \theta = 300\,\text{K} ,$$
$$\text{zona 2}: \quad n_2 = 2\,\text{mol}; \quad V_2 = 2 \times 10^{-3}\,\text{m}^3; \quad \theta = 300\,\text{K} .$$

Possiamo ora calcolare, usando l'equazione di stato, la pressione

$$p = p_1 = p_2 = \frac{n_1 R\theta}{V_1} = 2.49 \times 10^6 \text{ Pa} = 24.9 \text{ bar} .$$

Studiamo ora le caratteristiche della *trasformazione* (Fig. 8.30). Il gas nella

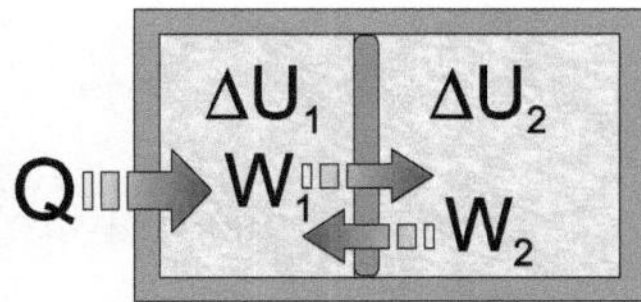

Fig. 8.30. Esercizio 8.6

zona 1 riceve una quantità di calore Q= 1000 J; il gas nella zona 2 invece non riceve né cede calore. Le corrispondenti espressioni del Primo Principio sono:

$$\text{zona 1:} \qquad Q = W_1 + \Delta U_1 ; \qquad (8.34)$$

$$\text{zona 2:} \qquad 0 = W_2 + \Delta U_2 . \qquad (8.35)$$

Poiché la trasformazione è reversibile, le pressioni dei due gas devono sempre equilibrarsi; inoltre le variazioni di volume devono essere uguali e contrarie; pertanto il lavoro W_1 fatto dal gas 1 sarà uguale in modulo ed opposto in segno al lavoro W_2 subito dal gas 2.
Sommiamo le (8.34) e (8.35) tenendo conto che i termini W_1 e W_2 sono opposti e che, per i gas ideali, le variazioni di energia interna dipendono solo dalle variazioni di temperatura:

$$Q = \Delta U_1 + \Delta U_2 = n_1 c_v(\theta_1' - \theta) + n_2 c_v(\theta_2' - \theta) . \qquad (8.36)$$

Il sistema nel suo insieme non fa lavoro sull'ambiente circostante. Il riscaldamento si traduce in un aumento dell'energia interna globale.
Consideriamo ora lo *stato finale*. Nelle due zone la pressione p' del gas deve essere la stessa. Inoltre per entrambe le zone deve valere l'equazione di stato:

$$\text{zona 1:} \qquad p'V_1' = n_1 R\theta_1' \qquad (8.37)$$

$$\text{zona 2:} \qquad p'V_2' = n_2 R\theta_2' \qquad (8.38)$$

con il vincolo sul volume totale

$$V_1' + V_2' = V_1 + V_2 = V_{\text{tot}} . \qquad (8.39)$$

Infine per la zona 2 la trasformazione è adiabatica reversibile, per cui gli stati iniziale e finale sono collegati dall'equazione

$$p'V_2'^{\gamma} = pV_2^{\gamma} . \qquad (8.40)$$

Le (8.36) (8.37) (8.38) (8.39) e (8.40) rappresentano un sistema di 5 equazioni nelle 5 incognite $V_1', V_2', \theta_1', \theta_2'$ e p'. Sommando le (8.37) e (8.38) e tenendo conto della (8.39) si ottiene l'equazione

$$p' V_{\text{tot}} = R \left(n_1 \theta_1' + n_2 \theta_2' \right) \tag{8.41}$$

che inserita nella (8.36) dà

$$Q = c_v(n_1 \theta_1' + n_2 \theta_2') - c_v(n_1 + n_2)\theta = \frac{c_v}{R} p' V_{\text{tot}} - c_v(n_1 + n_2)\theta$$

da cui, ricordando che per un gas monoatomico $c_v = 3R/2$, si può ricavare la pressione dello stato finale

$$p' = \frac{Q + c_v(n_1 + n_2)\theta}{(3/2)V_{\text{tot}}} = 27.1 \, \text{bar} \, .$$

Nota la pressione finale p', dalla (8.40) si ottiene il volume finale V_2' e quindi, dalla (8.39), il volume finale V_1':

$$V_2' = V_2 \left(\frac{p}{p'} \right)^{1/\gamma} = 1.88 \times 10^{-3} \, \text{m}^3; \quad V_1' = V_{\text{tot}} - V_2' = 1.12 \times 10^{-3} \, \text{m}^3 \, .$$

Utilizzando le equazioni di stato (8.37) e (8.38) si ottengono infine le temperature finali nelle due zone 1 e 2:

$$\theta_1' = \frac{p' V_1'}{n_1 R} = 365 \, \text{K} \, ; \qquad \theta_2' = \frac{p' V_2'}{n_2 R} = 306 \, \text{K} \, .$$

(?) Si disegnino i grafici nel piano pV delle trasformazioni subite dal gas nelle due zone del cilindro.

(?) Se la trasformazione non fosse stata reversibile, lo stato finale sarebbe stato ancora univocamente determinato ?

8.4 Secondo principio della termodinamica

Motori termici ciclici

Un motore termico è un dispositivo in grado di trasformare calore Q in lavoro meccanico W facendo subire ad una sostanza (generalmente un fluido) una trasformazione termodinamica ciclica.

Durante ogni ciclo un motore termico (Fig. 8.31):

a) assorbe calore Q_{in} da uno o più serbatoi ad alta temperatura;

b) produce lavoro meccanico W;

c) cede calore Q_{out} ad uno o più serbatoi a bassa temperatura.

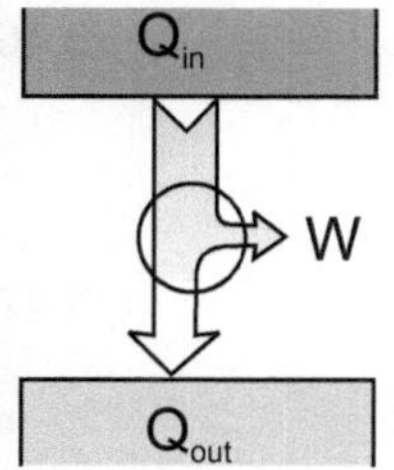

Fig. 8.31. Rappresentazione schematica del bilancio energetico di un motore termico ciclico

Per il Primo Principio della Termodinamica, poiché in un ciclo $\Delta U = 0$,

$$Q_{\text{in}} + Q_{\text{out}} = W \tag{8.42}$$

e tenendo conto che $Q_{\text{in}} > 0$, $Q_{\text{out}} < 0$ e $W > 0$,

$$W = |Q_{\text{in}}| - |Q_{\text{out}}| > 0 \,. \tag{8.43}$$

Il *rendimento* di un motore termico è così definito:

$$\eta = \frac{W}{|Q_{\text{in}}|} = \frac{|Q_{\text{in}}| - |Q_{\text{out}}|}{|Q_{\text{in}}|} = 1 - \frac{|Q_{\text{out}}|}{|Q_{\text{in}}|} \,. \tag{8.44}$$

Macchine frigorifere cicliche

Una macchina frigorifera è un dispositivo in grado di asportare calore da un sistema facendo subire ad una sostanza (generalmente un fluido) una trasformazione termodinamica ciclica.

Durante ogni ciclo un frigorifero (Fig. 8.32):

a) assorbe calore Q_{in} dal sistema che si vuole raffreddare;
b) assorbe lavoro W da una sorgente esterna (tipicamente lavoro elettrico);
c) cede calore Q_{out} ad uno o più serbatoi ad alta temperatura.

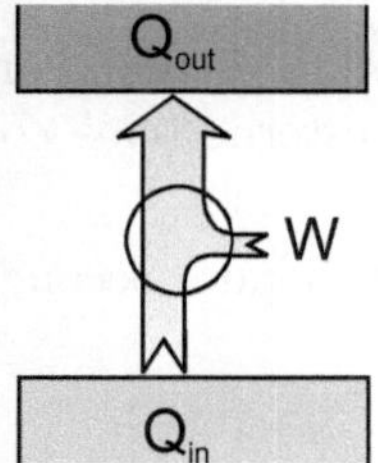

Fig. 8.32. Rappresentazione schematica del bilancio energetico di una macchina frigorifera ciclica

Per il Primo Principio della Termodinamica, poiché in un ciclo $\Delta U = 0$,

$$Q_{\text{in}} + Q_{\text{out}} = W \tag{8.45}$$

e, tenendo conto che $Q_{\text{in}} > 0$, $Q_{\text{out}} < 0$ e $W < 0$,

$$W = |Q_{\text{in}}| - |Q_{\text{out}}| < 0 \, . \tag{8.46}$$

L' *efficienza* di una macchina frigorifera è così definita:

$$\omega = \frac{|Q_{\text{in}}|}{|W|} = \frac{|Q_{\text{in}}|}{|Q_{\text{out}}| - |Q_{\text{in}}|} \, . \tag{8.47}$$

Secondo Principio: enunciato di Kelvin

Non è possibile realizzare una trasformazione ciclica il cui unico risultato sia la trasformazione in lavoro di calore prelevato da un unico serbatoio.

L'enunciato di Kelvin (Fig. 8.33 a) stabilisce l'impossibilità di realizzare un motore termico con rendimento $\eta = 1$ (cioè con $Q_{\text{out}} = 0$). Il rendimento di qualsiasi motore termico reale è $\eta < 1$.

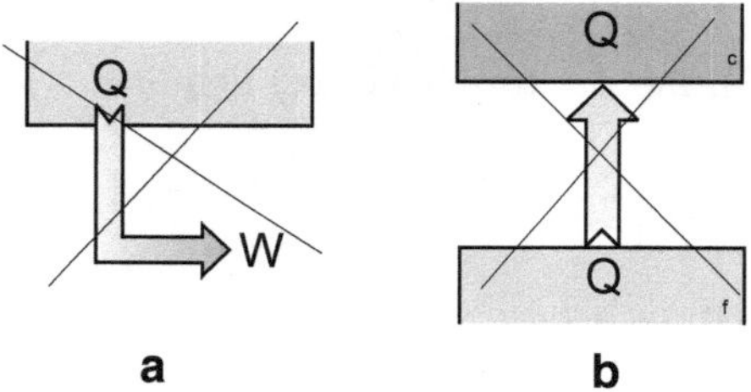

Fig. 8.33. Secondo Principio della Termodinamica: (**a**) enunciato di Kelvin; (**b**) enunciato di Clausius

Secondo Principio: enunciato di Clausius

Non è possibile realizzare una trasformazione ciclica il cui unico risultato sia il trasferimento di calore da un sistema ad una determinata temperatura ad un altro sistema a temperatura superiore.

L'enunciato di Clausius (Fig. 8.33 b) stabilisce l'impossibilità di realizzare una macchina frigorifera che non assorba lavoro da fonti esterne (cioè con $W = 0$). L'efficienza ω è sempre un numero finito.

È facile dimostrare che i due enunciati di Kelvin e di Clausius del Secondo Principio sono equivalenti.

Irreversibilità dei processi naturali

È sempre possibile trasformare integralmente lavoro in calore ceduto ad un unico serbatoio (ad esempio dissipando lavoro per attrito). L'enunciato di Kelvin stabilisce che la dissipazione di lavoro in calore è un processo *irreversibile* (Fig. 8.34 a).

Il calore fluisce spontaneamente da un corpo ad una data temperatura ad un corpo a temperatura inferiore. L'enunciato di Clausius stabilisce che il flusso di calore da un corpo caldo a un corpo freddo è un processo *irreversibile* (Fig. 8.34 b).

Più in generale è possibile dimostrare, come conseguenza del Secondo Principio, che tutti i fenomeni che avvengono spontaneamente in natura sono *irreversibili*.

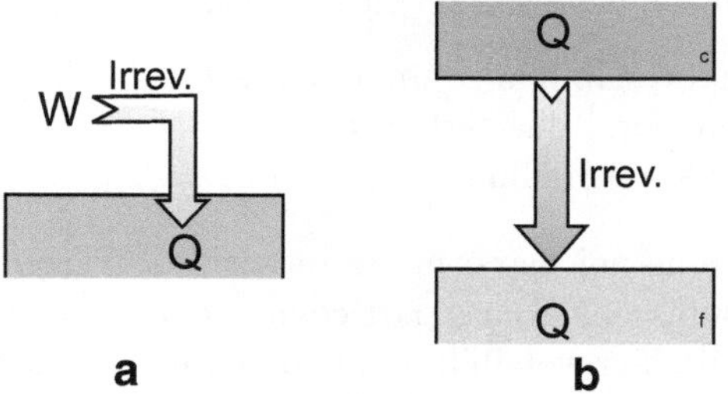

Fig. 8.34. Processi irreversibili: (**a**) trasformazione integrale di lavoro in calore; (**b**) flusso di calore verso un corpo a temperatura più bassa

Teorema di Carnot

Come conseguenza del Secondo Principio, il Teorema di Carnot afferma:

Tutti i motori termici reversibili che operano tra due serbatoi termici (a temperature θ_c e θ_f) hanno lo stesso rendimento. Tra tutti i motori termici operanti tra due serbatoi (Fig. 8.35), i motori reversibili hanno il rendimento maggiore.

Il rendimento di un ciclo reversibile dipende pertanto solo dalle temperature θ_c e θ_f dei due serbatoi, non dal tipo di sistema che lo subisce:

$$\eta_{\rm rev} = f(\theta_c, \theta_f) . \tag{8.48}$$

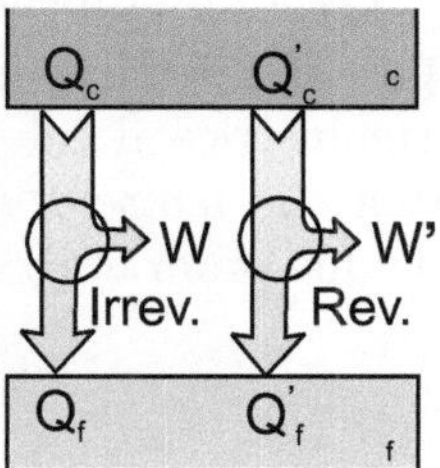

Fig. 8.35. Due motori (uno irreversibile e uno reversibile) operanti tra gli stessi due serbatoi termici

Ciclo di Carnot

Si chiama *Ciclo di Carnot* qualsiasi trasformazione termodinamica ciclica

a) reversibile (cioè quasi-statica e priva di attriti),
b) che coinvolga due soli serbatoi termici,

indipendentemente dal tipo di sistema che la subisce.

Un ciclo di Carnot è necessariamente costituito da quattro trasformazioni:

a) due isoterme reversibili alle temperature θ_c e θ_f, durante le quali il sistema scambia calore con i due serbatoi,
b) due adiabatiche reversibili.

La rappresentazione nel piano pV di un ciclo di Carnot dipende dal tipo di sostanza che lo subisce. Nel caso particolare dei *gas ideali*, le curve isoterme reversibili e adiabatiche reversibili hanno il ben noto andamento $pV = $ costante e $pV^\gamma = $ costante, rispettivamente (Fig. 8.36).
Un ciclo di Carnot può essere percorso in verso orario nel piano pV (ciclo motore) o in verso antiorario (ciclo frigorifero).
Essendo costituito da trasformazioni reversibili, il ciclo di Carnot è un ciclo ideale, praticamente irrealizzabile. Esso rappresenta però uno strumento fondamentale per lo studio della termodinamica e può comunque essere approssimato nella pratica con buona precisione.

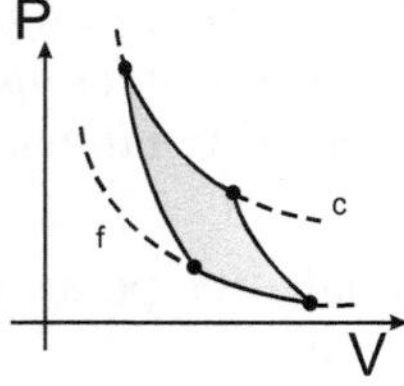

Fig. 8.36. Ciclo di Carnot per un gas ideale

Temperatura termodinamica assoluta

Per un ciclo di Carnot il rendimento, e quindi il rapporto $|Q_f|/|Q_c|$, dipende solo dalle temperature θ_f e θ_c dei due serbatoi. È perciò possibile definire una nuova scala di temperature che usa come proprietà termometrica il calore scambiato da qualsiasi sistema durante un ciclo di Carnot. La *temperatura termodinamica assoluta* T è definita operativamente dalle due proprietà:

a) $T_1/T_2 = |Q_1|/|Q_2|$ (in un ciclo di Carnot);
b) $T = 273.16$ K al punto triplo dell'acqua.

La temperatura termodinamica assoluta

− non può assumere valori negativi;

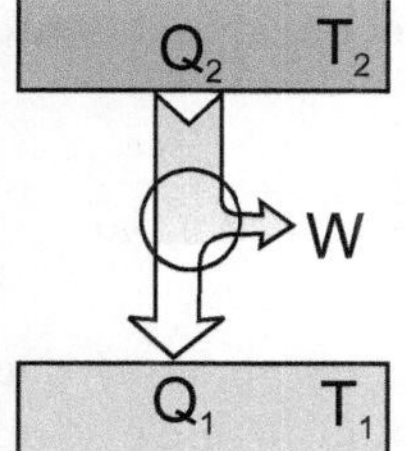

Fig. 8.37. Rappresentazione schematica di un motore termico operante tra le due temperature assolute T_2 e T_1

– è indipendente dalla sostanza termometrica.

È facile verificare che la scala delle temperature assolute coincide con la scala del gas ideale nell'intervallo di temperature in cui quest'ultima può essere utilizzata. Essendo indipendente dalla sostanza termometrica, la scala assoluta ha validità universale.

Il rendimento di un ciclo di Carnot può quindi essere espresso in modo semplice in funzione delle temperature termodinamiche assolute dei due serbatoi (Fig. 8.37):

$$\eta = 1 - \frac{T_f}{T_c}, \qquad \omega = \frac{T_f}{T_c - T_f} \tag{8.49}$$

rispettivamente per il ciclo termico ed il ciclo frigorifero.

Esercizio 8.7

Una quantità di gas elio pari a $n = 0.1$ mol subisce un ciclo termodinamico costituito da una sequenza di tre trasformazioni: una isocora $(1{\to}2)$, un'adiabatica $(2{\to}3)$ ed un'isobara $(3{\to}1)$. Nello stato 1 volume e temperatura sono rispettivamente $V_1 = 1$ litro e $T_1 = 300$ K; nello stato 2 la temperatura è $T_2 = 600$ K.

A) Si calcoli il rendimento del ciclo nell'ipotesi che tutte le trasformazioni siano perfettamente reversibli (Fig. 8.38) e che il gas si possa considerare ideale.

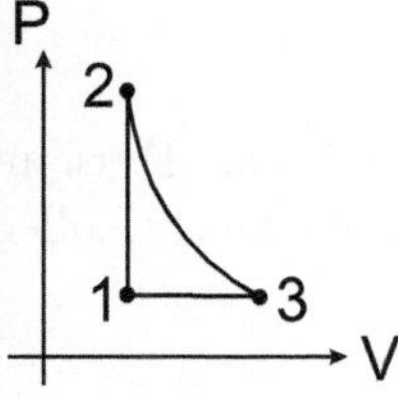

Fig. 8.38. Esercizio 8.7

Consideriamo come sistema termodinamico il gas, e per prima cosa determiniamo completamente lo stato iniziale 1. Sono noti volume, temperatura e numero di moli; la pressione può essere calcolata usando l'equazione di stato. Pertanto:

$$V_1 = 1 \times 10^{-3} \text{ m}^3; \qquad T_1 = 300 \text{ K}; \qquad p_1 = \frac{nRT_1}{V_1} = 2.5 \text{ bar} .$$

Studiamo ora la *trasformazione isocora reversibile* $1 \to 2$ (Fig. 8.39 a). Durante la trasformazione il volume del gas non cambia, pertanto non c'è scambio di lavoro meccanico con l'ambiente. La temperatura del gas aumenta da $T_1 = 300$ K a $T_2 = 2T_1 = 600$ K. Il gas deve pertanto assorbire la quantità di calore

$$Q_{12} = nc_v(T_2 - T_1) = 374 \text{ J}$$

(l'elio è un gas monoatomico, per cui $c_v = 3R/2$). Di conseguenza aumenta anche l'energia interna del gas:

$$\Delta U_{12} = Q_{12} = 374 \text{ J} .$$

Poiché, a volume costante, la temperatura è raddoppiata durante la trasformazione, deve essere raddoppiata anche la pressione. Lo stato 2 è pertanto caratterizzato da:

$$V_2 = 1 \times 10^{-3} \text{ m}^3; \qquad T_2 = 600 \text{ K}; \qquad p_2 = \frac{nRT_2}{V_2} = 5 \text{ bar} .$$

Studiamo ora la *trasformazione adiabatica reversibile* $2 \to 3$ (Fig. 8.39 b).

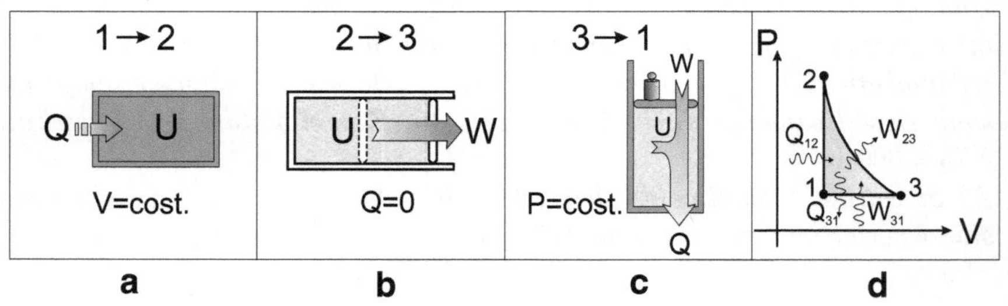

Fig. 8.39. Esercizio 8.7

Osserviamo innanzitutto che la pressione finale $p_3 = p_1 = 2.5$ bar. Possiamo pertanto calcolare la temperatura finale T_3 utilizzando la relazione che collega pressione e temperatura nelle adiabatiche reversibili:

$$T_2 \, p_2^{(1-\gamma)/\gamma} = T_3 \, p_3^{(1-\gamma)/\gamma} ,$$

con $\gamma = c_p/c_v = 5/3 = 1.6$ Si ricava facilmente $T_3 = 454.7$ K. Usando l'equazione di stato si può infine determinare il volume $V_3 = nRT_3/p_3 = 1.51 \times 10^{-3}$ m³. Lo stato 3 è quindi caratterizzato da:

$$V_3 = 1.51 \times 10^{-3} \text{ m}^3; \qquad T_3 = 454.7 \text{ K}; \qquad p_3 = \frac{nRT_3}{V_3} = 2.5 \text{ bar} .$$

Durante l'espansione adiabatica reversibile 2→3 il gas non scambia calore con l'ambiente; il lavoro di espansione è fatto a spese di una riduzione dell'energia interna; a sua volta la variazione di energia interna di un gas ideale è direttamente collegata alla variazione di temperatura, per cui

$$W_{23} = -\Delta U_{23} = -nc_v(T_3 - T_2) = 181 \text{ J} .$$

Consideriamo infine la *trasformazione isobara reversibile* 3→1 che chiude il ciclo (Fig. 8.39 c). Durante la trasformazione il gas riduce il volume e subisce lavoro da parte dell'ambiente:

$$W_{31} = p_1(V_1 - V_3) = -127.5 \text{ J} .$$

La riduzione di temperatura a pressione costante comporta una cessione di calore all'ambiente:

$$Q_{31} = nc_p(T_1 - T_3) = -321 \text{ J} .$$

La variazione di energia interna può essere calcolata utilizzando sia la relazione che la collega alla variazione di temperatura, sia il primo principio:

$$\Delta U_{31} = nc_v(T_1 - T_3) = Q_{31} - W_{31} = -193.5 \text{ J} .$$

Consideriamo ora il *ciclo nel suo complesso* (Fig. 8.39 d). Il lavoro meccanico netto prodotto dal gas durante il ciclo è

$$W = W_{12} + W_{23} + W_{31} = 0 + 181 - 127.5 = 53.5 \text{ J}.$$

Le quantità di calore assorbito e ceduto sono:

$$|Q_{\text{in}}| = Q_{12} = 374 \text{ J}; \qquad |Q_{\text{out}}| = -Q_{31} = 321 \text{ J}.$$

Il rendimento del ciclo è pertanto

$$\eta = \frac{W}{|Q_{\text{in}}|} = \frac{53.5}{374} = 0.143 = 14.3\%.$$

Lo stesso valore si ottiene utilizzando l'espressione alternativa:

$$\eta = 1 - \frac{|Q_{\text{out}}|}{|Q_{\text{in}}|} .$$

(?) Come possono essere realizzate in pratica le tre trasformazioni reversibili che compongono il ciclo ?

(?) Si confronti il rendimento del ciclo qui considerato con il rendimento di un ciclo di Carnot che operi tra le due temperature massima $T_2 = 600$ K e minima $T_1 = 300$ K.

B) Si calcoli il rendimento del ciclo nell'ipotesi che la trasformazione isocora 1→2 sia realizzata in modo irreversibile, ad esempio ponendo direttamente il recipiente del gas, alla temperatura iniziale $T_1 = 300$ K, in un ambiente alla temperatura $T_2 = 600$ K ed attendendo che si ristabilisca l'equilibrio termodinamico (Fig. 8.40 a). Le altre due trasformazioni siano ancora perfettamente reversibili (Fig. 8.40 b).

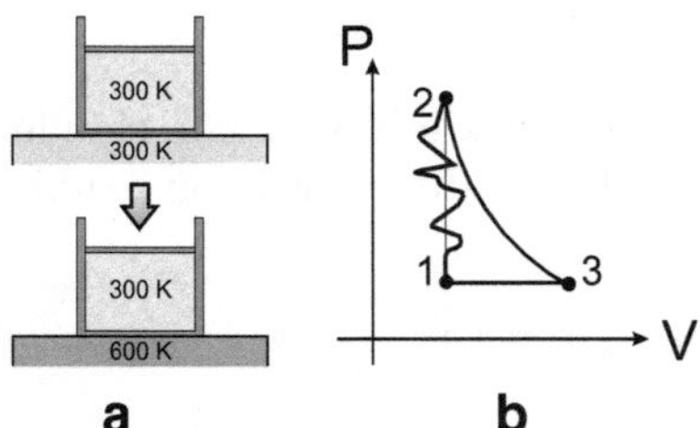

Fig. 8.40. Esercizio 8.7

Lo stato finale 2 di equilibrio termodinamico non cambia rispetto al caso precedente della trasformazione reversibile: rispetto allo stato iniziale 1 il volume non varia, mentre temperatura e pressione raddoppiano. Di conseguenza anche la variazione della funzione di stato energia interna è la stessa del caso reversibile:

$$\Delta U_{12} = nc_v(T_2 - T_1) = 374 \text{ J} .$$

Poiché non cambia il volume, il lavoro è ancora nullo. La quantità di calore assorbita è uguale alla variazione di energia interna, cioè $Q_{12} = 374$ J, come nel caso reversibile.

Il rendimento dell'intero ciclo è pertanto uguale a quello calcolato in precedenza nel caso completamente reversibile.

C) Si calcoli il rendimento del ciclo nell'ipotesi che la trasformazione adiabatica 2→3 sia realizzata irreversibilmente, ad esempio lasciando il gas espandersi liberamente contro il vuoto in un recipiente isolato in modo che la pressione dello stato di equilibrio finale sia 2.5 bar (Fig. 8.41 a). Le altre due trasformazioni siano ancora perfettamente reversibili (Fig. 8.41 b).

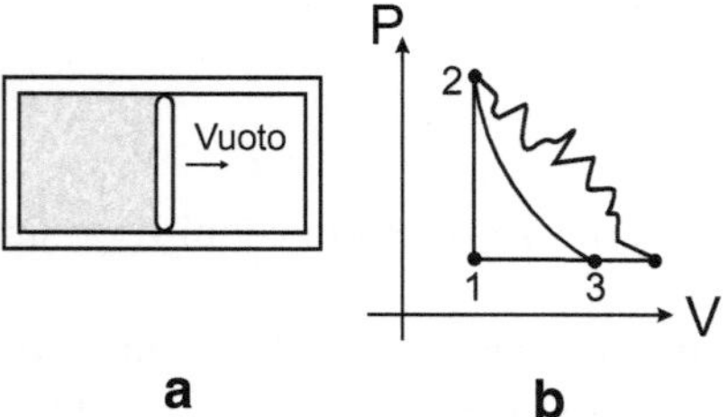

Fig. 8.41. Esercizio 8.7

Se un gas ideale subisce un'espansione libera, la temperatura di equilibrio finale è uguale a quella di equilibrio iniziale. Nel nostro caso avremo pertanto una temperatura finale $T_3' = T_2 = 600$ K diversa dalla temperatura $T_3 = 454.7$ K del caso reversibile. Poiché dallo stato 2 allo stato 3' la pressione si è dimezzata, deve essere raddoppiato il volume. Lo stato 3' è pertanto caratterizzato da:

$$V_3' = 2 \times 10^{-3} \text{ m}^3; \qquad T_3' = 600 \text{ K}; \qquad p_3' = \frac{nRT_3'}{V_3'} = 2.5 \text{ bar}.$$

Consideriamo ora le singole trasformazioni.
Durante l'isocora reversibile $1 \to 2$ avremo sempre:

$$W_{12} = 0; \qquad Q_{12} = 374 \text{ J}.$$

Durante l'espansione libera $2 \to 3'$ (adiabatica irreversibile) il gas non scambia né calore né lavoro con l'ambiente:

$$W_{23'} = 0; \qquad Q_{23'} = 0.$$

Lavoro e calore scambiati durante la trasformazione isobara $3 \to 1$ andranno ricalcolati per tenere conto della differenza tra lo stato 3' e lo stato 3:

$$W_{3'1} = p_1(V_1 - V_3') = -250 \text{ J}; \qquad Q_{3'1} = nc_p(T_1 - T_3') = -623.25 \text{ J}.$$

Il rendimento del ciclo è

$$\eta = \frac{W}{|Q_{\text{in}}|} = \frac{W_{3'1}}{Q_{12}} = -0.668$$

cioè negativo. Il ciclo non è pertanto un *motore termico* !

Esercizio 8.8

Consideriamo un frigorifero ideale, descrivibile mediante un ciclo di Carnot. Indichiamo con T_f e T_c le temperature rispettivamente della cella rafreddata e dell'ambiente esterno (Fig. 8.42). Supponiamo che la temperatura ambiente sia $T_c = 20°$C.
A) Si determini l'efficienza del frigorifero in funzione della temperatura T_f della cella raffreddata.

Un ciclo frigorifero di Carnot, indipendentemente dal tipo di sostanza frigorifera utilizzata, è costituito da 4 trasformazioni: 2 isoterme reversibili e 2 adiabatiche reversibili. Durante le 2 trasformazioni isoterme reversibili la sostanza frigorifera preleva calore dalla cella raffreddata a temperatura T_f e lo cede all'ambiente alla temperatura T_c. Durante le 2 trasformazioni adiabatiche reversibili la sostanza frigorifera modifica il suo stato termodinamico,

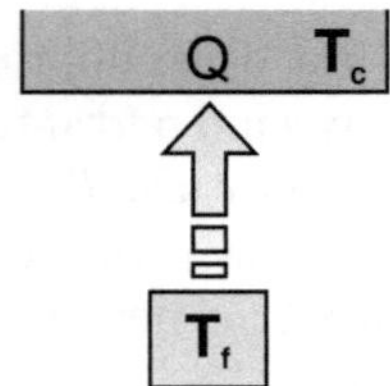

Fig. 8.42. Esercizio 8.8

e in particolare cambia temperatura, senza assorbire o cedere calore.

Se la sostanza frigorifera è un gas ideale, le trasformazioni reversibili isoterme e adiabatiche che costituiscono il ciclo di Carnot sono descritte da semplici equazioni e possono essere rappresentate facilmente nel piano pV (Fig. 8.43 a).

Durante qualsiasi ciclo frigorifero (anche non di Carnot) la sostanza frigorifera assorbe una quantità di calore Q_f dalla cella raffreddata e cede una quantità di calore Q_c all'ambiente; dall'esterno deve essere fornito del lavoro W (ad esempio sotto forma di lavoro elettrico). Secondo le convenzioni adottate sul segno del calore e del lavoro, $Q_c < 0$, $Q_f > 0$, $W < 0$. Il bilancio energetico per un ciclo completo è dato dal Primo Principio (Fig. 8.43 b), tenendo conto che la variazione totale di energia interna è nulla, $\Delta U = 0$:

$$Q_c + Q_f = W; \qquad |Q_c| = |Q_f| + |W| .$$

Per qualsiasi ciclo frigorifero l'efficienza è definita come

$$\omega = \frac{|Q_f|}{|W|} = \frac{|Q_f|}{|Q_c| - |Q_f|}, \tag{8.50}$$

cioè come il rapporto tra il calore prelevato dalla cella fredda e il lavoro fornito dall'esterno.

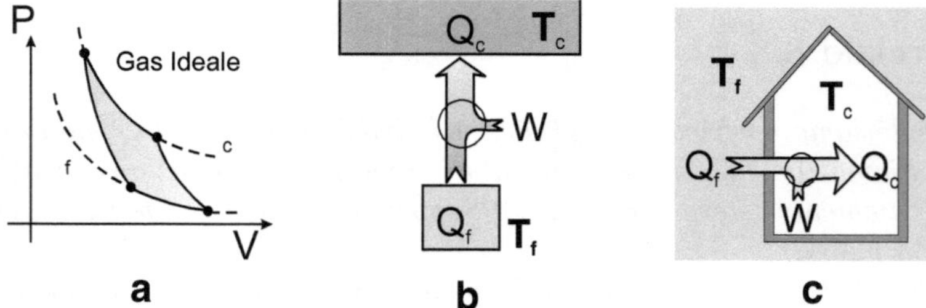

Fig. 8.43. Esercizio 8.8

Nel caso di un ciclo frigorifero di Carnot, cioè un ciclo reversibile operante tra due sole temperature, vale la relazione

$$\frac{T_f}{T_c} = \frac{|Q_f|}{|Q_c|}$$

tra temperature assolute T (misurate in kelvin !) e quantità di calore Q scambiate durante le trasformazioni isoterme. Per i frigoriferi di Carnot l'efficienza si può pertanto esprimere come

$$\omega = \frac{T_f}{T_c - T_f} \, . \tag{8.51}$$

Nel nostro caso $T_c = 20°$ C $\simeq 293$ K, per cui

$$\omega = \frac{T_f}{293 - T_f} \, .$$

Alcuni esempi:

se $T_f = 0°$ C (fusione del ghiaccio), $\omega \simeq 13.65$;
se $T_f = -30°$ C (surgelazione), $\omega \simeq 4.8$;
se $T_f = -196°$ C (ebollizione dell'azoto), $\omega \simeq 0.35$;
se $T_f = -269°$ C (ebollizione dell'elio), $\omega \simeq 0.014$.

(?) Come si può realizzare in pratica un ciclo frigorifero che approssimi un ciclo di Carnot ?

(?) Come varia l'efficienza ω al diminuire del divario di temperatura tra cella fredda ed ambiente ? Cosa succede per $T_f \to T_c$?

B) Si consideri la quantità di lavoro W che è necessario fornire al frigorifero per estrarre dalla cella fredda una quantità di calore $Q_f = 1$ J. Si studi la dipendenza di W dalla temperatura T_f.

Dalla (8.50) si ricava che per qualsiasi frigorifero il lavoro è inversamente proporzionale all'efficienza:

$$|W| = \frac{|Q_f|}{\omega} \, .$$

Per un ciclo di Carnot l'efficienza dipende solo dalle temperature, per cui, utilizzando la (8.51), si trova che

$$|W| = \frac{T_c - T_f}{T_f} \, |Q_f| \, .$$

Riprendiamo gli esempi fatti sopra e, sempre nell'ipotesi che $T_c = 20°$ C $\simeq 293$ K, calcoliamo il lavoro necessario per estrarre 1 J di calore dalla cella fredda:

se $T_f = 0°$ C (fusione del ghiaccio), $W = 0.07$ J;
se $T_f = -30°$ C (surgelazione), $W = 0.2$ J;
se $T_f = -196°$ C (ebollizione dell'azoto), $W = 2.8$ J;
se $T_f = -269°$ C (ebollizione dell'elio), $W = 71.4$ J.

Questi valori sono calcolati per un ciclo di Carnot. Qualsiasi ciclo reale operante tra le stesse temperature avrà efficienza minore del ciclo di Carnot e richiederà quindi una quantita maggior di lavoro W.

C) Si studi la relazione tra quantità di lavoro W fornita al frigorifero e quantità di calore Q_c ceduta all'ambiente alla temperatura T_c.

Utilizzando il Primo Principio e la definizione (8.50) di efficienza, si ha che

$$|Q_c| = |Q_f| + |W| = \omega\,|W| + |W| = (\omega+1)\,|W| = \frac{T_c}{T_c - T_f}\,|W|;. \tag{8.52}$$

Si noti che $|Q_c|$ è sempre maggiore di $|W|$. La differenza tra $|Q_c|$ e $|W|$ è tanto maggiore quanto minore è la differenza $T_c - T_f$.

Questo fenomeno è utilizzato per riscaldare ambienti mediante le cosiddette *pompe di calore*. Una pompa di calore è un dispositivo frigorifero che preleva il calore $|Q_f|$ dall'esterno di un edificio e cede il calore $|Q_c|$ ad un ambiente interno (Fig. 8.43 c). Si chiama *coefficiente di effetto termico* di una pompa di calore il rapporto

$$\frac{|Q_c|}{|W|}\,.$$

Si consideri ad esempio una stanza in cui si vuole mantenere la temperatura $T_c = 20°\mathrm{C}$ ($\simeq 293$ K). Se la temperatura esterna è $T_f = 10°\mathrm{C}$ ($\simeq 283$ K), per cedere 1000 J di calore alla stanza è sufficiente un lavoro di circa 34 J (tipicamente fornito dalla rete elettrica). Se la temperatura esterna è $T_f = -10°\mathrm{C}$ ($\simeq 263$ K), per cedere 1000 J di calore alla stanza è sufficiente un lavoro di circa 100 J. Questi valori, ed i corrispondenti coefficienti di effetto termico, si riferiscono ad un ciclo ideale di Carnot. Nella realtà, le pompe di calore commerciali raggiungono coefficienti di effetto termico dell'ordine di $2 \div 3$.

(?) Si confrontino i consumi di energia elettrica necessari per mantenere una stanza alla temperatura $T_c = 20°\mathrm{C}$ utilizzando un fornello elettrico a resistenza (che genera calore dissipando l'energia elettrica) e una pompa di calore con coefficiente di effetto termico 3 operante con una temperatura esterna di -10° C.

8.5 L'entropia

Il teorema di Clausius

Consideriamo un sistema termodinamico che subisce una *trasformazione ciclica reversibile*. Durante il ciclo il sistema scambia calore con altri sistemi che lo circondano (e che possiamo considerare, senza perdere di generalità,

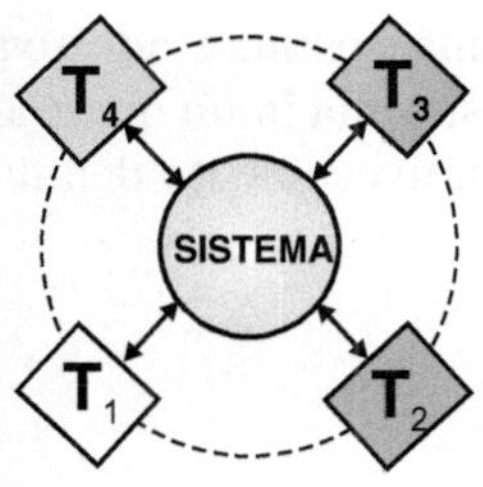

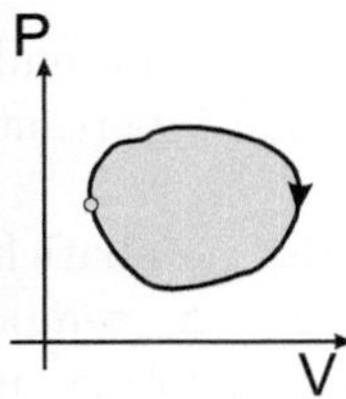

Fig. 8.44. Un sistema termodinamico che scambia calore con un insieme di serbatoi

come serbatoi termici) (Fig. 8.44). Indichiamo con Q_i la quantità di calore assorbita alla temperatura T_i. Si dimostra, come conseguenza del Secondo Principio, che

$$\sum_i \left(\frac{Q_i}{T_i}\right)_{\text{rev}} = 0 \,. \tag{8.53}$$

La (8.53) può facilmente essere generalizzata al caso continuo:

$$\oint \left(\frac{\mathrm{d}Q}{T}\right)_{\text{rev}} = 0 \,, \tag{8.54}$$

dove il simbolo $\oint$ indica l'integrale su un un cammino chiuso (Fig. 8.45).

Fig. 8.45. Trasformazione ciclica nel piano pV

La funzione di stato entropia

Come conseguenza della (8.54), dati due qualsiasi stati A e B di un sistema termodinamico, l'integrale

$$\int_A^B \left(\frac{\mathrm{d}Q}{T}\right)_{\text{rev}}$$

dipende solo dagli stati iniziale e finale A e B e non dagli stati intermedi (Fig. 8.46). È pertanto possibile definire una nuova funzione di stato, l'*entropia*, la cui variazione nel passare dallo stato A allo stato B è data da

$$\Delta S = S_B - S_A = \int_A^B \left(\frac{\mathrm{d}Q}{T}\right)_{\text{rev}} \,. \tag{8.55}$$

Dimensionalmente l'entropia è il rapporto tra un'energia e una temperatura: l'unità di misura dell'entropia è perciò il *joule su kelvin* ($\mathrm{J\,K^{-1}}$). Si noti che l'entropia, come l'energia, è definita a meno di una costante additiva. Attribuito arbitrariamente un valore all'entropia di un sistema in un qualsiasi stato A, l'entropia del sistema in tutti gli altri stati è univocamente definita dalla (8.55).

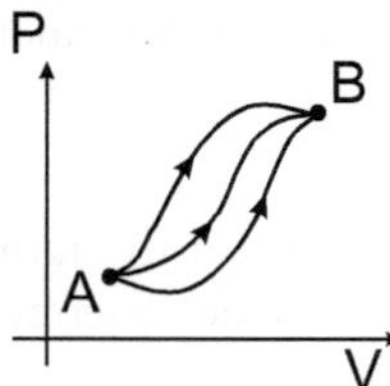

Fig. 8.46. I due stati A e B possono essere connessi da trasformazioni diverse

L'entropia come coordinata termodinamica

Lo stato termodinamico di un sistema semplice è generalmente individuato dal valore di due coordinate termodinamiche, ad esempio pV, oppure TV, oppure pT. Anche l'energia interna U e l'entropia S, essendo funzioni di stato, possono essere utilizzate come coordinate termodinamiche. Lo stato termodinamico di un sistema semplice può pertanto essere individuato anche da coppie di coordinate del tipo UV oppure ST.

In qualsiasi trasformazione *adiabatica reversibile* l'integrale $\int (đQ/T)$ è nullo e pertanto l'entropia rimane costante. Un'adiabatica reversibile è pertanto una trasformazione *isoentropica*.

Un *ciclo di Carnot* è costituito da due isoterme reversibili e due adiabatiche reversibili. Se utilizziamo come coordinate termodinamiche T e S (temperatura ed entropia), il grafico del ciclo di Carnot ha la stessa forma, un rettangolo nel piano TS, per qualsiasi sostanza (Fig. 8.47).

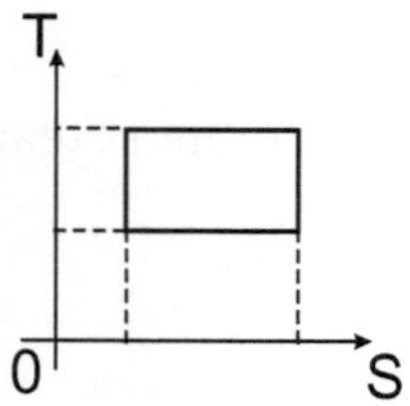

Fig. 8.47. Grafico di un ciclo di Carnot nel piano TS

Il lavoro fatto reversibilmente da un sistema sull'ambiente che lo circonda può essere espresso come $(đW)_{\text{rev}} = p\,dV$. L'uso della funzione di stato entropia consente di esprimere anche il calore assorbito reversibilmente in forma analoga: $(đQ)_{\text{rev}} = T\,dS$. Il Primo principio può quindi essere espresso nel modo seguente:

$$dU = T\,dS - p\,dV\,. \tag{8.56}$$

La disuguaglianza di Clausius

Il Teorema di Clausius (8.54) può essere generalizzato al caso di trasformazioni cicliche qualsiasi (anche non reversibili):

$$\oint \left(\frac{dQ}{T}\right)_{\text{rev}} \leq 0 \,. \tag{8.57}$$

La temperatura T si riferisce ai serbatoi che scambiano calore con il sistema; solo per scambi di calore reversibili T è anche la temperatura del sistema. Se la trasformazione ciclica è interamente reversibile, vale il segno di uguale e la (8.57) si riduce alla (8.54)

Entropia e processi irreversibili

Come conseguenza della disuguaglianza di Clausius (8.57), si dimostra che un *sistema isolato* può passare da uno stato iniziale i ad uno stato finale f mediante una trasformazione termodinamica solo se

$$S_f - S_i \geq 0 \qquad \text{(sistema isolato)} \,. \tag{8.58}$$

Se la trasformazione è *reversibile*:

$$S_f - S_i = 0 \qquad \text{(sist. isolato, trasf. reversibile)} \,, \tag{8.59}$$

Poiché tutti i processi naturali sono irreversibili, la (8.58) implica che l'entropia dei sistemi isolati cresce a seguito di qualsiasi trasformazione spontanea. Questa affermazione rappresenta la *legge di aumento dell'entropia*.

L'insieme costituito da un *sistema* non isolato e dal suo *ambiente* viene spesso

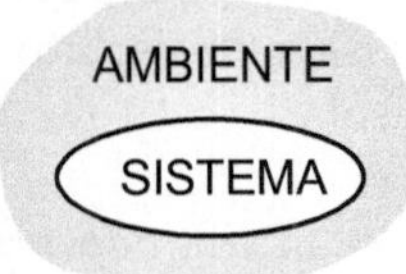

Universo termodinamico
=
Sistema + Ambiente

Fig. 8.48. Un sistema termodinamico e il suo ambiente

indicato convenzionalmente come *universo* (Fig. 8.48). L'*universo* termodinamico è per definizione un sistema isolato; i processi naturali (irreversibili) comportano perciò un aumento dell'entropia dell'universo,

$$\Delta S_u = \Delta S_s + \Delta S_a > 0 \tag{8.60}$$

(si noti che le variazioni di entropia del sistema non isolato, ΔS_s, e del suo ambiente, ΔS_a, non hanno vincoli di segno, purché la loro somma sia positiva).

Calcolo delle variazioni di entropia

Poiché l'entropia è funzione di stato, la variazione ΔS di entropia di un sistema durante una trasformazione da uno stato iniziale i ad uno stato finale f non dipende dal tipo di trasformazione (reversibile o irreversibile) né dagli stati intermedi.

Per calcolare ΔS è necessario riferirsi ad una qualsiasi trasformazione *reversibile* che colleghi i ad f (Fig. 8.49), e su di essa eseguire l'integrale $\int (\mathrm{d}Q/T)_{\mathrm{rev}}$ (dove T è la temperatura del sistema).

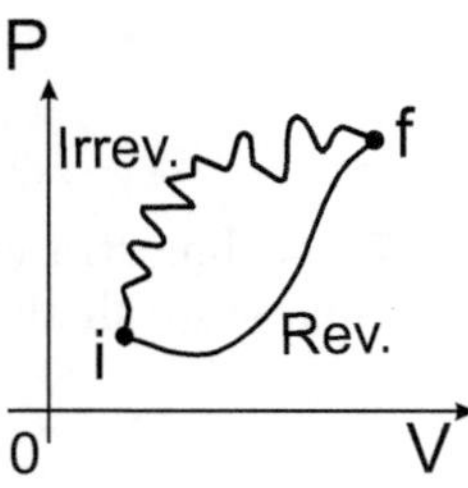

Fig. 8.49. Due trasformazioni, una reversibile e una irreversibile, che collegano i due stati i ed f

Entropia e degrado dell'energia

Il Primo Principio impone un vincolo alle trasformazioni termodinamiche: in un sistema isolato sono possibili solo quelle trasformazioni per le quali l'energia totale si conserva.

Il Secondo Principio impone un vincolo ulteriore: in un sistema isolato sono possibili solo le trasformazioni per le quali l'entropia non diminuisce. Per le trasformazioni ideali reversibili, l'entropia di un sistema isolato si conserva; per le trasformazioni reali irreversibili l'entropia di un sistema isolato aumenta. La legge di aumento dell'entropia nei sistemi isolati costituisce un criterio generale di evoluzione dei processi fisici.

All'aumento di entropia di un sistema isolato è associato un *degrado dell'energia*. Consideriamo una trasformazione da uno stato iniziale i ad uno stato finale f. Il *lavoro perduto* W_p, cioè la differenza tra:

a) il lavoro che si sarebbe potuto ottenere se la trasformazione $i \rightarrow f$ fosse stata fatta in modo perfettamente reversibile, e

b) il lavoro ottenuto dalla trasformazione reale irreversibile, è

$$W_p = W_{\mathrm{rev}} - W_{\mathrm{irr}} = T_0 \, \Delta S \,, \tag{8.61}$$

dove T_0 è la temperatura più bassa a disposizione, ΔS è la variazione di entropia del sistema isolato.

Esercizio 8.9

Un cilindro a pareti adiabatiche contenente gas elio è chiuso da un pistone adiabatico di area $A = 1\,\mathrm{dm}^2$ e massa trascurabile, collegato ad una parete per mezzo di una molla di costante elastica $k = 10^4\,\mathrm{N\,m}^{-1}$ (Fig. 8.50). Inizialmente il gas è in equilibrio con la pressione atmosferica, a temperatura $300\,\mathrm{K}$ e volume 1 litro, e la molla è a riposo. Per mezzo di un resistore percorso da corrente elettrica il gas viene riscaldato in modo quasi-statico fino ad occupare un volume di 1.5 litri.

A) Si calcoli la quantità di calore ceduta al gas dal resistore durante la trasformazione. (Si consideri il gas come ideale).

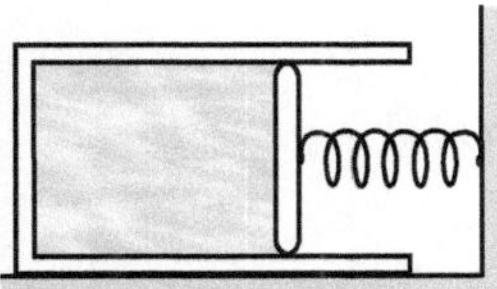

Fig. 8.50. Esercizio 8.9

Consideriamo come *sistema* termodinamico il solo gas (escludendo quindi il resistore).

Determiniamo innanzitutto completamente lo *stato iniziale 1*, facendo uso dell'equazione di stato dei gas ideali:

$$V_1 = 10^{-3}\ \mathrm{m}^3; \quad p_1 = 10^5\ \mathrm{Pa}; \quad T_1 = 300\ \mathrm{K}; \quad n = \frac{p_1 V_1}{RT_1} = 0.04\ \mathrm{mol}\ .$$

Durante la trasformazione quasi-statica la pressione p del gas deve equilibrare la pressione atmosferica p_1 e la pressione dovuta alla forza elastica della molla compressa. La deformazione Δx della molla durante la trasformazione è legata al volume V del gas e all'area A del pistone dalla relazione:

$$\Delta x = \frac{V - V_1}{A}\ , \tag{8.62}$$

per cui la pressione del gas può essere espressa come

$$p = p_1 + \frac{k\Delta x}{A} = p_1 + k\frac{V - V_1}{A^2}\ . \tag{8.63}$$

La (8.63) mostra che la relazione tra pressione e volume del gas durante la trasformazione è di tipo lineare (Fig. 8.51 a). Il grafico della trasformazione nel piano pV è un segmento di retta congiungente gli stati iniziale e finale. Introducendo nella (8.63) il valore del volume finale, $V_2 = 1.5 \times 10^{-3}\ \mathrm{m}^3$, si trova la pressione finale del gas, $p_2 = 1.5 \times 10^5\ \mathrm{Pa}$. Usando l'equazione di stato si trova infine anche la temperatura finale; in sintesi:

$$V_2 = 1.5 \times 10^{-3}\ \mathrm{m}^3; \quad p_2 = 1.5 \times 10^5\ \mathrm{Pa}; \quad T_2 = \frac{p_2 V_2}{nR} = 677\ \mathrm{K}.$$

Poiché conosciamo gli stati iniziale e finale, possiamo calcolare la variazione di energia interna del gas durante la trasformazione (l'elio è un gas monoatomico, quindi $c_v = 3R/2$):

$$\Delta U = n c_v (T_2 - T_1) = 188\ \mathrm{J}\,.$$

Il lavoro fatto dal gas durante la trasformazione è la somma del lavoro fatto contro la pressione atmosferica, $W_1 = p_1 \Delta V$, e del lavoro di compressione della molla, $W_2 = k(\Delta x^2/2)$ (Fig. 8.51 b). Il lavoro può essere ottenuto direttamente calcolando l'area del trapezio sotteso nel piano pV dal segmento che rappresenta la trasformazione:

$$W = W_1 + W_2 = \int_1^2 p\,\mathrm{d}V = 62.5\ \mathrm{J}\,.$$

Per il Primo Principio, la quantità di calore ceduta dal resistore al gas è pertanto

$$Q = \Delta U + W = 250.5\ \mathrm{J}\,.$$

Si noti che il gas assorbe calore pur essendo contenuto in un recipiente adiabatico. Infatti nel cilindro entra energia sotto forma di lavoro elettrico; l'energia viene poi dissipata in calore e ceduta al gas all'interno del cilindro.

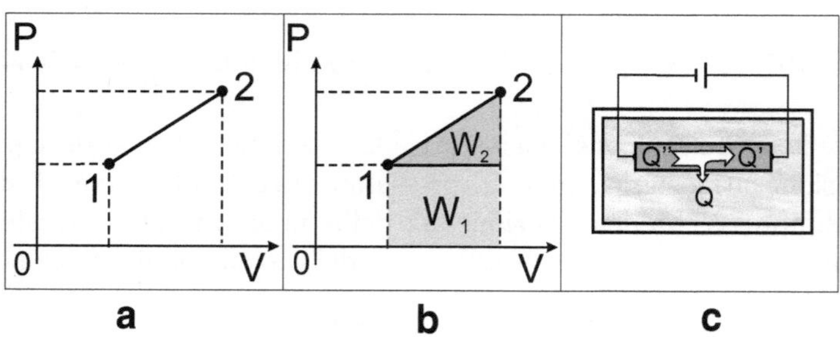

Fig. 8.51. Esercizio 8.9

B) Si calcolino le variazioni di entropia del sistema e dell'universo durante la trasformazione.

L'entropia è una funzione di stato. La *variazione di entropia del sistema* è data da

$$\Delta S_s = \int_1^2 \left(\frac{\mathrm{d}Q}{T} \right)_{\mathrm{rev}}$$

dove l'integrale può essere calcolato lungo una qualsiasi trasformazione quasi-statica che colleghi gli stati iniziale 1 e finale 2.

Per qualsiasi trasformazione infinitesima quasi-statica di un *gas ideale* monoatomico, sfruttando l'equazione di stato e la relazione tra energia interna e temperatura, si può scrivere:

$$\mathrm{d}Q \;=\; \mathrm{d}W + \mathrm{d}U \;=\; p\mathrm{d}V + nc_v\mathrm{d}T \;=\; nRT\frac{\mathrm{d}V}{V} + nc_v\mathrm{d}T \,,$$

e quindi

$$\frac{\mathrm{d}Q}{T} \;=\; nR\frac{\mathrm{d}V}{V} + nc_v\frac{\mathrm{d}T}{T}\,.$$

Per un gas ideale monoatomico la variazione di entropia è quindi sempre data dalla relazione

$$\Delta S_s \;=\; \int_1^2 nR\frac{\mathrm{d}V}{V} \;+\; \int_1^2 nc_v\frac{\mathrm{d}T}{T} \;=\; nR\ln\frac{V_2}{V_1} \;+\; nc_v\ln\frac{T_2}{T_1}\,. \qquad (8.64)$$

Nel caso della trasformazione quasi-statica qui considerata,

$$\Delta S_s \;=\; 0.54 \text{ J K}^{-1}\,.$$

Il calcolo della *variazione di entropia dell'ambiente e dell'universo* richiede un po' di attenzione. Consideriamo l'insieme costituito dal gas (*sistema*) e dal resistore (*ambiente*). Si tratta di un *universo* termicamente e meccanicamente isolato (anche se le connesioni elettriche consentono l'ingresso di *lavoro elettrico* W_e).

Abbiamo supposto *quasi-statica* la trasformazione subita dal gas. In pratica ciò significa che durante la trasformazione la corrente elettrica nel resistore è stata regolata in modo da mantenere sempre molto piccola la differenza di temperatura tra resistore e gas. Sembrerebbe pertanto di poter dire che all'aumento di entropia ΔS_s del gas è corrisposta una equivalente riduzione di entropia del suo ambiente (cioè del resistore) $\Delta S_a = -\Delta S_s < 0$, per cui $\Delta S_u = \Delta S_s + \Delta S_a = 0$.

In realtà la situazione è più complessa. Il processo considerato, pur essendo quasi-statico, non è *reversibile*, in quanto all'interno del resistore avviene un fenomeno dissipativo, cioè la trasformazione di lavoro elettrico W_e in calore Q'' (effetto Joule). La dissipazione del lavoro elettrico equivale ad un assorbimento totale di calore Q'' da parte del resistore. Una parte Q' del calore assorbito Q'' viene usata per aumentare la temperatura del resistore stesso da T_1 a T_2, la rimanente parte $Q = Q'' - Q'$ viene ceduta al gas (Fig. 8.51 c).

$$W_e \;\rightarrow\; Q'' \;=\; Q \;+\; Q'.$$

La quantità di calore Q viene quindi assorbita e ceduta dal resistore, e non ne influenza l'entropia. La variazione di entropia del resistore ΔS_a, dovuta alla transizione dallo stato termodinamico a temperatura T_1 allo stato a temperatura T_2, è legata all'assorbimento della quantità di calore Q'; ΔS_a può esser calcolata se si conoscono la massa m e la capacità termica C del resistore:

$$\Delta S_a = \int_1^2 \left(\frac{\mathrm{d}Q'}{T}\right)_{\mathrm{rev}} = m \int_1^2 C\frac{\mathrm{d}T}{T}\,. \qquad (8.65)$$

Globalmente l'entropia dell'universo aumenta; la variazione di entropia dell'universo è la somma di due termini, entrambi positivi:

a) aumento di entropia del gas ΔS_s, eq. (8.64);
b) aumento di entropia del resistore ΔS_a, eq. (8.65).

(?) L'insieme gas + resistore non è un universo termodinamico completamente isolato, per via delle connessioni elettriche. Si può considerare ugualmente corretto il calcolo delle variazioni di entropia fatto sopra ? Cosa si può fare per considerare un universo termodinamico completamente isolato ?

Esercizio 8.10

Un corpo di capacità termica $C = 100$ J K^{-1} si trova inizialmente in equilibrio alla temperatura $T_0 = 600$ K. Il corpo viene quindi raffreddato a pressione costante fino a raggiungere la temperatura di equilibrio $T_f = 300$ K. Si calcoli la variazione di entropia del corpo, del suo ambiente e dell'universo considerando diverse modalità di raffreddamento.
A) Il corpo, inizialmente a $T_0 = 600$ K, viene immerso in un serbatoio alla temperatura $T_1 = T_f = 300$ K (Fig. 8.52 a).

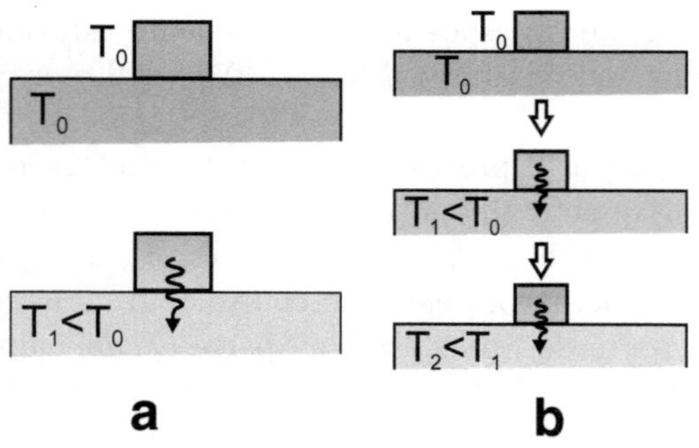

Fig. 8.52. Esercizio 8.10

Consideriamo come sistema termodinamico il corpo, come ambiente il serbatoio a $T_1 = 300$ K.

Calcoliamo il calore ceduto dal corpo al serbatoio durante il raffreddamento da 600 a 300 K :

$$Q_1 \; = \; C \, \Delta T \; = \; C \, (T_1 - T_0) \; = \; -30000 \text{ J} \, .$$

Il raffreddamento del corpo è un *processo irreversibile*: lo scambio di calore avviene infatti tra due sistemi (il corpo e il serbatoio) a differenti temperature. Durante il processo irreversibile il corpo non è all'equilibrio termodinamico e non è pertanto possibile definire la sua temperatura. Il serbatoio invece (avendo per definizione una capacità termica illimitata) mantiene inalterata la sua temperatura durante il processo.

La *variazione ΔS_s di entropia del sistema* dipende solo dagli stati iniziale e finale di equilibrio, non dal tipo di trasformazione che li collega. Per calcolare ΔS_s dobbiamo considerare una qualsiasi trasformazione reversibile che collega lo stato iniziale a 600 K allo stato finale a 300 K. Scegliamo, ad esempio, una trasformazione isobara reversibile.

$$\Delta S_s \; = \; \int_{600K}^{300K} \left(\frac{dQ}{T} \right)_{rev} \; = \; C \int_{600}^{300} \frac{dT}{T} \; = \; C \, \ln \frac{300}{600} \; = \; -69.3 \text{ JK}^{-1} \, .$$

$$(8.66)$$

Durante il raffreddamento l'entropia del sistema si riduce.

Durante la trasformazione il serbatoio assorbe la quantità di calore $-Q_1 = 30000$ J alla temperatura costante $T_1 = 300$ K. La *variazione ΔS_a di entropia dell'ambiente*, cioè del serbatoio, è:

$$\Delta S_a \; = \; \frac{-Q_1}{T_1} \; = \; 100 \text{ JK}^{-1} \, . \qquad (8.67)$$

Durante il processo l'entropia dell'ambiente aumenta. Confrontando le (8.66) e (8.67) si vede che l'aumento di entropia dell'ambiente è, in modulo, maggiore della riduzione di entropia del sistema. La *variazione ΔS_u di entropia dell'universo* è

$$\Delta_u \; = \; \Delta S_s \; + \; \Delta S_a \; = \; 30.7 \text{ JK}^{-1} \, .$$

(?) Si verifichi che, utilizzando un motore di Carnot tra il corpo (considerato come un serbatoio caldo a temperatura progressivamente decrescente) e il serbatoio freddo a 300 K, il processo di raffreddamento si sarebbe potuto realizzare in modo reversibile, ricavandone un lavoro $W = \Delta S_u \, T_f = 9210$ J.

B) Il corpo, inizialmente a $T_0 = 600$ K, viene immerso dapprima in un serbatoio a $T_1 = 450$ K, fino a raggiungere l'equilibrio, poi in un altro serbatoio a $T_2 = 300$ K (Fig. 8.52 b).

Il corpo cede al primo e al secondo serbatoio rispettivamente le quantità di calore:

$$Q_1 = C(T_1 - T_0) = -15000 \text{ J};$$
$$Q_2 = C(T_2 - T_1) = -15000 \text{ J}$$

La variazione di entropia del corpo

$$\Delta S_s = \int_{600}^{450} \frac{C\mathrm{d}T}{T} + \int_{450}^{300} \frac{C\mathrm{d}T}{T} = -69.3 \text{ J}$$

è la stessa del caso precedente. (Gli stati termodinamici iniziale e finale del corpo sono gli stessi, e l'entropia è funzione di stato !)
Le variazioni di entropia dei due serbatoi sono rispettivamente

$$\Delta S_1 = \frac{Q_1}{T_1} = 33.33 \text{ JK}^{-1} ;$$
$$\Delta S_2 = \frac{Q_2}{T_2} = 50 \text{ JK}^{-1} .$$

La variazione di entropia dell'universo

$$\Delta S_u = \Delta S_s + \Delta S_1 + \Delta S_2 = 14.03 \text{ JK}^{-1}$$

è inferiore a quella del caso precedente (serbatoio unico).

(?) Come cambia la variazione di entropia dell'universo ΔS_u se si aumenta il numero di serbatoi a temperatura intermedia ?

Esercizio 8.11

0.1 mol di gas azoto N_2 si trovano inizialmente in equilibrio in un volume di 1 litro alla pressione di 3 bar. Il gas viene lasciato espandere adiabaticamente contro il vuoto fino a triplicare il volume. Una volta ristabilito l'equilibrio, il gas viene raffreddato reversibilmente a volume costante fino alla temperatura di 300 K, qundi compresso reversibilmente a pressione costante e infine riportato in modo adiabatico reversibile allo stato iniziale.
A) Si calcolino le quantità di calore scambiato e il lavoro svolto dal gas durante il ciclo (considerando il gas come ideale).

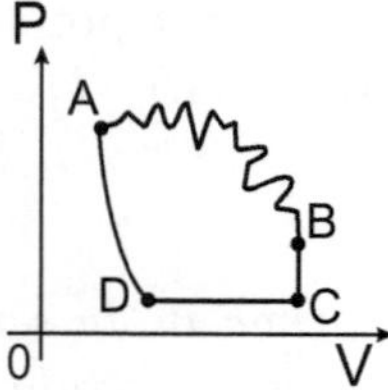

Fig. 8.53. Esercizio 8.11

Per prima cosa disegnamo un grafico indicativo nel piano pV del ciclo subito dal gas (Fig. 8.53). Il ciclo è composto da 4 trasformazioni:

$A \rightarrow B$: adiabatica irreversibile (espansione libera);
$B \rightarrow C$: isocora reversibile;
$C \rightarrow D$: isobara reversibile;
$D \rightarrow E$: adiabatica reversibile.

Determiniamo ora gli stati di equilibrio A, B, C, D del gas.
Dello stato iniziale A è incognita solo la temperatura, che può essere ricavata dall'equazione di stato:

$$V_A = 10^{-3} \text{ m}^3; \qquad p_A = 3 \times 10^5 \text{ Pa}; \qquad T_A = \frac{p_A V_A}{nR} = 361 \text{ K} .$$

La trasformazione irreversibile $A \rightarrow B$ è un'espansione libera adiabatica contro il vuoto, con $V_B = 3V_A$. L'energia interna finale è uguale a quella iniziale; poiché il gas è ideale, anche la temperatura finale deve essere uguale a quella iniziale: $T_B = T_A$. Pertanto

$$V_B = 3 \times 10^{-3} \text{ m}^3; \qquad p_B = \frac{nRT_B}{V_B} = 10^5 \text{ Pa}; \qquad T_B = 361 \text{ K} .$$

La trasformazione $B \rightarrow C$ è isocora, $V_C = V_B$, e sappiamo che $T_C = 300$ K, per cui

$$V_C = 3 \times 10^{-3} \text{ m}^3; \qquad p_C = \frac{nRT_C}{V_C} = 0.83 \times 10^5 \text{ Pa}; \qquad T_C = 300 \text{ K} .$$

La trasformazione $C \rightarrow D$ è isobara, per cui $p_D = p_C$. Per determinare il volume V_D possiamo sfruttare il fatto che la trasformazione finale $D \rightarrow A$ è adiabatica reversibile, per cui

$$p_A V_A^\gamma = p_D V_D^\gamma ,$$

dove $\gamma = c_p/c_v = 5/7$ per un gas biatomico. Pertanto

$$V_D = V_A \left(\frac{p_A}{p_D} \right)^{1/\gamma} = 2.5 \times 10^{-3} \text{ m}^3 .$$

In conclusione:

$$V_D = 2.5 \times 10^{-3} \text{ m}^3; \qquad p_D = 0.83 \times 10^5 \text{ Pa}; \qquad T_D = \frac{p_D V_D}{nR} = 250 \text{ K}.$$

Passiamo ora a considerare il bilancio energetico del ciclo. Il gas scambia calore con l'ambiente solo durante le due trasformazioni isocora $B \rightarrow C$ e isobara $C \rightarrow D$; nelle trasformazioni adiabatiche (reversibile e irreversibile) $Q = 0$. In entrambe le trasformazioni isocora e isobara il gas riduce la temperatura e pertanto cede calore. In totale per le due trasformazioni

$$Q = nc_v(T_C - T_B) + nc_p(T_D - T_C) = -272 \text{ J} .$$

Nelle trasformazioni adiabatica irreversibile $A \to B$ e isocora $B \to C$ il gas non scambia lavoro con l'ambiente. Nelle rimanenti due trasformazioni, isobara $C \to D$ e adiabatica reversibile $D \to A$, il gas viene compresso e subisce lavoro (Fig. 8.54 a):

$$W = \int_C^D p\,\mathrm{d}V - \Delta U_{DA} = p_C(V_D - V_C) - nc_v(T_A - T_D) = -272 \text{ J}.$$

Ovviamente in un ciclo $\Delta U = 0$ e $W = Q$.

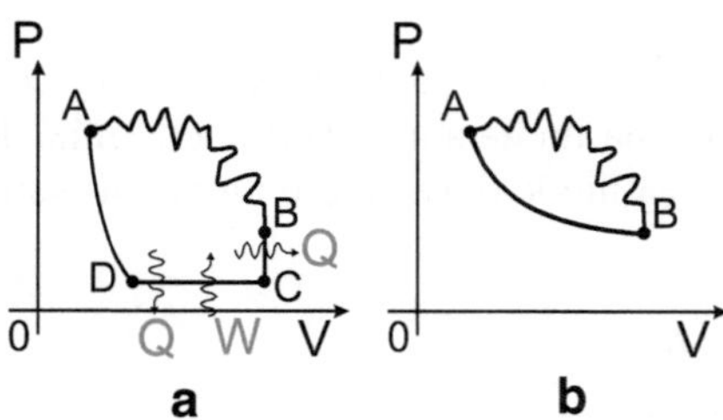

Fig. 8.54. Esercizio 8.11

B) Si calcolino le variazioni di entropia del gas e dell'universo durante il ciclo.

Consideriamo prima il *sistema* costituito dal gas. L'entropia è una funzione di stato; in un ciclo chiuso il sistema ritorna allo stato iniziale e pertanto

$$\Delta S_s = 0$$

indipendentemente dal tipo di trasformazioni (reversibili o irreversibili) che costituiscono il ciclo.

Passiamo ora a considerare la variazione di entropia dell'*universo*: $\Delta S_u = \Delta S_s + \Delta S_a$. Nel caso di un ciclo, $\Delta S_s = 0$ e $\Delta S_u = \Delta S_a$. Poiché una delle trasformazioni del ciclo è irreversibile (l'espansione libera $A \to B$), ci aspettiamo che l'entropia dell'universo aumenti, $\Delta S_u > 0$.

Per quantificare questo aumento di entropia, possiamo procedere nel modo seguente: anzichè calcolare ΔS_a per l'intero ciclo, consideriamo separatamente ciascuna delle 4 trasformazioni che costituiscono il ciclo. 3 trasformazioni sono reversibili; per le trasformazioni reversibili $\Delta S_s = -\Delta S_a$, per cui $\Delta S_u = 0$.

Pertanto l'unica trasformazione che contribuisce all'aumento di entropia dell'universo è quella irreversibile $A \to B$. Durante l'espansione libera adiabatica $A \to B$ l'ambiente non subisce modifiche di stato termodinamico, pertanto $\Delta S_a = 0$ e $\Delta S_u = \Delta S_s$. La variazione di entropia dell'universo per l'intero ciclo corrisponde quindi alla variazione di entropia del sistema durante l'espansione libera adiabatica $A \to B$.

La variazione di entropia $\Delta S_s(AB)$ puó essere facilmente calcolata integrando $đQ/T$ lungo la trasformazione isoterma reversibile che collega gli stati A e B (Fig. 8.54 b):

$$\Delta S_u = \Delta S_s(AB) = \int_A^B \left(\frac{đQ}{T}\right)_{rev} = nR\ln\frac{V_B}{V_A} = 0.913 \text{ JK}^{-1} .$$

Se la trasformazione $A \to B$ fosse stata fatta in modo reversibile (isoterma reversibile), si sarebbe potuto ottenere dal gas un lavoro

$$W(AB) = nRT\ln\frac{V_B}{V_A} = 329.6 \text{ J} .$$

La possibilità di ottenere il lavoro $W(AB)$ è stata perduta lasciando espandere il gas in modo libero ed adiabatico. È facile verificare che la variazione di entropia ΔS_u è legata alla quantità di lavoro perduto $W(AB)$ dalla relazione

$$W(AB) = T_A \, \Delta S_u .$$

Esercizio 8.12

Due corpi, 1 e 2, di uguale capacità termica $C = 500$ J K^{-1} si trovano inizialmente entrambi in un contenitore adiabatico, separati da una parete pure adiabatica, in equilibrio alle temperature rispettivamente $T_1 =0°$ C e $T_2 =100°$ C.
A) La parete adiabatica viene rimossa e i due corpi, messi a contatto termico, si scambiano calore fino a raggiungere l'equilibrio termodinamico (Fig. 8.55). Si calcolino le variazioni di temperatura, energia interna ed entropia del sistema costituito dai due corpi (considerando trascurabili le variazioni di volume).

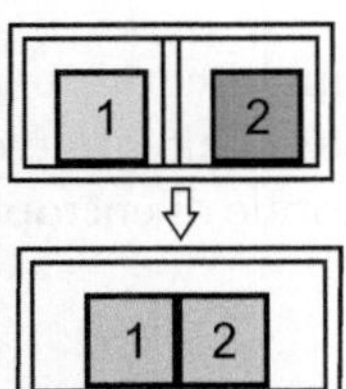

Fig. 8.55. Esercizio 8.12

I due corpi, isolati in un recipiente adiabatico, scambiano calore solo tra di loro (Fig. 8.56 a). Indichiamo con Q_1 e Q_2 le quantità di calore assorbite rispettivamente dal corpo 1 e dal corpo 2 e con T_f la temperatura finale di equilibrio:

$$Q_1 = C\,(T_f - T_1) = -Q_2 = -C\,(T_f - T_2)\,. \qquad (8.68)$$

Ovviamente il corpo 1 assorbe calore, il corpo 2 lo cede, per cui $Q_1 > 0$, $Q_2 < 0$. Poiché i due corpi hanno uguali capacità termiche, per la (8.68) le loro variazioni di temperatura devono essere esattamente opposte:

$$(T_f - T_1) = -(T_f - T_2)\,,$$

pertanto la temperatura di equilibrio finale T_f è la media aritmetica delle temperature iniziali:

$$T_f = \frac{T_1 + T_2}{2} = \frac{273.15 + 373.15}{2} = 323.15 \text{ K}\,.$$

Per il Primo Principio, poiché non ci sono variazioni di volume e quindi non c'è lavoro,

$$\Delta U_1 = Q_1; \qquad \Delta U_2 = Q_2\,,$$

e quindi

$$\Delta U_\text{tot} = \Delta U_1 + \Delta U_2 = 0\,.$$

La variazione di energia interna totale è nulla (il sistema costituito dai due corpi è completamente isolato dall'esterno).

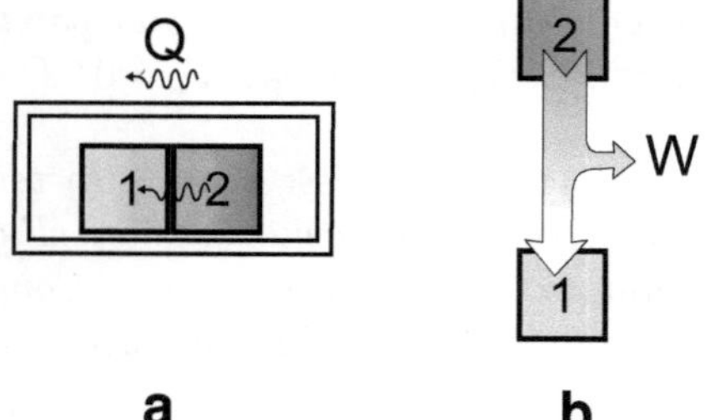

Fig. 8.56. Esercizio 8.12

Conosciamo gli stati termodinamici iniziale e finale di entrambi i corpi, possiamo calcolarne quindi le variazioni di entropia. Consideriamo l'integrale di dQ/T lungo trasformazioni isobare reversibili. La variazione totale di entropia del sistema dei due corpi è

$$\Delta S_s = \Delta S_1 + \Delta S_2 = C\int_{T_1}^{T_f}\frac{dQ}{T} + C\int_{T_2}^{T_f}\frac{dQ}{T} = 12.11 \text{ JK}^{-1}\,. \qquad (8.69)$$

Poichè il sistema è isolato, la variazione di entropia del sistema corrisponde alla variazione di entropia dell'universo: $\Delta S_s = \Delta S_u$. Il processo di scambio di calore tra due corpi a temperature diverse è intrinsecamente irreversibile; di conseguenza lo stato finale del sistema isolato deve avere entropia maggiore dello stato iniziale.

B) I due corpi si scambiano calore per mezzo di un motore termico reversibile fino a raggiungere l'equilibrio termodinamico (Fig. 8.56 b). Si calcolino le variazioni di temperatura, energia interna ed entropia del sistema costituito dai due corpi (considerando trascurabili le variazioni di volume).

In questo caso i due corpi non si scambiano direttamente calore, quindi non è più valida la (8.68) e non possiamo più determinare direttamente la temperatura finale. Un motore termico reversibile che lavora tra due serbatoi è un motore di Carnot, per il quale

$$\frac{|Q_1|}{T_1} = \frac{|Q_2|}{T_2} \, . \tag{8.70}$$

In questo caso i due corpi non sono serbatoi a capacità termica illimitata: durante la trasformazione le loro temperature progressivamente si modificano. Possiamo comunque considerare un motore di Carnot che provochi ad ogni ciclo solo variazioni infinitesime di temperatura.

Poiché il processo di scambio di calore mediante un ciclo di Carnot è perfettamente reversibile, ci aspettiamo che sia nulla la variazione di entropia dell'universo, cioè, in questo caso, del sistema costituito dai due corpi; la (8.69) andrà riscritta, in questo caso, come

$$\Delta S_s = \Delta S_1 + \Delta S_2 = C \int_{T_1}^{T_f} \frac{dQ}{T} + C \int_{T_2}^{T_f} \frac{dQ}{T} = 0 \, . \tag{8.71}$$

Nella (8.71) l'incognita è la temperatura finale T_f. È facile vedere, a partire dalla (8.71), che

$$\ln(T_f/T_1) + \ln(T_f/T_2) = 0, \qquad \text{per cui} \qquad T_f = \sqrt{T_1 T_2} = 319.26 \text{ K} \, .$$

La temperatura di equilibrio finale è inferiore a quella del caso precedente. Il motore di Carnot produce un lavoro

$$W = |Q_2| - |Q_1| = -\int_{T_2}^{T_f} C dT - \int_{T_1}^{T_f} C dT = C(T_1 + T_2 - 2T_f) = 3890 \text{ J} \, .$$

La variazione di energia interna del sistema dei due corpi è

$$\Delta U = -W = -3890 \text{ J} \, .$$

(?) Coma variano, separatamente, le entropie dei due corpi ?

Esercizio 8.13

Un corpo di massa m = 10 kg, inizialmente fermo, viene lasciato cadere a terra da un'altezza h = 10 m (Fig. 8.57). Dopo un conveniente intervallo di

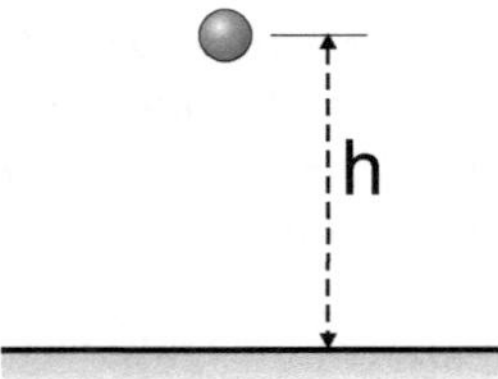

Fig. 8.57. Esercizio 8.13

tempo, si ristabilisce l'equilibrio termodinamico. La temperatura ambiente è 300 K.
Di quanto è variata l'entropia dell'universo a seguito della caduta del corpo ?

Prima della caduta lo stato termodinamico del corpo è definito dalla pressione e dalla temperatura (1 bar e 300 K, rispettivamente).
Durante la caduta, se si trascura la resistenza dell'aria, il corpo acquista un'energia cinetica

$$E_k = mv^2/2 = mgh \simeq 1000 \text{ J}$$

e lo stato termodinamico non cambia.
Nell'impatto con il terreno l'energia meccanica è completamente dissipata in calore $Q = mgh$, che viene inizialmente assorbito sia dal corpo sia dall'aria circostante. Il processo è irreversibile (enunciato di Kelvin del Secondo Principio).
Il sistema e l'ambiente non sono però all'equilibrio termodinamico: il calore sviluppato nell'urto provoca un aumento di temperatura localizzato sul corpo e nelle sue vicinanze; un flusso di calore verso l'ambiente circostante a più bassa temperatura ristabilisce gradualmente l'equilibrio termodinamico. Anche questo processo è irreversibile (enunciato di Clausius del Secondo Principio). L'equilibrio si ristabilisce una volta che il corpo sia ritornato alla temperatura ambiente $T=300$ K.
Valutiamo ora le variazioni di entropia del sistema (cioè il corpo), dell'ambiente (l'aria) e dell'universo.
Una volta ristabilito l'equilibrio termodinamico, lo stato termodinamico del sistema è uguale a quello iniziale; pertanto il sistema non ha variato la sua entropia, $\Delta S_s = 0$.
È invece cambiato lo stato termodinamico dell'ambiente, che ha assorbito una quantità di calore $Q = mgh$, pur senza variare sensibilmente la temperatura in quanto la sua capacità termica è praticamene illimitata. Le variazioni di entropia dell'ambiente e dell'universo sono uguali:

$$\Delta S_a = \Delta S_u = mgh/T = 3.333 \text{ JK}^{-1} .$$

Si noti che l'urto con il suolo ha provocato la dissipazione irreversibile di una quantità di energia cinetica che avrebbe potuto essere utilizzata per produrre lavoro utile. Il lavoro perduto nel processo irreversibile è misurato dall'aumento di entropia dell'universo attraverso la relazione

$$W = mgh = T \Delta S_u .$$

(?) Cambierebbe il valore di ΔS_u se si tenesse conto della resistenza dell'aria durante la caduta del corpo ?

8.6 *Problemi non risolti*

8.1. 0.4 moli di gas ideale monoatomico occupano inizialmente un volume di 1 litro e sono in equilibrio alla pressione di 10 bar. Il gas si espande adiabaticamente e reversibilmente fino a raggiungere la pressione di 1 bar (Fig. 8.58 a).

a) Si determinino volume e temperatura finali del gas.
b) Si calcoli il lavoro svolto dal gas durante l'espansione.

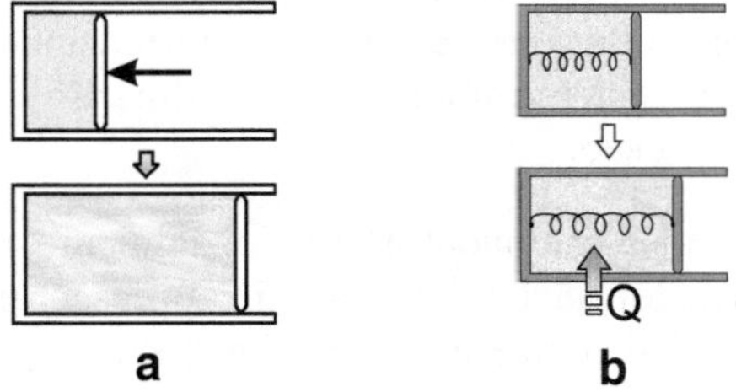

a   **b**

Fig. 8.58. (a) Problema 8.1, (b) Problema 8.2

8.2. Un gas ideale monoatomico è contenuto in un cilindro diatermico di sezione $S = 1\,\mathrm{dm}^2$ chiuso da un pistone di massa trascurabile. Il pistone è collegato al fondo del cilindro da una molla di costante elastica $k=2\times10^4\,\mathrm{N\,m}^{-1}$ (Fig. 8.58 b). Inizialmente la molla è a riposo e il gas, soggetto alla sola pressione atmosferica, occupa un volume di $1\,\mathrm{dm}^3$ alla temperatura di 300 K.

a) Si determini il numero di moli del gas.

Il gas viene riscaldato in modo reversibile fino a raggiungere un volume di $1.2\,\mathrm{dm}^3$.

b) Si determini la relazione analitica tra variazione di volume dV e variazione di pressione dp e si disegni la trasformazione nel piano pV.
c) Si determinino pressione e temperatura dello stato finale.
d) Si calcolino il calore assorbito, il lavoro svolto e la variazione di energia interna del gas durante la trasformazione.

8.3. Una mole di azoto N_2 subisce un ciclo reversibile costituito da due trasformazioni isoterme alle temperature di 20°C e 150°C e due trasformazioni isocore. Le pressioni massima e minima del gas durante il ciclo sono rispettivamente 10 e 1 bar. Si determinino:

a) il rendimento del ciclo utilizzato come motore termico;
b) l'efficienza del ciclo utilizzato come frigorifero.

8.4. Una mole di ossigeno O_2 è contenuta in un cilindro munito di pistone scorrevole con attrito trascurabile. Il gas subisce un ciclo di Otto, costituito dalle seguenti 4 trasformazioni reversibili:

$1 \rightarrow 2$: compressione adiabatica dal volume V_1 al volume V_2;
$2 \rightarrow 3$: riscaldamento a volume V_2 costante;
$3 \rightarrow 4$: espansione adiabatica da V_2 a V_1;
$4 \rightarrow 1$: raffreddamento a volume V_1 costante.

Temperatura e pressione iniziali sono $\theta_1 = 37°C$ e $p_1 = 1$ bar; il rapporto di compressione è $V_1/V_2 = 8$. La massima pressione raggiunta dal gas durante il ciclo è 58 bar. Determinare:

a) le pressioni e le temperature negli stati 1, 2, 3 ,4 del ciclo;
b) il calore scambiato durante ciascuna trasformazione;
c) il lavoro svolto complessivamente dal gas durante il ciclo;
d) il rendimento del ciclo.

8.5. n moli di gas ideale monoatomico, inizialmente nello stato 1 (p_0, V_0), subiscono le due trasformazioni reversibili rappresentate in Fig. 8.59 a, una isocora $1 \rightarrow 2$, in cui si dimezza la pressione, e una isobara $2 \rightarrow 3$, in cui si raddoppia il volume. Calcolare:

a) il lavoro fatto, il calore assorbito e la variazione di energia interna durante le due trasformazioni;
b) la variazione di entropia tra lo stato 1 e lo stato 3.

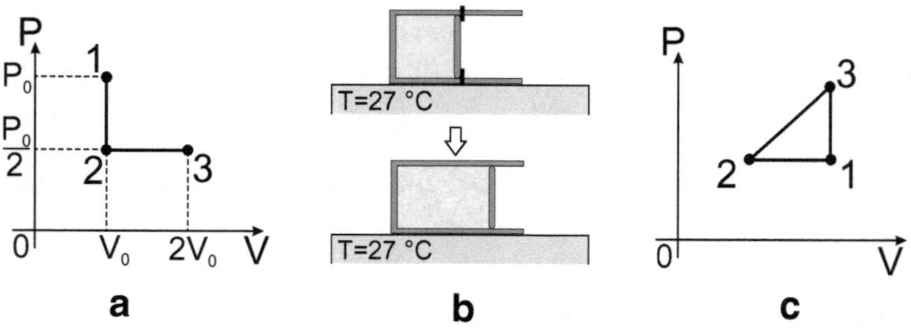

Fig. 8.59. (a) Problema 8.5, (b) Problema 8.6, (c) Problema 8.7

8.6. Un cilindro con pareti diatermiche, chiuso da un pistone scorrevole senza attrito, contiene 1 mole di gas ideale monoatomico alla pressione di 3 bar in equilibrio termico con l'ambiente alla temperatura di 27°C. Inizialmente il pistone è bloccato.

a) Si determini il volume occupato dal gas.

Il pistone viene sbloccato e il gas si espande contro la pressione atmosferica di 1 bar (Fig. 8.59 b). Una volta raggiunto l'equilibrio termodinamico:

b) si determini il volume occupato dal gas;
c) si calcoli il lavoro fatto dal gas durante l'espansione;
d) si determinino le variazioni di entropia del gas, dell'ambiente e dell'universo durante l'espansione;
e) si calcoli il lavoro che si sarebbe potuto ottenere dal gas se l'espansione fosse stata reversibile.

8.7. 0.1 moli di gas ideale monoatomico, inizialmente all'equilibrio termodinamico in un volume $V_1 = 2$ dm^3 alla pressione $p_1 = 1$ bar, subiscono il ciclo reversibile rappresentato in Fig. 8.59 c.

a) Si determinino le variazioni di energia interna del gas per ciascuna delle tre trasformazioni $1 \rightarrow 2$, $2 \rightarrow 3$, $3 \rightarrow 1$.
b) Si determinino le variazioni di entropia del gas per ciascuna delle tre trasformazioni $1 \rightarrow 2$, $2 \rightarrow 3$, $3 \rightarrow 1$.
c) Si determini il rendimento del ciclo.

Si supponga ora che, una volta giunto allo stato 3, il gas, anziché essere ricondotto in modo reversibile allo stato 1, venga immerso in un serbatoio alla pressione p_1 e alla temperatura T_1 e ivi lasciato fino al raggiungimento dell'equilibrio termodinamico.

d) Si determinino le variazioni di entropia del gas, dell'ambiente e dell'universo per la trasformazione irreversibile $3 \rightarrow 1$.

8.8. Un recipiente contiene 200 g d'acqua alla temperatura di 20°C. Nell'acqua è immersa una molla mantenuta in tensione da un gancio (Fig. 8.60 a). L'energia potenziale elastica della molla tesa è 2 KJ. L'intero sistema è in equilibrio termodinamico. Ad un certo istante il gancio si rompe e la molla si libera. Dopo un conveniente intervallo di tempo si ristabilisce l'equilibrio termodinamico.
Sapendo che la capacità termica della molla è trascurabile rispetto a quella dell'acqua e ricordando che il calore specifico dell'acqua è $C = 4186$ J kg^{-1} K^{-1}, si calcoli la variazione di entropia dell'universo nei due casi:

a) il recipiente è adiabatico;
b) le pareti del recipiente sono conduttrici e la temperatura atmosferica è di 20°C.

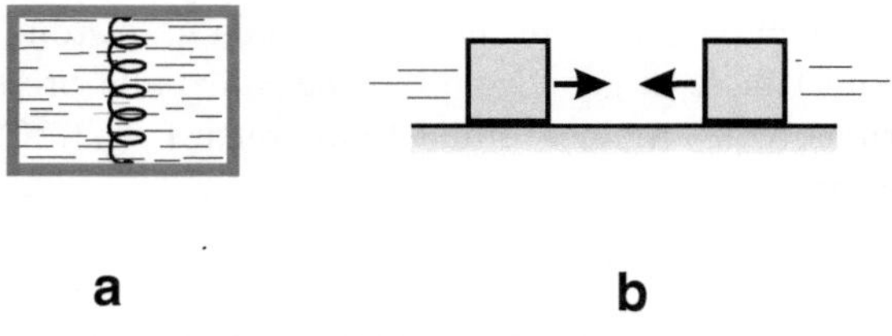

Fig. 8.60. (a) Problema 8.8, (b) Problema 8.9

8.9. Due blocchi dello stesso materiale, di calore specifico c=2000 J kg^{-1} K^{-1}, alla stessa temperatura iniziale T_1= 27°C, vengono inviati uno contro l'altro e si urtano in modo completamente anelastico (Fig. 8.60 b). L'energia cinetica dissipata nell'urto si trasforma in una quantità di calore Q=10000 J, riscaldando il sistema costituito dai due blocchi che ha una massa complessiva $M = 1$ kg.

a) Si calcoli la temperatura finale del sistema, nell'ipotesi che sia completamente isolato dall'ambiente.
b) Si calcoli la variazione di entropia del sistema.

A Unità di misura

A.1 Sistema Internazionale (S.I.)

S.I.: Grandezze fondamentali

Il S.I. prevede 7 *grandezze fondamentali*. Qui sotto sono riportate le definizioni delle rispettive unità di misura, ciascuna con l'indicazione della Conferenza Generale dei Pesi e Misure (GCPM) che l'ha introdotta.

- **Intervallo di tempo.** Il *secondo* (s) è la durata di 9 192 631 770 periodi della radiazione emessa dall'atomo di Cesio 133 nella transizione tra i due livelli iperfini (F=4, M=0) e (F=3, M=0) dello stato fondamentale $^2S_{1/2}$. (13a GCPM, 1967)
- **Lunghezza.** Il *metro* (m) è la distanza percorsa dalla luce nel vuoto in un intervallo di tempo di 1/299 792 458 di secondo. (17a CGPM, 1983)
- **Massa.** Il *chilogrammo* (kg) è la massa del prototipo internazionale conservato al Pavillon de Breteuil (Sevres, Francia). (3a CGPM, 1901)
- **Intensità di corrente elettrica.** L' *ampere* (A) è la corrente che, se mantenuta in due conduttori paralleli indefinitamente lunghi e di sezione trascurabile posti a distanza di un metro nel vuoto, determina tra questi due conduttori una forza uguale a 2×10^{-7} newton per metro di lunghezza. (9a CGPM, 1948)
- **Temperatura.** Il *kelvin* (K) è la frazione 1/273.16 della temperatura termodinamica del punto triplo dell'acqua. (13a CGPM, 1967)
- **Intensità luminosa.** La *candela* (cd) è l'intensità luminosa, in una data direzione, di una sorgente che emette una radiazione monocromatica di frequenza 540×10^{12} Hz e la cui intensità energetica in tale direzione è $1/683$ W sr^{-1}. (16a GCPM, 1979)
- **Quantità di sostanza.** La *mole* (mol) è la quantità di sostanza che contiene tante entità elementari quanti sono gli atomi in 0.012 Kg di Carbonio 12. Quando si usa la mole, deve essere specificata la natura delle entità elementari, che possono essere atomi, molecole, ioni, elettroni, altre particelle o gruppi specificati di tali particelle. (14a CGPM, 1971)

S.I.: grandezze derivate

Nella Tabella seguente sono riportate le unità di misura delle grandezze derivate dotate di nome e simbolo propri.

Tabella A.1. Unità di misura derivate dotate di nome proprio

Grandezza	Unità	Simbolo	Conversione	Note
Angolo piano	radiante	rad	$1\,\mathrm{rad} = 1\,\mathrm{m\,m^{-1}}$	
Angolo solido	steradiante	sr	$1\,\mathrm{sr} = 1\,\mathrm{m^2\,m^{-2}}$	
Frequenza	hertz	Hz	$1\,\mathrm{Hz} = 1\,\mathrm{s^{-1}}$	
Forza	newton	N	$1\,\mathrm{N} = 1\,\mathrm{m\,kg\,s^{-2}}$	
Pressione	pascal	Pa	$1\,\mathrm{Pa} = 1\,\mathrm{N\,m^{-2}}$	
Lavoro, energia, calore	joule	J	$1\,\mathrm{J} = 1\,\mathrm{N\,m}$	
Potenza	watt	W	$1\,\mathrm{W} = 1\,\mathrm{J\,s^{-1}}$	
Carica elettrica	coulomb	C	$1\,\mathrm{C} = 1\,\mathrm{A\,s}$	
Diff. di potenziale elettrico	volt	V	$1\,\mathrm{V} = 1\,\mathrm{W\,A^{-1}}$	
Capacità	farad	F	$1\,\mathrm{F} = 1\,\mathrm{C\,V^{-1}}$	
Resistenza elettrica	ohm	Ω	$1\,\Omega = 1\,\mathrm{V\,A^{-1}}$	
Conduttanza elettrica	siemens	S	$1\,\mathrm{S} = 1\,\Omega^{-1}$	
Flusso magnetico	weber	Wb	$1\,\mathrm{Wb} = 1\,\mathrm{V\,s}$	
Induzione magnetica	tesla	T	$1\,\mathrm{T} = 1\,\mathrm{Wb\,m^{-2}}$	
Induttanza elettrica	henry	H	$1\,\mathrm{H} = 1\,\mathrm{Wb\,A^{-1}}$	
Temperatura Celsius	grado Celsius	°C	$T(°\mathrm{C}) = T(\mathrm{K}) - 273.15$	
Flusso luminoso	lumen	lm	$1\,\mathrm{lm} = 1\,\mathrm{cd\,sr}$	(1)
Illuminamento	lux	lx	$1\,\mathrm{lx} = 1\,\mathrm{lm\,m^{-2}}$	(1)
Attività (di radionuclidi)	becquerel	Bq	$1\,\mathrm{Bq} = 1\,\mathrm{s^{-1}}$	(2)
Dose assorbita	gray	Gy	$1\,\mathrm{Gy} = 1\,\mathrm{J\,kg^{-1}}$	(2)
Dose equivalente	sievert	Sv	$1\,\mathrm{Sv} = 1\,\mathrm{J\,Kg^{-1}}$	(2)

1. *Flusso luminoso* e *illuminamento* sono grandezze derivate usate in *fotometria*. Grandezza e unità fondamentali della fotometria sono rispettivamente l'*intensità luminosa* e la *candela*. Il *flusso luminoso* è il flusso di energia irraggiata nell'unità di tempo, pesato dalla curva media di sensibilità dell'occhio. L'*illuminamento* è il flusso luminoso incidente sull'unità di superficie di un corpo illuminato.

2. *Attività*, *dose assorbita* e *dose equivalente* sono grandezze utilizzate in *dosimetria*. La dosimetria si occupa della misura dell'intensità e degli effetti delle radiazioni ionizzanti. L'*attività* è il numero di decadimenti radioattivi nell'unità di tempo. La *dose assorbita* è l'energia ceduta dalla radiazione ionizzante all'unità di massa di materia attraversata. La *dose equivalente* tiene conto anche dell'efficacia biologica, a parità di dose assorbita, dei differenti tipi di radiazione ionizzante.

Unità non S.I. ammesse all'uso

Nel 1996 il CIPM (Comitato Internazionale dei Pesi e Misure) ha elencato come *ammesse all'uso* alcune alcune unità di misura estranee al S.I., ma largamente utilizzate in campo scientifico, tecnico, commerciale e nella vita comune. Queste unità di misura sono state suddivise in tre categorie.

Tabella A.2. Unità di uso frequente

Grandezza	Unità	Simbolo	Conversione
Volume	litro	l,L	$1\,L = 10^{-3}\,m^3$
Massa	tonnellata	t	$1\,t = 10^3\,kg$
Tempo	minuto	min	$1\,min = 60\,s$
Tempo	ora	h	$1\,h = 3600\,s$
Tempo	giorno	d	$1\,d = 86400\,s$
Angolo piano	grado	°	$1° = (\pi/180)\,rad$
Angolo piano	minuto	$'$	$1' = (\pi/10800)\,rad$
Angolo piano	secondo	$''$	$1'' = (\pi/648000)\,rad$
	neper	Np	$1\,Np = 1$
	bell	Bp	$1\,B = (1/2)\ln 10\,(Np)$

Tabella A.3. Unità il cui valore è ottenuto sperimentalmente

Grandezza	Unità	Simbolo	Conversione approssimata
Lunghezza	unità astronomica	ua	$1.496 \times 10^{11}\,m$
Massa	unità di massa atomica	u	$1.66 \times 10^{-27}\,kg$
Energia	elettronvolt	eV	$1.602 \times 10^{-19}\,J$

Tabella A.4. Unità di ammesse all'uso in settori specifici

Grandezza	Unità	Simbolo	Conversione
Lunghezza	ångström	Å	$1\,Å = 10^{-10}\,m$
Lunghezza	miglio marino		$1852\,m$
Velocità	nodo		$0.514\,m/s$
Superficie	ara	a	$1\,a = 10^2\,m^2$
Superficie	ettaro	ha	$1\,ha = 10^4\,m^2$
Superficie	barn	b	$1\,b = 10^{-28}\,m^2$
Pressione	bar	bar	$1\,bar = 10^5\,Pa$

S.I.: prefissi moltiplicativi

Il S.I. codifica l'uso dei prefissi moltiplicativi secondo le potenze di 1000. Sono previsti anche i prefissi per multipli e sottomultipli per fattori 10 e 100.

Tabella A.5. Prefissi moltiplicativi

Fattore	Prefisso	Simbolo		Fattore	Prefisso	Simbolo
10^{24}	yotta-	Y-		10^{-24}	yocto-	y-
10^{21}	zetta-	Z-		10^{-21}	zepto-	z-
10^{18}	exa-	E-		10^{-18}	atto-	a-
10^{15}	peta-	P-		10^{-15}	femto-	f-
10^{12}	tera-	T-		10^{-12}	pico-	p-
10^{9}	giga-	G-		10^{-9}	nano-	n-
10^{6}	mega-	M-		10^{-6}	micro-	μ-
10^{3}	chilo-	k-		10^{-3}	milli-	m-
10^{2}	etto-	h-		10^{-2}	centi-	c-
10	deca-	da-		10^{-1}	deci-	d-

I prefissi moltiplicativi precedono il nome dell'unità di misura, fondamentale o derivata. Ad esempio, $1\,\mathrm{km} = 10^3\,\mathrm{m}$; $1\,\mu\mathrm{F} = 10^{-6}\,\mathrm{F}$.

Come deroga alla regola generale, i multipli e sottomultipli dell'unità di massa (chilogrammo, kg) si formano aggiungendo i prefissi moltiplicativi alla parola *grammo* e i relativi simboli al simbolo g. Ad esempio, $1\,\mathrm{mg} = 10^{-3}\,\mathrm{g} = 10^{-6}\,\mathrm{kg}$.

S.I.: regole di scrittura

1. I nomi delle unità di misura vanno sempre scritti in carattere minuscolo, privi di accenti o altri segni grafici (es.: ampere, non Ampère).
2. I nomi delle unità non hanno plurale (3 ampere, non 3 amperes).
3. I simboli delle unità di misura vanno scritti con l'iniziale minuscola, tranne quelli derivanti da nomi propri (es.: mol per la mole, K per il kelvin).
4. I simboli non devono essere seguiti dal punto (salvo che si trovino a fine periodo).
5. I simboli devono sempre seguire i valori numerici (1 kg, non kg 1).
6. Il prodotto di due o più unità va indicato con un punto a metà altezza o con un piccolo spazio tra i simboli (es.: N·m opp. N m).
7. Il quoziente tra due unità va indicato con una barra obliqua o con esponenti negativi (es.: J/s opp. J s^{-1}).

A.2 Unità di misura non ammesse dal S.I.

Nelle tabelle seguenti sono elencate alcune unità di misura spesso usate nella pratica, anche se non più ammesse legalmente.

Grandezza	*Unità*	*Simbolo*	*Conversione*
Superfici agrarie	ara	a	$10^2\,\mathrm{m}^2$
Densità lineare (fibre tessili)	tex	tex	$10^{-6}\,\mathrm{kg\,m}^{-1}$
Vergenza ottica	diottria	m^{-1}	
Massa (pietre preziose)	carato metrico		$2\times10^{-4}\,\mathrm{kg}$
Volume	stero	st	$1\,\mathrm{m}^3$
Forza	kilogrammo-forza	kgf	$9.80665\,\mathrm{N}$
Pressione	torr	torr	$133.322\,\mathrm{Pa}$
	atmosfera	atm	$101325\,\mathrm{Pa}$
Pressione (del sangue)	millimetro di mercurio	mm Hg	$133.322\,\mathrm{Pa}$
Energia	caloria internaz.	cal	$4.1855\,\mathrm{J}$
	frigoria	fg	$-4.1868\,\mathrm{J}$
Potenza	cavallo vapore	CV	$735.499\,\mathrm{W}$
Luminanza	stilb	sb	$10^4\,\mathrm{nt}$
Viscosità cinematica	stokes	St	$10^{-4}\,\mathrm{m}^2\,\mathrm{s}^{-1}$
Viscosità dimanica	poise	P	$10^{-1}\,\mathrm{Pa\,s}$
Attività	curie	Ci	$3.7\times10^{10}\,\mathrm{Bq}$
Dose assorbita	rad	rd	$10^{-2}\,\mathrm{Gy}$
Dose equivalente	rem	rem	$10^{-2}\,\mathrm{Sv}$
Esposizione	roentgen	R	$2.58\times10^{-4}\,\mathrm{C\,kg}^{-1}$

A.3 Sistemi anglosassoni

Nella tabella sono elencate alcune tra le più comuni unità di misura anglosassoni. Alcune unità, pur avendo nome uguale, hanno valore diverso in Gran Bretagna (UK) e negli Stati Uniti d'America (USA).

Grandezza	Unità	Simbolo	Conversione
Lunghezza	inch *(pollice)*	in	25.4 mm
	foot *(piede)*	ft	304.8 mm
	yard *(iarda)*	yd	0.9144 m
	statute mile *(miglio)*	mi	1609.344 m
	nautical mile *(miglio marino)*	naut mi	1853.184 m
Volume	cubic inch *(pollice cubo)*	in^3	16.387 cm^3
	fluid ounce UK *(oncia fluida)*	fl oz UK	28.413 cm^3
	fluid ounce USA *(oncia fluida)*	fl oz USA	29.574 cm^3
	pint UK *(pinta)*	pt	568.261 cm^3
	liquid pint USA *(pinta)*	liq pt	473.176 cm^3
	gallon UK *(gallone)*	gal UK	4.5461 dm^3
	gallon USA *(gallone)*	gal USA	3.7854 dm^3
	oil barrel *(barile)*		158.987 dm^3
Massa	ounce *(oncia)*	oz	28.349 g
	pound *(libbra)*	lb	0.4536 kg
Forza	pound-force	lbf	4.448 N
Pressione	pound-force/square-inch	psi	6894.76 Pa
Energia	pound-force foot	lbf ft	1.3557 J
	British thermal unit	Btu	1054.5 J
	therm	therm	105.506 MJ
Potenza	horse power	hp	745.7 W
Temperatura	degree Fahrenheit	°F	(5/9) K

A.4 Unità non S.I. di uso corrente in Fisica

Nella tabella seguente sono elencate per comodità alcune unità non S.I. utilizzate frequentemente in Fisica e Astronomia.

Unità	Simbolo	Grandezza	Conversione	Note
angström	Å	lunghezza (fis. atom.)	$10^{-10}\,\mathrm{m}$	
fermi	fm	lunghezza (fis. nucl.)	$10^{-15}\,\mathrm{m}$	
unità astronomica	ua	lunghezza (astron.)	$1.496\times10^{11}\,\mathrm{m}$	
anno luce	a.l.	lunghezza (astron.)	$9.46\times10^{15}\,\mathrm{m}$	(1)
parsec	pc	lunghezza (astron.)	$3.08\times10^{16}\,\mathrm{m}$	(2)
barn	b	sezione d'urto	$10^{-28}\,\mathrm{m}^2$	
centimetri inversi	cm^{-1}	numero d'onda	$100\,\mathrm{m}^{-1}$	(3)
unità di massa atom.	u	massa	$1.66\times10^{-27}\,\mathrm{Kg}$	
hartree	Hartree	energia	$27.2\,\mathrm{eV}$ $4.36\times10^{-18}\,\mathrm{J}$	(4)
rydberg	Ry	energia	$13.6\,\mathrm{eV}$ $2.18\times10^{-18}\,\mathrm{J}$	(4)
millimetri di mercurio	mm Hg	pressione	$133.322\,\mathrm{Pa}$	
röntgen	R	esposizione	$2.58\times10^{-4}\,\mathrm{C\,kg^{-1}}$	

1. L'*anno luce* è la distanza percorsa nel vuoto dalla radiazione elettromagnetica in un anno tropico (cioè nell'intervallo di tempo tra due passaggi consecutivi, nella stessa direzione, del Sole attraverso il piano equatoriale terrestre).
2. Il *parsec* (parallasse secondo), è la distanza alla quale la distanza di 1 unità astronomica sottende un angolo di $1''$ ($1'' = 4.84814\times10^{-6}$ rad).
3. Il *numero d'onda* è l'inverso della lunghezza d'onda λ. Il numero d'onda è legato alla frequenza ν dalla relazione $\nu = v(1/\lambda)$, dove v è la velocità di propagazione dell'onda.
4. L'*hartree* e il *rydberg* sono unità di misura *naturali* dell'energia, definite con riferimento allo stato fondamentale dell'atomo di idrogeno. 1 Hartree corrisponde al valore assoluto dell'energia potenziale dell'elettrone nello stato fondamentale, cioè, in unità S.I., $U_0 = -(1/4\pi\epsilon_0)\,(e^2/a_0)$ dove a_0 è il raggio della prima orbita del modello di Bohr . 1 Ry = 0.5 Hartree corrisponde all'energia di ionizzazione dell'atomo di idrogeno.

A.5 Sistema c.g.s. di Gauss

Grandezza	Unità	Simbolo	Conversione
Forza	dina	dyn	$1\,\mathrm{dyn} = 10^{-5}\,\mathrm{N}$
Lavoro, energia	erg	erg	$1\,\mathrm{erg} = 10^{-7}\,\mathrm{J}$
Carica elettrica	statcoulomb	statC	$1\,\mathrm{statC} = 3.\overline{3}\times10^{-10}\,\mathrm{C}$
Corrente elettrica	statampere	statA	$1\,\mathrm{statA} = 3.\overline{3}\times10^{-10}\,\mathrm{A}$
Potenziale elettrico	statvolt	statV	$1\,\mathrm{statV} = 300\,\mathrm{V}$
Induzione magnetica	gauss	G	$1\,\mathrm{G} = 10^{-4}\,\mathrm{T}$
Campo magnetico	oersted	Oe	$1\,\mathrm{Oe} = (1/4\pi)\times10^{3}\,\mathrm{A\,m^{-1}}$

Soluzioni

Problemi del Capitolo 2

2.1 $F_A = F_B = mg/2\sqrt{3}$ (trazione); $F_C = \sqrt{3}mg/2$ (compressione).

2.3 a) $F = P\sin\alpha/(1+\sin\alpha)$; b) $N = P\cos\alpha/(1+\sin\alpha)$.

2.4 a) $T = \ell P/(d+r) = 62.5$ N; b) $R = rP/(d+r) = 62.5$ N.

2.5 a) $\phi = 0$; $\phi = \arccos[k\ell/2(kr - mg)]$;   b) $k \geq 2mg/(2r - \ell)$.

2.6 ${\rm tg}\theta \leq \mu(1 + 2c/a + \mu h/a)$, $(\theta \leq 51.2°)$.

2.7 a) $\phi_1 + \phi_2 = \ell/r$; $\sin\phi_2/\sin\phi_1 = m_1/m_2$; b) $N_1 = m_1 g\cos\phi_1$; $N_2 = m_2 g\cos\phi_2$.

2.8 ${\rm BC} = \ell\cos\alpha$; $R = (P/2){\rm tg}\alpha$; $T = \sqrt{P^2 + R^2}$.

2.9 a) $T = P(1 - r/R)/2 = 50$ N; b) $T = (P - p)(1 - r/R)/2 = 49$ N.

2.10 a) $T = P\ell/8f$; b) $R_A = R_B = \sqrt{(P\ell/8f)^2 + P^2/4}$.

2.11 ${\rm tg}\beta = 1/(2{\rm tg}\alpha + 1/\mu)$.

Problemi del Capitolo 3

3.1 a) $t = 2d/(v_0 + v_1)$; b) $|a| = (v_0^2 - v_1^2)/2d$.

3.2 a) $v = (1/v_0 + bt)^{-1}$; b) $x = (1/b)\ln(v_0 bt + 1)$; c) $v = v_0\exp(-bx)$.

3.3 $\theta = \pi/2$.

3.4 a) $h = R + (gR^2/2v_0^2) + (v_0^2/2g)$; b) $\theta_M = \arcsin(gR/v_0^2)$.

3.5 a) $\ell = 2v_0^2\sin(\theta + \alpha)\cos\theta/(g\cos^2\alpha)$; b) $\theta_M = \pi/4 - \alpha/2$; c) $\ell_M = v_0^2(1 + \sin\alpha)/(g\cos\alpha)$.

3.6 a) $r = a\,e^\phi$ (spirale logaritmica); b) $v_r = v_\phi = rb, v = \sqrt{2}\,rb$; c) $a_r = 0$; $a_\phi = 2rb^2$; d) $\rho = v^2/a_N = \sqrt{2}\,r$ (si ricordi che $d\boldsymbol{u}_r/dt = (d\phi/dt)\,\boldsymbol{u}_\phi$; $d\boldsymbol{u}_\phi/dt = -(d\phi/dt)\,\boldsymbol{u}_r$).

3.7 a) $v = \omega x_0 \cos\phi = \pi\sqrt{2}\,\mathrm{m\,s^{-1}}$, $a = -\omega^2 x_0 \sin\phi = \pi^2 2\sqrt{2}\,\mathrm{m\,s^{-2}}$; b) $t_2 - t_1 = 4\pi/3\omega = (2/3)\,\mathrm{s}$.

3.8 a) $v_x = -A\omega\sin\omega t$, $v_y = A\omega\cos\omega t$, $v_z = B$, $v = \sqrt{A^2\omega^2 + B^2}$; b) $d = 2\pi B/\omega$; c) $s = 2\pi\sqrt{A^2 + B^2/\omega^2}$; d) $a_x = -A\omega^2\cos\omega t$, $a_y = -A\omega^2\sin\omega t$, $a_z = 0$, $a = A\omega^2$; e) $\rho = (A\omega^2 + B^2)/A\omega^2 = A + B^2/A\omega^2$.

3.9 $\theta = \arcsin[v_1/(v_0 + u)]$; direzione NE.

3.10 a) $x' = -v_0 t$; $y' = -gt^2/2 + v_1 t$; b) $a' = a = g$; c) $y' = -gx'^2/2v_0 - v_1 x'/v_0$.

3.11 $t = 50$ minuti.

3.12 a) $a' = (c+1)g$; $t = \sqrt{2d/(c+1)g}$; b) $a' = (c-1)g$; $t = \sqrt{2d/(c-1)g}$; c) $a' = g$; $t = \sqrt{2d/g}$.

3.13 a) $a_{A,t} = 0.2\,\mathrm{m\,s^{-2}}$; b) $a_{A,n} = 4\times10^{-5}t^2$; c) $t = 643\,\mathrm{s}$; d) $t = 628\,\mathrm{s}$; e) $a'_B = v'^2_B/R = 0.1\,\mathrm{m\,s^{-2}}$.

Problemi del Capitolo 4

4.1 a) in B: $a_N = 0$, $a_T = g\sin\theta_0 = 8.48\,\mathrm{m\,s^{-2}}$; in C: $a_N = v^2/R = 8.36\,\mathrm{m\,s^{-2}}$, $a_T = 0$; b) $k = 57.7\,\mathrm{N\,m^{-1}}$.

4.2 $T_1 = m_1 d_1\omega^2 + m_2(d_1 + d_2)\omega^2$; $T_2 = m_2(d_1 + d_2)\omega^2$.

4.3 a) $T = m\omega^2 r_0$; b) $v_r = \sqrt{\omega^2(d^2 - r_0^2)}$; $v_\theta = \omega d$; c) $t = (1/\omega)\ln[(d + \sqrt{d^2 - r_0^2})/r_0]$.

4.4 a) $a_1 = (m_1 - m_2/2)g/(m_1 + m_2/4)$; b) $v_1 = \sqrt{2gx(m_1 - m_2/2)/(m_1 + m_2/}$

4.5 a) $t = \sqrt{d(m_1 + m_2)/g(m_1 - m_2)}$; b) $T = 2m_1 m_2 g/(m_1 + m_2)$.

4.6 $\cos\phi = (m + M)g/m\omega^2 d$; $\phi = 53.13°$.

4.7 $v_B = \sqrt{2(F - mg)d/m}$; $h = (F - mg)d/mg$.

4.8 $\Delta E_k = -mgR\,(2\sin\theta + \mu\pi\cos\theta) = -33$ J.

4.9 $v = \sqrt{2g\Delta h}$, con $\Delta h = r(1 - \cos\theta) + (d - r\theta)\sin\theta$.

4.10 b) $F = -12x + 9x^2$; c) $E_T = 3.56$ J; d) $t - t_0 = \int_{x_0}^{x}\sqrt{m/2[E_T - E_p(x)]}\,dx$.

4.11 a) $\Delta x_1 = \sqrt{2mgR/k} = 0.816\times10^{-2}$ m; b) $\Delta x_2 = \sqrt{2mgR/k + FR/k} = 10$ m; c) $\Delta x_3 = \sqrt{2mg(R + \mu d)/k} = 10^{-2}$ m.

4.12 a) $T = M(v_0^2/2h + g)$; b) $T = Mg$; c) $R = m(g - v_0/\Delta t_0)$.

4.13 a) $a_t = (m_1 + m_2)F/4m_1 m_2$; b) $a'_1 = -a'_2 = (m_2 - m_1)F/4m_1 m_2$; c) $T = F/2$.

4.14 a) $P = 648$ N; b) $P = 588$ N; c) $P = 528$ N; d) $P = 528$ N; e) $P = 588$ N; f) $P = 648$ N; g) $a = 1.8$ m s^{-2}; h) NO (l'ascensore sale decelerando oppure scende accelerando).

4.15 a) $M = m_1 + m_2$; b) $M' = 4m_1 m_2/(m_1 + m_2)$; c) $M > M'$.

4.16 a) $t_1 = \mu_2(m_1 + m_2)g/k = 94.08$ s; b) $a_s = k(t - t_1)/(m_1 + m_2)$; $(t > t_1)$; c) $a'_s = \mu_1 g = 78.4$ m s^{-2}; d) $t_2 = (m_1 + m_2)\mu_1 g/k + t_1 = 108.16$ s; e) $a_b = \mu_1 g = 78.4$ m s^{-2}; f) $a_p = [k(t - t_1) - m_1\mu_1 g]/m_2$.

Problemi del Capitolo 5

5.1 a) Sull'asta, a distanza $d = mL/(m + M) = 0.05$ m dall'asse O; b) $x_{CM}(t) = x_0 = \text{cost}$; $y_{CM}(t) = -d\cos(\omega t)$ con $\omega = 2\pi\nu = 4\pi$ rad s^{-1}; c) $x(t) = (L - d)\sin(\omega t)$; $X(t) = d\sin(\omega t + \pi)$; d) $\mu \geq Md\omega^2/(M + m)g = 0.73$.

5.2 a) Carrello: $V = 0.15$ m s^{-1}, corpo: $v = -1.51$ m s^{-1}; b) $t = d/(V - v) = 1.2$ s; c) $s = (V - v)\sqrt{2h/g} = 0.53$ m.

5.3 a) $x_{cm}(t) = \text{cost.}$; $y_{cm}(t) = v_{cm,0}t - gt^2/2 = 2t - 5t^2$; $(v_{cm,0} = 2v_{2,0}/3)$. b) rotaz.: $\omega = (v_{2,0} - v_{cm,0})/d_2 = 1$ rad s^{-1}; c) $T = m_2 d_2 \omega^2 = 2$ N.

5.4 a) $\cos\alpha \leq 1 - 5(m_1 + m_2)^2/8m_2^2$; $\alpha \geq 75°54'$; b) $T_A - T_B = 6m_1 g = 58.8\text{x}10^{-3}$ N.

5.5 a) $v = \sqrt{gd}$; b) $T = 2mg$; c) $V = 2\sqrt{gd}/3$; d) $\cos\theta = 17/18$.

5.6 a) $\Delta x = 0.054$ m; b) $h = 0.89$ m.

5.7 $d = (a - b)/4$.

5.8 a) $m_2/m_1 = 3$; b) $v_{CM} = v_1/4$; c) $E_{1,CM} = 9m_1 v_1^2/32$; $E_{2,CM} = m_2 v_2^2/32$; d) $E'_1 = m_1 v_1^2/8$.

5.9 a) $v_{cm} = mv_0/(m+M)$; b) $v_{A,cm} = Mv_0/(m+M)$; $v_{B,cm} = -mv_0/(m+M)$; $P_{A,cm} = mMv_0/(m+M)$; $P_{B,cm} = -P_{A,cm}$; c) $v'_{A,cm} = -v_{A,cm}$; $v'_{B,cm} = -v_{B,cm}$; $v'_A = (m - M)v_0/(m + M)$; $v'_B = 2mv_0/(m + M)$. d) $E'_{A,cm} = m\left(\frac{M}{m+M}\right)^2 v_0^2/2$; $E'_{B,cm} = M\left(\frac{M}{m+M}\right)^2 v_0^2/2$; $E'_A = m\left(\frac{m-M}{m+M}\right)^2 v_0^2/2$; $E'_B = M\left(\frac{2m}{m+M}\right)^2 v_0^2/2$.

5.10 a) $v'_B = v_0\sqrt{(5 - \sqrt{2})/16}$; $\theta = \arctan[1/(2\sqrt{2} - 1)]$; b) no, l'urto è anelastico.

5.11 a) Si quadrino e sommino le equazioni scalari della conservazione della quantità di moto e si confronti con l'equazione della conservazione dell'energia; b) $v'_B = v_A m_A\sqrt{2 - 2\cos\phi}/(m_A + m_B)$; c) $\text{tg}\theta = \frac{\sin\phi}{\cos\phi + m_A/m_B}$.

5.12 a) $v_1 = 3v_0/4$; $v_2 = v_0/4$. b) $\Delta E_k = -mv_0^2/8$.

5.13 $v_0 = [(m+M)/m]\sqrt{[kx^2/(m+M)] + 2g\mu x}$.

Problemi del Capitolo 6

6.1 a) $I = [(m_B - m_A)g - 2h(m_B/t_B^2 - m_A/t_A^2)]/[2h(1/t_B^2 - 1/t_A^2)]$; b) $\tau = [2h(m_A - m_B) + (m_B t_B^2 - m_A t_A^2)g][R/(t_A^2 - t_B^2)]$

6.2 $\alpha_A = \tau[r_B I_A/r_A + r_A r_B I_C/r_C^2 + r_A I_B/r_B]^{-1}$.

6.3 a) $a = (R\tau - \mu MR^2 g)/(I + MR^2)$; b) $W = 20\pi\tau$; c) $P(t) = \tau at/R$

6.4 $t = (MhR\omega_0)/(2\mu Fd)$

6.5 a) W=245 J; b)J=72.5 N s; c)F_m= 72500 N; d)$N_i = 1725N, N_f = 1112.5N$

6.6 a) $\omega = \sqrt{3g/d}$; b) $v = 2\omega Md/(M + 3m)$; c) $M/m = 3$.

6.7 a) $\omega = 6mv/d(3m + 4M)$; b) $\Delta E = -2mMv^2/(3m + 4M)$

6.8 a) $a_1 = (3M - m)g/(3M + m)$; b) $a_2 = (M + m)g/(3M + m)$; c) $T = 2mMg/(3M + m)$

6.9 a) $a = 2g/5 = 3.92$ m s^{-2}; b) $E_1 = 12.25$ J, $E_2 = 85.75$ J; c) $v = 30.5$ m s^{-1}, $\omega = 35$ rad s^{-1}.

6.10 $x = d/6$

6.11 $v = (L - y)\sqrt{6g(L + y)/(4L^2 - 3y^2)}$

6.12 a) $v_{CM} = 10$ m s$^{-1}, \omega = 25$ rad s^{-1}; b) $\Delta E = -227.3$ J

6.13 $h = [\pi^2 g(d + L)^2]/[8v_0^2] + d + L$

6.14 a) $\omega = \sqrt{16g/3R} = 7.23$ rad s^{-1}; b) $h = 5R/12 = 0.417$ m

6.15 $\alpha = [2F(1 - \mu)]/3MR$

6.16 a) $a = (4g/7)\sin\theta$; b) $T = (Mg/7)\sin\theta$

6.17 a) $t = \omega_0 r(1 - \mu\tan\theta)/2\mu g$, $\tan\theta = R/\sqrt{L^2 - R^2}$; b) $t = \omega_0 r(\mu + \tan\theta)/2\mu g$; c) $t = \omega_0 r(\cot\theta - \mu)/2\mu g$.

Problemi del Capitolo 7

7.1 a) $I_a = mR^2/2 + m(d + R)^2 = 0.38$ kg m^2; $T_a = 2\pi\sqrt{I_a/Mg(d + R)} = 1.596$ s. b) $I_b = mR^2/4 + m(d+R)^2 = 0.37$ kg m^2; $T_b = 2\pi\sqrt{I_b/Mg(d + R)} = 1.575$ s.

7.2 a) $E_p = mg\ell(1-\cos\theta) = mg\ell\left(\theta^2/2! - \theta^4/4! + \theta^6/6! - ...\right) \to mg\ell\theta^2/2$ per piccole oscillazioni; b) Il periodo aumenta con l'ampiezza delle oscillazioni; c) $E_k = E_{tot} - E_p = mg\ell(\cos\theta - \cos\theta_0)$; d) $T = 4\sqrt{\ell/2g}\int_0^{\theta_0} d\theta/\sqrt{\cos\theta - \cos\theta_0}$.

7.3 $T'_m = T_m$; $T'_p = 2.46\ T_p$.

7.4 a) $x_A = 2mg/k$; $x_B = mg/2k$; b) $\omega_A/\omega_B = 0.5$; c) $E_A/E_B = 0.25$.

7.5 a) $\omega^2 = (k + \rho g\pi R^2)/m$; b) $x(t) = (h/6)\sin(\omega t + \pi/2)$.

7.6 a) $\omega_0 = 10$ rad s^{-1}; b) $b = 1.21$ N m s^{-1}; $\omega_s = 9.98$ rad s^{-1}.

7.7 a) $F_1(t) = +kx_0\cos\omega t$; b) $F_2(t) = -m\omega^2 x_0\cos\omega t$; c) $F_3(t) = (k - m\omega^2)x_0\cos\omega t$; d) $\omega \ll \omega_0$: $F_3 \approx F_1$; $\omega = \omega_0$: $F_3 = 0$; $\omega \gg \omega_0$: $F_3 \approx F_2$.

7.8 a) $ma_A = -2kx_A + kx_B$; $ma_B = +kx_A - 2kx_B$. b) $x_1 = x_A + x_B$; $x_2 = x_A - x_B$; $\omega_1^2 = k/m$; $\omega_2^2 = 3k/m$. c) $x_1 = x_A + x_B$; $x_2 = 0$; $x_A = (x_0/2)\cos\omega_1 t$; $x_B = (x_0/2)\cos\omega_1 t$. d) $x_1 = 0$; $x_2 = x_A - x_B$; $x_A = (x_0/2)\cos\omega_2 t$; $x_B = -(x_0/2)\cos\omega_2 t$.

Problemi del Capitolo 8

8.1 a) $V_2 = 3.98$ litri; $\theta_2 = 119.74$ K. b) $W = 903$ J.

8.2 a) $n = 0.04$ mol. b) Relaz. lineare: $dp = (k/S^2)\,dV$. c) $p_2 = 1.4\times10^5$ Pa, $\theta_2 = 505$ K. d) $Q = 126$ J; $W = 24$ J; $\Delta U = 102$ J.

8.3 a) $\eta = 0.22$ b) $\omega = 3.54$

8.4 a) $\theta_1 = 310$, $\theta_2 = 713$, $\theta_3 = 2250$, $\theta_4 = 981$ K. $p_1 = 1$, $p_2 = 18.4$, $p_3 = 58$, $p_4 = 3.16$ bar. b) $Q_{12} = 0$, $Q_{23} = +31.9$ KJ $Q_{34} = 0$, $Q_{41} = -13.9$ KJ. c) $W = 17.99$ KJ. d) $\eta = 0.56$

8.5 a) $W_{12} = 0$, $Q_{12} = \Delta U_{12} = -p_0 V_0/2$ $W_{23} = p_0 V_0/2$, $Q_{23} = 5p_0 V_0/4$, $\Delta U_{23} = 3p_0 V_0/4$. b) $\Delta S_{13} = nR\ln 2$.

8.6 a) $V_1 = 8.31\times10^{-3}$ m^3. b) $V_2 = 24.93\times10^{-3}$ m^3. c) $W = 1662$ J. d) $\Delta S_s = +9.13$ J K^{-1}; $\Delta S_a = -5.54$ J K^{-1}; $\Delta S_u = +3.59$ J K^{-1}. e) $W_{rev} = 2739$ J.

8.7 a) $\Delta U_{12} = -150$ J; $\Delta U_{23} = +450$ J; $\Delta U_{31} = -300$ J. b) $\Delta S_{12} = -1.44$ J K^{-1}; $\Delta S_{23} = +2.30$ J K^{-1}; $\Delta S_{31} = -0.86$ J K^{-1}. c) $\eta = 0.28$ d) $\Delta S_s = -0.86$ J K^{-1}; $\Delta S_a = +1.25$ J K^{-1}; $\Delta S_u = +0.39$ J K^{-1}.

8.8 a) $\Delta S_u = \Delta S_s = 6.80$ J K^{-1}. b) $\Delta S_u = \Delta S_a = 6.83$ J K^{-1}.

8.9 a) $T_f = 305$ K. b) $\Delta S = 33$ J K^{-1}.